Bauphysikalische Aufgabensammlung mit Lösungen

Ihr Bonus als Käufer dieses Buches

Als Käufer dieses Buches können Sie kostenlos unsere Flashcard-App „SN Flashcards"
mit Fragen zur Wissensüberprüfung und zum Lernen von Buchinhalten nutzen.
Für die Nutzung folgen Sie bitte den folgenden Anweisungen:

1. Gehen Sie auf **https://flashcards.springernature.com/login**
2. Erstellen Sie ein Benutzerkonto, indem Sie Ihre Mailadresse angeben,
   ein Passwort vergeben und den Coupon-Code einfügen.

Ihr persönlicher „SN Flashcards"-App Code   B338D-FFC21-D5FEF-0F20E-3C4B4

Sollte der Code fehlen oder nicht funktionieren, senden Sie uns bitte eine E-Mail mit
dem Betreff **„SN Flashcards"** und dem Buchtitel an **customerservice@springernature.com**.

Karl Gertis · Schew-Ram Mehra · Eva Veres ·
Kurt Kießl

Bauphysikalische Aufgabensammlung mit Lösungen

Wärme – Feuchte – Schall – Brand – Tageslicht – Stadtbauphysik

7. Auflage

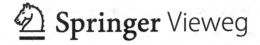 Springer Vieweg

Karl Gertis
Universität Stuttgart
Stuttgart, Deutschland

Eva Veres
Institut für Akustik und Bauphysik
Universität Stuttgart
Stuttgart, Deutschland

Schew-Ram Mehra
Institut für Akustik und Bauphysik
Universität Stuttgart
Stuttgart, Deutschland

Kurt Kießl
Fak. Architektur
Bauhaus-Universität Weimar
Weimar, Deutschland

ISBN 978-3-658-35585-2   ISBN 978-3-658-35586-9 (eBook)
https://doi.org/10.1007/978-3-658-35586-9

Die Deutsche Nationalbibliothek verzeichnet diese Publikation in der Deutschen Nationalbibliografie; detaillierte bibliografische Daten sind im Internet über http://dnb.d-nb.de abrufbar.

Lektorat: Karina Danulat
Springer Vieweg ist ein Imprint der eingetragenen Gesellschaft Springer Fachmedien Wiesbaden GmbH und ist ein Teil von Springer Nature.
Die Anschrift der Gesellschaft ist: Abraham-Lincoln-Str. 46, 65189 Wiesbaden, Germany

Vorwort zur siebten Auflage

Autoren und Verlag freuen sich, dass das vorliegende Buch – nach seiner Erst-Erscheinung im Jahr 1996 – nunmehr in der siebten Auflage herausgegeben wird. Gegenüber der letzten Auflage sind Korrekturen vorgenommen worden; selbstverständlich wurden das Literatur- und das Normenverzeichnis aktualisiert. Als eine wesentliche Neuigkeit kommt bei dieser Auflage hinzu, dass das gedruckte Buch durch die Online-Nutzung von Flashcards ergänzt wurde. Laden Sie die Springer Nature-Flashcard-App kostenlos herunter und nutzen Sie exklusives Zusatzmaterial. Die Flashcards ermöglichen den Leserinnen und Lesern, ihr Wissen durch das Lösen von interaktiven Aufgaben schnell und einfach zu überprüfen. Dabei kommen teils klassische Single- und Multiple-Choice-Aufgaben, teils andere digital gestaltete Testaufgaben zur Anwendung. Eine weitere Besonderheit dieser digitalen Lernmethode ist, dass an vielen Stellen Bilder, Diagramme oder Gleichungen als Eselsbrücken versteckt sind, die bei der Lösung der Aufgaben unterstützen. Seit längerer Zeit ist in der bauphysikalischen Lehre die Tendenz zu beobachten, dass Einzelgebiete (z.B. „Energieeffizientes Bauen") separat herausgegriffen werden. Energieeinsparung stellt natürlich ein Kerngebiet der Bauphysik dar, aber Bauphysik ist breiter. Deshalb umfasst die „Bauphysikalische Aufgabensammlung mit Lösungen" alle Teilgebiete der Bauphysik, nämlich:

> Wärme, Feuchte, Schall, Brand, Tageslicht und Stadtbauphysik.

Dies ist eine Stärke des vorliegenden Buches, die von der ersten Auflage an gegeben war und beibehalten wird. Die Aufgaben und Lösungen sollen vor allem dem Lernenden die Breite des Stoffes und die Interdependenzen zwischen den einzelnen Teilgebieten aufzeigen. Durch das digitale Zusatzangebot können die Querverbindungen zwischen den einzelnen Disziplinen der Bauphysik noch deutlicher hervorgehoben werden. Eine Vertiefung von Einzelgebieten – ohne Ausblendung der übrigen – ist dann, wenn gewollt, natürlich auch möglich. Das ergibt die erfolgreiche Mischung zwischen Differentiation und Kooperation der Disziplinen, die wir beim nachhaltigen Agieren im Bauwesen so dringend brauchen.

Stuttgart, den 25. Juli 2021

(o. Prof. (em.) Dr.-Ing. habil. Dr. h.c. mult. Dr. E.h. mult. Karl Gertis)

Vorwort zur ersten und zweiten Auflage

Lange umständliche Vorworte langweilen den Leser. Deshalb sei kurz zusammengefasst, worum es in diesem Buch geht.

Die "Bauphysik" hat sich in den letzten Jahrzehnten im In- und Ausland zu einer bedeutenden Fachdisziplin entwickelt. Bauphysikalische Kenntnisse sind beim Entwurf, bei der Planung, bei der praktischen Ausführung und bei der Nutzung von Bauwerken unerlässlich geworden. Wie ein Memorandum der Ständigen Konferenz der Bauphysik-Professoren an wissenschaftlichen Hochschulen ausführt, umfasst die Bauphysik die Phänomene von Wärme (Energie), Feuchte, Schall, Brand und Tageslicht, die fallweise im Inneren von Räumen, in den Bauteilen selbst bzw. auch in der Umgebung von Bauwerken, d.h. in deren städtischem Verbund, in Erscheinung treten können (Stadtbauphysik). Die Bedeutung der einzelnen Teilgebiete wird durch folgende Kurzbeschreibung verdeutlicht:

Wärme

Energieeinsparung wird zunehmend bedeutsamer und bestimmt die technische Ausführung von Bauwerken erheblich mit. Berechnung, Planung und Ausführung notwendiger Wärmeschutzmaßnahmen am Gebäude zu beherrschen, ist für Architekt und Bauingenieur unerlässlich. Die Wärmeschutzverordnung verlangt hierzu detaillierte Kenntnisse. Niedrigenergiehäuser bzw. Nullheizenergiehäuser erfordern a priori eine konsequente Einbindung bauphysikalischer Belange. Wärme- in Verbindung mit Feuchteschutz schafft behagliche und wohnhygienische Verhältnisse.

Feuchte

Nur wenige Beanspruchungen auf das Bauwerk sind so intensiv und zugleich gefährdend für seine Funktion und seinen materiellen Bestand wie die Feuchte. Abdichtungsfragen und Probleme des Feuchteschutzes gegen alle Formen einwirkenden Wassers als Flüssigkeit oder Dampf von außen, innen, unten und im Querschnitt müssen von Architekten und Ingenieuren bis zur Detailausführung beherrscht werden.

Schall

Lärm wird in unserer hochtechnisierten Gesellschaft zunehmend zu einer Menschheits-geißel; die Menschen vor dem Maschinen-Zeitalter kannten keinen Lärm. Eine "ruhige" Wohnung ist Wunsch vieler Millionen Menschen. In zunehmendem Maße wird auch der Schallschutz im städtebaulichen Raum, zwischen Gebäuden und Verkehrsflächen eine der wichtigsten Maßnahmen des Umweltschutzes. Architekt und Ingenieur müssen in der Lage sein, Schallschutzmaßnahmen in der Planung zu berücksichtigen und in der Ausfüh-rung zu realisieren. Jüngste Negativbeispiele haben wiederum gezeigt, dass bei Räumen mit besonderen Anforderungen an die Sprach- oder Musikverständlichkeit bauphysikali-sche Maßnahmen zur Anpassung der Raumakustik unverzichtbar sind.

Brand

Milliarden-Vermögen gehen jährlich durch Brandfolge verloren. Schutz von Leben und Gesundheit, Schutz des Eigentums und Schutz von Sachwerten verlangen vom Architek-ten und Ingenieur Kenntnisse des vorbeugenden baulichen Brandschutzes und der gel-tenden brandschutztechnischen Gesetze und Bestimmungen sowie ihrer baulichen Um-setzung bei der Planung und Ausführung.

Tageslicht

Tageslicht und Sonne sind für das psychische und physische Wohlbefinden des Men-schen unerlässlich. Neben Aspekten der Energieeinsparung und der Außenlärmeinwir-kung erhält die Fenstergestaltung, auch im Hinblick auf die natürliche Beleuchtung und Besonnung, eine besondere Bedeutung bei der Planung von Gebäuden. Tages- und Kunstlicht müssen sich ergänzen.

Stadtbauphysik

Bei der immer dichteren Urbanisierung kommt den Vorgängen "ante portas" eine steigen-de Bedeutung zu. Wir sind mit den Veränderungen, die in der mit Bauten durchsetzten Umwelt hervorgerufen werden, nicht mehr zufrieden. Die Verschlechterung des Klimas und die Lärmausbreitung in der Nahumwelt unserer Gebäude bereiten uns zunehmend Sorgen.

Die vielfältigen bauphysikalischen Inhalte wollen wohl verstanden und gut eintrainiert sein. Hierbei möchte das vorliegende Buch helfen. In ihm spiegelt sich die didaktische Erfahrung eines Universitätslehrers wieder, der als Privat-Dozent der Universität Stuttgart, als ordentlicher Professor für Bauphysik und Materialwissenschaften der Universität Essen und als Ordinarius für Konstruktive Bauphysik der Universität Stuttgart über ein Viertel-Jahrhundert Bauphysik gelehrt hat. Auch die wissenschaftlichen und praktischen Erfahrungen als Direktor des Fraunhofer-Instituts für Bauphysik und als Mitinhaber eines Ingenieurbüros für Bauphysik sind in die "Bauphysikalische Aufgabensammlung" eingeflossen.

In den letzten Jahren macht sich peu à peu die Harmonisierung der technischen Begriffe und der Bezeichnung der bauphysikalischen Größen innerhalb der Europäischen Gemeinschaft bemerkbar. Für einen gewissen Teil der bauphysikalischen Ausdrücke folgen daraus neue Buchstabenzeichen, die meist aus dem englischen oder französischen Sprachraum abgeleitet wurden. Für einen anderen großen Teil sind die Standardisierungsarbeiten noch nicht abgeschlossen. Deshalb – und aus didaktischen Gründen – erscheint es im derzeitigen „Status transeundi" nicht sinnvoll, partiell auf die neuen Bezeichnungen umzuschwenken; dies würde zu einer Verwirrung führen. Es sei aber vorab darauf hingewiesen, dass zu einem späteren Zeitpunkt eine komplette Umstellung auf europäische Bezeichnungen erfolgen wird.

Aufgaben zu einem bestimmten Lehrkanon und stringente Lösungen entstehen immer im Dialog mit den wissenschaftlichen Mitarbeitern. Folgende Damen und Herren haben während der vielen Lehrjahre in kürzeren und längeren Etappen bei der Aufgaben- und Lösungserarbeitung mitgewirkt:

Herr Dipl.-Ing. H. Erhorn
Herr Prof. Dr.-Ing. G. Hauser
Herr Prof. Dr.-Ing. K. Kießl
Herr Ing. H. Labus (verstorben 1974)
Herr Prof. Dr.-Ing. W. Leschnik
Herr Prof. Dr.-Ing. S. R. Mehra
Frau Dipl.-Ing. M. Munding
Herr Dr.-Ing. M. Szermann
Frau Dipl.-Ing. E. Veres
Herr Dr.-Ing. U. Wolfseher

Ihnen allen sei für die frühere bzw. – bei einigen Mitarbeitern – noch heutige Zuarbeit herzlich gedankt. Gedankt sei ferner Frau cand.-Oec. C. Schöttler und Herrn cand.-Ing. M. Lukschandel sowie Herrn Dipl.-Ing. A. Wichtler für die Durchsicht und Fertigstellung des Manuskripts und Herrn cand.-Designer T. Weitzel für die Mitgestaltung der Bilder.

Für jedes bauphysikalische Teilgebiet enthält das Buch sogenannte "Verständnisfragen" und Aufgaben, jeweils mit Lösungen. Die Antwort auf die Verständnisfragen bedarf keines

Rechenganges. Gerade deswegen sind sie für den Lernenden von besonderem Gewinn; er kann schnell feststellen, ob er den bauphysikalischen Stoff verstanden hat. Allerdings sollte er nicht ungeduldig sofort die Antworten und Lösungen im Teil B einsehen, sondern sich redlich bemühen, die Antworten und Lösungen zunächst selbst zu finden; erst dann wird sich der eigentliche Wert des Buches offenbaren, und zwar für Studierende gleichermaßen wie für Praktizierende auf den Sektoren der Architektur, des Bauingenieurwesens, der Technischen Gebäudeausrüstung und der benachbarten Fachgebiete, wo immer bauphysikalische Fragen hereinspielen.

Stuttgart, den 4. September 1996 und 4. September 1999

(o. Prof. Dr.-Ing. habil. Dr. h.c. mult. Dr. E.h. mult. Karl Gertis)

Inhaltsverzeichnis

B   Antworten und Lösungen

C   Anhang

Formelzeichen

Wärmeschutz und Energieeinsparung

a	Temperaturleitfähigkeit	m^2/s, m^2/h
c_p	spezifische Wärmekapazität	kJ/kgK, Wh/kgK
c_{pL}	spezifische Wärmekapazität der Luft	kJ/kgK, Wh/kgK
d	Dicke	m
f	Flächenanteil	%
g	Gesamtenergiedurchlassgrad	-
h	Wärmeübergangskoeffizient	W/m^2K
n	Luftwechselzahl	h^{-1}
q	Wärmestromdichte	W/m^2
r_i	Richtpunktabstand innen	m
r_e	Richtpunktabstand außen	m
r_F	Rahmenflächenanteil	-
t	Zeit	s
A	Fläche, wärmeübertragende Umfassungsfläche	m^2
C	Strahlungskonstante	W/m^2K^4
C_S	Strahlungskonstante des schwarzen Körpers	W/m^2K^4
F_{xi}	Temperaturkorrekturfaktor	-
Q	Wärmemenge	J, Wh
R	Wärmedurchlasswiderstand	m^2K/W
R_g	Wärmedurchlasswiderstand einer Luftschicht	m^2K/W
R_{si}	Wärmeübergangswiderstand innen	m^2K/W
R_{se}	Wärmeübergangswiderstand außen	m^2K/W
R_T	Wärmedurchgangswiderstand	m^2K/W
S	Strahlungsgewinnkoeffizient	W/m^2K
T	absolute Temperatur	K
TAV	Temperaturamplitudenverhältnis	-
U	Wärmedurchgangskoeffizient	W/m^2K
V	Volumen, beheiztes Gebäudevolumen	m^3
α	Absorptionsgrad	-
ε	Emissionsgrad	-
θ	Temperatur; Celsius-Temperatur	°C
θ_e	Lufttemperatur außen	°C

θ_i	Lufttemperatur innen (Raumlufttemperatur)	°C
θ_{se}	Oberflächentemperatur, außen	°C
θ_{si}	Oberflächentemperatur, innen	°C
$\Delta\theta$	Temperaturdifferenz	K
λ	Wärmeleitfähigkeit	W/mK
ρ	Reflexionsgrad	-
ρ	Rohdichte	kg/m^3
ρ_L	Dichte der Luft	kg/m^3
σ	Stefan-Boltzmann-Konstante	W/m^{2}K^4
τ	Transmissionsgrad	-
Θ	fiktive Außenlufttemperatur	°C
I	Strahlungsintensität	W/m^2
Φ	Wärmestrom	W

Feuchteschutz und Tauwasservermeidung

c	absolute Luftfeuchte, Konzentration	kg/m^3
d	Dicke	m
g	Wasserdampfdiffusionsstromdichte	kg/m^{2}s
g_c	Wasserdampfdiffusionsstromdichte in der Tauperiode	kg/m^{2}s
g_{ev}	Wasserdampfdiffusionsstromdichte in der Verdunstungsperiode	kg/m^{2}s
m	Masse, Wasserdampfmasse	kg
$\dot{m}$	Wasserdampfdiffusionsstrom, Massestrom	kg/s, kg/h
m_c	flächenbezogene Tauwassermasse	kg/m^2
m_{ev}	flächenbezogene Verdunstungsmasse	kg/m^2
p	Dampfdruck, Partialdruck	Pa
Δp	Dampfdruckdifferenz	Pa
p_S	Sättigungsdampfdruck	Pa
$p_{S,se}$	Sättigungsdampfdruck an der Außenoberfläche	Pa
$p_{S,si}$	Sättigungsdampfdruck an der Innenoberfläche	Pa
s_d	wasserdampfdiffusionsäquivalente Luftschichtdicke	m
t	Zeit	s, h, d
t_c	Tauwasserperiode	2160 h
t_{ev}	Verdunstungsperiode	2160 h
u_m	Feuchtegehalt, massebezogen	M.-%
u_v	Feuchtegehalt, volumenbezogen	Vol.-%

v	spezifisches Volumen	m^3/kg
A	Fläche	m^2
R	Gaskonstante	J/kgK
V	Volumen	m^3
Z	Wasserdampfdiffusionsdurchlasswiderstand	m^2sPa/kg
β	Stoffübergangskoeffizient	kg/m^2sPa
δ	Wasserdampfdiffusionsleitkoeffizient	$kg/msPa$
δ_0	Wasserdampfdiffusionsleitkoeffizient in ruhender Luft	$kg/msPa$
θ_S	Taupunkttemperatur	$°C$
μ	Wasserdampfdiffusionswiderstandszahl	-
φ	relative Luftfeuchte	%

Bau- und Raumakustik

c	Schallgeschwindigkeit	m/s
d	Dicke	m
f	Frequenz	Hz
f_g	Koinzidenzgrenzfrequenz	Hz
f_R	Resonanzfrequenz	Hz
h	Höhe	m
k	Kompressibilität	ms^2/kg
m'	flächenbezogene Masse	kg/m^2
p	Schalldruck	Pa
s'	dynamische Steifigkeit	N/m^3, MN/m^3
A	äquivalente Schallabsorptionsfläche	m^2
D	Schallpegeldifferenz	dB, dB(A)
D_n	Norm-Schallpegeldifferenz	dB
E_{dyn}	dynamischer Elastizitätsmodul	N/m^2, MN/m^2
K	Kompressionsmodul	N/m^2
L	Schallpegel	dB
L_n	Norm-Trittschallpegel	dB
$L_{n,w}$	bewerteter Norm-Trittschallpegel	dB
$L_{n,w,eq}$	äquivalenter bewerteter Norm-Trittschallpegel	dB
L_s	Lautstärke	phon
L_A	A-bewerteter Schallpegel	dB(A)
ΔL	Schallpegeldifferenz, Schallpegelminderung bzw. -erhöhung	dB, dB(A)

ΔL_w	bewertete Trittschallminderung	dB
R	Schalldämm-Maß	dB
R'	Bau-Schalldämm-Maß	dB
R_w	bewertetes Schalldämm-Maß	dB
R'_w	bewertetes Bau-Schalldämm-Maß	dB
S	Bauteilfläche	m^2
T	absolute Temperatur	K
T	Nachhallzeit	s
V	Volumen	m^3
W	Schallleistung	W
α	Schallabsorptionsgrad	-
κ	Adiabatenexponent	-
λ	Wellenlänge	m
ν	Poissonzahl (Querkontraktionszahl, Querdehnzahl)	-
ρ	Schallreflexionsgrad	-
ρ	Rohdichte	kg/m^3
ρ_L	Dichte der Luft	kg/m^3
τ	Transmissionsgrad	-
ω	Kreisfrequenz	Hz
I	Schallintensität	W/m^2

Brandschutz, thermische und hygrische Spannungen

d	Dicke	m
A	Querschnittfläche	m^2
E	Elastizitätsmodul	N/m^2, MN/m^2
F	Kraft	N
α_t	thermischer Längenänderungskoeffizient	1/K
ε	Längenänderung	-
ν	Poissonzahl (Querkontraktionszahl, Querdehnzahl)	-
σ	Spannung, Festigkeit	N/m^2, MN/m^2

Weitere Formelzeichen wie in „Wärmeschutz und Energieeinsparung"

Tageslicht und Raumbeleuchtung

b	Breite, Raumbreite	m
h	Höhe, Raumhöhe	m
t	Tiefe, Raumtiefe	m
A	Fläche	m^2
D	Tageslichtquotient	-
E	Beleuchtungsstärke	lx
P	Leistung	W
α	Verbauungsabstandswinkel	°
λ	Wellenlänge	m
η	Lichtausbeute	lm/W
I	Lichtstärke	cd
Φ	Lichtstrom	lm
Ω	Raumwinkel	sr

Weitere Formelzeichen wie in „Wärmeschutz und Energieeinsparung"

Stadtbauphysik und Lärmbekämpfung

h	Höhe einer Lärmschutzwand	m
h_{eff}	effektive Höhe einer Lärmschutzwand	m
r	Entfernung	m
r_0	Referenzentfernung	m
L_m	Mittelungspegel	dB(A)
L_0	Mittelungspegel eines PKWs in der Referenzentfernung	dB(A)
M	Verkehrsstärke	Kfz/h
R	Gaskonstante	J/kgK
T	absolute Temperatur	K
ϑ	Beugungswinkel	°
ΔL_z	Abschirmmaß	dB(A)
$\Delta L'_z$	Abschirmmaß bei Eigenabschirmung	dB(A)

Weitere Formelzeichen wie in „Bau- und Raumakustik"

Teil A

Verständnisfragen und Aufgaben

A.1 Wärmeschutz und Energieeinsparung

Verständnisfragen

1. Ordnen Sie die richtigen Einheiten den folgenden Kenngrößen zu!

Kenngröße:	Einheit:
A Strahlungsintensität	a) W/m^2K^4
B Strahlungsaustauschkoeffizient	b) W/m^2K
C Wärmedurchgangskoeffizient	c) m^2K/W
D Wärmeübergangswiderstand!	d) W/m^2

2. Warum ist in einem beheizten Raum die Innenoberflächentemperatur der Außenwand ungleich der Raumlufttemperatur ($\theta_{sl} \neq \theta_i$)? Weil

   a) zwischen der Wandoberfläche und der Raumluft ein Wärmeübergangswiderstand besteht,

   b) die Wandoberfläche tapeziert ist,

   c) die Raumluft eine niedrigere Wärmeleitfähigkeit besitzt als die Wandoberfläche.

3. Was ist Eigenkonvektion? Strömung in gasförmigen und flüssigen Medien infolge von
   a) Temperaturunterschieden
   b) Dichteunterschieden
   c) Druckunterschieden

4. Was ist erzwungene Konvektion? Strömung in gasförmigen und flüssigen Medien infolge von
   a) Temperaturunterschieden
   b) Dichteunterschieden
   c) Druckunterschieden

5. Durch welche Vorgänge erfolgt die Abgabe der Wärme von der Außenoberfläche eines Außenbauteils an die Außenluft während der Nacht? Sie erfolgt
   a) ausschließlich über Konvektion,
   b) ausschließlich durch Strahlung,
   c) sowohl über Konvektion als auch durch Strahlung,
   d) durch Verdunstung an der Außenoberfläche,
   e) durch Taubildung an der Außenoberfläche.

© Springer Fachmedien Wiesbaden GmbH, ein Teil von Springer Nature 2022
K. Gertis et al., *Bauphysikalische Aufgabensammlung mit Lösungen*,
https://doi.org/10.1007/978-3-658-35586-9_1

6. Wann ist der Wärmeübergang an einer Bauteiloberfläche am größten?
    a) bei Windstille, nachts
    b) bei Schneefall, tagsüber
    c) bei Sturm, tagsüber

7. Durch welche Wärmeübertragungsvorgänge kann in einem abgeschlossenen Luft-
    spalt Wärme transportiert werden?
    a) nur durch Strahlung
    b) durch Strahlung und Konvektion
    c) durch Strahlung, Konvektion und Wärmeleitung

8. Um welchen Faktor ist die Wärmeleitfähigkeit des Aluminiums höher als die des
    Normalbetons?
    a) 10^3
    b) 10^2
    c) 50
    d) 10

9. Ist die stationäre Wärmeleitung in einem festen Material abhängig
    a) vom Druck der umgebenden Luft,
    b) von der Temperatur der umgebenden Luft,
    c) von der Rohdichte des Materials,
    d) von der spezifischen Wärmekapazität des Materials?

10. Ordnen Sie den jeweils 12 cm dicken Bauteilen aus folgenden Materialien den richti-
    gen Wärmedurchlasswiderstand zu!

Material:	Wärmedurchlasswiderstand [m^2K/W]:
A Beton	a) 0,06
B Porenbeton	b) 3,4
C Hartschaum	c) 0,4

11. Was ist der Wärmedurchlasswiderstand? Eine
    a) Baustoffkonstante
    b) Bauteilkenngröße
    c) Gebäudekennzahl

12. Welcher Zusammenhang besteht zwischen der Intensität und der Wellenlänge der
    von einem Strahler emittierten Strahlung?
    a) ein linearer
    b) ein quadratischer
    c) einer mit der 4. Potenz
    d) ein exponentieller
    e) keiner der genannten

13. Gegeben seien gemäß Bild A.1-1 zwei Außenwandkonstruktionen 1 und 2 aus gleichen Materialien, die sich in der Reihenfolge der Schichtanordnung, nicht aber in den Schichtdicken unterscheiden. Die äußeren und die inneren Lufttemperaturen seien bei beiden Konstruktionen gleich und stationär.

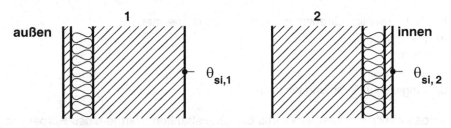

Bild A.1-1: Schematische Darstellung der Außenwandquerschnitte mit Angabe der Innenoberflächentemperaturen.
links: außengedämmte Konstruktion
rechts: innengedämmte Konstruktion

Was ist richtig? Geben Sie für a), b) und c) jeweils die richtige Gleichung bzw. Ungleichung an!

a) $\theta_{si,1} \gtrless \theta_{si,2}$

b) $U_1 \gtrless U_2$

c) $R_1 \gtrless R_2$

14. Gegeben sei die folgende stationäre Temperaturverteilung über den Querschnitt eines inhomogenen Bauteils. Welcher der Verläufe a), b) oder c) gibt die Wärmeleitfähigkeit des Bauteils in Abhängigkeit von der Dicke wieder?

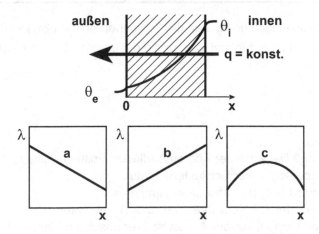

Bild A.1-2: Schematische Verteilungen der Temperatur (oben) und unterschiedlicher Wärmeleitfähigkeiten (unten) in einem inhomogenen Bauteilquerschnitt.

15. Berücksichtigt der U_{eq}-Wert

   a) die Differenz der winterlichen und sommerlichen solaren Gewinne,
   b) die solaren Gewinne,
   c) den Einfluss des Rahmens eines Fensters?

16. Ist die langwellige Strahlungsabsorption im isothermen Zustand
   a) größer als,
   b) gleich,
   c) kleiner als
   die langwellige Strahlungsemission?

17. Ist das Maximum des Spektrums der abgestrahlten Wärme eines Körpers abhängig von
   a) Temperatur,
   b) Feuchte,
   c) Material?

18. Zwei gleichartige Platten 1 und 2 gemäß Tabelle A.1-1 unterscheiden sich nur in den strahlungsphysikalischen Eigenschaften:

   Tabelle A.1-1:   Zusammenstellung von strahlungsphysikalischen Daten, Absorptionsgrad α und Emissionsgrad ε der Platten.

Platte	Wellenlängenbereich	
	$\lambda < 780$ nm	$\lambda > 780$ nm
1	$\alpha = 0{,}9$	$\varepsilon = 0{,}9$
2	$\alpha = 0{,}2$	$\varepsilon = 0{,}9$

   Welchen Bedingungen gehorchen die Temperaturen der beiden Plattenoberflächen, wenn sie unter freiem Himmel gleichzeitig der direkten Sonneneinstrahlung ausgesetzt sind?
   a) $\theta_{s1} < \theta_{s2}$
   b) $\theta_{s1} = \theta_{s2}$
   c) $\theta_{s1} > \theta_{s2}$

19. Was ist richtig? Die von einer Körperoberfläche emittierte Strahlung ist
   a) linear proportional ihrer Celsiustemperatur,
   b) linear proportional ihrer absoluten Temperatur,
   c) proportional der 4. Potenz ihrer absoluten Temperatur,
   d) umgekehrt proportional der 4. Potenz ihrer absoluten Temperatur,
   e) von keinem der aufgeführten Gesetze abhängig.

20. Was ist richtig? Das Stefan-Boltzmann-Gesetz sagt aus, dass
    a) die emittierte Wärmestrahlung eines schwarzen Körpers der 4. Potenz seiner absoluten Temperatur proportional ist,
    b) die Strahlungskonstante des schwarzen Körpers C_S = 5,67 W/m²K⁴ ist,
    c) die Emission eines beliebigen Baustoffes der Strahlungskonstante des schwarzen Körpers proportional ist.

21. Wann spricht man in Räumen vom Treibhauseffekt? Wenn
    a) das Fenster die langwellige Strahlung nicht durchlässt,
    b) das Fenster weder die kurzwellige noch die langwellige Strahlung durchlässt,
    c) die relative Raumluftfeuchte höher als 80 % ist,
    d) der Raum durch Heizkörper überheizt wird.

22. Welcher der Verläufe a), b) oder c) gibt den Strahlungstransmissionsgrad von Normalgläsern in Abhängigkeit von der Wellenlänge schematisch wider?

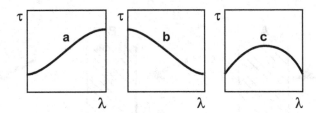

Bild A.1-3:   Schematische Verläufe des Strahlungstransmissionsgrades von Normalgläsern in Abhängigkeit von der Wellenlänge

23. Von welchen bauphysikalischen Größen hängt der langwellige Strahlungsaustausch zwischen zwei planparallelen Flächen ab? Von
    a) den Temperaturen der Oberflächen,
    b) den langwelligen Emissionsgraden der Oberflächen,
    c) der Wärmeleitfähigkeit der Luft,
    d) der Temperatur der Luft.

24. Für ein Fenster stehen die Einfachverglasungen A, B und C gemäß Tabelle A.1-2 zur Auswahl. Welche Verglasung lässt mehr Licht durch?

Tabelle A.1-2:   Zusammenstellung von strahlungsphysikalischen Daten der Verglasungen.

Verglasungsart	Reflexionsgrad	Transmissionsgrad	Absorptionsgrad
A	0,12	0,80	0,08
B	0,08	0,80	0,12
C	0,30	0,65	0,05

25. Das Fenster eines Raumes soll alternativ mit den Einfachverglasungen A, B oder C gemäß Tabelle A.1-2 verglast werden. In welchem Fall wird es unter sonst gleichen Randbedingungen bei Sonneneinstrahlung wärmer?

26. Wann wird von einem Fenster mit Normalverglasung der überwiegende Anteil der kurzwelligen Sonneneinstrahlung reflektiert? Bei
    a) senkrechtem Strahlungseinfall,
    b) schrägem Strahlungseinfall,
    c) streifendem Strahlungseinfall,
    d) jedem Strahlungseinfallswinkel.

27. Gegeben seien die folgenden Bauteile A, B und C mit einem Transmissionsgrad τ, Reflexionsgrad ρ und Absorptionsgrad α. Auf die Außenoberfläche der Bauteile treffe unter sonst gleichen Bedingungen eine Sonneneinstrahlung der Intensität I gemäß Bild A.1-4 auf. Zeichnen Sie die Einzelanteile der Strahlung an jedem Bauteil schematisch ein!

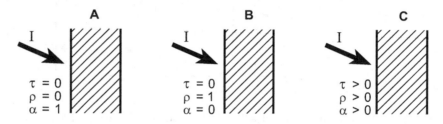

Bild A.1-4:   Schematische Darstellung der Bauteile A, B und C mit unterschiedlichen strahlungstechnischen Eigenschaften.

28. Was ist richtig? Der Schnee ist
    a) kurzwellig weiß,
    b) langwellig weiß,
    c) kurzwellig schwarz,
    d) langwellig schwarz.

29. Was kann im langwelligen Strahlungsbereich zutreffen?
    a) Die weiße Farbe ist schwärzer als die rote Farbe,
    b) die rote Farbe ist schwärzer als die weiße Farbe.

30. Welchen Reflexions-, Absorptions- und Transmissionsgrad besitzen die folgenden langwelligen Strahler?
    a) ideal schwarz
    b) ideal weiß
    c) grau (nicht transparent)
    d) ideales Glas

31. Zu welcher Jahreszeit tritt bei einer außenseitig
    a) schwarz gestrichenen (ideal absorbierenden),
    b) weiß gestrichenen (ideal reflektierenden)
    Südwand an einem sonnigen Tag die höchste Oberflächentemperatur auf?

32. Wann kann die Temperatur an der dunkel gestrichenen Außenoberfläche eines Bauteils höher sein als die Temperatur der Außenluft?
    a) immer
    b) im Sommer bei direkter Sonneneinstrahlung
    c) im Sommer während der Nacht
    d) im Winter bei direkter Sonneneinstrahlung
    e) nie

33. Was führt an einem Schönwetter-Sommertag zur Erwärmung der Außenoberfläche eines Flachdaches?
    a) nur die kurzwellige Sonneneinstrahlung
    b) überwiegend die langwellige Gegenstrahlung der Atmosphäre
    c) sowohl die kurzwellige Sonneneinstrahlung als auch die langwellige Gegenstrahlung der Atmosphäre
    d) die kurzwellige Sonneneinstrahlung und die Konvektion der Außenluft

34. Was ist eine geometrische Wärmebrücke?
    a) Stoßstelle mehrerer Bauteile gleicher Wärmeleitfähigkeit
    b) Stoßstelle mehrerer Bauteile unterschiedlicher Wärmeleitfähigkeit
    c) kreisrunder homogener Bauteilausschnitt

35. Ist die Temperatur der Außenoberfläche einer Wärmebrücke im Winter
    a) höher,
    b) niedriger,
    c) annähernd gleich
    im Verhältnis zur Außenoberflächentemperatur des angrenzenden Bauteilbereichs?

36. Skizzieren Sie für den unten schematisch dargestellten Wandanschluss die Isothermen und die Adiabaten unter Winterverhältnissen!

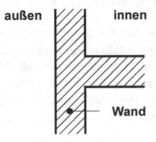

Bild A.1-5: Schematische Darstellung des Wandanschlusses (Grundriss).

37. Skizzieren Sie für die im Bild A.1-6 abgebildete Außenwandkonstruktion mit Wärmebrücke die Verteilungen der Innen- und Außenoberflächentemperaturen (je ein θ - x-Diagramm) an einem sonnigen Wintertag, wenn außenseitig der
   a) Wärmebrückenbereich hell, der Gefachbereich dunkel gestrichen ist,
   b) Wärmebrückenbereich dunkel, der Gefachbereich hell gestrichen ist!

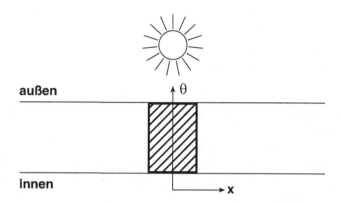

Bild A.1-6:   Schematische Darstellung der Außenwandkonstruktion. Der schraffierte Bereich kennzeichnet die Wärmebrücke.

38. Werden zur Ermittlung des Gesamtwärmestroms durch eine Fachwerk-Außenwand flächenmäßig
   a) die Wärmedurchgangswiderstände,
   b) die Wärmeübergangswiderstände,
   c) die Wärmedurchgangskoeffizienten,
   d) die Wärmedurchlasswiderstände
   von Gefach und Holzriegel addiert?

39. Was wird bei wärmeschutztechnischen Berechnungen von stark belüfteten Bauteilen berücksichtigt?
   a) Wärmedurchlasswiderstand der Außenschale
   b) Wärmedurchlasswiderstand der Luftschicht
   c) Wärmedurchlasswiderstand der Innenschale

40. Warum wird die Kellerdecke bei der Berechnung des mittleren Wärmedurchgangskoeffizienten eines Gebäudes mit dem Temperaturfaktor 0,6 versehen? Weil
   a) sich die Kellerdecke in der Nacht stärker abkühlt als andere Bauteile,
   b) die Kellerdecke immer besser gedämmt ist als die Wände,
   c) sich die Kellerdecke in der Nacht weniger abkühlt als andere Bauteile,
   d) es im Keller zur Winterzeit nicht so kalt wird, wie außen.

41. Welche der im Bild A.1-7 abgebildeten Stützenanordnungen in der Ecke eines Außenmauerwerks ist unter Winterbedingungen wärmetechnisch die beste, welche die schlechteste?

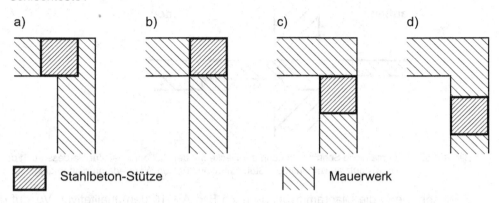

Bild A.1-7: Schematische Darstellung von vier verschiedenen Außenwandkonstruktionen aus Mauerwerk mit unterschiedlichen Anordnungen der Stahlbetonstütze (Grundriss).

42. Welche der im Bild A.1-8 skizzierten Temperaturverteilungen a, b oder c entlang der Wandinnenoberfläche ist richtig?

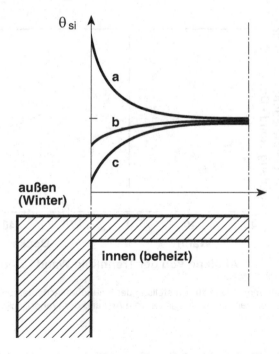

Bild A.1-8: Schematische Darstellung der Temperaturverläufe entlang der Wandinnenoberfläche (oben) im Eckbereich einer Außenwand gemäß Skizze (unten).

43. In Bild A.1-9 ist eine Deckenkonstruktion mit einer auskragenden Balkonplatte schematisch dargestellt.

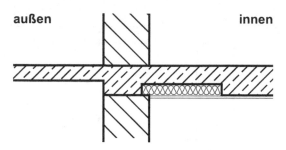

außen   **innen**

Bild A.1-9:   Schematische Schnittzeichnung der Decke mit der Balkonplatte. Zur Verbesserung des Wärmeschutzes wurden in die Stahlbetonkonstruktion Wärmedämmplatten eingelegt.

Zeichnen Sie in die Diagrammvorlage nach Bild A.1-10 den qualitativen Verlauf der Innenoberflächentemperatur im unteren Eckbereich (Wand-Decke) in Abhängigkeit vom Eckabstand für winterliche Temperaturverhältnisse ein!
a) für die Deckenkonstruktion mit,
b) für die Deckenkonstruktion ohne einbetonierte Dämmplatte.

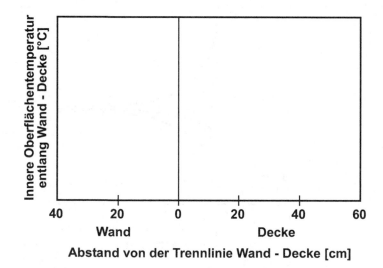

Bild A.1-10: Diagrammvorlage zur Darstellung der Innenoberflächentemperaturen entlang der Wand und der Decke in Abhängigkeit vom Abstand der Wand-Deckenkante.

44. Skizzieren Sie die qualitativen Verläufe der Innenoberflächentemperaturen für die Sandwich-Konstruktionen A und B (Bild A.1-11) in die unten stehende Diagrammvorlage! Die Konstruktionen unterliegen den gleichen Innen- und Außenlufttemperaturen. Alle Dicken der Aluminiumplatten sind gleich.

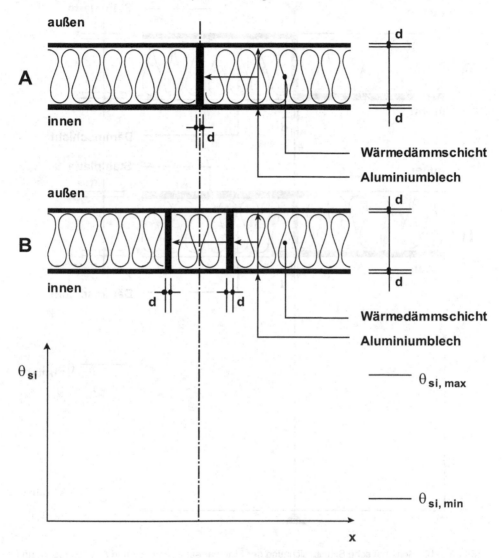

Bild A.1-11: Schematische Schnittzeichnungen der Sandwich-Konstruktionen A und B (oben) und die Diagrammvorlage für die Darstellung der jeweiligen Innenoberflächentemperaturen der Wandkonstruktionen in Abhängigkeit vom Abstand von der Symmetrieachse (unten).

45. Skizzieren Sie die qualitativen Verläufe der Innenoberflächentemperaturen für die Stahlpaneel-Konstruktionen A und B (Bild A.1-12) in die unten stehende Diagrammvorlage! Die Konstruktionen unterliegen den gleichen Innen- und Außenlufttemperaturen. Alle Dicken der Stahlplatten sind gleich.

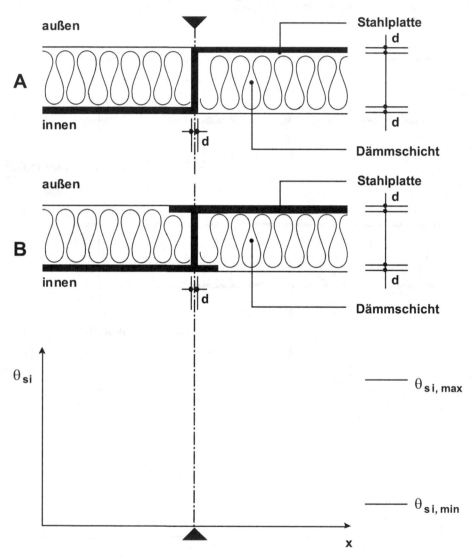

Bild A.1-12: Schematische Schnittzeichnung der Stahlpaneel-Konstruktionen A und B (oben) und die Diagrammvorlage für die Darstellung der jeweiligen Innenoberflächentemperaturen der Wandkonstruktionen in Abhängigkeit vom Abstand von der Markierung (unten).

46. Warum wird die Decke eines unbeheizten Kellers bei der Berechnung des mittleren Wärmedurchgangskoeffizienten eines Gebäudes mit dem Multiplikator 0,5 versehen? Weil

    a) die Lufttemperatur des unbeheizten Kellerraumes im Mittel deutlich höher ist als die der Außenluft,

    b) die Kellerdecke immer besser gedämmt ist als die anderen Bauteile,

    c) sich die Kellerdecke in der Nacht weniger abkühlt als andere Bauteile.

47. Welches Bauteil eines mehrgeschossigen Wohnhauses weist pro Quadratmeter die größten Heizwärmeverluste auf?

    a) Kellerdecke

    b) Wand

    c) Fenster

    d) Dach

48. Wieviel Wärme speichert eine Betonplatte unter gleichen Bedingungen im Vergleich zu einer gleichgroßen und gleichdicken Holzplatte?

    a) mehr

    b) weniger

    c) gleichviel

49. Was versteht man unter "latenter Wärme" beim Verdunstungsvorgang von Wasser zu Wasserdampf?

    a) die zur Verdunstung von Wasser benötigte Wärme, die der Umgebung entzogen wird

    b) die zur Bereitstellung von Warmwasser benötigte Wärme

    c) die elektrische Energie, die in Wärme umgewandelt wird

50. Ist die Temperaturleitfähigkeit eine

    a) Bauteilgröße,

    b) Baustoffgröße,

    c) Bauwerksgröße?

51. Die westorientierten gleich dicken Außenwände A und B zweier gleicher Räume bestehen aus Materialien unterschiedlicher Masse pro m². Auf die Außenoberfläche beider Wände trifft die gleiche sommerliche Sonneneinstrahlung. Alle anderen Randbedingungen sind ebenfalls identisch.

    $m_A = 300 \ kg/m^2$

    $m_B = \ 50 \ kg/m^2$

    Skizzieren Sie schematisch in einem Diagramm die Tagesgänge der Innenlufttemperaturen beider Räume!

52. Gegeben sei der im Bild A.1-13 skizzierte Raum mit Angabe von Temperaturen und den schematisiert dargestellten Wärmequellen. Stellen Sie die allgemeine Energiebilanz des Raumes auf, wenn $\theta_i > \theta_e$ ist!

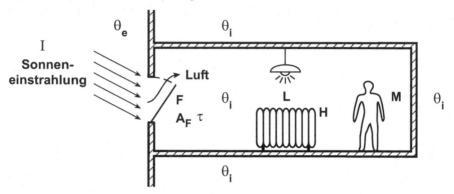

Bild A.1-13: Schematische Darstellung eines Raumes mit Angabe von Wärmequellen und Temperaturen im Raum sowie der Sonneneinstrahlung und Außenlufttemperatur.

θ_i : Innenlufttemperatur

θ_e: Außenlufttemperatur

53. Was ist die fiktive Außenlufttemperatur? Die Temperatur, die
a) den Einfluss der kosmischen Gegenstrahlung auf die Außenoberfläche eines Bauteils,
b) den Einfluss der vom Bauteil kurzwellig absorbierten Strahlung,
c) den Einfluss der vom Bauteil langwellig absorbierten Strahlung
berücksichtigt.

54. Die Fouriersche Differentialgleichung wird verwendet zur Behandlung
a) von stationären Wärmetransportvorgängen,
b) von instationären Wärmetransportvorgängen,
c) von Wärmebrücken.

55. Was gibt das Temperaturamplitudenverhältnis bei bauphysikalischen Betrachtungen an?
a) das Verhältnis zwischen den Lufttemperaturamplituden im Sommer und Winter
b) das Verhältnis zwischen den Temperaturamplituden an der Innen- und Außenoberfläche eines Bauteils
c) das Verhältnis zwischen den Temperaturamplituden der Raumluft mit und ohne Sonneneinstrahlung
d) die minimalen Temperaturschwankungen an der inneren und äußeren Oberfläche eines Fensters

56. Welche der folgenden Außenwandkonstruktionen A, B und C ist sowohl stationär als auch instationär die günstigste im Vergleich zu den beiden anderen?

Tabelle A.1-3: Zusammenstellung von wärmetechnischen Kenngrößen der Außenwandkonstruktionen A, B und C.

Konstruktion		TAV [-]	U [W/m²K]
A	Normalbeton mit Außendämmung	0,01	0,3
B	Leichtbeton beidseitig verputzt	0,43	0,7
C	Spanplatte beidseitig, dazwischen Mineralwolle	0,67	0,5

57. Welche der folgenden Schichten eines Außenbauteils besitzt das kleinste Temperaturamplitudenverhältnis?
   a) 20 cm Normalbeton
   b) 5 cm Wärmedämmung
   c) 5 cm Normalbeton

58. Die Temperaturverteilung im Querschnitt eines Außenbauteils zeigt den Verlauf gemäß Bild A.1-14.

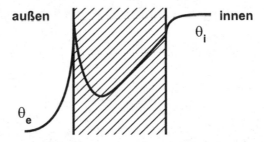

Bild A.1-14: Schematisch dargestellte Temperaturverteilung in einem Außenwandquerschnitt.

Wann stellt sich unter praktischen Bedingungen ein solcher Temperaturverlauf ein?
   a) im Winter während der Nacht
   b) im Sommer bei Regen
   c) im Sommer bei starker Sonneneinstrahlung
   d) während eines klaren Wintertages

59. Welche Außenwand eines Gebäudes erreicht an einem sonnigen Sommertag die höchste Außenoberflächentemperatur?
   a) Nordwand
   b) Südwand
   c) Westwand

60. Welche Maßnahmen tragen zur Senkung der Innenlufttemperatur eines Raumes bei
     sommerlicher Sonneneinstrahlung bei?
     a) Erhöhung des U-Wertes der Außenwand
     b) Erhöhung der Raumluftfeuchte
     c) Reduzierung des Luftwechsels tagsüber
     d) Reduzierung des Luftwechsels nachts
     e) Wahl schwerer Innenbauteile

Aufgaben

Aufgabe 1.1

Ein nicht unterkellerter Flachdach-Bungalow gemäß Bild A.1-15 soll wärmetechnisch untersucht werden.

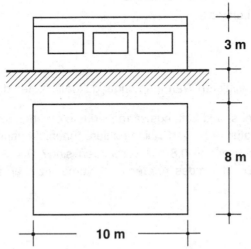

Bild A.1-15: Schematische Darstellung der Ansicht (oben) und der Grundfläche (unten) des Flachdachbungalows.

Daten

Außenwand:	1,5 cm	Innenputz	$\lambda = 0{,}7$ W/mK
	24,0 cm	Mauerwerk	$\lambda = 0{,}9$ W/mK
	5,0 cm	Wärmedämmschicht	$\lambda = 0{,}04$ W/mK
	5,0 cm	Luftspalt (belüftet)	-
	0,5 cm	Faserzementplatten	-
Boden:		Holzfußboden	$R = 0{,}12$ m^{2}K/W
	5,0 cm	Estrich	$\lambda = 2{,}0$ W/mK
	8,0 cm	Wärmedämmschicht	$\lambda = 0{,}04$ W/mK
		Feuchtesperre auf Magerbeton	
Flachdach:	1,5 cm	Innenputz	$\lambda = 0{,}7$ W/mK
	15,0 cm	Normalbeton	$\lambda = 2{,}1$ W/mK
	8,0 cm	Wärmedämmschicht	$\lambda = 0{,}04$ W/mK
		Dachhaut	
		mehrere Lagen Bitumenpappe	

Fenster:	Wärmedurchgangskoeffizient	2,6 W/m²K
	Flächenanteil	20 %
Luft:	spezifische Wärmekapazität	0,28 Wh/kgK
	Dichte	1,25 kg/m³

Randbedingungen

Wärmeübergangswiderstände gemäß Datenblatt 1

Windgeschwindigkeit im Luftspalt: 1 m/s

Fragen

1. Bestimmen Sie den mittleren Wärmedurchgangskoeffizienten des Bungalows!

2. Welche Transmissions- und Lüftungswärmeverluste ergeben sich, wenn eine mittlere Außenlufttemperatur von –12 °C, eine mittlere Innenlufttemperatur von 20 °C und ein mittlerer Luftwechsel von 0,8 h⁻¹ vorhanden sind? Die Volumina der Bauelemente sind für die Ermittlung des inneren Luftvolumens zu vernachlässigen.

Aufgabe 1.2

Ein Büroraum entsprechend der Grundrissskizze (Bild A.1-16) soll wärmetechnisch untersucht werden. Die Raumhöhe beträgt 3 m.

Daten

Außenwand:	1,5 cm	Innenputz	$\lambda =$ 0,70 W/mK
	24,0 cm	Kalksandsteinmauerwerk	$\lambda =$ 0,99 W/mK
	6,0 cm	Wärmedämmschicht	$\lambda =$ 0,04 W/mK
	0,5 cm	Kunstharzputz als Wetterschutz	-

Fenster:		Typ A	Typ B
	Flächenanteil	50 %	50 %
	Rahmenanteil	20 %	20 %
	Transmissionsgrad der Verglasung	0,80	0,40
	Rahmen und Verglasung	$U_F =$ 3,0 W/m²K	?

| Luft: | spezifische Wärmekapazität | 0,28 Wh/kgK |
| | Dichte | 1,25 kg/m³ |

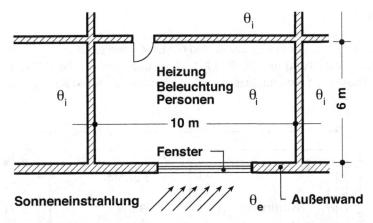

Bild A.1-16: Schematische Darstellung des Grundrisses des zu untersuchenden Büroraumes mit Angabe der Wärmequellen, der Lufttemperaturen und der Sonneneinstrahlung.

Randbedingungen

Temperaturdifferenz zwischen Innen- und Außenluft: $\quad \Delta\theta = 15\,\text{K}$

Luftwechselzahl: $\quad n = 1{,}0\,\text{h}^{-1}$

Wärmeübergangswiderstände gemäß Datenblatt 1 und folgende weitere Bedingungen:

– 6 Personen im Raum mit je 120 W Wärmeabgabe für 6 Stunden am Tag,
– künstliche Raumbeleuchtung mit 50 W je m² Grundfläche für 6 Stunden am Tag,
– Sonneneinstrahlung auf das Fenster mit 30 W/m² für 12 Stunden am Tag,
– keine Temperaturdifferenz im Inneren des Gebäudes, sekundäre Wärmelieferung des Fensters sowie Absorption auf der Außenoberfläche vernachlässigbar.

Fragen

1. Geben Sie den mittleren Wärmedurchgangskoeffizienten sowie den mittleren Wärmedurchlasswiderstand der gesamten Fassade mit Fenster Typ A an!

2. Welche mittlere Heizleistung benötigt der Raum während der Heizperiode unter Berücksichtigung der oben angegebenen Daten mit Fenster Typ A?

3. Aus Gründen des sommerlichen Wärmeschutzes wird auch der Einbau eines Fensters mit Sonnenschutzverglasung erwogen (Fenster Typ B). Welchen U_F-Wert sollte dieses Fenster mindestens besitzen, wenn durch seinen Einbau die gleiche Heizenergie für den Raum verbraucht werden soll wie mit dem Fenster vom Typ A?

Aufgabe 1.3

In einem erdgeschossigen Industriebau sind ein Büro- und ein Kühlraum entsprechend der schematischen Darstellung gemäß Bild A.1-17 vorgesehen. An den Wänden und der Decke des Kühlraumes ist eine zusätzliche wärmedämmende Auskleidung geplant.

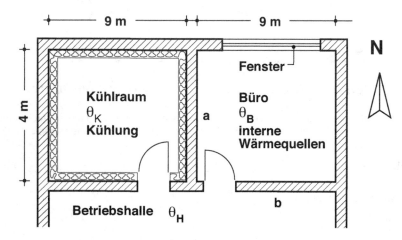

Bild A.1-17: Schematische Darstellung des Grundrisses der zu untersuchenden Räume.

Daten

Räume:	Höhe	3,5 m
Fenster:	Anteil der Fensterflächen an der nordorientierten Büroaußenwand	30 %
Außenwände: 24,0 cm Porenbeton-Wandelemente	$\lambda =$	0,16 W/mK
Innenwände: a) 20,0 cm Porenbetonmauerwerk	$\lambda =$	0,21 W/mK
b) Wand inklusive Tür	$R =$	0,75 m²K/W
Dach (unbelüftet):	$R =$	1,00 m²K/W
Boden (nicht unterkellert):	$R =$	0,80 m²K/W
Wärmedämmende Auskleidung im Kühlraum:	$R =$	2,00 m²K/W
Außenfassade des Büros:	$U_m =$	1,10 W/m²K
Luft:	spezifische Wärmekapazität	0,28 Wh/kgK
	Dichte	1,25 kg/m³

Randbedingungen

Lufttemperatur:	außen	20 °C	(Sommer)
		0 °C	(Winter)
	Büro	20 °C	
	Kühlraum	5 °C	
	Betriebshalle	17 °C	

Erdreich: unter der Bodenplatte   10 °C

Luftwechselzahl: bei Fensterlüftung $1,0 \, h^{-1}$

Leistung der inneren Wärmequellen im Büro: 2000 W

Wärmeübergangswiderstände gemäß Datenblatt 1

Fragen

1. Wie groß müssen der U-Wert des Fensters und der mittlere Wärmedurchlasswiderstand für den gesamten Außenwandbereich des Büroraumes sein, damit der vorgegebene mittlere U-Wert eingehalten wird?

2. Welche Heiz- und Kühlleistungen sind für das Büro im Winter bzw. im Sommer erforderlich, um die gegebene Innenlufttemperatur unter den genannten mittleren Umgebungsbedingungen konstant zu halten? Die Türen sind als dicht anzunehmen.

Aufgabe 1.4

Bei einem Doppelwohnhaus mit Satteldach (Holzsparrenkonstruktion) sollen die zwei Dachgeschosshälften als Studiowohnungen ausgebaut werden. Die Dachschräge reicht innen bis zum Boden des Dachraumes. Beide Dachgeschosswohnungen sind symmetrisch zur Doppelhaustrennwand angeordnet. Die Giebelseiten sind Ost-West orientiert und haben keinen Dachüberstand. Fenster sind in beiden Dachebenen (Dachfenster) und im Giebel (eine Dreieck-Fensterfläche zwischen der Dachraum-Brüstung und dem Ortgang) vorgesehen. Weitere Angaben gehen aus den Bildern A.1-18 bis A.1-20 hervor:

Daten

Dachfenster:	Flächenanteil	25 %
	Wärmedurchgangskoeffizient	3,0 W/m²K
Dreieckfenster	Wärmedurchgangskoeffizient	3,0 W/m²K

Luft: spezifische Wärmekapazität   0,28 Wh/kgK
                      Dichte   1,25 kg/m³

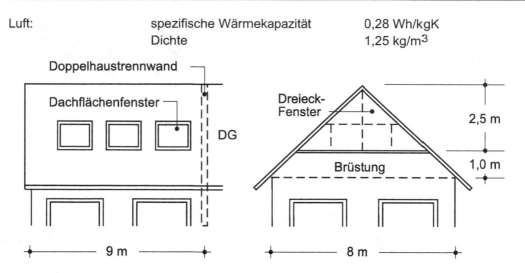

Bild A.1-18: Schematische Darstellung der Seiten- und Giebelansichten des zu untersuchenden Doppelwohnhauses.

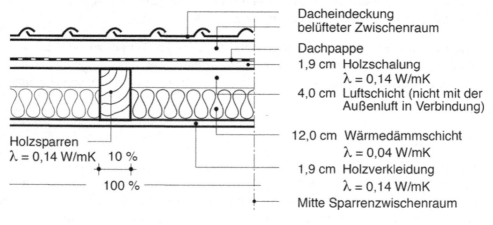

Bild A.1-19: Detailskizze der Dachkonstruktion.

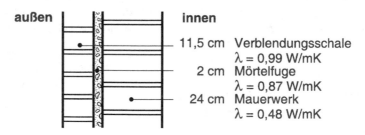

Bild A.1-20: Detailskizze des Giebelmauerwerkaufbaus (Fensterbrüstung).

Randbedingungen

| Lufttemperatur: | innen | 20 °C; zeitlich konstant |
| | außen | 0 °C; zeitlich konstant |

Wärmeübergangswiderstände gemäß Datenblatt 1

Fragen

1. Wie groß ist der Fensterflächenanteil für die äußeren Umschließungsflächen von einer Dachgeschosswohnung?

2. Welche U-Werte besitzen die nichttransparenten Außenbauteile der Wohnung?

3. Bestimmen Sie jeweils die mittleren U-Werte der gesamten Dachfläche und der gesamten Giebelfläche des Hauses!

4. Welchen mittleren Gesamtwärmeverlust hat eine Dachgeschosswohnung, wenn ein mittlerer Luftwechsel von 0,8 h^{-1} angenommen wird und die angrenzenden Wohnungen die gleiche Raumtemperatur besitzen?

5. Welche konstruktiven und praktischen Maßnahmen wären denkbar, um im Sommer einer zu starken Aufheizung der Wohnungen vorzubeugen?

6. Welche Fenster des Dachgeschosses empfangen im Hochsommer direkte Sonnenstrahlung?

Aufgabe 1.5

In einem Mehrfamilienhaus, in dem zwei Wohnungen symmetrisch zueinander angeordnet sind, werden die aneinandergrenzenden Räume gemäß der Skizze im Bild A.1-21 genutzt. Der Aufbau einzelner Bauteile ist den Bildern A.1-21 bis A.1-24 zu entnehmen.

Daten

Raum:	lichte Höhe	2,5 m
Fenster:	Höhe	1,35 m
	Rahmenanteil	25 %
	Anteil der Fensterflächen an der Gesamtfassade	25 %
Luft:	spezifische Wärmekapazität	0,28 Wh/kgK
	Dichte	1,25 kg/m^3

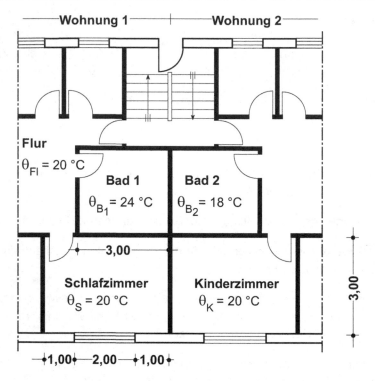

Bild A.1-21: Schematische Darstellung der Grundrissanordnung der zu untersuchenden Räume.

außen   **innen**

0,5 cm Kunstharzputz
12,0 cm Wärmedämmschicht $\lambda = 0{,}04$ W/mK
24,0 cm Mauerwerk $\lambda = 0{,}99$ W/mK
1,5 cm Innenputz $\lambda = 0{,}70$ W/mK

Bild A.1-22: Aufbau der Außenwandkonstruktion.

Schlaf-   **Bad**
zimmer

1,5 cm Innenputz $\lambda = 0{,}70$ W/mK
11,5 cm Mauerwerk $\lambda = 0{,}99$ W/mK
2,0 cm Zementmörtel $\lambda = 1{,}40$ W/mK
0,5 cm Fliesen $\lambda = 1{,}00$ W/mK

Bild A.1-23: Aufbau der Innenwand zwischen Schlafzimmer und Bad.

5,0 cm	Holzrahmen	$\lambda = 0{,}17$ W/mK
0,3 cm	Außenscheibe	$\lambda = 0{,}81$ W/mK
1,2 cm	Luftzwischenraum	
0,3 cm	Innenscheibe	$\lambda = 0{,}81$ W/mK

Bild A.1-24: Schematische Darstellung des Fensteraufbaus.

Randbedingungen

Lufttemperatur: außen   0 °C; zeitlich konstant

Wärmeübergangswiderstände gemäß Datenblatt 1

Fragen

1. Bestimmen Sie den Wärmedurchlasswiderstand und den Wärmedurchgangskoeffizienten der Außenwand!

2. Berechnen Sie den mittleren Wärmedurchgangskoeffizienten der Gesamtfassade des betrachteten Geschosses!

3. Der im Schlafzimmer installierte Heizkörper kann eine maximale Heizleistung von 500 W an den Raum abgeben. Wie groß darf der stündliche Luftwechsel, bedingt durch die Undichtheiten der Fensterfugen, höchstens sein?

4. Ermitteln Sie die äußere Oberflächentemperatur der Außenwand des Schlafzimmers, wenn durch (eine als stationär gedachte) Besonnung eine Strahlungsintensität von 400 W/m² auf die Außenoberfläche auftrifft und die Oberfläche einen Absorptionsgrad von 0,8 besitzt!

Aufgabe 1.6

In der mittleren Etage eines mehrgeschossigen Wohnhauses befindet sich eine Wohnung mit der in Bild A.1-25 skizzierten Raumaufteilung. Alle übereinanderliegenden Wohnungen haben gleiche Aufteilung und Nutzung. Die Wärmeflüsse durch Fußboden und Decke sind zu vernachlässigen. Für die Berechnung der Bauteilflächen und Volumina bleiben die Dicken der Raumumschließungsbauteile unberücksichtigt.

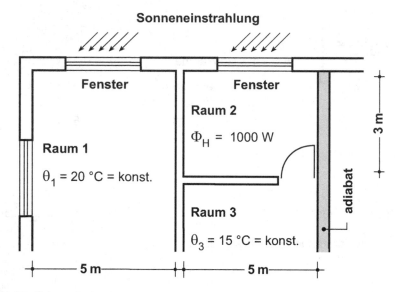

Bild A.1-25: Schematische Darstellung des Grundrisses der zu untersuchenden Räume.

Daten

Raumhöhe:		2,5 m

Außenwand:		Innenputz	$R = 0{,}02$ m²K/W
	30 cm	Leichtmauerwerk	$\lambda = 0{,}5$ W/mK
		Außenputz	$R = 0{,}03$ m²K/W

Innenwände:	10 cm	Porenbeton	$\lambda = 0{,}21$ W/mK
Decken:	15 cm	Stahlbetonplatte	$\lambda = 2{,}1$ W/mK
Fenster:	5 cm	Rahmen (Holz)	$\lambda = 0{,}17$ W/mK
		Doppelverglasung	$U_G = 1{,}86$ W/m²K
		Flächenanteil im Raum 2	40 %
		Rahmenanteil	30 %
		Transmissionsgrad	0,8

Luft:	spezifische Wärmekapazität	0,28 Wh/kgK
	Dichte	1,25 kg/m³

Randbedingungen

Lufttemperatur:	außen	–15 °C; zeitlich konstant

Wärmeübergangswiderstände gemäß Datenblatt 1

Fragen

1. Wie groß darf bei einer Mauerwerksdicke von 30 cm der Fensterflächenanteil für dieses Geschoss höchstens sein, um den mittleren Wärmedurchgangskoeffizienten der Gesamtfassade von 1,85 W/m²K gerade noch einzuhalten?

2. Auf welchen Wert stellt sich bei den gegebenen Daten und unter stationären Bedingungen tagsüber die Raumlufttemperatur in Raum 2 ein, wenn die Sonne mit einer zeitlich konstanten Intensität von 600 W/m² außen auf die Fenster scheint und ein Außenluftwechsel von 1,0 h⁻¹ vorliegt.

Aufgabe 1.7

Die fensterlose, westorientierte Außenwand eines Raumes sei einschichtig und homogen aus Leichtbeton aufgebaut. Die Strahlungsintensität ist als Funktion von der Tageszeit in Bild A.1-26 gegeben.

Daten

Wand:		
	Dicke	16 cm
	Fläche	12,5 m²
	Rohdichte	540 kg/m³
	Wärmeleitfähigkeit	0,24 W/mK
	spezifische Wärmekapazität	0,28 Wh/kgK
	kurzwelliger Absorptionsgrad der Außenoberfläche	0,8

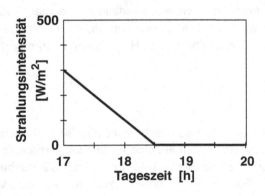

Bild A.1-26: Sonneneinstrahlungsintensität als Funktion der Tageszeit.

Randbedingungen

Lufttemperatur:	innen	20 °C; zeitlich konstant
	außen	–10 °C; zeitlich konstant
Wärmeübergangswiderstand:	innen	0,13 m²K/W
	außen	0,08 m²K/W (windstill)

Fragen

1. Bestimmen Sie den zeitlichen Verlauf der Heizleistung des Raumes in der Zeit von 17 bis 20 Uhr, wenn um 17 Uhr die im Arbeitsblatt A.1-1 eingezeichnete Temperaturverteilung über den Außenwandquerschnitt vorliegt! Der Raum soll hierbei nur über diese Außenwand Wärme verlieren. Tragen Sie den zeitlichen Heizleistungsverlauf des Raumes in das folgende Diagramm in Bild A.1-27 ein!

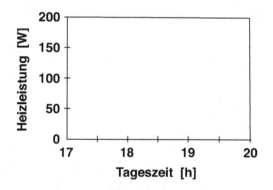

Bild A.1-27: Erforderliche Heizleistung als Funktion der Tageszeit.

2. Zeichnen Sie die stationäre Temperaturverteilung über den Außenwandquerschnitt in das Arbeitsdiagramm A.1-1 ein, wenn von 18.30 Uhr an keine Veränderung der Randbedingungen mehr auftritt! Welche Heizleistung ist dann erforderlich?

Aufgabe 1.8

Die Außenwandfläche eines Wohnraumes besteht aus 30 % Fenster, 50 % Mauerwerk und 20 % Heizkörpernische unter dem Fenster. In der Heizkörpernische sei ein Flachheizkörper entsprechend der Skizze in Bild A.1-28 angeordnet. Wandoberfläche und Heizkörper sind als planparallele Flächen anzunehmen; Randeffekte sind zu vernachlässigen.

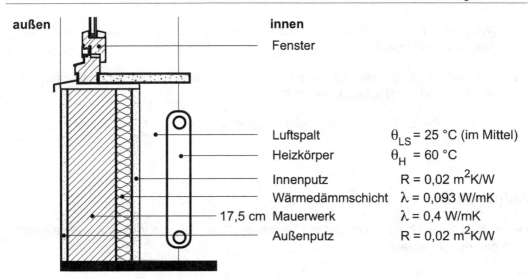

außen   **innen**
                                   Fenster

Luftspalt θ_{LS} = 25 °C (im Mittel)
Heizkörper θ_H = 60 °C
Innenputz   R = 0,02 m^{2}K/W
Wärmedämmschicht λ = 0,093 W/mK
17,5 cm Mauerwerk λ = 0,4 W/mK
Außenputz   R = 0,02 m^{2}K/W

Bild A.1-28: Schematische Darstellung der Heizkörpernische.

Daten

Außenwand: Innenputz   R = 0,02 m^{2}K/W
            30 cm Mauerwerk λ = 0,4 W/mK
                  Außenputz   R = 0,02 m2K/W

Fenster: Rahmen und Verglasung U_F = 3,0 W/m^{2}K

Strahlungskonstante des schwarzen Körpers: C_S = 5,77 W/m^{2}K^4

Randbedingungen

Lufttemperatur: innen   20 °C; zeitlich konstant
                  außen   0 °C; zeitlich konstant

Wärmeübergangswiderstände an der Nischenoberfläche bezogen auf die Temperatur:

strahlungsbedingt   Nischenoberfläche - Heizkörper   0,17 m^{2}K/W
konvektiv   Nischenoberfläche - Luftspalt   0,13 m^{2}K/W

Fragen

1. Wie dick muss die Wärmedämmschicht im Nischenbereich sein, damit die Nische den gleichen Wärmedurchlasswiderstand besitzt wie das 30 cm dicke Mauerwerk?

2. Ist der Wärmeverlust je m^2 in der Nische höher als im übrigen Außenmauerwerksbereich? Wenn ja: Um wieviel Prozent? Wenn nein: Warum?

3. Wie groß ist die Strahlungsaustauschkonstante zwischen der Nischenoberfläche und dem Heizkörper?

4. Wie groß ist der Emissionsgrad der Heizkörperoberfläche, wenn der Emissionsgrad des Putzes in der Nische 0,9 beträgt?

5. Ermitteln Sie den Transmissionswärmeverlust in W/m^2 für den gesamten Außenwandbereich!

Aufgabe 1.9

Der Aufbau einer Holz-Außenwand mit Vormauerschale sei, wie in Bild A.1-29 schematisch dargestellt, geplant.

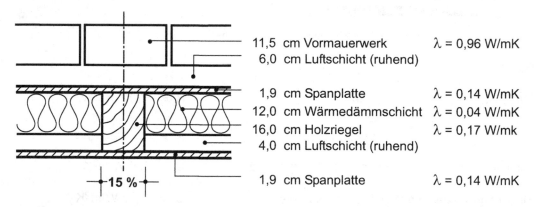

11,5 cm	Vormauerwerk	$\lambda = 0,96$ W/mK
6,0 cm	Luftschicht (ruhend)	
1,9 cm	Spanplatte	$\lambda = 0,14$ W/mK
12,0 cm	Wärmedämmschicht	$\lambda = 0,04$ W/mK
16,0 cm	Holzriegel	$\lambda = 0,17$ W/mk
4,0 cm	Luftschicht (ruhend)	
1,9 cm	Spanplatte	$\lambda = 0,14$ W/mK

15 %

Bild A.1-29: Schematische Darstellung des Aufbaus der Außenwandkonstruktion mit Vormauerschale.

Randbedingungen

Lufttemperatur: innen   20 °C

                   außen   0 °C

Wärmeübergangswiderstände gemäß Datenblatt 1

Fragen

1. Berechnen Sie den mittleren Wärmedurchlasswiderstand der geplanten Außenwandkonstruktion!

2. Wie groß ist der Transmissionswärmeverlust je m^2 Außenwandfläche?

3. Anstelle des Vormauerwerks soll eine hinterlüftete Fassade aus einer 0,5 cm dicken Schieferbekleidung mit der Wärmeleitfähigkeit 1,5 W/mK vorgehängt werden. Wie dick muss dabei die Wärmedämmschicht im Gefach sein, damit diese Konstruktion den gleichen Wärmeverlust aufweist wie die Konstruktion mit Vormauerwerk?

Aufgabe 1.10

Der konstruktive Aufbau eines belüfteten Flachdaches sei folgendermaßen geplant:

Dachhaut auf Dachhautträger
Luftspalt
Holzbalken $\lambda = 0,17$ W/mK

10,0 cm Wärmedämmschicht $\lambda = 0,04$ W/mK $\mu = 1$

16,0 cm Massivdecke $\lambda = 2,1$ W/mK $\mu = 80$
1,5 cm   Innenputz $\lambda = 0,7$ W/mK $\mu = 10$

Bild A.1-30:   Schematische Darstellung des Aufbaus eines belüfteten Daches.

Daten

gesamte Dachfläche: 100 m^2
maximale Länge in Belüftungsrichtung: 12 m
Flächenanteil der Holzbalkenkonstruktion: 8 %

Randbedingungen

Lufttemperatur: innen   20 °C
                    außen   – 10 °C

Wärmeübergangswiderstände gemäß Datenblatt 1

Fragen

1. Ist der geplante Dachaufbau bauphysikalisch sinnvoll? Begründung!

2. Wie dick sollte der Luftspalt über der Wärmedämmschicht aus praktischen Erwägungen sein? Begründung!

3. Wie groß muss die Querschnittsfläche der Be- und Entlüftungsöffnungen an der Berandung des Daches mindestens sein? Wo müssen sie angeordnet werden?

4. Wie groß sind für das geplante Dach
   - der mittlere Wärmedurchlasswiderstand,
   - der gesamte Wärmeverlust,
   - die inneren Oberflächentemperaturen im Balken- und Gefachbereich?
   Die thermische Wirkung der Holzbalken ist dabei nur bis zu einer Höhe entsprechend der Dämmschichtdicke zu berücksichtigen.

5. Skizzieren Sie in einem Diagramm qualitativ die Temperaturverteilungen entlang der inneren Deckenoberfläche (für Balken- und Gefachbereich),
   a) gemäß der "naiven" Berechnungsmethode
   b) unter Berücksichtigung der zweidimensionalen Wärmeströme!

Aufgabe 1.11

Das nicht belüftete Flachdach eines Krankenhauses besteht aus folgenden Materialschichten:

Daten

I.		Ausgleichsschicht	
II.		Dachhaut	
III.		Dampfdruckausgleichsschicht	
IV.		Dampfsperre	
V.	1,0 cm	Putz	$\lambda = 0{,}7$ W/mK
VI.	20,0 cm	Stahlbeton	$\lambda = 2{,}1$ W/mK
VII.		Wärmedämmschicht	$\lambda = 0{,}04$ W/mK

Randbedingungen

Lufttemperatur:	innen	20 °C; zeitlich konstant
	außen	0 °C; zeitlich konstant

Wärmeübergangswiderstände gemäß Datenblatt 1

In Bettentrakten von Krankenhäusern wird bei Flachdächern in der Regel eine Deckenstrahlungsheizung angebracht. Aus Vereinfachungsgründen wird diese bei der vorliegenden Aufgabe durch eine "Heizfolie" simuliert. Der Wärmedurchlasswiderstand der Heizfolie ist zu vernachlässigen.

Fragen

1. In welcher Reihenfolge (von oben nach unten) müssen die Materialschichten aufgebracht werden, damit der Dachaufbau bauphysikalisch richtig ist?

2. Wie dick muss die Wärmedämmschicht sein, damit die Wärmestromdichte durch das Flachdach (ohne Heizfolie) 6 W/m^2 nicht überschreitet?

3. Muss die Wärmedämmschicht dicker werden, wenn an der Deckenunterseite eine Heizfolie mit einer Wärmeabgabe von 60,4 W/m^2 aufgebracht wird, die Wärmestromdichte durch das Flachdach jedoch weiterhin 6 W/m^2 betragen soll? Wenn ja, um wieviel Prozent? Wenn nein, warum nicht? Der innere Wärmeübergangswiderstand soll in diesem Fall mit 0,1 m^{2}K/W angesetzt werden.

Aufgabe 1.12

Die Fassade eines Raumes besteht aus Mauerwerk und Fenster. Alle anderen Raumumschließungsflächen grenzen an Räume mit gleicher Lufttemperatur wie der betrachtete Raum. Der Luftwechsel des Raumes erfolgt durch Fensterlüftung.

Daten

Raum:		Länge		5,0 m
		Breite		5,0 m
		Höhe		2,5 m

Außenwand:	1,5 cm	Innenputz	$\lambda = 0{,}7$ W/mK
	36,5 cm	Mauerwerk	
	2,5 cm	Außenputz	$\lambda = 0{,}87$ W/mK

Fenster:	Fläche	2,5 m^2
		$U = 3{,}0$ W/m^{2}K

Luft:	spezifische Wärmekapazität	0,28 Wh/kgK
	Dichte	1,25 kg/m^3

Randbedingungen

Lufttemperatur:	innen	20 °C; zeitlich konstant
	außen	0 °C; zeitlich konstant

Luftwechselzahl:	1,0 h^{-1}

Wärmeübergangswiderstände gemäß Datenblatt 1

Fragen

1. Welche Wärmeleitfähigkeit muss das Mauerwerk haben, wenn der mittlere Wärmedurchgangskoeffizient der Fassade auf 1,16 W/m²K begrenzt werden soll?

2. Wie groß ist die Heizleistung einer Tapetenheizung, die innenseitig auf dem Mauerwerk aufgebracht ist und den Wärmeverlust des Raumes voll abdeckt.

3. Ändert sich die für den Raum aufzubringende Heizleistung, wenn anstelle der Tapetenheizung eine übliche Heizung den Wärmeverlust decken soll? Wenn ja, um wieviel Prozent? Wenn nein, warum nicht?

Aufgabe 1.13

Eine Doppelverglasung, bestehend aus zwei Glasscheiben und einem Luftzwischenraum, besitzt einen Wärmedurchgangskoeffizienten von 3,1 W/m²K. Die Strahlungsaustauschkonstante $C_{1,2}$ zwischen den beiden Glasflächen beträgt 5,0 W/m²K⁴.

Daten

Glasscheiben	Dicke	4 mm je Scheibe
	Wärmeleitfähigkeit	0,8 W/mK
Luftzwischenraum	Dicke	10 mm

Randbedingungen

Lufttemperatur:	innen	20 °C; zeitlich konstant
	außen	0 °C; zeitlich konstant

Wärmeübergangswiderstände gemäß Datenblatt 1

Fragen

1. Wie groß sind der Wärmedurchlasswiderstand des Luftspaltes sowie der Anteil am Wärmedurchlasswiderstand, der sich durch Wärmeleitung und Konvektion ergibt?

2. In welchem Wellenlängenbereich findet der durch den Austauschkoeffizienten charakterisierte Strahlungsvorgang hauptsächlich statt?

3. Trägt der Strahlungstransport unter 2. zur Tageslichtversorgung bei? Begründung!

4. Können Sie sich hinter einem geschlossenen Fenster mit obiger Verglasung bräunen? Begründung!

Aufgabe 1.14

Die Fassade eines Raumes besitzt einen Fensterflächenanteil von 40 %. Die Fenster sind einfachverglast. Der Holzrahmen macht 20 % der gesamten Fensterfläche aus. Alle anderen Raumumschließungsflächen grenzen an Nachbarräume mit einer konstanten Lufttemperatur von 20 °C. Die Außenwand ist wie folgt ausgeführt:

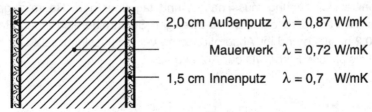

2,0 cm Außenputz $\lambda = 0,87$ W/mK

Mauerwerk $\lambda = 0,72$ W/mK

1,5 cm Innenputz $\lambda = 0,7$ W/mK

Bild A.1-31: Schematische Darstellung der Außenwandkonstruktion.

Daten

Raum:		Länge	4,0 m
		Breite	4,0 m
		Höhe	2,5 m

Fassade:		Fläche	10,0 m²

Fenster:	4,0 mm	Glasscheibe	$\lambda = 0,8$ W/mK
	6,8 cm	Holzrahmen	$\lambda = 0,13$ W/mK

Luft:		spezifische Wärmekapazität	0,28 Wh/kgK
		Dichte	1,25 kg/m³

Randbedingungen

Lufttemperatur:	innen		20 °C; zeitlich konstant
	außen	nachts	0 °C, zeitlich konstant
		tagsüber	5 °C, zeitlich konstant

Strahlungsintensität: tagsüber (gemittelt)   250 W/m²; zeitlich konstant

Luftwechsel im Raum: 0,5 h⁻¹

Wärmeübergangswiderstände gemäß Datenblatt 1

Fragen

1. Welche Dicke muss das Mauerwerk der oben beschriebenen Außenwand haben, so dass sie einen Wärmedurchlasswiderstand von 0,55 m²K/W aufweist?

2. Wie groß ist der Wärmedurchgangskoeffizient des Fensters?

3. Wie groß ist nachts und tagsüber die stationäre Wärmestromdichte in der Außenwand, wenn der Außenputz mit einer weißen Farbe gestrichen ist, die im kurzwelligen Spektralbereich einen Reflexionsgrad von 0,5 besitzt?

4. Welche stationäre Heizleistung muss nachts und tagsüber dem Raum zugeführt werden, wenn die Fensterscheiben im kurzwelligen Spektralbereich einen Reflexionsgrad von 0,2 besitzen und ihr Absorptionsgrad vernachlässigbar ist? Der Fensterrahmen hat die gleiche Farbe wie der Außenputz.

Aufgabe 1.15

Die Außenwand eines Raumes besteht aus einer einschichtigen, 15 cm dicken homogenen Platte mit folgenden Materialdaten:

Daten

Außenwand:	Rohdichte	$2000 \ kg/m^3$
	Wärmeleitfähigkeit	1,4 W/mK
	spezifische Wärmekapazität	0,28 Wh/kgK

Randbedingungen

Auf der Innen- und Außenseite der Platte herrschen bis 8.00 Uhr stationäre, ab 8.00 Uhr instationäre Temperaturen gemäß Tabelle A.1-4.

Tabelle A.1-4:   Innen- und Außenlufttemperaturen in Abhängigkeit von der Tageszeit.

Zeit [h]	8.00	8.15	8.30	8.45	9.00	9.15	9.30	9.45	10.00
θ_i [°C]	20	21	22	23	24	24	24	24	24
θ_e [°C]	6	7	9	10	12	14	15	16	18

Wärmeübergangswiderstände gemäß Datenblatt 1

Fragen

1. Ermitteln Sie für die Zeitpunkte 8.00 Uhr und 10.00 Uhr die Temperaturverteilungen über den Querschnitt der Platte! Benutzen Sie hierzu das Arbeitsblatt A.1-2!

2. Bestimmen Sie die Oberflächentemperaturen des Bauteils während der Zeit von 8.00 Uhr bis 10.00 Uhr!

Aufgabe 1.16

Ein Raum besitze eine einschichtige und homogene Außenwand aus Leichtbeton mit einem Fenster. Alle anderen Raumumschließungsflächen grenzen an Innenräume mit Lufttemperaturen von 20 °C.

Daten

Raum:	Länge	5,0 m
	Breite	5,0 m
	Höhe	2,5 m

Fensterverglasung:	Fläche	5,0 m²
	U-Wert	3,0 W/m²K
	kurzwelliger Transmissionsgrad	0,8
	kurzwelliger Absorptionsgrad zu vernachlässigen	

Wand:	Dicke	22 cm
	Rohdichte	476 kg/m³
	Wärmeleitfähigkeit	0,4 W/mK
	spezifische Wärmekapazität	0,28 Wh/kgK
	kurzwelliger Absorptionsgrad der Außenoberfläche	0,9

Luft:	spezifische Wärmekapazität	0,28 Wh/kgK
	Dichte	1,25 kg/m³

Randbedingungen

Lufttemperatur:	innen	20 °C; zeitlich konstant

Luftwechselzahl:		0,5 h⁻¹; zeitlich konstant

Wärmeübergangswiderstände:	innen	0,13 m²K/W
	außen	0,08 m²K/W (windstill)

Anzahl der Schichten der Außenwand: 4

Fensterrahmenanteil zu vernachlässigen,

Außenlufttemperatur und Intensität der Sonneneinstrahlung auf die Außenwand gemäß Tabelle A.1-5.

Tabelle A.1-5: Außenlufttemperatur und Intensität der auf die Außenwand auftreffenden Sonnenein-strahlung in Abhängigkeit von der Tageszeit.

Tageszeit [h]	Außenlufttemperatur [°C]	Strahlungsintensität [W/m^2]
7.00	5	0
7.30	5	0
8.00	5	105
8.30	5	210
9.00	5	310
9.30	6	400
10.00	7	480
10.30	8	550
11.00	9	610
11.30	10	620
12.00	11	630
12.30	12	620
13.00	12	610

Fragen

1. Welche Orientierung hat die Außenwand? Begründung!

2. Bestimmen Sie den zeitlichen Verlauf der Kühl- bzw. Heizleistung des Raumes in der Zeit von 7 bis 10 Uhr, wenn um 7 Uhr eine stationäre Temperaturverteilung vorliegt! Benutzen Sie hierzu das Arbeitsblatt A.1-3!

3. Stellen Sie den Zeitverlauf der Heiz- bzw. Kühlleistung graphisch dar! Die jeweiligen Randbedingungen sind innerhalb eines Zeitabschnittes als konstant anzusehen. Die Speicherfähigkeit der Innenbauteile bleibe unberücksichtigt. Benutzen Sie hierzu das Arbeitsblatt A.1-4!

Aufgabe 1.17

Ein Büroraum besitzt ein einfachverglastes Fenster mit den unten angegebenen Daten. Der Rahmenanteil des Fensters soll für die folgenden Berechnungen unberücksichtigt bleiben.

Daten

| Fensterverglasung: | Dicke | 4,0 mm |
| | Wärmeleitfähigkeit | 0,8 W/mK |

Randbedingungen

| Lufttemperatur: | innen | 22 °C; zeitlich konstant |
| | außen | 5 °C; zeitlich konstant |

Wärmeübergangswiderstände gemäß Datenblatt 1

Fragen

1. Bestimmen Sie den flächenbezogenen Transmissionswärmeverlust durch die Verglasung!

2. Um wieviel Prozent reduziert sich der Transmissionswärmeverlust gemäß 1., wenn raumseitig vor der Verglasung im Abstand von 1 cm eine 5 mm dicke Abdeckung mit der Wärmeleitfähigkeit von 0,06 W/mK angebracht wird? Der entstehende Luftspalt ist hierbei als ruhende Luftschicht anzusehen.

3. Die der Verglasung zugewandte Oberfläche der Abdeckung wird infrarotwirksam "verspiegelt". Der strahlungsbedingte Wärmeübergangswiderstand, bezogen auf die Temperaturen der strahlenden Oberflächen, beträgt dabei 0,5 m^2K/W. Der Anteil der konvektiven Wärmeübertragung im Spalt sei vernachlässigbar klein. Die Wärmeleitfähigkeit der Luft wird hierbei mit 0,02 W/mK angenommen.
   a) Bestimmen Sie die prozentuale Minderung des Transmissionswärmeverlustes im Vergleich zu den Zuständen gemäß Fragen 1 und 2!
   b) Wie groß ist die Strahlungsaustauschkonstante zwischen Verglasung und Abdeckung?
   c) Welcher Anteil des Wärmeverlustes im Luftspalt wird durch die Wärmeleitfähigkeit der Luft verursacht?

Aufgabe 1.18

Ein außenliegender Raum eines Gebäudes, siehe Bild A.1-32, soll mittels eines Klimagerätes auf einer Lufttemperatur von 18 °C gehalten werden. Die angrenzenden Räume und Flure haben die gleiche Lufttemperatur wie der zu untersuchende Raum. Das Außenfenster weist Fugen auf, die zu einem natürlichen Luftwechsel von 0,1 h^{-1} führen. Die Innentür schließt luftdicht ab. Auf die Außenfassade trifft die zeitlich konstante Sonneneinstrahlung von 400 W/m^2. In den darüber und darunter liegenden Räumen herrschen die gleichen klimatischen Bedingungen wie im betrachteten Raum.

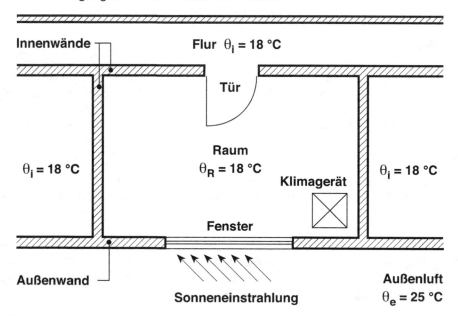

Bild A.1-32: Schematisch dargestellter Grundriss des zu untersuchenden Raumes mit Angabe von Lufttemperaturen und der Sonneneinstrahlung.

Daten

Raum:		Länge	6,0 m
		Breite	4,0 m
		Höhe	2,5 m
Fenster:		Fläche	2 m^2
		Rahmenanteil	20 %
		Wärmedurchgangskoeffizient	2,6 W/m^{2}K
		Transmissionsgrad der Verglasung	0,8
Außenwand:	36,5 cm	Mauerwerk	λ = 0,6 W/mK
		kurzwelliger Absorptionsgrad	
		der Außenoberfläche	0,4

Randbedingungen

Luft: spezifische Wärmekapazität   0,28 Wh/kgK
                               Dichte   1,25 kg/m^3

Wärmeübergangswiderstände gemäß Datenblatt 1

Fragen

1. Berechnen Sie den Wärmedurchgangskoeffizienten der Außenwand!

2. Ermitteln Sie die Innen- und Außenoberflächentemperaturen der Außenwand!

3. Welche Kühlleistung muss das Klimagerät bringen?

Aufgabe 1.19

In einem Büroraum arbeiten zwei Personen. Der Raum besitzt eine Außenfassade, die zu 30 % aus festeingebauter Isolierverglasung besteht. Der Wandaufbau ist im Bild A.1-33 dargestellt. An einem klaren Herbsttag trifft die direkte Sonneneinstrahlung mit einer zeitlich konstanten mittleren Intensität von 600 W/m^2 acht Stunden lang auf die Außenfassade auf.

2,0 cm	Putz (außen)	λ = 0,87 W/mK
4,0 cm	Dämmschicht	λ = 0,04 W/mK
24,0 cm	Mauerwerk	λ = 0,36 W/mK
1,5 cm	Putz (innen)	λ = 0,70 W/mK

Bild A.1-33: Schematisch dargestellter Aufbau der Außenwand.

Daten

Raum:	Tiefe	4,0 m
Außenfassade:	Fläche	12,5 m^2
Verglasung:	Wärmedurchgangskoeffizient	3,1 W/m^{2}K
	Transmissionsgrad	0,8
	Absorptionsgrad	vernachlässigbar
Personen:	Wärmeabgabe pro Person	120 W
Außenwand:	Absorptionsgrad der	
	Außenoberfläche	0,6

Luft: spezifische Wärmekapazität   0,28 Wh/kgK

                     Dichte   1,25 kg/m^3

Randbedingungen

Lufttemperatur: innen   20 °C; zeitlich konstant

                     außen   6 °C; zeitlich konstant

Wärmeübergangswiderstände gemäß Datenblatt 1

Fragen

1. Wie groß ist der Wärmedurchgangskoeffizient der Wand?

2. Wieviel Strahlungsenergie dringt durch das Fenster in den Raum ein?

3. Die Raumlufttemperatur wird während der direkten Sonneneinstrahlung durch eine mechanische Lüftung des Raumes auf 20 °C konstant gehalten.
   a) Wie groß ist dabei der Transmissionswärmestrom durch die Wand?
   b) Bestimmen Sie die Transmissionswärmeverluste des Fensters!
   c) Wie oft in der Stunde muss die Raumluft mit der Außenluft ausgetauscht werden, damit die Lufttemperatur des Raumes 20 °C nicht überschreitet?

Aufgabe 1.20

Gegeben ist der im Bild A.1-34 abgebildete Büroraum innerhalb eines Gebäudes, das sich im stationären Temperaturzustand befindet. Im Raum arbeiten zwei Personen, diverse Büromaschinen und eine Lichtquelle sind in Betrieb. Die Fassade ist zu 60 % als Fenster ausgebildet. Oberhalb, unterhalb, rechts und links liegen Nachbarbüroräume, welche die gleiche Temperatur aufweisen, wie der betrachtete Raum.

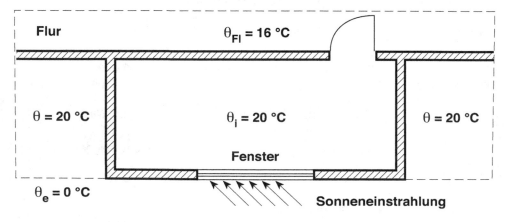

Bild A.1-34: Schematische Darstellung des Grundrisses des zu untersuchenden Raumes.

Daten

Raum:	Länge	7,20 m
	Breite	4,80 m
	Höhe	2,85 m

Tür:	Breite	1,0 m
	Höhe	2,0 m
		$U_T = 2,0 \ W/m^2K$

Fenster:		$U_F = U_R = 2,1 \ W/m^2K$
		$g = 0,8$
	Rahmenanteil	20 %

Innenwand:		$U_{Wi} = 2,0 \ W/m^2K$

Außenwand:	1,5 cm	Innenputz	$\lambda = 0,70 \ W/mK$
	24,0 cm	Mauerwerk	$\lambda = 0,60 \ W/mK$
	8,0 cm	Wärmedämmschicht	$\lambda = 0,035 \ W/mK$
	0,5 cm	Außenputz	-

Luft:	spezifische Wärmekapazität	0,28 Wh/kgK
	Dichte	1,25 kg/m^3

Randbedingungen

Energieabgabe:	Personen	je 100 W; zeitlich konstant
	Beleuchtung	300 W; zeitlich konstant
	Büromaschinen	400 W; zeitlich konstant

Luftwechselzahl:	davon 50 % über die Tür	1,0 h^{-1}
	und 50 % über das Fenster	

Sonnenstrahlungsintensität:	600 W/m^2; zeitlich konstant

Wärmeübergangswiderstände gemäß Datenblatt 1

Fragen

1. Wie groß ist der Wärmedurchgangskoeffizient der Außenwand?

2. Stellen Sie für den Raum die thermische Bilanz auf!

3. Welche zusätzliche Heiz- oder Kühlleistung wird benötigt, um die Raumlufttemperatur auf 20 °C konstant zu halten?

Aufgabe 1.21

Ein Lagerraum befindet sich zwischen Räumen unterschiedlicher Nutzung, besitzt eine Außenwand und ist oben und unten von Lagerräumen gleicher Art und Nutzung umgeben.

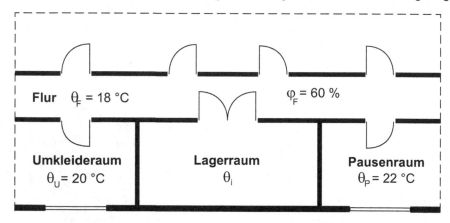

Bild A.1-35: Schematische Darstellung des Grundrisses der Räume mit Angabe der Lufttemperaturen in den einzelnen Räumen und der relativen Luftfeuchte im Flur.

Daten

Lagerraum:	Länge		15,0 m
	Breite		7,0 m
	Höhe		4,0 m

| Trennwände: | | U_{Tr} = 2,1 W/m²K |

Tür:	Breite	2,0 m
	Höhe	2,0 m
		U_T = 2,1 W/m²K

Außenwand:	1,5 cm	Innenputz	λ = 0,70 W/mK
	24,0 cm	Mauerwerk	λ = 0,60 W/mK
	12,0 cm	Wärmedämmschicht	λ = 0,04 W/mK
	2,0 cm	Außenputz	λ = 0,60 W/mK

| Luft: | spezifische Wärmekapazität | 0,28 Wh/kgK |
| | Dichte | 1,25 kg/m³ |

Randbedingungen

| Lufttemperatur: | außen | 8 °C; zeitlich konstant |

Wärmeübergangswiderstände gemäß Datenblatt 1

Fragen

1. Bestimmen Sie den Wärmedurchgangskoeffizienten der Außenwand!

2. Wie groß ist die Lufttemperatur im Lagerraum, wenn die Tür zum Flur geschlossen ist?

3. Wie groß ist die Lufttemperatur im Lagerraum, wenn die Tür zum Flur zwar geschlossen ist aber die Raumluft stündlich 0,8mal über den Türspalt mit der Luft im Flur ausgetauscht wird?

4. Welche relative Luftfeuchte stellt sich bei geöffneter Tür im Lagerraum ein?

Aufgabe 1.22

Ein fensterloser Prüfstand soll wärmetechnisch untersucht werden. Der Raum ist unbeheizt und befindet sich in einer beheizten Halle. Über eine mechanische Lüftung wird er mit Außenluft versorgt. Sämtliche Umschließungsbauteile des Prüfstandes, mit Ausnahme der Tür, bestehen aus Normalbeton.

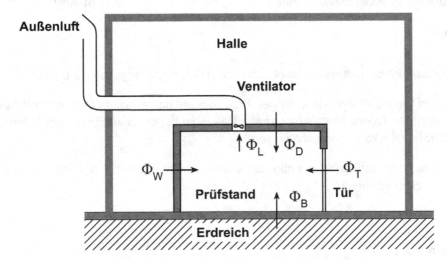

Bild A.1-36: Schematischer Schnitt durch den zu untersuchenden Prüfraum in einer Halle.

Daten

Prüfstand:		
	Breite	6,00 m
	Länge	7,50 m
	Höhe	4,80 m

Wände:	Dicke	30 cm
Decke:	Dicke	30 cm

Normalbeton:	Wärmeleitfähigkeit	2,0 W/mK

Bodenplatte:	Wärmestromdichte	7,2 W/m^2

Tür:	Fläche	4,0 m^2
	Wärmestromdichte	9,36 W/m^2

Luft:	spezifische Wärmekapazität	0,28 Wh/kgK
	Dichte	1,25 kg/m^3

Randbedingungen

Ventilator:	Volumenstrom	0,3 m^3/s

Temperatur:	Hallenluft	18 °C; zeitlich konstant
	Erdreich	12 °C; zeitlich konstant
	Außenluft	2 °C; zeitlich konstant

Wärmeübergangswiderstand:	innen	0,17 m^{2}K/W

Fragen

1. Wie groß ist die Luftwechselzahl, wenn die Tür luftdicht abgeschlossen ist?

2. Stellen Sie die Wärmebilanz für den Prüfraum auf und ermitteln Sie die Lufttemperatur dort! Die Querschnittfläche des Ventilators ist bei der Berechnung der Fläche der Prüfraumsdecke zu vernachlässigen.

3. Welche Heizleistung wäre nötig, um die Raumlufttemperatur des Prüfstandes auf 18 °C zu erwärmen?

Aufgabe 1.23

Ein Ferienbungalow ist an einem strahlungsreichen Tag von 6.00 Uhr bis 8.00 Uhr wärmetechnisch zu untersuchen. Das Flachdach ist der Sonnenstrahlung ausgesetzt. Die Innenlufttemperatur wird durch eine Klimaanlage konstant gehalten, die Außenlufttemperatur möge sich in diesen Morgenstunden infolge der Sonnenstrahlung nicht ändern. Bis 6.00 Uhr (Sonnenaufgang) herrscht im homogenen Dachquerschnitt ein stationärer Zustand.

Daten

Raum	Breite:	4,80 m
	Länge:	5,40 m
	Höhe:	3,20 m

Dach (einschichtig)	Wärmeleitfähigkeit	0,18 W/mK
	Dicke	8 cm
	spezifische Wärmekapazität	0,47 Wh/kgK
	Rohdichte	960 kg/m^3
	Strahlungsabsorptionsgrad	0,7

Randbedingungen

mittlere Globalstrahlung	um 6.00 Uhr	0 W/m^2
	um 7.00 Uhr	200 W/m^2
	um 8.00 Uhr	600 W/m^2

Lufttemperatur	außen	28 °C zeitlich konstant
	innen	25 °C zeitlich konstant

Luftwechselzahl		0,9 h^{-1}

Wärmeübergangswiderstand	innen	0,17 m^{2}K/W
	außen	0,08 m^{2}K/W

Fragen

1. Berechnen Sie die Wärmestromdichte, die um 6.00 Uhr bei Sonnenaufgang durch das Dach fließt und bestimmen Sie die Oberflächentemperaturen des Bauteils zu diesem Zeitpunkt! Stellen Sie im Arbeitsblatt A.1-5 die stationäre Temperaturverteilung im Dachquerschnitt grafisch dar!

2. Prüfen Sie nach, ob die Schichteinteilung des Dachs gemäß Arbeitsblatt A.1-5 die Stabilitätsbedingung nach dem Binder-Schmidt-Verfahren erfüllt! Bestimmen Sie die Zeitschrittweite, die erforderlich ist, um den instationären Temperaturverlauf im Bauteilquerschnitt zu ermitteln!

3. Stellen Sie den Temperaturverlauf im Dachquerschnitt bis 8.00 Uhr grafisch dar! Die Strahlungsintensität zwischen 6.00 Uhr und 7.00 Uhr bzw. zwischen 7.00 Uhr und 8.00 Uhr kann näherungsweise linear interpoliert werden.

Aufgabe 1.24

Die Außenwand eines Raumes in einem Fachwerkhaus erhält infolge einer energetischen Sanierung eine innenseitige Wärmedämmung und eine Tapetenheizung (Bild A.1-37).

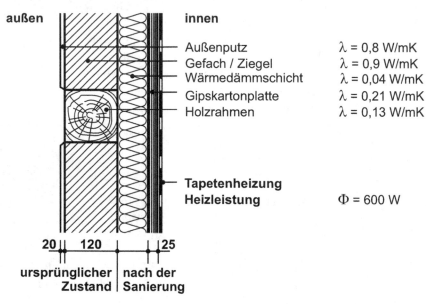

außen	**innen**

Außenputz λ = 0,8 W/mK
Gefach / Ziegel λ = 0,9 W/mK
Wärmedämmschicht λ = 0,04 W/mK
Gipskartonplatte λ = 0,21 W/mK
Holzrahmen λ = 0,13 W/mK

Tapetenheizung
Heizleistung Φ = 600 W

20 | 120 | 25
ursprünglicher | nach der
Zustand | Sanierung

Bild A.1-37: Schematischer Querschnitt der zu untersuchenden Außenwandkonstruktion (Maße in mm).

Daten

Raum:	Tiefe	4,8 m
	Länge	7,2 m
	Höhe	2,5 m

Wand:	Rahmenanteil (Holz-Fachwerk)	28 %

Fenster:	Flächenanteil	30 %
	Wärmedurchgangskoeffizient	0,7 W/m²K

Luft:	spezifische Wärmekapazität	0,28 Wh/kgK
	Dichte	1,25 kg/m³

Randbedingungen

Lufttemperatur:	innen	20 °C; zeitlich konstant
	außen	– 10 °C; zeitlich konstant

Wärmeübergangswiderstände gemäß Datenblatt 1.

Fragen

1. Wie groß war der mittlere Wärmedurchlasswiderstand der Fachwerkwand (ohne Fenster) vor der Sanierung?

2. Wie dick muss die Wärmedämmschicht sein, damit an der ungünstigsten Stelle der Wand ein U-Wert von 0,3 W/m^{2}K erzielt wird?

3. Wie groß darf die Luftwechselzahl im Raum höchstens werden, damit die Innenlufttemperatur nicht unter 20 °C absinkt? Die inneren Umschließungsbauteile seien adiabat.

Aufgabe 1.25

Ein Besprechungsraum mit der im Bild A.1-38 skizzierten Grundrissanordnung soll wärmetechnisch untersucht werden. Die Lüftung des Raumes erfolgt durch die Fenster und die Tür zum Flur. In allen angrenzenden Räumen herrschen die gleichen thermischen Ausgangs-Randbedingungen wie im betrachteten Raum.

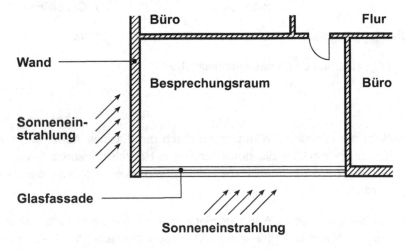

Bild A.1-38: Schematische Darstellung des Grundrisses der Räume.

Daten

Raum		
	Höhe	2,5 m
	Breite	8,0 m
	Tiefe	5,0 m

Wand	15 mm	Außenputz	$\lambda =$	0,85 W/mK
	365 mm	Mauerwerk	$\lambda =$	0,65 W/mK
	15 mm	Innenputz	$\lambda =$	0,85 W/mK
		kurzwelliger		
		Absorptionsgrad		0,8

Glasfassade		Wärmedurchgangskoeffizient	
		inkl. Rahmen	0,7 W/m^{2}K
		Verglasungsanteil	90 %
		Transmissionsgrad	
		der Verglasung	0,65

Luftwechselzahl		Tür	0,4 h^{-1}
		Fenster	0,7 h^{-1}

Luft		spezifische Wärmekapazität	0,28 Wh/kgK
		Dichte	1,25 kg/m^3

Randbedingungen

Lufttemperatur		außen	– 10 °C; zeitlich konstant
		innen	20 °C; zeitlich konstant

Solare Einstrahlung (tagsüber zeitlich und örtlich konstant)   80 W/m^2

Wärmeübergangswiderstände gemäß Datenblatt 1.

Fragen

1. Wie groß ist der nächtliche Wärmestrom durch die massive Außenwand und verglaste Fassade? Ermitteln Sie den nächtlichen Heizleistungsbedarf, wenn neben den Transmissionsverlusten auch die Lüftungswärmeverluste des Raumes berücksichtigt werden!

2. Berechnen Sie die solaren Wärmegewinne durch die transparente Fassade! Wie groß ist die Wärmestromdichte zwischen Außenoberfläche der Massivwand und Außenluft? In welche Richtung fließt der Wärmestrom?

3. Im Raum wird am Tag durch interne Wärmequellen eine Wärmeleistung von 800 W freigesetzt. Berechnen Sie den erforderlichen Heiz- bzw. Kühlenergiebedarf des Raumes! Die solaren Wärmegewinne durch die massive Außenwand sind hierbei zu vernachlässigen.

Aufgabe 1.26

Das schneebedeckte Flachdach gemäß der Skizze im Bild A.1-39 ist zu untersuchen.

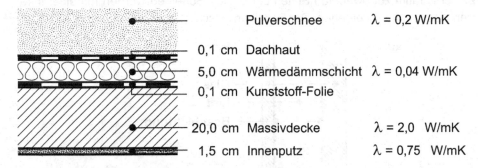

	Pulverschnee	λ = 0,2 W/mK
0,1 cm	Dachhaut	
5,0 cm	Wärmedämmschicht	λ = 0,04 W/mK
0,1 cm	Kunststoff-Folie	
20,0 cm	Massivdecke	λ = 2,0 W/mK
1,5 cm	Innenputz	λ = 0,75 W/mK

Bild A.1-39: Schematische Darstellung des Dachaufbaus.

Randbedingungen

Lufttemperatur   außen   – 10 °C zeitlich konstant

                        innen   20 °C zeitlich konstant

Wärmeübergangswiderstände gemäß Datenblatt 1.

Fragen

1. Wie groß war der U-Wert der Dachkonstruktion vor dem Schneefall? Der Wärmedurchlasswiderstand der Kunststoff-Folie und Dachhaut ist dabei zu vernachlässigen.

2. Ermitteln Sie graphisch die Temperaturverteilung im Querschnitt der Dachkonstruktion für die Zeit vor dem Schneefall und geben Sie die Temperaturen an den Oberflächen sowie an den Trennschichten im Bauteilquerschnitt an! Benutzen Sie dazu das Arbeitsblatt A.1-6!

3. Ermitteln Sie anhand der graphischen Temperaturverteilung gemäß 2, wie dick die Schneedecke werden darf, damit die Oberflächentemperatur unter dem Schnee gerade noch 0 °C erreicht!

4. Werden die Wärmetransmissionsverluste durch das Dach nach dem Schneefall gemäß 3. größer oder kleiner als ohne Schnee? Wie groß ist die prozentuale Änderung?

Aufgabe 1.27

Eine Doppelverglasung gemäß Bild A.1-40 ist wärmetechnisch zu untersuchen. Die dem Scheibenzwischenraum zugewandten Seiten der beiden Scheiben wurden mit einer infrarotwirksamen Beschichtung versehen. Der Scheibenzwischenraum ist mit Luft gefüllt.

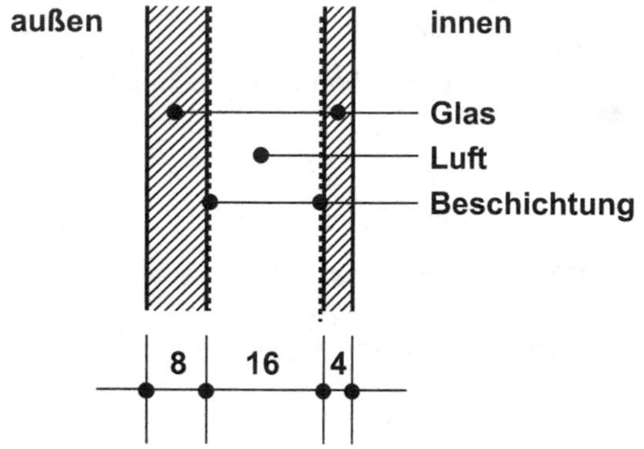

Bild A.1-40: Schematische Darstellung einer Isolierverglasung (Maße in mm).

Daten

Glas:	Wärmeleitfähigkeit	0,8 W/mK
Verglasung:	U-Wert (mit Beschichtung)	1,5 W/m^{2}K
Beschichtung:	Emissionsgrad	0,04
Strahlungskonstante des schwarzen Körpers		5,77 W/m^2 K^4

Randbedingungen

Lufttemperatur:	innen	20 °C; zeitlich konstant
	außen	– 15 °C; zeitlich konstant

Wärmeübergangswiderstände gemäß Datenblatt 1.

Fragen

1. Ermitteln Sie den U-Wert der unbeschichteten Verglasung!
2. Berechnen Sie die Temperaturen der beschichteten Glasoberflächen!
3. Wie groß ist die durch den Strahlungsaustausch bedingte Wärmestromdichte zwischen den beiden Glasscheiben?

Aufgabe 1.28

Eine 16 cm dicke homogene und einschichtige Wand ist wärmetechnisch zu untersuchen. Zu einer beliebigen Zeit t_0 herrscht im Bauteilquerschnitt die Anfangstemperaturverteilung gemäß der Darstellung im Arbeitsblatt A.1-7. Für den späteren Zeitpunkt (t_0 + 12 Min) ergibt sich eine andere Temperaturverteilung, die ebenfalls über dem Querschnitt des Bauteils im Arbeitsblatt A.1-7 eingezeichnet ist.

Daten

Wand:	Wärmeleitfähigkeit	0,21 W/mK
	spezifische Wärmekapazität	0,28 Wh/kgK

Randbedingungen

Zeitlich konstante Innen- und Außenlufttemperaturen gemäß Arbeitsblatt A.1-7, Wärmeübergangswiderstände gemäß Datenblatt 1.

Fragen

1. Bestimmen Sie den Wärmedurchgangswiderstand der Wand!

2. Welche Dicke sollte eine zusätzliche Wärmedämmschicht mit der Wärmeleitfähigkeit von 0,04 W/mK haben, damit die Wärmestromdichte im Bauteil 1,5 W/m^2 nicht übersteigt?

3. Wie groß sind die Richtpunktabstände zu beiden Seiten des Bauteils? In wie viele Schichten muss das Bauteil aufgeteilt werden, damit die Stabilitätsbedingung nach dem Binder-Schmidt-Verfahren erfüllt ist?

4. Welche Masse je Quadratmeter besitzt die Wand und aus welchem Material könnte sie bestehen?

5. Ermitteln Sie mittels des Binder-Schmidt-Verfahrens die Temperaturverteilung im Bauteilquerschnitt 1 Stunde nach der Zeit t_0! Benutzen Sie dazu das Arbeitsblatt A.1-7!

Aufgabe 1.29

Zu untersuchen ist eine Trennwandkonstruktion gemäß Bild A.1-41 zwischen einer Sauna (Raum A) und einem Aufenthaltsraum (Raum B). Im Raum A ist parallel zu der zu untersuchenden Wand eine Flächenheizung angeordnet. Durch das Trennbauteil fließt eine Wärmestromdichte von 44,5 W/m².

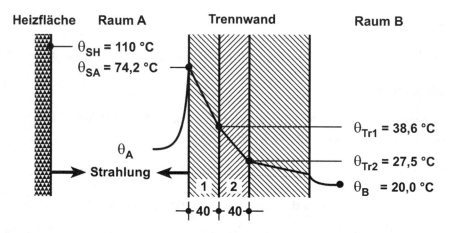

Bild A.1-41: Schematische Darstellung der Anordnung der Flächenheizung und der Trennwand, sowie der Temperaturverteilung im Wandquerschnitt (Maße in mm).

Randbedingungen (stationärer Zustand)

Strahlungsaustauschkonstante   5,10 W/m² K⁴

Konvektiver Wärmeübergangswiderstand im Raum A, bezogen auf
die Temperaturdifferenz zwischen Wandoberfläche und Raumluft   0,13 W/m² K

Wärmeübergangswiderstand im Raum B gemäß Datenblatt 1

Fragen

1. Wie hoch ist die Temperatur auf der dem Raum B zugewandten Bauteiloberfläche?

2. Welche Wärmeleitfähigkeiten besitzen die Bauteilschichten 1 und 2? Aus welchen Materialien könnten sie bestehen?

3. Wie hoch ist die Lufttemperatur im Raum A?

Aufgabe 1.30

Die Außenwand eines Fachwerkhauses ist gemäß Bild A.1-42 aufgebaut.

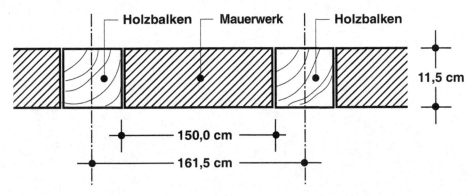

Bild A.1-42: Schematische Darstellung der Außenwand des Fachwerkhauses.

Daten

Außenwand:	U_m-Wert	1,76 W/m²K
Mauerwerk:	Wärmeleitfähigkeit	0,30 W/mK
Wärmedämmschicht:	Wärmeleitfähigkeit	0,035 W/mK

Randbedingungen:

Lufttemperatur:	innen	20 °C; zeitlich konstant
	außen	– 15 °C; zeitlich konstant

Wärmeübergangswiderstände gemäß Datenblatt 1.

Fragen

1. Bestimmen Sie die Wärmeleitfähigkeit des Holzbalkens der oben skizzierten Konstruktion!

2. Der Wärmeschutz des Bauteils soll um 50 % verbessert werden. Dazu wird die Gesamtfassade innenseitig gleichmäßig wärmegedämmt. Ermitteln Sie die erforderliche Dicke der Wärmedämmschicht!

A.2 Feuchteschutz und Tauwasservermeidung

Verständnisfragen

1. Was sagt die Wasserdampfdiffusionswiderstandszahl $\mu = 1$ aus? Sie sagt aus, dass
    a) der Wasserdampfdiffusionswiderstand einer Bauteilschicht gleich groß ist, wie der einer gleichdicken Luftschicht,
    b) die betrachtete Bauteilschicht aus ruhender Luft besteht,
    c) das Bauteil 100 % des auftreffenden Wasserdampfes aufnimmt,
    d) das Bauteil 1 % des auftreffenden Wasserdampfes aufnimmt.

2. Warum wird bei Wasserdampfdiffusionsberechnungen der Partialdruck des Wasserdampfes in der Luft dem an der Bauteiloberfläche näherungsweise gleichgesetzt? Kurze stichwortartige Begründung!

3. Was bewirkt eine Gesamtdruckdifferenz zu beiden Seiten eines Bauteils? Sie führt zu
    a) Absorption,
    b) Diffusion,
    c) Konvektion,
    d) Transmission.

4. Was bewirkt eine Partialdruckdifferenz zu beiden Seiten eines Bauteils? Sie führt zu
    a) Absorption,
    b) Diffusion,
    c) Konvektion,
    d) Transmission.

5. An welchem der beiden Tage ist die Luft absolut feuchter?

	Lufttemperatur	rel. Luftfeuchte
a) Wintertag	– 10 °C	90 %
b) Sommertag	25 °C	40 %

6. Können in einem Brandfall mineralische Baustoffoberflächen nass werden?
    a) Nein,
    b) ja, weil die im Baustoff sorbierte Feuchte bei Hitze durch Überdruck im Porenraum des Baustoffes zur Oberfläche transportiert wird,
    c) ja, weil sich die feuchte Luft aus dem Brandraum an der Baustoffoberfläche niederschlägt.

© Springer Fachmedien Wiesbaden GmbH, ein Teil von Springer Nature 2022
K. Gertis et al., *Bauphysikalische Aufgabensammlung mit Lösungen*,
https://doi.org/10.1007/978-3-658-35586-9_2

7. Kann der massebezogene Feuchtegehalt eines Baustoffes Werte über 100 % annehmen?

    a) Nein, er ist immer kleiner als 100 %,

    b) ja, wenn die Rohdichte des Baustoffes kleiner als die des Wassers ist,

    c) ja, wenn die Rohdichte des Baustoffes größer als die des Wassers ist.

8. Skizzieren Sie qualitativ-schematisch für die beiden Konstruktionen A und B gemäß Bild A.2-1 die momentane Feuchteverteilung über den Bauteilquerschnitt für einen isothermen Zustand!

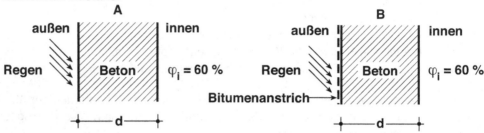

Bild A.2-1: Schematische Darstellung der Querschnitte der Außenwände (A) ohne und (B) mit Bitumenanstrich.

9. Wie beeinflusst der Feuchtegehalt eines Baustoffes tendenziell dessen Schall- und Wärmedämmung?

    a) Er beeinflusst die Schall- und Wärmedämmung nicht,

    b) die Schalldämmung wird schlechter, die Wärmedämmung besser,

    c) die Schalldämmung wird besser, die Wärmedämmung schlechter,

    d) sowohl die Schalldämmung als auch die Wärmedämmung werden besser.

10. Was ist bei der folgenden Holzdachkonstruktion bauphysikalisch falsch, überflüssig oder vergessen worden?

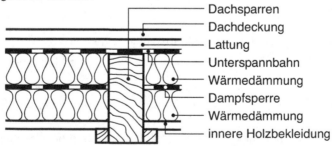

Bild A.2-2: Schematische Darstellung des Dachaufbaus.

11. Welche Relation ist zwischen der absoluten Luftfeuchte c_i in einem belüfteten, bewohnten Raum und der absoluten Luftfeuchte der Außenluft c_e im Winter zutreffend?

    $c_i \gtreqless c_e$?

12. In welchen Fällen ist die dargestellte stationäre Dampfdruckverteilung über den Querschnitt eines zweischichtigen Bauteils praktisch möglich?

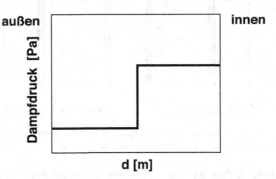

Bild A.2-3:   Schematisch dargestellter Verlauf des Dampfdruckes im Bauteilquerschnitt.

a) Beim Vorhandensein einer Dampfsperre zwischen den beiden Schichten,

b) bei Bauschichten mit unterschiedlichen Wasserdampfdiffusionswiderstandszahlen,

c) bei Bauschichten mit unterschiedlicher Rohdichte,

d) in keinem Fall.

13. Was versteht man in der Bauphysik unter "Taupunkttemperatur"? Die Temperatur, bei der

a) im Querschnitt eines mehrschichtigen Bauteils Tauwasser auftritt,

b) an der Oberfläche einer Wärmebrücke Tauwasser auftritt,

c) der Partialdruck des Wasserdampfs den Sättigungsdampfdruck der Luft erreicht,

d) der Wassergehalt der Luft seinen maximal möglichen Wert (Sättigungswert) erreicht.

14. Durch welche Maßnahmen kann Oberflächentauwasser an einem Bauteil verhindert werden?

a) Lüften

b) Dampfsperre

c) Aufrauen der Oberfläche

d) keine Maßnahme möglich

15. Zu welcher Jahreszeit sollte ein unbeheizter Kellerraum gelüftet werden, um ihn zu trocknen?

a) Frühling

b) Sommer

c) Herbst

d) Winter

16. Ordnen Sie die folgenden Größen in der Reihenfolge ihrer bauphysikalisch möglichen Größenordnung: Wasserdampfdruck, Luftdruck, Schalldruck!

17. Welche der folgenden Außenwandkonstruktionen ist bauphysikalisch richtig?

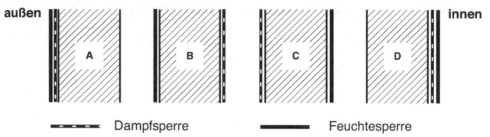

außen A B C D **innen**

▬▬▬▬ Dampfsperre   ▬▬▬ Feuchtesperre

Bild A.2-4:   Schematische Darstellung von vier Außenwandquerschnitten A bis D mit unterschiedlichen Anordnungen von Dampf- und Feuchtesperren.

18. An der Außenwand A des im Bild A.2-5 abgebildeten Raumes tritt Tauwasser auf. Durch welche Maßnahmen kann dies verhindert werden?

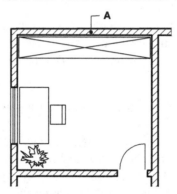

Bild A.2-5:   Schematisch dargestellter Grundriss des Raumes mit Angabe des Mobiliars, der Pflanzen und der tauwassergefährdeten Außenwand A.

19. Warum ist die Möblierung von Außenwandecken zu vermeiden? Weil dort
a) die Luftgeschwindigkeit höher,
b) die Luftgeschwindigkeit niedriger,
c) das Schimmelpilzrisiko höher,
d) die Oberflächentemperatur im Winter höher,
e) die Oberflächentemperatur im Winter tiefer
ist als an den anderen Wandbereichen.

20. Die Außenwand eines Wohnraumes ist durchfeuchtet. Ist ihr
a) Wärmedurchlasswiderstand,
b) U-Wert,
c) Schalldämm-Maß
größer, kleiner oder gleich im Verhältnis zum trockenen Zustand der Wand?

21. Die 30 °C warme Luft eines dicht abgeschlossenen Raumes besitzt eine absolute Feuchte von 18 g/m^3. Wie verändert sich durch Abkühlen dieser Luft ihre
    a) relative Feuchte,
    b) absolute Feuchte,
    c) Taupunkttemperatur?

22. Wie wandert der Wasserdampfdiffusionsstrom durch ein Bauteil, wenn folgende Randbedingungen vorgegeben sind?

    θ_i = 22 °C $p_{S,i}$ = 2648 Pa φ_i = 45 %

    θ_e = 18 °C $p_{S,e}$ = 2067 Pa φ_e = 70 %

    a) von innen nach außen
    b) von außen nach innen

23. An einem nebligen Wintertag herrschen außen –10 °C Lufttemperatur und 100 % relative Luftfeuchte. Im Inneren eines Raumes sind 20 °C und 50 % r. F. vorhanden. Das Fenster wird zum Lüften geöffnet. Wird durch die Lüftung Feuchte
    a) aus dem Raum heraus,
    b) in den Raum hinein
    transportiert?

24. Was ist der Unterschied zwischen Regen und Schlagregen und wo ist welche Regenart bauphysikalisch von Bedeutung?

25. Unter welcher Bedingung wird eine Bauteilschicht als diffusionsdicht (Dampfsperre) bezeichnet?
    a) $s_d >$ 100 m
    b) $s_d \geq$ 1500 m
    c) $\mu >$ 100
    d) $\mu \geq$ 1500

26. Gegeben sind die folgenden drei gleichdicken Konstruktionen A, B und C:

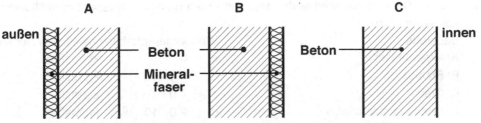

Bild A.2-6: Schematische Darstellung des Aufbaus der Außenwandkonstruktionen A, B und C gleicher Gesamtdicke. Die Konstruktionen A und B sind außen- bzw. innenseitig mit Mineralfaser gedämmt. Die Wand C stellt die ungedämmte Konstruktion dar.

Welche Konstruktion ist bei 20 °C Innenlufttemperatur und 50 % relativer Innenluftfeuchte tauwassergefährdet, wenn die Außenlufttemperatur –5 °C beträgt?

27. Welche der folgenden Antworten ist richtig, wenn die Luft eines dicht abgeschlossenen Raumes von 30 °C und einer absoluten Feuchte von 15 g/m³ erwärmt wird?

    a) die relative Feuchte sinkt

    b) die relative Feuchte bleibt konstant

    c) der absolute Feuchtegehalt sinkt

    d) die Taupunkttemperatur ändert sich nicht

28. Was versteht man unter dem praktischen Feuchtegehalt eines Baustoffes? Wassergehalt von Baustoffen,

    a) der unter praktischen Bedingungen dem Wassergehalt der Luft entspricht,

    b) der praktisch nie überschritten wird,

    c) der unter üblichen Nutzungs- und Anwendungsbedingungen in 90 % aller Fälle nicht überschritten wird,

    d) der in der Praxis immer überschritten wird.

29. Im Querschnitt der im Bild A.2-7 schematisch abgebildeten Außenwandkonstruktion tritt während der Winterperiode Tauwasser auf. Was muss zur Beurteilung der feuchtetechnischen Qualität des Bauteils überprüft werden?

    a) die Dicke des Außenputzes

    b) der Wärmedurchlasswiderstand des Betons

    c) die Luftdurchlässigkeit des Hartschaumes

    d) die Dampfdurchlässigkeit des Innenputzes

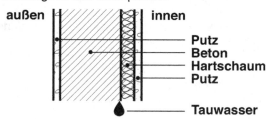

Bild A.2-7:   Schematische Darstellung des Aufbaus der zu untersuchenden Außenwand.

30. Ordnen Sie den nachstehenden Baustoffen die richtigen Wasserdampfdiffusionsleitkoeffizienten zu:

    Baustoffe: Wasserdampfdiffusionsleitkoeffizienten:

    A) Mineralfaser   a)   0   kg/msPa

    B) Stahlbeton   b) $1,4 \cdot 10^{-12}$ kg/msPa

    C) Glas   c) $4,0 \cdot 10^{-11}$ kg/msPa

    D) Leichthochlochziegel   d) $2,0 \cdot 10^{-10}$ kg/msPa

31. Was kann mit Hilfe des Glaser-Verfahrens untersucht werden?

    a) Temperaturverteilung im Bauteilquerschnitt

    b) Tauwasserausfall im Bauteilquerschnitt

    c) Feuchtegehalt von Bauteilen

32. Was sagt das Daltonsche Gesetz aus?
    a) Der Druck und das spezifische Volumen eines Gases sind proportional zur absoluten Temperatur,
    b) der Druck und das spezifische Volumen eines Gases sind umgekehrt proportional zur absoluten Temperatur,
    c) Gase, die chemisch miteinander nicht reagieren, verhalten sich in einem Raum so, als ob das jeweils andere Gas nicht vorhanden wäre,
    d) bei Gasen ist der Partialdruck des Dampfes proportional zum Sättigungsdampfdruck.

33. Was ist richtig? Der volumenbezogene Feuchtegehalt eines Betonbauteils ist
    a) gleich wie,
    b) größer als,
    c) kleiner als
    der massebezogene Feuchtegehalt desselben Bauteils.

34. Ordnen Sie die nachstehenden Baustoffe in der Reihenfolge vom höchsten zum niedrigsten Wasserdampfdiffusionsleitkoeffizienten:
    a) Mineralfaser   e) Leichtziegel
    b) Polystyrol-Hartschaum   f) Beton
    c) Stahl   g) Leichtbeton
    d) Glas

35. Wann ist an Innenoberflächen von Außenbauteilen mit kritischen Oberflächenfeuchten bezüglich Schimmelpilzbildung zu rechnen? Wenn
    a) das Bauteil nicht den Mindestwärmeschutz besitzt,
    b) die relative Luftfeuchte im Raum niedriger als 30 % ist,
    c) der Dampfdruck in der Raumluft größer ist als der Sättigungsdampfdruck auf der Bauteiloberfläche,
    d) der Raum durch Heizkörper überhitzt wird.

36. Wann kann im Querschnitt eines innenseitig mit Mineralfaser gedämmten Außenbauteils Tauwasser auftreten? Wenn
    a) die Innenoberflächentemperatur des Bauteils größer ist als die Innenlufttemperatur,
    b) das Bauteil keine Dampfsperre besitzt,
    c) die Dampfsperre, von innen betrachtet, vor der Dämmschicht angebracht wird,
    d) die Dampfsperre, von innen betrachtet, hinter der Dämmschicht angebracht wird.

37. Welche Porenradien kommen bei Normalbeton am häufigsten vor?
    a) größer als 10^{-5} m
    b) zwischen 10^{-5} m und 10^{-7} m
    c) kleiner als 10^{-7} m

38. Skizzieren Sie im Diagramm gemäß Bild A.2-8 den prinzipiellen Verlauf der Wasser-dampf-Sättigungsdruckkurve für den Temperaturbereich von −20 °C bis +100 °C!

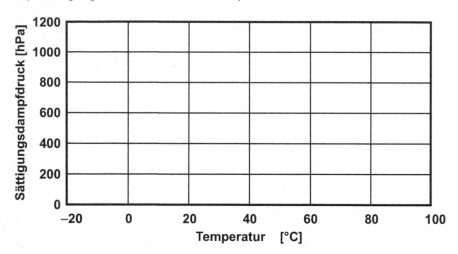

Bild A.2-8:   Diagrammvorlage zur Darstellung der Sättigungsdampfdruckkurve in Abhängigkeit von der Temperatur.

39. Was gibt die wasserdampfdiffusionsäquivalente Luftschichtdicke an? Den Wasser-dampfdiffusionswiderstand
    a) einer Materialschicht,
    b) der Luft,
    c) eines mit Luft gefüllten Baustoffes,
    d) einer belüfteten Fassade.

40. Was ist der Unterschied zwischen Dampfsperre und Feuchtesperre?

41. Was wird unter Feuchtekonzentration der Luft verstanden?
    a) Das Verhältnis zwischen der vorhandenen und der maximal möglichen Luftfeuchte bei einer bestimmten Temperatur,
    b) die absolute Luftfeuchte bei einer bestimmten Lufttemperatur und relativer Luft-feuchte,
    c) die Wassermasse pro Volumeneinheit Luft,
    d) das Verhältnis des Dampfdrucks zur Absoluttemperatur der Luft.

42. Von welchen Größen hängt die Taupunkttemperatur an einer Bauteiloberfläche ab?
    a) Vom atmosphärischen Druck,
    b) von der relativen Luftfeuchte und der Lufttemperatur im Raum,
    c) von der Oberflächentemperatur des Bauteils,
    d) vom Sättigungsdampfdruck an der Bauteiloberfläche.

43. In einer homogenen Außenwand aus Kalksandstein herrscht zu einem gegebenen Zeitpunkt die im Bild A.2-9 dargestellte Anfangsfeuchteverteilung. Auf der Innenseite der Wand ist eine Feuchtesperre angebracht. Zeichnen Sie die qualitativen Verteilungen des Feuchtegehaltes im Wandquerschnitt
   a) nach 24 Stunden,
   b) nach 3 Monaten
   ein, wenn die Wand im Sommer der konstanten Sonneneinstrahlung ausgesetzt wird!

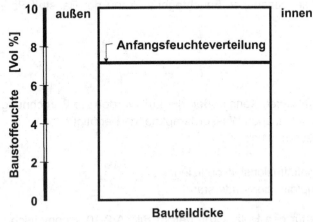

Bild A.2-9:   Diagrammvorlage zur Darstellung der Stofffeuchteverteilung über der Bauteildicke.

44. Im Querschnitt eines Holzbalkens herrsche zunächst eine Anfangsfeuchteverteilung gemäß Bild A.2-9. Der Balken besitzt auf der Außenseite einen diffusionsdichten Anstrich. Zeichnen Sie die qualitativen Verteilungen des Feuchtegehaltes im Balkenquerschnitt für einen späteren Zeitpunkt ein, wenn das Bauteil
   a) im Sommer vor Sonnenstrahlung geschützt wird,
   b) im Sommer der Sonnenstrahlung ausgesetzt wird,
   c) im Winter der Sonnenstrahlung ausgesetzt wird!

45. Was sagt die allgemeine Gasgleichung aus? Sie sagt aus, dass
   a) Gase, die chemisch miteinander reagieren, verhalten sich in einem Raum so, als ob das jeweils andere Gas nicht vorhanden wäre,
   b) das Produkt aus Druck und spezifischem Volumen eines Gases stets proportional zur absoluten Temperatur ist,
   c) bei konstanter Temperatur der Druck und das spezifische Volumen eines Gases umgekehrt proportional sind.

46. Wie groß ist der spezifische Wasserdampfdiffusionswiderstand der Luft?
   a) $2 \cdot 10^{-10}$ kg/msPa
   b) $2 \cdot 10^{-10}$ msPa/kg
   c) $5 \cdot 10^{9}$ msPa/kg
   d) $5 \cdot 10^{9}$ kg/msPa

47. Wie groß ist der atmosphärische Druck bei einem Wasserdampf-Luft-Gemenge? Er ist gleich

a) dem Wasserdampfdruck, da der Druck der trockenen Luft zu vernachlässigen ist,

b) dem Druck der trockenen Luft und ist vom Wasserdampfdruck unabhängig,

c) der Summe der Teildrücke der trockenen Luft und des Wasserdampfes,

d) dem Verhältnis der Teildrücke der trockenen Luft und des Wasserdampfes.

48. Welchen volumenbezogenen Feuchtegehalt kann der Baustoff Porenbeton maximal annehmen?

a) 20 Vol.-%

b) 40 Vol.-%

c) 60 Vol.-%

49. Welche physikalischen Kenngrößen der Luft werden zur Berechnung der durch einen Baustoff durchgelassenen Wasserdampfmenge benötigt?

a) atmosphärischer Druck

b) Dichte

c) Wasserdampfdiffusionsleitkoeffizient

d) Wasserdampfdiffusionswiderstand

50. Skizzieren Sie für den Holzbalken der im Bild A.2-10 schematisch dargestellten Außenwandkonstruktion die Verteilung der Stofffeuchte über der Balkendicke wenn

a) ein Schauer (kurzer Regen) auftritt,

b) nach dem Regen die Sonne scheint,

c) nach einer langen sommerlichen Trocknungsperiode die Konstruktion ausgetrocknet ist!

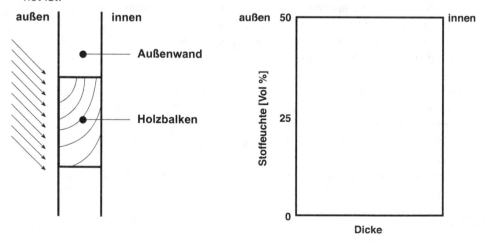

Bild A.2-10: Schematische Darstellung des zu untersuchenden Holzbalkens (links) sowie eine Diagrammvorlage für die qualitative Darstellung der Stofffeuchteverteilung über der Balkendicke (rechts).

Aufgaben

Aufgabe 2.1

Die Fassade eines Büroraumes, die aus Wand- und Fensteranteilen besteht, soll feuchte-technisch untersucht werden. Der Wandaufbau kann dem Bild A.2-11 entnommen werden.

außen		**innen**	
		0,5 cm Kunstharzputz	
		R ist zu vernachlässigen	
		6,0 cm Wärmedämmschicht	$\lambda = 0{,}04$ W/mK
		24,0 cm Kalksandsteinmauerwerk	$\lambda = 0{,}99$ W/mK
		1,5 cm Putz (innen)	$\lambda = 0{,}70$ W/mK

Bild A.2-11: Schematische Darstellung des Aufbaus der Außenwand.

Daten

Fenster: 12 mm Luftzwischenraum $R_g = $ 0,14 m²K/W

Randbedingungen

Lufttemperatur:	innen	20 °C; zeitlich konstant
	außen	– 5 °C; zeitlich konstant
relative Luftfeuchte:	innen	50 %
Wärmeübergangswiderstand:	innen	0,25 m²K/W
	außen	0,04 m²K/W

Fragen

1. Skizzieren Sie die stationären Temperaturverteilungen über den Querschnitt der Außenwand und der Verglasung! Geben Sie die Temperaturen an allen Ober- und Trennflächen an! Der Wärmedurchlasswiderstand durch die Glasscheiben ist zu vernachlässigen.

2. Tritt an den inneren Oberflächen von Verglasung und/oder Wand unter den gegebenen Bedingungen Tauwasserbildung auf?

3. An welcher Stelle des Außenwandquerschnittes wird bei steigender Raumluftfeuchte zuerst Tauwasserbildung einsetzen? Die Frage ist aufgrund der Temperaturverteilung qualitativ zu beantworten.

4. Welche Dämmschichtdicke ist für die Außenwand mindestens notwendig, um Tauwasserbildung gerade zu vermeiden?

Aufgabe 2.2

Am Ende eines erdgeschossigen Industriebaus sind ein Büro- und ein Kühlraum entsprechend der schematischen Darstellung in Bild A.2-12 vorgesehen.

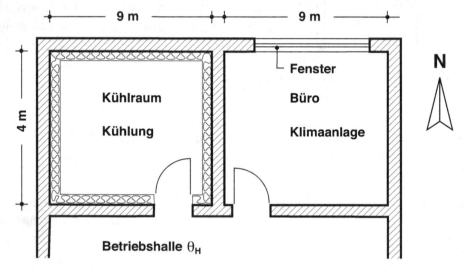

Bild A.2-12: Schematische Darstellung des Grundrisses der zu untersuchenden Räume.

Daten

Räume:	Höhe	3,5 m

Außenwände: 24,0 cm	Porenbeton-Wandelemente	$\lambda = 0,16$ W/mK	$\mu = 5$
Innenwände: 20,0 cm	Porenbetonmauerwerk	$\lambda = 0,21$ W/mK	$\mu = 5$

Wärmedämmschicht im Kühlraum: $R = 2,0$ m²K/W $\mu \cdot d = 20$ m

Randbedingungen

Lufttemperatur:	außen	20 °C
	Büro	20 °C
	Kühlraum	5 °C
	Betriebshalle	17 °C

relative Luftfeuchte:	außen	50 %
	Büro	40 %
	Kühlraum	80 %
	Betriebshalle	60 %

| Wärmeübergangswiderstand: | Büro | 0,13 m^{2}K/W |
| | Kühlraum | 0,13 m^{2}K/W |

Fragen

1. Mit welcher relativen Luftfeuchte ist unter den gegebenen Bedingungen unmittelbar an der büroseitigen Oberfläche der Trennwand zwischen Büro und Kühlraum zu rechnen?

2. Wie hoch darf im Büroraum die relative Luftfeuchte ansteigen, bis an dieser Oberfläche Tauwasserbildung einsetzt?

3. Welche in den Kühlraum hineindiffundierte Wassermenge muss stündlich abgeführt werden, um die vorgegebene relative Luftfeuchte nicht zu überschreiten?
Anmerkung: Diffusion durch Boden und Decke ist zu vernachlässigen. Für die Tür zwischen Kühlraum und Betriebshalle werden die gleichen diffusionstechnischen Eigenschaften angenommen wie für die Innenwand.

4. In welchem Bereich muss dabei die Temperatur des Wasserabscheiders im Kühlraum liegen?

Aufgabe 2.3

Bei einem Wohnhaus mit Satteldach sollen die Holzsparrenkonstruktion und das Giebelmauerwerk feuchtetechnisch untersucht werden. Das Mauerwerk im Giebelbereich ist nach dem Glaser-Verfahren auf Tauwasserbildung in seinem Querschnitt zu untersuchen. Genauere Angaben gehen aus den Skizzen gemäß Bildern A.2-13 und A.2-14 hervor.

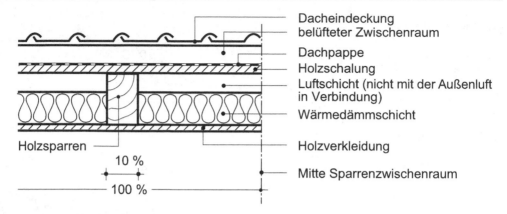

Dacheindeckung
belüfteter Zwischenraum

Dachpappe
Holzschalung
Luftschicht (nicht mit der Außenluft
in Verbindung)
Wärmedämmschicht

Holzsparren

10 %

100 %

Holzverkleidung

Mitte Sparrenzwischenraum

Bild A.2-13: Detailskizze der Dachkonstruktion.

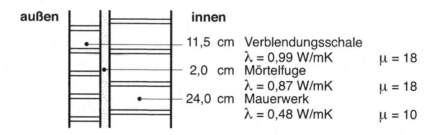

außen   innen

11,5 cm Verblendungsschale
λ = 0,99 W/mK   μ = 18
2,0 cm Mörtelfuge
λ = 0,87 W/mK   μ = 18
24,0 cm Mauerwerk
λ = 0,48 W/mK   μ = 10

Bild A.2-14: Detailskizze des Giebelmauerwerkaufbaus (Fensterbrüstung).

Randbedingungen

Lufttemperatur:	Winter	innen	20 °C; zeitlich konstant
		außen	–5 °C; zeitlich konstant

relative Luftfeuchte:	Winter:	innen	50 %
		außen	80 %

Dampfdruck	Sommer	innen	1200 Pa
		außen	1200 Pa
Sättigungsdampfdruck	Sommer	im Bauteil	1700 Pa

im eventuellen Tauwasserbereich

Wärmeübergangswiderstände gemäß Merkblatt 5

Hinweis: Die Diagramme sind jeweils auf ein DIN A4 - Blatt maßstäblich zu zeichnen.
Maßstab für Diffusionsdiagramm: (Blatt DIN A4 quer)
Abszisse: 1 cm = 0,5 m
Ordinate: 1 cm = 200 Pa (ca. 3 cm vom linken Rand!)

Fragen

1. Ist der skizzierte Dachaufbau bauphysikalisch richtig? (Begründung!)
   Wenn nein, was ist zu tun?

2. Tritt Tauwasserbildung im Querschnitt des Mauerwerks auf? Wenn ja, an welcher Stelle oder in welchem Bereich?

3. Welche speziellen Kriterien müssen erfüllt werden, damit die gegebene Konstruktion gemäß Bild A.2-14 trotz Tauwassergefahr feuchtetechnisch zulässig ist? Falls Tauwassergefahr besteht, sind diese Kriterien im Einzelnen nachzuprüfen und die Zulässigkeit der Konstruktion zu beurteilen!

4. Welche konstruktive Maßnahme könnte eine Tauwasserbildung verhindern?

5. Welcher feuchtetechnische Kennwert ist für die Tauwasserbildung maßgebend, und wie groß müsste er mindestens sein, um sie gerade zu verhindern?

Aufgabe 2.4

In einem Mehrfamilienhaus, in dem zwei Wohnungen symmetrisch zueinander angeordnet sind, werden die aneinandergrenzenden Räume der Erdgeschosswohnungen gemäß Skizze in Bild A.2.-15 genutzt.

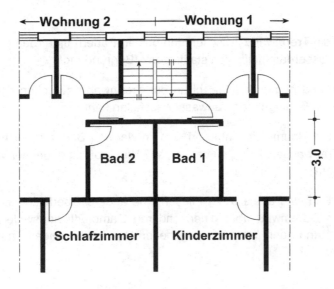

Bild A.2-15: Schematische Darstellung der Grundrissanordnung der zu untersuchenden Räume.

Daten

Raumhöhe   2,50 m

Innenwand:

0,5	cm	Fliesen	λ = 1,00 W/mK	μ = 200
2,0	cm	Zementmörtel	λ = 1,40 W/mK	μ = 15
24,0	cm	Mauerwerk	λ = 0,99 W/mK	μ = 15
2,0	cm	Zementmörtel	λ = 1,40 W/mK	μ = 15
0,5	cm	Fliesen	λ = 1,00 W/mK	μ = 200

Bild A.2-16: Aufbau der Innenwand zwischen den Bädern.

Randbedingungen

Lufttemperatur:	Bad 1	24 °C; zeitlich konstant
	Bad 2	18 °C; zeitlich konstant
relative Luftfeuchte:	Bad 1	80 %
	Bad 2	80 %

Wärmeübergangswiderstände gemäß Merkblatt 5

Fragen

1. Kann durch die Trennwand zwischen den beiden Bädern unter den gegebenen Bedingungen Wasserdampfdiffusion stattfinden? (Begründung!)

2. Kontrollieren und begründen Sie, ob in der Trennwand zwischen den Bädern bei den gegebenen Bedingungen Tauwasser ausfallen kann!

3. Welche relative Raumluftfeuchte darf sich im warmen Badezimmer höchstens einstellen, um Tauwasserbildung zu vermeiden? Wie groß ist dabei der Wasserdampfdiffusionsstrom?

4. Im kälteren Bad wird anstelle der Fliesen eine andere Oberflächenbekleidung, die den gleichen Dämmwert aber einen anderen Dampfdiffusionswiderstand besitzt, angebracht. Kann dann unter den gegebenen Randbedingungen Tauwasser anfallen? Begründung!

Aufgabe 2.5

Beim Entwurf eines Einfamilienhauses wurde der Außenwandaufbau entsprechend der schematischen Darstellung im Bild A.2-17 geplant.

Daten

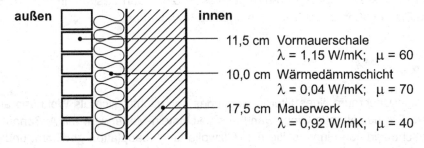

außen   innen

11,5 cm   Vormauerschale
           $\lambda = 1,15$ W/mK; $\mu = 60$

10,0 cm   Wärmedämmschicht
           $\lambda = 0,04$ W/mK; $\mu = 70$

17,5 cm   Mauerwerk
           $\lambda = 0,92$ W/mK; $\mu = 40$

Bild A.2-17: Schematische Darstellung des geplanten Aufbaus der Außenwand mit Vormauerschale.

Randbedingungen

Wärmeübergangswiderstände gemäß Merkblatt 5

Fragen

1. Besteht bei der geplanten Konstruktion unter Normbedingungen gemäß Merkblatt 5 Tauwassergefahr im Wandquerschnitt? Nachweis!

2. Bei der Bauausführung wurde das Einbringen der Dämmschicht vergessen. Stattdessen wurde die Vormauerschale direkt vor das Mauerwerk gesetzt. Der Architekt schlägt vor, die Dämmschicht entsprechend dem Wandaufbau in Bild A.2-18 nachträglich auf der Innenseite anzubringen.

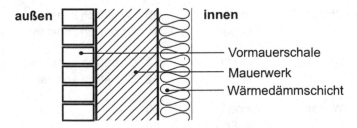

außen   innen

Vormauerschale

Mauerwerk

Wärmedämmschicht

Bild A.2-18: Schematische Darstellung des beabsichtigten Aufbaus der Außenwand mit Vormauerschale und Innendämmung, Schichtdicken und Materialdaten wie in Bild A.2-17.

Wie ändern sich dadurch die Wärmestromdichten in den einzelnen Schichten? Besteht bei dieser Konstruktion unter Normbedingungen Tauwassergefahr im Querschnitt? Nachweis!

3. Welche Konstruktion ist stärker tauwassergefährdet? Begründung! Prüfen Sie, ob diese kritischere Konstruktion aus Feuchteschutzgründen ausgeführt werden darf! Geben Sie gegebenenfalls Verbesserungsmaßnahmen an!

Aufgabe 2.6

Der ungenutzte Dachraum eines älteren Gebäudes soll nachträglich als Wohnung ausgebaut werden. Die bestehende Giebelwand aus Leichtstein-Mauerwerk mit Außenputz soll aus Wärmeschutzgründen innenseitig mit Holzwolle-Leichtbauplatten gedämmt und dann verputzt werden. Es ergibt sich dadurch folgender Wandquerschnitt:

	Außenputz	$R = 0,02\ \mathrm{m^2K/W}$;	$\mu \cdot d = 0,7\ \mathrm{m}$
24 cm	Mauerwerk	$\lambda = 0,5\ \mathrm{W/mK}$;	$\mu = 10$
3 cm	Holzwolle-leichtbauplatten	$\lambda = 0,093\ \mathrm{W/mK}$;	$\mu = 2$
	Innenputz	$R = 0,02\ \mathrm{m^2K/W}$;	$\mu \cdot d = 0,24\ \mathrm{m}$

Bild A.2-19: Schematische Darstellung des Aufbaus der Giebelwand mit nachträglicher Innendämmung.

Randbedingungen

Lufttemperatur:	Winter	innen	20 °C; zeitlich konstant
		außen	–10 °C; zeitlich konstant
:	Sommer	innen	12 °C; zeitlich konstant
		außen	12 °C; zeitlich konstant
relative Luftfeuchte:	Winter	innen	50 %
		außen	80 %
	Sommer	innen	70 %
		außen	70 %

Wärmeübergangswiderstände gemäß Datenblatt 1

Fragen

1. Tritt bei dieser Wandkonstruktion Tauwasserbildung an der Innenoberfläche auf? Der Wärmeübergangswiderstand auf der Innenseite sei dabei 0,17 m²K/W.

2. Tritt bei dieser Wandkonstruktion Tauwasserbildung im Querschnitt auf? Nachweis gemäß Merkblatt 5, jedoch mit den hier angegebenen Randbedingungen.
   a) Wo tritt das Tauwasser auf?
   b) Welche Menge Tauwasser fällt an?
   c) Ist die Konstruktion bauphysikalisch zulässig?
   d) Was wäre als Abhilfe, falls die Konstruktion nicht zulässig ist, zu tun?

Aufgabe 2.7

Ein fensterloser Abstellraum eines Industriegebäudes habe folgenden Außenwandaufbau in Sandwichbauweise, bestehend aus Gefach und Wärmebrückenbereich:

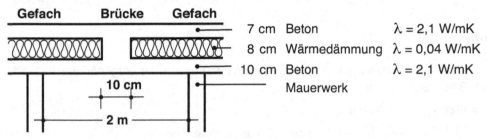

7 cm Beton	$\lambda = 2{,}1$ W/mK
8 cm Wärmedämmung	$\lambda = 0{,}04$ W/mK
10 cm Beton	$\lambda = 2{,}1$ W/mK
Mauerwerk	

Bild A.2-20: Schematische Darstellung des Aufbaus der Außenwand mit Angabe der Anordnung von Gefach und Wärmebrückenbereich.

Daten

Raum:	Länge	2,0 m
	Breite	2,0 m
	Höhe	2,5 m

Wasserdampf:	Gaskonstante	462 J/kgK

Randbedingungen

Lufttemperatur:	innen	18 °C; zeitlich konstant
	außen	–10 °C; zeitlich konstant
relative Luftfeuchte:	innen	45 %

Wärmeübergangswiderstände gemäß Merkblatt 5

Fragen

1. Skizzieren Sie in ein Diagramm die raumseitige Oberflächentemperaturverteilung für folgende Fälle:
   a) Maßstäblich bei Annahme eindimensionaler Wärmeleitung (naive Methode)
   b) Qualitativ bei Annahme zweidimensionaler Wärmeleitung (mit Querleitung)
   c) Qualitativ bei Annahme zweidimensionaler Wärmeleitung, wenn auf der gesamten Innenoberfläche der Außenwand ein Aluminiumblech angebracht ist.

2. Tritt an irgendeiner Stelle der Innenoberfläche Tauwasserbildung auf? Weisen Sie es mit den gegebenen Temperaturen nach der "naiven" Methode rechnerisch nach!
   a) Wieviel Tauwasser würde dabei maximal anfallen, wenn der Raum allseitig diffusionsdicht abgeschlossen ist und kein Luftaustausch stattfindet? Welche relative Luftfeuchte stellt sich dann im Raum ein?
   b) Könnte eine auf der Innenoberfläche der Außenwand aufgebrachte Dampfsperre das Tauwasserproblem bei Betrachtung nach der "naiven" Methode lösen? Begründung!

Aufgabe 2.8

Der horizontale Querschnitt einer Außenwandkonstruktion mit vorgehängter Fassade sei nach Bild A.2-21 geplant.

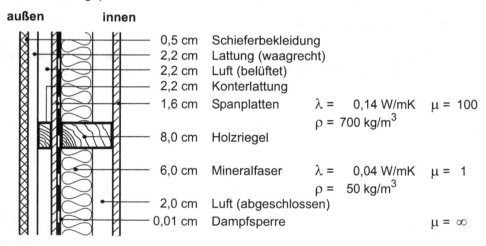

Bild A.2-21: Schematisch dargestellter Horizontalschnitt der Außenwandkonstruktion.

Fragen

1. Zeichnen Sie in ein Diagramm die Sättigungsdampfdruck- und die Dampfdruckverteilung über den Querschnitt des Gefachs während der Tauperiode! Der Wärmeübergangswiderstand auf der Seite der belüfteten Luftschicht beträgt 0,08 m^{2}K/W!

2. Nach welcher Zeit würde das ursprünglich trockene Dämmmaterial unter winterlichen Randbedingungen einen massebezogenen Feuchtegehalt von 100 % aufweisen? Hierbei wird angenommen, dass sich das anfallende Tauwasser gleichmäßig im Dämmmaterial verteilt.

3. Welcher massebezogene Feuchtegehalt würde sich im Mittel in der anfangs trockenen Mineralfasermatte während einer Norm-Winterperiode einstellen?

4. Wo muss eine diffusionshemmende Schicht richtigerweise angeordnet werden und wie groß müsste ihre wasserdampfdiffusionsäquivalente Luftschichtdicke mindestens sein, um eine Tauwasserbildung im Querschnitt zu verhindern?

Aufgabe 2.9

Ein innen liegender Kellerraum soll als Saunabereich, d.h. mit Vorraum und daran anschließender Saunakabine genutzt werden. Der Wandaufbau der Saunakabine ist gemäß der schematischen Darstellung im Bild A.2-22 geplant:

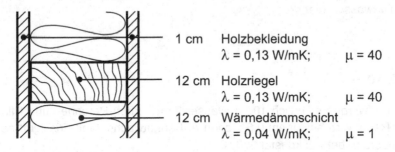

1 cm	Holzbekleidung	
	$\lambda = 0{,}13$ W/mK;	$\mu = 40$
12 cm	Holzriegel	
	$\lambda = 0{,}13$ W/mK;	$\mu = 40$
12 cm	Wärmedämmschicht	
	$\lambda = 0{,}04$ W/mK;	$\mu = 1$

Bild A.2-22: Schematische Darstellung des Aufbaus der Trennwand zwischen der Saunakabine und dem Vorraum.

Daten

Saunakabine:	Länge	2,0 m
	Breite	2,0 m
	Höhe	2,5 m
Wasserdampf:	Gaskonstante	462 J/kgK

Randbedingungen

Lufttemperatur:	vor Inbetriebnahme	24 °C
relative Luftfeuchte:	vor Inbetriebnahme	60 %
Wärmeübergangswiderstand:	beidseitig	0,17 m² K/W

In den Baustoffen wird keine Feuchte gespeichert (keine Sorption).

Fragen

1. Welche Wasserdampfkonzentration herrscht in der Luft vor der Inbetriebnahme der Sauna?

2. In der Sauna wird zunächst die Luft auf 80 °C erwärmt. Die Lufttemperatur im Vorraum bleibt unverändert.
   a) Kann bei dem gewählten Wandaufbau eine Wasserdampfdiffusion einsetzen? Begründung!
   b) Besteht im Querschnitt der gewählten Wandkonstruktion Tauwassergefahr? Weisen sie es rechnerisch nach! Bei welcher relativen Luftfeuchte in der Sauna würde Tauwasserbildung einsetzen und an welcher Stelle träte sie auf?

3. Während des Saunabetriebs wird Wasser aufgegossen. Die Lufttemperatur bleibt bei 80 °C konstant. Bei welcher relativen Luftfeuchte in der Kabine diffundiert durch die Trennwand an der ungünstigsten Stelle stündlich 3 g/m² Wasserdampf? Besteht dabei Tauwassergefahr?

Aufgabe 2.10

In einem Raum werden stündlich 100 g Wasserdampf durch Personen und Pflanzen produziert. Der Raum wird bei einem 0,5-fachen Außenluftwechsel mit Frischluft gelüftet. Die Raumlufttemperatur beträgt konstant 20 °C.

Daten

Raum:	Länge	5,0 m
	Breite	4,0 m
	Höhe	2,5 m
Wasserdampf:	Gaskonstante	462 J/kgK

Randbedingungen

Wärmeübergangswiderstände gemäß Datenblatt 1

Fragen

1. Stellen Sie graphisch dar, welche relative Feuchte sich in Abhängigkeit von der Außenlufttemperatur im Raum einstellt, wenn die relative Außenluftfeuchte stets 80 % beträgt und die Außenlufttemperatur im Bereich von –15 °C bis +20 °C schwankt! Benutzen Sie hierzu das Arbeitsblatt A.2-1!

2. Ermitteln Sie aus den Ergebnissen von 1., welche Oberflächentemperatur die Raumumschließungsflächen mindestens haben müssen, um Tauwasserbildung zu verhindern! Stellen Sie das Ergebnis graphisch als $\theta_{si} = f(\theta_e)$ dar! Benutzen Sie hierzu das Arbeitsblatt A.2-2!

3. Ab welcher Außenlufttemperatur würde an der Innenoberfläche einer Außenwand mit $U_W = 1{,}39$ W/m²K unter den Bedingungen gemäß 2. Tauwasserbildung auftreten?

Aufgabe 2.11

Ein an eine Produktionshalle angrenzender Raum soll in einen stationär betriebenen Kühlraum umgerüstet werden. Der Kühlraum wird mittels einer Klimaanlage mit einem 10-fachen Luftwechsel belüftet (siehe Skizze in Bild A.2-23). Das Kühlgerät kühlt bei maximaler Leistung die umgewälzte Luft von 6 °C auf 2 °C ab und hält die Luftfeuchte im Kühlraum konstant.

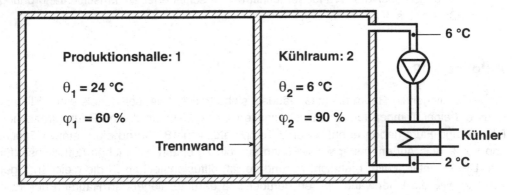

Bild A.2-23: Schematische Darstellung der Grundrissanordnung der zu untersuchenden Räume.

Daten

Kühlraum:		Länge		4,0 m
		Breite		4,0 m
		Höhe		2,5 m
Trennwand:	24 cm	Mauerwerk	λ =	0,99 W/mK
Luft:		Dichte		1,25 kg/m^3
		spezifische Wärmekapazität		0,28 Wh/kgK
Wasserdampf:		Gaskonstante		462 J/kgK

Fragen

1. Welche Kühlleistung müsste die Anlage erbringen, wenn der Transmissionswärmegewinn über alle übrigen Umschließungsflächen des Kühlraumes (ohne Trennwand) 500 W beträgt? Die Kühlraumbelüftung erfolgt mit Umluft gemäß Skizze!

2. Die Trennwand sollte zweckmäßigerweise gedämmt werden. Welche Dicke muss die Dämmschicht mit der Wärmeleitfähigkeit 0,04 W/mK besitzen, damit die tatsächliche Leistung des installierten Kühlers ausreicht? Die Dicke der Dämmschicht soll bei der Festlegung des Raumvolumens unberücksichtigt bleiben.

3. Im Betrieb stellt sich nach der Trennwand-Dämmung im Kühlraum eine relative Feuchte von 90 % ein. Welche Wasserdampfdiffusionswiderstandszahl muss das Mauerwerk der Trennwand aufweisen, wenn durch sie 5 ‰ der anfallenden Feuchtebelastung im Kühlraum diffundiert? Als Dämmmaterial wird ein Mineralfaserstoff mit μ = 1 gewählt. Welcher Baustoff wäre hierfür geeignet?

4. Auf welcher Seite des Mauerwerks ist die Dämmschicht anzubringen, damit im Wandquerschnitt kein Tauwasser entsteht? Zeichnen Sie hierzu die Dampfdruckverteilungen über den Wandquerschnitt bei verschiedener Dämmschichtanordnung maßstäblich auf!

Aufgabe 2.12

Ein außen liegender Raum eines Gebäudes, siehe Bild A.2-24, soll mittels eines Klimagerätes auf einer Temperatur von 18 °C gehalten werden. Die an diesen Raum grenzenden Räume und Flure haben ebenfalls eine Temperatur von 18 °C und eine relative Feuchte von 60 %. Das Außenfenster weist Fugen auf, die zu einem natürlichen Luftwechsel führen. Die Innentür schließt luftdicht ab und besitzt diffusionstechnisch die gleichen Eigenschaften wie die Innenwand. In den darüber und darunter liegenden Räumen herrschen die gleichen klimatischen Bedingungen wie im zu untersuchenden Raum.

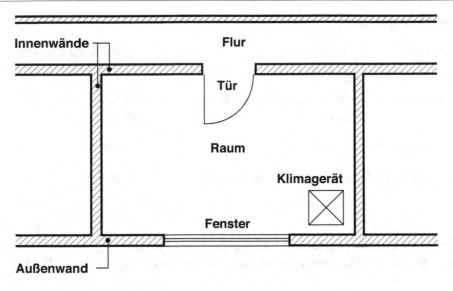

Bild A.2-24: Schematische Darstellung der Grundrissanordnung des zu untersuchenden Raumes.

Daten

Raum:		Länge	6,0 m	
		Breite	4,0 m	
		Höhe	2,5 m	

| Fenster: | | Fläche | 2 m² | $\mu = \infty$ |

Außenwand:	1,5 cm	Innenputz		$\mu = 10$
	36,5 cm	Mauerwerk		$\mu = 10$
	2,5 cm	Außenputz		$\mu = 20$

Innenwand:

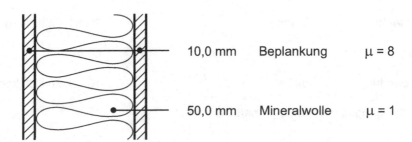

| | 10,0 mm | Beplankung | $\mu = 8$ |
| | 50,0 mm | Mineralwolle | $\mu = 1$ |

Bild A.2-25 Schematische Darstellung des Innenwandaufbaus.

| Wasserdampf: | Gaskonstante | 462 J/kgK |

Randbedingungen

| Lufttemperatur: | innen | 18 °C; zeitlich konstant |
| | außen | 25 °C; zeitlich konstant |

| relative Luftfeuchte: | innen (Nachbarräume u. Flur) | 60 % |
| | außen | 50 % |

Luftwechselzahl (infolge Undichtheit): $0,1\ \text{h}^{-1}$

Wärmeübergangswiderstände gemäß Datenblatt 1

Frage

Wie groß ist die relative Luftfeuchte, die sich im Raum einstellt?
Hinweis: Stellen Sie dazu eine Feuchtebilanz für den Raum auf!

Aufgabe 2.13

Ein im Erdreich liegender Kellerraum wird dauernd benutzt. Der Raum besitzt eine an das Erdreich angrenzende Wand, die den in Bild A.2-26 skizzierten Aufbau aufweist:

Feuchtesperrschicht	$\lambda = \infty$	$\mu = \infty$
35,0 cm Beton		$\mu = 100$
6,0 cm Wärmedämmschicht	$\lambda = 0,04$ W/mK	$\mu = 50$
Erdreich		

Bild A.2-26: Schematische Darstellung des Aufbaus der Kellerwand.

Randbedingungen

| Lufttemperatur: | innen | 20 °C; zeitlich konstant |

| relative Luftfeuchte: | | 60 % |

| Erdtemperatur: | außen | 10 °C; zeitlich konstant |

Wärmeübergangswiderstände gemäß Datenblatt 1

Fragen

1. Welche Wärmeleitfähigkeit besitzt die Betonschicht, wenn die stationäre Wärmestromdichte durch die Wand 5,5 W/m² beträgt?

2. Zeichnen Sie den Verlauf des Sättigungswasserdampfdruckes über den Wandquerschnitt auf; benutzen Sie hierzu das Arbeitsblatt A.2-3!

3. Tritt im Querschnitt der Wand Tauwasser auf? Wenn ja, in welchem Bereich? Benutzen Sie hierzu das Arbeitsblatt A.2-3!

4. Ist der Wandaufbau bauphysikalisch richtig? Kurze Begründung!

Aufgabe 2.14

In einem Raum werden stündlich 100 g Wasserdampf durch Personen und Pflanzen produziert. Die Außenwand des Raumes besitzt ein Fenster, das einen Mindestluftwechsel zulässt. Wasserdampfdiffusion durch die Umschließungsbauteile wird vernachlässigt. Eine Klimaanlage sorgt dafür, dass eine maximale Raumluftfeuchte nicht überschritten wird.

Daten

Raumvolumen:		50 m^3
Fenster:	Wärmedurchlasswiderstand an ungünstigster Stelle	$0{,}15 \text{ m}^2\text{K/W}$

Randbedingungen

Lufttemperatur:	innen	20 °C; zeitlich konstant
	außen	5 °C; zeitlich konstant
relative Luftfeuchte:	innen, maximal	60 %
Luftwechselzahl:	Minimalwert (Fenster)	$0{,}5 \text{ h}^{-1}$
Wärmeübergangswiderstand:	innen	$0{,}17 \text{ m}^2 \text{ K/W}$
	außen	$0{,}04 \text{ m}^2 \text{ K/W}$

Fragen

1. Tritt an der Fensterinnenoberfläche Tauwasser auf? Begründung!

2. Stellen Sie die Feuchtebilanz des Raumes auf!

3. Wie hoch kann die relative Feuchte der Außenluft ansteigen, bis die Entfeuchtung durch die Klimaanlage einsetzt?

Aufgabe 2.15

Das thermische und hygrische Verhalten einer Materialprobe soll messtechnisch untersucht werden. Dazu wird die Probe als Trennwand zwischen die Kammern 1 und 2 einer 2,5 m hohen Prüfkabine eingebaut (Bild A.2-27). In beiden Kammern befindet sich jeweils ein Klimagerät, das die Lufttemperatur und Luftfeuchte auf die angegebenen Werte konstant hält. Die Prüfeinrichtung selbst befindet sich in einer Halle, deren Lufttemperatur für die gesamte Versuchsdauer konstant bleibt. Wärmetransport und Diffusion durch die Decken und Böden der Kammern sind zu vernachlässigen.

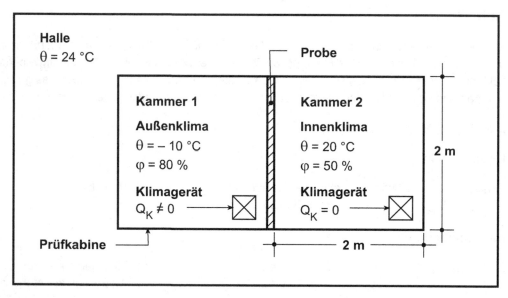

Bild A.2-27:   Schematische Darstellung des Grundrisses der Prüfkabine.

Daten

Tabelle A.2-1:   Zusammenstellung der Materialdaten der Umschließungswände der Prüfkabine und der zu untersuchenden Probe.

Bauteildaten	Umschließungswände der Prüfkabine	Probe
Dicke [m]	0,2	0,15
Wärmeleitfähigkeit [W/mK]	2,1	?
Diffusionswiderstandszahl [-]	∞	?

Randbedingungen

Wärmeübergangswiderstände gemäß Datenblatt 1

Fragen

1. Bestimmen Sie die Wärmeleitfähigkeit des Prüfmaterials!

2. Wie groß ist die Wasserdampfdiffusionswiderstandszahl des Prüflings, wenn zur Konstanthaltung der relativen Luftfeuchte durch das Klimagerät der Kammer 1 während eines Tages 36 g Wasserdampf entzogen werden?

3. Aus welchem Material könnte der Prüfling bestehen?

Aufgabe 2.16

Eine homogene, einschichtige Außenwand eines Nassraumes soll wärme- und feuchtetechnisch untersucht werden. Zur Durchführung der Untersuchung werden folgende Daten und Randbedingungen zugrunde gelegt:

Daten

Wand:	Dicke	15,0 cm
	Wärmeleitfähigkeit	0,7 W/mK
	spezifische Wärmekapazität	0,28 Wh/kgK
	Rohdichte	2000 kg/m^3

Randbedingungen

Wärmeübergangswiderstand:	innen	0,17 m^2 K/W
	außen	0,04 m^2 K/W
Dampfdruck:	innen	p_i = 1400 Pa; konstant

Anfangstemperaturverteilung im Bauteil zum Zeitpunkt 16 Uhr gemäß Arbeitsblatt A.2-4
Lufttemperaturen gemäß Tabelle A.2-2

Tabelle A.2-2:   Innen- und Außenlufttemperaturen in Abhängigkeit von der Zeit.

Daten	Uhrzeit [h]				
	16.00	17.00	18.00	19.00	20.00
Lufttemperatur innen [°C]	22	20	19	18	16
außen [°C]	−5	−6	−8	−10	−12

Fragen

1. Bestimmen Sie die Innenoberflächentemperatur der Wand um 20 Uhr! Benutzen Sie hierzu das Arbeitsblatt A.2-4!

2. Tritt zu irgendeinem Zeitpunkt zwischen 16 Uhr und 20 Uhr an der Innenoberfläche des Bauteils Tauwasser auf? Begründung!

Aufgabe 2.17

Ein Flachdach, zunächst im Rohbauzustand, soll feuchtetechnisch untersucht werden.

Daten

Rohdecke:	Dicke	16,8 cm
	Wärmeleitfähigkeit	2,1 W/mK
	spezifische Wärmekapazität	0,28 Wh/kgK
	Rohdichte	2400 kg/m^3
	kurzwelliger Absorptionsgrad	0,95

Randbedingungen

Bis 7.00 Uhr morgens herrscht im Bauteil die Anfangstemperaturverteilung gemäß Arbeitsblatt A.2-5;
instationäre Temperaturen und solare Einstrahlungen gemäß Tabelle A.2-3

Wärmeübergangswiderstände gemäß Datenblatt 1

Tabelle A.2-3:   Zusammenstellung der ab 7.00 Uhr herrschenden instationären Randbedingungen.

Daten	Uhrzeit [h]				
	7.00	7.30	8.00	8.30	9.00
Lufttemperatur [° C] außen	15	17	18	19	20
innen	17	19	21	21	22
solare Einstrahlung [W/m^2]	130	130	184	184	210

Fragen

1. Bestimmen Sie die fiktiven Außenlufttemperaturen für die angegebenen Zeiten!

2. Bestimmen Sie die Temperaturverteilungen im Dachquerschnitt für die Zeitpunkte 7.00 und 9.00 Uhr! Benutzen Sie hierzu das Arbeitsblatt A.2-5!

3. Um 7.30 Uhr setzt an der Innenoberfläche der Decke Tauwasserbildung ein. Wie groß ist die relative Feuchte der Innenluft zu dieser Zeit?

4. Errechnen Sie die erforderliche Dicke der Dämmschicht, die für das noch im Rohbau befindliche Dach notwendig ist, um einen U-Wert von 0,3 W/m^2K zu erreichen! Der Dämmstoff besitze eine Wärmeleitfähigkeit von 0,03 W/mK.

Aufgabe 2.18

Der Aufbau der Außenwand eines Raumes ist entsprechend der untenstehenden Skizze (Bild A.2-28) geplant:

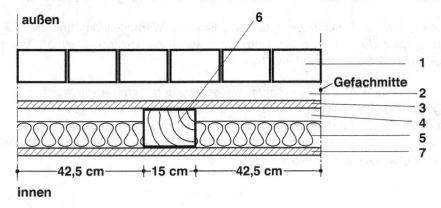

Bild A.2-28: Schematische Darstellung des Aufbaus der Außenwandkonstruktion.

Daten

Wandaufbau von außen nach innen

1	11,5 cm	Vormauerwerk	λ = 0,96 W/mK	μ = 100
2	6,0 cm	Luftschicht (belüftet)		
3	1,9 cm	Spanplatte	λ = 0,14 W/mK	μ = 100
4	4,0 cm	Luftspalt (ruhend)	R = 0,18 m^2K/W	μ = 1
5	8,0 cm	Dämmschicht	λ = 0,04 W/mK	μ = 70
6	12,0 cm	Holzriegel	λ = 0,17 W/mK	μ = 40
7	1,9 cm	Spanplatte	λ = 0,14 W/mK	μ = 100

Randbedingungen

Lufttemperatur:	innen	20 °C; zeitlich konstant
	außen	– 5 °C; zeitlich konstant

relative Luftfeuchte: innen   75 %

                                  außen   60 %

Wärmeübergangswiderstände gemäß Merkblatt 5

Fragen

1. Wie groß sind die Wärmedurchlasswiderstände der beschriebenen Außenwand-konstruktion im Bereich des Holzriegels und im Gefach? Welcher Bereich gilt als Wärmebrücke?

2. Prüfen Sie nach, ob an der Innenoberfläche des Wärmebrückenbereichs Tauwasser auftritt! Falls ja, wie groß muss dann der Wärmedurchgangskoeffizient dieses Wandabschnitts sein, damit die Oberflächentauwasserbildung vermieden wird?

3. Ermitteln Sie die Temperaturen (eindimensionale Wärmeleitung) und die Sättigungsdampfdrücke innerhalb des Holzriegels, wenn der Holzriegel gemäß Arbeitsblatt A.2-6 in 12 Schichten aufgeteilt wird!

4. Besteht im Wärmebrückenbereich Tauwassergefahr? Wenn ja, an welcher Stelle der geplanten Konstruktion fällt es an? Stellen Sie den Verlauf der Sättigungsdampfdruckkurve in Abhängigkeit vom s_d-Wert dar. Benutzen Sie hierzu das Arbeitsblatt A.2-6! Welche relative Luftfeuchte darf die Innenraumluft nicht überschreiten, um Tauwasser zu vermeiden?

Aufgabe 2.19

Gegeben sei das im Bild A.2-29 abgebildete Arbeitszimmer, das sich im stationären Temperaturzustand befindet. Alle inneren Raumumschließungsflächen grenzen an Nachbarräume mit den gleichen Innenlufttemperaturen wie der zu untersuchende Raum. Im Arbeitszimmer befinden sich eine Person, diverse Geräte und Pflanzen.

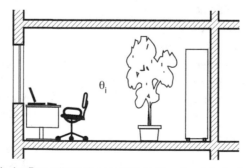

Bild A.2-29: Schematische Darstellung des zu untersuchenden Arbeitszimmers.

Daten

Raum:	Breite	5,0 m
	Tiefe	3,5 m
	Höhe	2,5 m

Fenster:	Flächenanteil	25 %

$$U_F = 2,0 \text{ W/m}^2\text{K}$$

$$g = 0,60$$

Außenwand:		$U_W = 0,30 \text{ W/m}^2\text{K}$

Luft:	Dichte	1,25 kg/m^3
	spezifische Wärmekapazität	0,28 Wh/kgK

Wasserdampf:	Gaskonstante	462 J/kgK

Randbedingungen

Lufttemperatur:	außen	–10 °C; zeitlich konstant

relative Luftfeuchte:	außen	90 %

Luftwechselzahl:		0,5 h^{-1}

Strahlungsintensität:		200 W/m^2; zeitlich konstant

Wärmeabgabe:	Person	100 W; zeitlich konstant
	Geräte	180 W; zeitlich konstant

Feuchteabgabe:	Pflanzen	120 g/h

Wärmeübergangswiderstände gemäß Datenblatt 1

Fragen

1. Welche Innenlufttemperatur stellt sich im Raum ein? Die Verdunstungsenergie der Pflanzen sei vernachlässigbar.

2. Wieviel Feuchte gibt die sich im Raum befindende Person bei der unter 1. ermittelten Innenlufttemperatur pro Stunde ab, wenn die relative Innenluft feuchte 30 % beträgt?

Aufgabe 2.20

Die Außenwand eines Raumes besteht aus einer mehrschichtigen Konstruktion. Bei einer feuchtetechnischen Untersuchung wurde für die Konstruktion der im Arbeitsblatt A.2-7 dargestellte Verlauf der Sättigungsdampfdrücke erstellt.

Daten

Tabelle A.2-4:   Zusammenstellung der feuchtetechnischen Daten für die einzelnen Schichten der zu untersuchenden Wandkonstruktion.

Aufbau	Wasserdampf-diffusionswider-standszahl [-]	wasserdampfdiffusions-äquivalente Luftschicht-dicke [m]	Sättigungs-dampfdruck [Pa]
Luft (außen)	--	--	
			309
Schicht 1	20	0,3	
			320
Schicht 2	25	7,5	
			437
Schicht 3	100	8,0	
			2337
Schicht 4	20	0,3	
			2396
Luft (innen)	--	--	

Randbedingungen

relative Luftfeuchte: außen   50 %

Wärmeübergangswiderstände gemäß Datenblatt 1

Fragen

1.   Welche Dicken besitzen die einzelnen Schichten der Wandkonstruktion?

2.   Welche Temperaturen herrschen im Bauteilquerschnitt an den Schichttrennflächen?

3.   Bei der Untersuchung ist durch das Bauteil ein stationärer Wärmefluss von 12 W/m^2 gemessen worden. Wie groß sind die Temperaturen der Innen- und Außenluft?

4.   Wie groß sind der Wärmedurchlasswiderstand und der U-Wert der Außenwand, wenn der stationäre Wärmefluss durch das Bauteil weiterhin 12 W/m^2 beträgt?

5. Wie hoch darf die relative Luftfeuchte des Innenraumes sein, damit im Querschnitt der Konstruktion kein Tauwasser auftreten kann? Zeichnen Sie die Dampfdruckverteilung des Bauteils in das Arbeitsblatt A.2-7 ein!

Aufgabe 2.21

Ein unterirdischer Kellerraum soll zu einer Diskothek umgebaut werden. Oberhalb des Kellers im Erdgeschoss befinden sich beheizte Räume. Beim späteren Betrieb der Diskothek wird mit einer Zunahme der Raumlufttemperatur und der relativen Luftfeuchte im Raum gerechnet. Um eine eventuelle Tauwasserbildung an der Wandinnenoberfläche des Kellers zu verhindern, soll die Wandkonstruktion der Diskothek entsprechend dem unten skizzierten Aufbau, Bild A.2-30 wärmetechnisch verbessert werden.

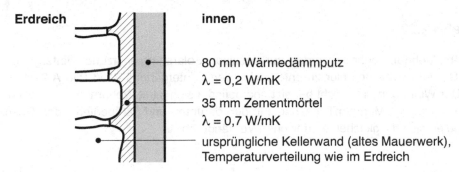

Erdreich   **innen**

80 mm Wärmedämmputz
$\lambda = 0,2$ W/mK

35 mm Zementmörtel
$\lambda = 0,7$ W/mK

ursprüngliche Kellerwand (altes Mauerwerk),
Temperaturverteilung wie im Erdreich

Bild A.2-30: Schematische Darstellung des Wandaufbaus nach der Durchführung der wärmetechnischen Verbesserungsmaßnahme.

Daten

Raum:	Länge	25,0 m
	Breite	12,0 m
	Höhe	5,0 m

Wasserdampf:	Gaskonstante	462 J/kgK

Randbedingungen

Lufttemperatur:	innen (Kellerraum)	25 °C; beim Diskobetrieb
Erdtemperatur:		12 °C; zeitlich konstant
relative Luftfeuchte:	innen (Kellerraum)	80 %; beim Diskobetrieb
Wärmeübergangswiderstand:	innen	0,17 m²K/W

Fragen

1. Ermitteln Sie die Temperaturverteilung im Wandquerschnitt, die sich beim Betrieb der Diskothek einstellt!

2. Ist die vorgegebene Wärmedämmung ausreichend, um im Diskobetrieb Tauwasserbildung an der Wandinnenoberfläche zu vermeiden?

3. Die Diskothek wird über einen Schacht mechanisch gelüftet. Welche Feuchtemenge muss nach Betriebsschluss durch Lüftung aus der Diskothek abtransportiert werden, wenn dadurch die Raumlufttemperatur auf 15 °C und die relative Luftfeuchte im Raum auf 50 % sinken sollen?

Aufgabe 2.22

In einem Mehrfamilienhaus werden zur passiven Solarenergienutzung Wintergärten geplant. Der Grundriss des hier zu untersuchenden Wintergartens ist in Bild A.2-31 dargestellt. Der Wintergarten ist nicht beheizt und befindet sich samt Wohnraum in einem mittleren Geschoss des Mehrfamilienhauses; in den darunter- und darüberliegenden Geschossen spielen sich die gleichen thermischen Vorgänge ab.

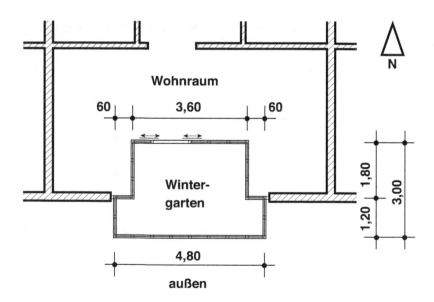

Bild A.2-31: Schematische Darstellung des Grundrisses der zu untersuchenden Räume.

Daten

Wintergarten: Höhe   2,5 m

Umschließungsflächen: raumhohe Glaswände mit Einfachverglasung

                        Glasanteil   80 %
                        Rahmenanteil   20 %

Glas: Dicke   8 mm
                        Wärmeleitfähigkeit   0,8 W/mK
                        Gesamtenergiedurchlassgrad   0,8

Rahmen: Wärmedurchgangskoeffizient   2,0 W/m^{2}K

Wasserdampf: Gaskonstante   462 J/kgK

Randbedingungen

Lufttemperaturen: Wohnzimmer   20 °C; zeitlich konstant
                        außen   –10 °C; zeitlich konstant

Strahlungsintensität: Süd   400 W/m^2; konstant
                        Ost und West   je 150 W/m^2, konstant

Wärmeübergangswiderstände gemäß Datenblatt 1

Fragen

1. Bestimmen Sie die Wärmedurchgangskoeffizienten der Innen- und Außenfenster im Wintergarten!

2. Welche Lufttemperatur stellt sich nachts im Wintergarten ein?

3. Wieviel Tauwasser wird sich im Wintergarten nachts niederschlagen, wenn tags zuvor dort eine Lufttemperatur von 20 °C und eine relative Luftfeuchte von 50 % geherrscht haben?

4. Um wieviel Grad wird sich die Lufttemperatur tagsüber im Wintergarten erhöhen, wenn seine Fassaden von der Sonne bestrahlt werden und im Raum kein Luftaustausch stattfindet?

Aufgabe 2.23

Eine vierschichtige Wandkonstruktion wurde mit Hilfe des Glaser-Verfahrens feuchtetechnisch untersucht. Es hat sich ergeben, dass im Bauteilquerschnitt Tauwasser auftritt. Die für die Winterperiode ermittelten stationären Sättigungsdampfdrücke und Dampfdrücke über den Querschnitt des Bauteils sind im Diagramm (Bild A.2-32) dargestellt.

Daten

Luft: Wasserdampfdiffusionswiderstand $5 \cdot 10^9$ msPa/kg

Randbedingungen

Lufttemperatur: innen   20 °C; zeitlich konstant
                       außen   – 5 °C; zeitlich konstant

Periodendauer: 2160 Stunden

Wärmeübergangswiderstände gemäß Merkblatt 5

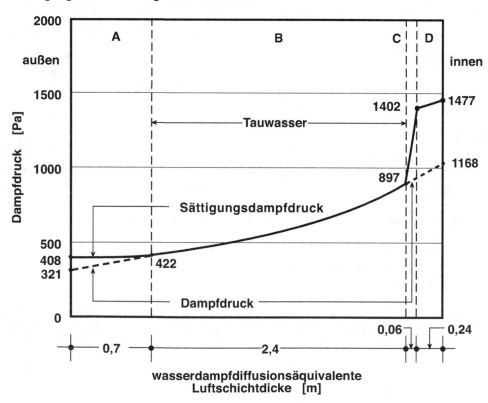

Bild A.2-32: Glaser-Diagramm des zu untersuchenden Bauteilquerschnitts.

Fragen

1. Ermitteln Sie die Temperaturverteilung im Querschnitt des Bauteils!

2. Berechnen Sie den Wärmedurchgangskoeffizienten des Bauteils!

3. Wie dick ist die Bauteilschicht, in der Tauwasser auftritt, wenn die Wärmeleitfähigkeit des für diese Schicht verwendeten Baustoffes 0,6 W/mK beträgt?

4. Berechnen Sie die während der Winterperiode im Bauteilquerschnitt anfallende Tauwassermenge!

5. Wie ist die untersuchte Wandkonstruktion feuchtetechnisch zu beurteilen, wenn während der Sommerperiode 700 g/m² Wasserdampf aus dem Bauteil ausdiffundieren? Begründen Sie Ihre Aussage!

Aufgabe 2.24

Ein fensterloses Badezimmer besitzt eine homogene Außenwand. Die Raumlufttemperatur erwärmt sich nach der Benutzung des Bades um 6.00 Uhr auf 26 °C. Dadurch stellt sich im Querschnitt der Außenwand die Temperaturverteilung gemäß Arbeitsblatt A.2-8 ein.

Daten

Raum:	Breite	2,0 m
	Länge	2,5 m
	Höhe	2,5 m
Außenwand:	Rohdichte	1500 kg/m³
	Dicke	24 cm
	spez. Wärmekapazität	0,28 Wh/kgK
Wasserdampf:	Gaskonstante	462 J/kgK

Randbedingungen

Wärmeübergangswiderstand:	innen	0,17 m²K/W
	außen	0,04 m²K/W
Lufttemperatur:	innen	26 °C (nach dem Baden)
	außen	0 °C, zeitlich konstant
relative Luftfeuchte	innen	90 %, zeitlich konstant

Die Zeitschrittweite der instationären Temperaturverteilung im Außenwandquerschnitt beträgt 1 Stunde. Die Oberflächen des Badezimmers seien dampfdiffusionsdicht und können keine Feuchte sorbieren.

Fragen

1. Welche Wärmeleitfähigkeit besitzt die Außenwand des Badezimmers?

2. Um 8.00 Uhr sinkt infolge von Lüftung die Lufttemperatur des Raumes auf 14 °C ab. Ermitteln Sie graphisch die Innenoberflächentemperatur der Außenwand! Benutzen Sie hierzu das Arbeitsblatt A.2-8!

3. Tritt bei der Lufttemperatur gemäß 2. an der Innenoberfläche der Außenwand Tauwasser auf?

4. Welche Feuchtemenge wurde durch Lüften aus dem Raum abgeführt?

Aufgabe 2.25

Ein Fenster mit Doppelverglasung gemäß Bild A.2.-34 ist feuchtetechnisch zu untersuchen. Die dem Scheibenzwischenraum zugewandten Seiten der beiden Scheiben wurden mit einer infrarotwirksamen Beschichtung versehen. Der U-Wert der Verglasung beträgt 1,5 W/m^{2}K. Der Scheibenzwischenraum ist mit Luft gefüllt.

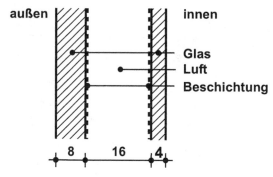

Bild A.2-33: Schematische Darstellung der zu untersuchenden Doppelverglasung (Maße in mm).

Daten

Glas:	Wärmeleitfähigkeit	0,8 W/mK
Verglasung:	Fläche	1,20 m x 1,70 m
Wasserdampf:	Gaskonstante	462 J/kgK

Randbedingungen

Lufttemperatur:	innen	20 °C; zeitlich konstant
	außen	– 15 °C; zeitlich konstant

Wärmeübergangswiderstände an der Außen- und Innenoberfläche der Verglasung gemäß Datenblatt 1.

Fragen

1. Ermitteln Sie den U-Wert der unbeschichteten Verglasung!

2. Berechnen Sie die Temperaturen der infrarotwirksam beschichteten Glasoberflächen!

3. Die Verglasung wurde bei einer Lufttemperatur von 24,5 °C und einer relativen Luftfeuchte von 55 %. versiegelt. Wieviel Gramm Wasserdampf enthält der Luftzwischenraum der Konstruktion?

4. Bestimmen Sie die Taupunkttemperatur im Verglasungszwischenraum!

Aufgabe 2.26

Die Fassade einer Halle besteht aus Wand und Fenster. An der Innenoberfläche der Wand, die gemäß der im Bild A.2-34 abgebildeten Skizze aufgebaut ist, sind Schimmelpilzschäden zu beobachten. Daher soll sie verbessert werden.

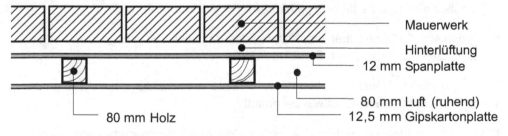

Mauerwerk

Hinterlüftung

12 mm Spanplatte

80 mm Luft (ruhend)

12,5 mm Gipskartonplatte

80 mm Holz

Bild A.2-34: Schematische Darstellung des Wandaufbaus.

Daten

Raum	Volumen	320 m³
Gipskartonplatte	Wärmeleitfähigkeit	0,21 W/m K
Holz	Wärmeleitfähigkeit	0,15 W/m K
Spannplatte	Wärmeleitfähigkeit	0,2 W/m K

Luft	Dichte	1,25 kg/m^3
	spezifische Wärmekapazität	0,28 Wh/kg K

Wasserdampf	Gaskonstante	462 J/kgk

Randbedingungen

Lufttemperatur	innen	20 °C; zeitlich konstant
	außen	–10 °C

relative Luftfeuchte	innen	60 %; Anfangswert
	außen	80 %

Feuchteemission im Raum		1,5 kg/h

Wärmeübergangswiderstände gemäß Datenblatt 1.

Fragen

1. Nennen Sie mindestens drei mögliche Ursachen der Schimmelbildung!

2. Wie klein darf der Wärmedurchlasswiderstand an der ungünstigsten Stelle höchstens sein, damit Tauwasserbildung an der Innenoberfläche der Konstruktion vermieden wird?

3. Ermitteln Sie im Riegel- und Gefachbereich

   a) rechnerisch die Wärmedurchlasswiderstände!
   Erfüllen diese die Bedingung gemäß 2.?

   b) graphisch die Oberflächentemperaturen des Bauteils!
   Benutzen Sie hierzu das Arbeitsblatt A.2-9!

4. Welche relative Luftfeuchte darf im Raum höchstens vorhanden sein, damit an der Wandinnenoberfläche kein Tauwasser auftritt?

5. Um die relative Luftfeuchte gemäß 4. einzuhalten, muss die überschüssige Feuchte aus dem Raum durch Lüftung abgeführt werden. Wie groß muss die Luftwechselzahl sein?

Aufgabe 2.27

Bei der Untersuchung einer sechsschichtigen Außenwand hinsichtlich Tauwasserbildung im Bauteilquerschnitt wurden die Glaser-Diagramme für die Tau- und Verdunstungsperiode gemäß Bild A.2-35 erstellt.

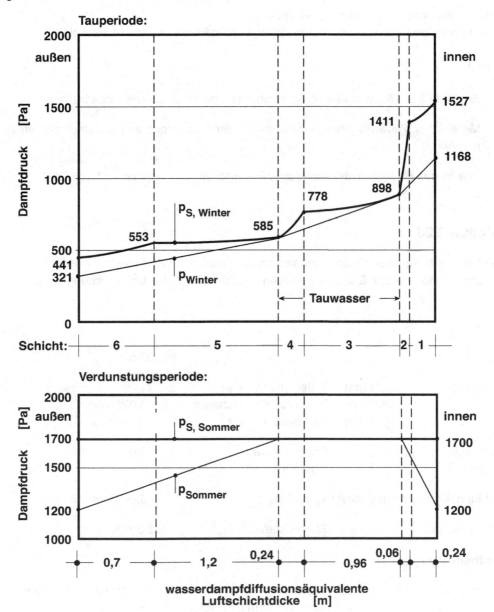

Bild A.2-35: Glaser-Diagramm des zu untersuchenden Bauteilquerschnitts.

Daten

Luft: Wasserdampfdiffusionswiderstand $5 \cdot 10^9$ msPa/kg

Randbedingungen

relative Luftfeuchte   in der Tauperiode   80 %
sonstige Randbedingungen und Wärmeübergangswiderstände gemäß Merkblatt 5

Fragen

1. Ermitteln Sie die stationäre Temperaturverteilung im Querschnitt des Bauteils!

2. Mit welcher Tauwassermenge ist während der Tauperiode im Bauteilquerschnitt zu rechnen?

3. Wie ist das Bauteil feuchtetechnisch zu beurteilen? Rechnerischer Nachweis!

Aufgabe 2.28

Eine Eissporthalle besitzt eine Flachdachkonstruktion aus Stahl-Sandwich-Paneelen. Vor der Inbetriebnahme der Sporthalle werden feuchtetechnische Untersuchungen durchgeführt.

Daten

Raumvolumen: 20.000 m³

Dachaufbau: 1 mm   Stahlplatte ($\lambda \to \infty$)
              200 mm   Polyurethanhartschaum $\lambda = 0{,}025$ W/mK
                1 mm   Stahlplatte ($\lambda \to \infty$)

Stahlblech: Emissionsgrad   0,5
Eisfläche: Emissionsgrad   0,9

Strahlungskonstante des schwarzen Körpers   5,67 W/m²K⁴

Wasserdampf: Gaskonstante   462 J/kgK

Randbedingungen

Lufttemperatur   außen   18 °C; zeitlich konstant
                         Halle, vor dem Betrieb   18 °C

| relative Luftfeuchte | Halle, vor dem Betrieb | 80 % |
| | Halle, während des Betriebs | 50 % |

| Oberflächentemperatur | Dach innen, während des Betriebs | 5 °C; zeitlich konstant |
| | Eisfläche | −2 °C; zeitlich konstant |

Fragen

1. Bestimmen Sie den U-Wert der Dachkonstruktion und den Wärmestrom je m^2 Dachfläche, der während des Betriebs durch die Konstruktion fließt!

2. Welche Lufttemperatur stellt sich während des Betriebs in der Sporthalle ein, wenn der konvektive Wärmeübergangswiderstand 0,18 m^{2}K/W beträgt?

3. Besteht bei der Innenlufttemperatur gemäß 2. Tauwassergefahr an der Innenoberfläche des Daches?

4. Welche Feuchtemenge fällt pro Stunde Hallenbetrieb an, wenn dort kein Luftwechsel stattfindet?

Aufgabe 2.29

In einem freistehenden Ferienbungalow in den Tropen werden Temperatur und relative Luftfeuchte durch ein Klimagerät konstant gehalten. Der Luftaustausch mit der Außenluft findet nur durch die Fugen der Außenhülle des Gebäudes statt. Der Bungalow ist nicht unterkellert. Direkte Sonneneinstrahlung soll wegen eines vorstehenden Dachs nicht berücksichtigt werden.

Daten

Raum	Breite	3,60 m
	Länge	4,20 m
	Höhe	2,50 m
Außenwand	Wärmeleitfähigkeit	1,5 W/mK
	Dicke	20 cm
Fenster / Türen	Gesamtfläche	10 m^2
	Wärmedurchgangskoeffizient	3,8 W/m^{2}K
Dach	Wärmedurchgangskoeffizient	2,0 W/m^{2}K
Boden	Wärmedurchgangskoeffizient	2,0 W/m^{2}K

Luft	Dichte	1,21 kg/m^3
	spezifische Wärmekapazität	0,28 Wh/m^{3}K
Wasserdampf	Gaskonstante	462 J/kgK

Randbedingungen

Lufttemperatur	außen	28 °C; zeitlich konstant
	innen	20 °C; zeitlich konstant
Erdreichtemperatur	unter der Bodenplatte	14 °C
Luftwechselzahl		0,8 h^{-1}
relative Luftfeuchte	außen	90 %
Wärmeübergangswiderstand	innen	0,17 m^{2}K/W
	außen	0,13 m^{2}K/W

Fragen

1. Bestimmen Sie den Wärmedurchgangskoeffizienten der Außenwand!

2. Tritt an der Außenoberfläche der Wand Tauwasser auf? Begründung!

3. Welche Kühlleistung muss im Raum erzeugt werden, damit die Innenlufttemperatur dort konstant bleibt?

4. Welche Feuchtemenge muss das Entfeuchtungssystem der Klimaanlage abführen, damit im Bungalow die relative Luftfeuchte bei 50 % konstant gehalten wird? Die Wasserdampfdiffusionsvorgänge sollen hierbei vernachlässigt werden.

Aufgabe 2.30

In einem Schwimmbad befindet sich eine Saunakabine mit der unten angegebenen Geometrie (Innenmaße) und den beschriebenen Bauteilen sowie Daten. Der Wandaufbau ist in Bild A.3-36 schematisch dargestellt. Im Querschnitt des Gefachs der Kabinenwand herrscht die Temperaturverteilung gemäß Bild A.2-37.

Daten

Geometrie der Kabine:	Länge:	3,0 m
	Breite:	2,5 m
	Höhe:	2,5 m

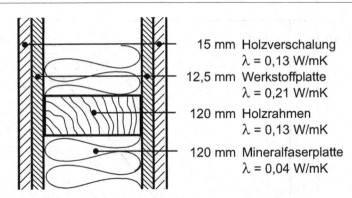

15 mm Holzverschalung
λ = 0,13 W/mK
12,5 mm Werkstoffplatte
λ = 0,21 W/mK
120 mm Holzrahmen
λ = 0,13 W/mK
120 mm Mineralfaserplatte
λ = 0,04 W/mK

Bild A.2-36: Schematische Darstellung der zu untersuchenden Wandkonstruktion.

Rahmen der Wand:	Flächenanteil	20 %
	Wärmedurchgangskoeffizient	0,62 W/m^{2}K
Tür:	Wärmedurchgangskoeffizient	1,00 W/m^{2}K
	Fläche	2,0 m^2
Boden:	Wärmedurchgangskoeffizient	2,00 W/m^{2}K
	Wasserdampfdiffusionswiderstand	∞
Dach:	Wärmedurchgangskoeffizient	0,28 W/m^{2}K
	Wasserdampfdiffusionswiderstand	∞
Luft:	Dichte	1,20 kg/m^3
	spezifische Wärmekapazität	0,28 Wh/kgK
Wasserdampf:	Gaskonstante	462 J/kgK

Randbedingungen

Lufttemperatur:	Schwimmbad	25 °C; zeitlich konstant
	Kabine	80 °C; zeitlich konstant
relative Luftfeuchte:	Schwimmbad	80 %; zeitlich konstant
	Kabine	30 %; zeitlich konstant

Luftwechselzahl: 1,0 h^{-1}

Wärmeübergangswiderstände an beiden Seiten der Wand: 0,17 m^{2}K/W

Bei der Berechnung der Dampfdiffusionsdurchlasswiderstände sind der Rahmen der Wand und die Tür zu vernachlässigen.

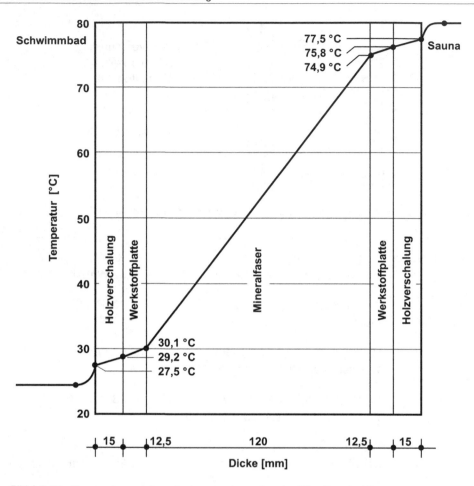

Bild A.2-37: Temperaturverteilung in der zu untersuchenden Wandkonstruktion.

Fragen

1. Wie groß ist der mittlere Wärmedurchgangskoeffizient der Saunakabine?

2. Welche Heizleistung muss in der Saunakabine freigesetzt werden, um dort die Innenlufttemperatur konstant zu halten? Unterhalb und oberhalb der Saunakabine herrscht die gleiche Innenlufttemperatur wie in der Schwimmhalle.

3. Tritt im Gefach Tauwasser auf? Wenn ja, an welcher Stelle fällt es an? Graphischer Nachweis! Benutzen Sie dazu das Arbeitsblatt A.2-10!

4. Wieviel Wasser muss in der Sauna stündlich aufgegossen werden, damit die vorgegebene Luftfeuchte in der Kabine konstant bleibt?

A.3 Bau- und Raumakustik

Verständnisfragen

1. In welchem Teilgebiet der Bauphysik spielen Beugungserscheinungen eine Rolle?
   a) Schall
   b) Tageslicht
   c) Feuchte

2. Welcher physikalische Unterschied besteht zwischen Licht- und Schallwellen?

3. Der Hörbereich eines gesunden Menschen umfasst den Frequenzbereich von
   a) 100 Hz bis 3,2 kHz,
   b) 32 Hz bis 10 kHz,
   c) 16 Hz bis 16 kHz,
   d) 1 Hz bis 32 kHz?

4. Wie ist bei gleichem Schalldruckpegel ein 100 Hz Ton im Vergleich zu einem 1000 Hz Ton?
   a) leiser
   b) gleich laut
   c) lauter

5. Welche akustische Kenngröße eines Tones wird in phon gemessen?
   a) Schalldruck
   b) Schalldruckpegel
   c) Lautstärke
   d) Frequenz
   e) Schallintensität
   f) Lautheit

6. In welchem Verhältnis stehen die unteren und oberen Grenzfrequenzen einer Terz in der Bauakustik zueinander?
   a) 0,5
   b) $\sqrt[3]{2}$
   c) $\sqrt{2}$

7. Welche der folgenden Beziehungen gibt die Summe zweier Schallpegel wieder?
   a) 0 dB + 0 dB = 0 dB
   b) 0 dB + 0 dB = 2 dB
   c) 0 dB + 0 dB = 3 dB

© Springer Fachmedien Wiesbaden GmbH, ein Teil von Springer Nature 2022
K. Gertis et al., *Bauphysikalische Aufgabensammlung mit Lösungen*,
https://doi.org/10.1007/978-3-658-35586-9_3

8. Welcher der folgenden Schalldrücke gibt die Wahrnehmungsschwelle des menschlichen Gehörs bei 1000 Hz richtig wieder?

   a) $p_0 = 2 \cdot 10^{-5}$ Pa

   b) $p_0 = 200$ nPa

   c) $p_0 = 20$ µPa

   d) $p_0 = 2 \cdot 10^{-8}$ N/m^2

9. Welche der folgenden Schallintensitäten gibt die Wahrnehmungsschwelle des menschlichen Gehörs bei 1000 Hz richtig wieder?

   a) 1 pW/m^2

   b) 10^{-10} W/m^2

   c) $2 \cdot 10^{-5}$ W/m^2

   d) 1 W/m^2

10. In welchen Wellenformen breitet sich Schall in plattenförmigen Festkörpern aus?

    a) Longitudinalwellen

    b) Transversalwellen

    c) Dehnwellen

    d) Biegewellen

    e) Oberflächenwellen

11. Welcher physikalische Unterschied besteht zwischen Transversal- und Longitudinalwellen bei der Schallausbreitung?

    a) Bei gleicher Schallausbreitungsrichtung sind die Schwingungsrichtungen der Teilchen des Mediums,

    b) bei gleicher Schwingungsrichtung sind die Amplituden der Teilchenschwingungen,

    c) bei gleicher Schwingungsrichtung sind die Frequenzen der Teilchenschwingungen unterschiedlich.

12. Von welchen bauphysikalischen Daten hängt die Schallgeschwindigkeit einer Longitudinalwelle in unendlich ausgedehnten elastischen Körpern ab?

    a) Temperatur

    b) Rohdichte

    c) Elastizitätsmodul

    d) Querkontraktionszahl

    e) Absorptionskoeffizient der Materialoberfläche

13. Was stellt das Luftschalldämm-Maß dar? Einen

    a) bauakustischen Kennwert eines einschaligen Bauteils,

    b) bauakustischen Kennwert eines mehrschaligen Bauteils,

    c) Kehrwert des Schallabsorptionsgrads der Luft,

    d) Wärmedurchlasswiderstand von Bauteilen, die durch Luftschall angeregt werden.

14. Gegeben seien zwei Bauteile A und B. Das Luftschalldämm-Maß des Bauteils B ist um 3 dB größer als das des Bauteils A. Welche Beziehung ist dann zwischen den Transmissionsgraden beider Bauteile richtig?

a) $\tau_A = 2\,\tau_B$

b) $\tau_A = 0,5\,\tau_B$

c) $\tau_A = 3\,\tau_B$

15. Wie groß ist das Schalldämm-Maß einer einschaligen Wand, wenn durch sie nur 1/10000 der auf sie einwirkenden Schallenergie in den Nachbarraum gelangen darf?

a) 40 dB

b) 50 dB

c) 60 dB

16. Auf ein Bauteil fällt eine Luftschalleistung von 100 W. Das Schalldämm-Maß des Bauteils beträgt 50 dB. Welche Schalleistung wird vom Bauteil durchgelassen?

a) 50 W

b) 10 W

c) 50 mW

d) 10 mW

e) 1 mW

17. Welche akustischen Phänomene beeinflussen nicht die Schalldämmung eines unendlich ausgedehnten Bauteils?

a) Schallreflexion

b) Schallbeugung

c) Schallstreuung

d) Schallabsorption

e) Koinzidenz

f) Resonanz

18. Wie beeinflusst der zunehmende Feuchtegehalt eines Baustoffes tendenziell dessen Schall- und Wärmedämmung?

a) Die Schall- und Wärmedämmung nehmen zu,

b) sie nehmen ab,

c) die Schalldämmung nimmt zu, die Wärmedämmung nimmt ab,

d) die Schalldämmung nimmt ab, die Wärmedämmung nimmt zu.

19. Was ist das bewertete Schalldämm-Maß?

a) Die Einzahlangabe der Schalldämmung,

b) die A-Bewertung der Schalldämmung,

c) das gemessene Schalldämm-Maß bei 500 Hz,

d) das mittlere Schalldämm-Maß
eines Bauteils.

20. Von welchen bauphysikalischen Parametern hängt die Luftschalldämmung eines Bauteils ab?

a) Frequenz

b) Schallabsorptionsgrad der Bauteiloberfläche

c) Rohdichte des Bauteilmaterials

d) Dichte des umgebenden Mediums

e) Biegesteifigkeit des Bauteils

f) Schallgeschwindigkeit im umgebenden Medium

21. Das gemessene Schalldämm-Maß einer Trennwand hat den frequenzabhängigen Verlauf gemäß Bild A.3-1. Wie groß ist das bewertete Schalldämm-Maß der Konstruktion?

a) 50 dB

b) 52 dB

c) 54 dB

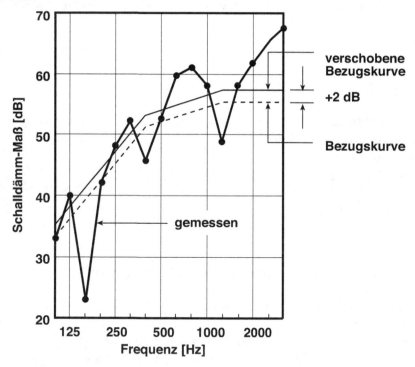

Bild A.3-1: Gemessenes Schalldämm-Maß einer Wand und die Bezugskurve bzw. verschobene Bezugskurve nach DIN EN 12354 in Abhängigkeit von der Frequenz.

22. Was ist richtig?

a) Bau-Schalldämm-Maß > Labor-Schalldämm-Maß

b) Bau-Schalldämm-Maß = Labor-Schalldämm-Maß

c) Bau-Schalldämm-Maß < Labor-Schalldämm-Maß

23. Ist das bewertete Schalldämm-Maß eine Kenngröße zur Beurteilung von
   a) Bauteilen,
   b) Bauwerken,
   c) Baumaschinen?

24. Wie beeinflusst der Koinzidenzeffekt die Schalldämmung einschaliger Bauteile?
   Die Schalldämmung
   a) wird besser,
   b) wird schlechter,
   c) ändert sich nicht.

25. Das bewertete Schalldämm-Maß einer Wohnungstrennwand beträgt $R_W = 53$ dB.
   Welche der Messkurven für das Schalldämm-Maß a oder b nach Bild A.3-2 gehört zu
   diesem Wert ?

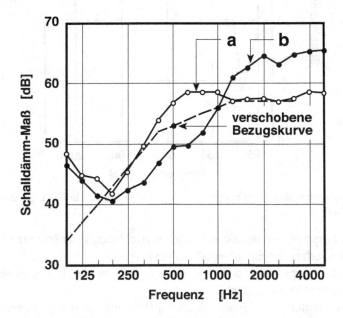

Bild A.3-2: Gemessene Schalldämm-Maße zweier Trennwände a und b in Abhängigkeit von der
   Frequenz. Die gestrichelt eingezeichnete Kurve stellt die verschobene Bezugskurve nach
   DIN EN 12354 dar.

26. Was sagt der Koinzidenzeffekt in der Bauakustik aus?
   a) Die Spur der einfallenden Luftschallwelle ist gleich der Wellenlänge der Biege-
   schwingung eines einschaligen Bauteils,
   b) die Resonanzfrequenz des Bauteils ist gleich seiner Koinzidenzgrenzfrequenz,
   c) die Koinzidenzfrequenz ist niedriger als die Frequenz der einfallenden Luftschallwelle.

27. Das Luftschalldämm-Maß eines einschaligen, homogenen Bauteils weist in Abhängigkeit von der Frequenz den Verlauf gemäß Bild A.3-3 auf. Wie groß ist die Koinzidenzgrenzfrequenz des Bauteils?

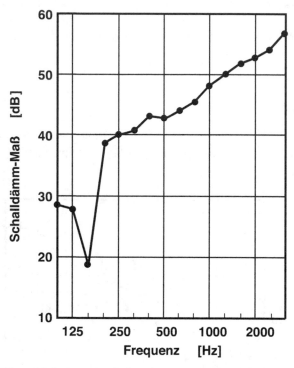

Bild A.3-3: Schalldämm-Maß eines einschaligen homogenen Bauteils in Abhängigkeit von der Frequenz.

28. Was versteht man in der Bauakustik unter Koinzidenzgrenzfrequenz? Die Frequenz, bei der unter streifendem Schalleinfall auf einer Platte
   a) die Ausbreitungsgeschwindigkeit der Biegewelle in der Platte gleich der Schallgeschwindigkeit in der Luft ist,
   b) die Biegewellenlänge der Platte gleich der Wellenlänge der Luftschallwelle ist,
   c) die Eigenschwingungen der Platte von Luftschallwellen angeregt werden.

29. Was bedeutet in bauakustischem Sinne ausreichend "biegeweich" und ausreichend "biegesteif"?

30. Von welchen Größen hängt die Koinzidenzgrenzfrequenz eines Bauteils ab?
   a) Schallabsorptionsgrad der Bauteiloberfläche
   b) Rohdichte des Baumaterials
   c) Dicke des Bauteils
   d) Biegesteifigkeit des Bauteils
   e) dynamische Steifigkeit der Dämmschicht

31. Zwei gleich dicke und gleich schwere einschalige Bauteile A und B aus zwei unterschiedlichen Materialien besitzen im bauakustischen Frequenzbereich die Luftschalldämmungskurven a und b gemäß Bild A.3-4. Bauteil A ist biegeweicher als Bauteil B. Welche Kurve gehört zu welcher Konstruktion?

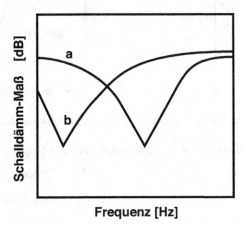

Bild A.3-4: Schematisch dargestellter Verlauf des Schalldämm-Maßes zweier einschaliger Bauteile in Abhängigkeit von der Frequenz.

32. Bei welchen der folgenden Konstruktionen tritt bei Luftschallanregung ausschließlich der Koinzidenzeffekt auf? Bei
    a) zweischaligen Trennbauteilen,
    b) einschaligen Trennbauteilen,
    c) innengedämmten Außenbauteilen mit Dampfsperre auf der Innenseite,
    d) außengedämmten Außenbauteilen mit Flankenübertragung.

33. Was versteht man in der Bauakustik unter dem Resonanzeffekt?
    a) Die Spur der einfallenden Luftschallwelle ist gleich der Wellenlänge der Biegeschwingung eines Bauteils,
    b) die Schalen einer zweischaligen Konstruktion schwingen mit der maximalen Amplitude gegeneinander,
    c) die Schalen einer zweischaligen Konstruktion schwingen mit der maximalen Amplitude miteinander.

34. Bei der Verdoppelung der Dicke einer Glasplatte wird bei 2000 Hz eine Verschlechterung ihrer Schalldämmung gegenüber der ursprünglichen Platte festgestellt. Auf welches bauakustische Phänomen ist das zurückzuführen?
    a) Resonanz
    b) Koinzidenz
    c) Absorption
    d) Diffusion
    e) Reflexion

35. Die beiden folgenden Konstruktionen A und B sind hinsichtlich ihrer schall-technischen Eigenschaften zu vergleichen:

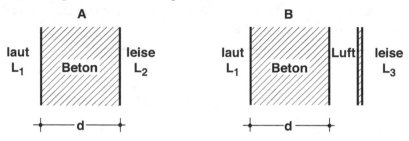

Bild A.3-5: Schematische Darstellung des Aufbaus der Konstruktionen A und B.

Welche Beziehungen gelten für die unten aufgeführten Größen?

a) $f_{RA} \gtreqqless f_{RB}$

f_R: Resonanzfrequenz [Hz]

b) $f_{gA} \gtreqqless f_{gB}$

f_g: Koinzidenzgrenzfrequenz [Hz]

c) $L_2 \gtreqqless L_3$

L: Schalldruckpegel [Hz]

36. Welcher der im Bild A.3-6 wiedergegebenen Schalldämm-Maß-Verläufe a und b stellt sich jeweils bei den unten skizzierten Außenwandkonstruktionen A und B ein? Ordnen Sie den entsprechenden Konstruktionen die richtige Dämmkurve zu!

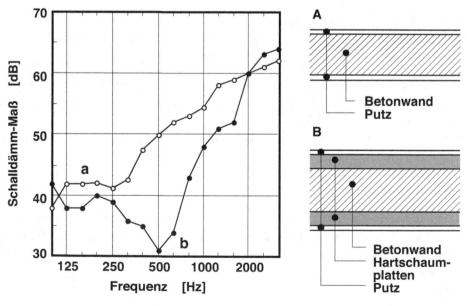

Bild A.3-6: Schalldämm-Maße von zwei Außenwandkonstruktionen A und B in Abhängigkeit von der Frequenz (links) und schematisch dargestellter Aufbau der Außenwandkonstruktionen A und B (rechts).

37. Gegeben sind die folgenden Baustoffschichten gleicher Rohdichte:

   A: $d = 10$ cm; $E = 30 \cdot 10^9$ N/m²; $f_g = 175$ Hz

   B: $d = 20$ cm; $E = 7,5 \cdot 10^9$ N/m²

   Was ist richtig?
   a) A ist biegesteifer als B,
   b) A ist biegeweicher als B,
   c) A und B sind biegesteif,
   d) A und B sind biegeweich.

38. Wie heißt die Kenngröße, mit der die Trittschalldämmung von Decken gekennzeichnet wird?
   a) Luftschalldämm-Maß
   b) bewerteter Norm-Trittschallpegel
   c) A-bewerteter Norm-Trittschallpegel
   d) Trittschallpegeldifferenz

39. Was ist der äquivalente bewertete Norm-Trittschallpegel?
   a) Der Luftschallpegel, der bei der Anregung einer Decke mit dem Norm-Hammerwerk frequenzabhängig im Raum unter der Decke gemessen wird,
   b) die Einzahlangabe zur Kennzeichnung des Trittschallschutzes einer Rohdecke,
   c) die Einzahlangabe zur Kennzeichnung des Trittschallschutzes einer gebrauchsfertigen Decke.

40. Was ist der Unterschied zwischen dem bewerteten Norm-Trittschallpegel $L_{n,w}$ und dem äquivalenten bewerteten Norm-Trittschallpegel $L_{n,w,eq}$?

41. Vervollständigen Sie den Eckbereich des unten dargestellten Decken-Wandanschlusses unter Berücksichtigung des baulichen Schallschutzes!

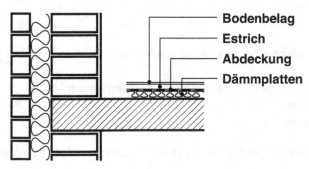

Bodenbelag
Estrich
Abdeckung
Dämmplatten

Bild A.3-7: Schematische Darstellung eines Decken-Wandanschlusses mit schalltechnisch unvollständigem Eckbereich.

42. Welche Eigenschaft soll eine Dämmschicht unter dem schwimmenden Estrich haben, damit eine hohe Trittschalldämmung erzielt werden kann? Eine(n)
a) hohe dynamische Steifigkeit > 30 MN/m^3,
b) niedrige dynamische Steifigkeit < 30 MN/m^3,
c) niedrige Wärmeleitfähigkeit,
d) hohe Wärmeleitfähigkeit,
e) hohen Schallabsorptionsgrad.

43. Welcher Zusammenhang gilt bei gleichen Randbedingungen für die Schalldämm-Maße R der Konstruktionen A und B gemäß Bild A.3-8?

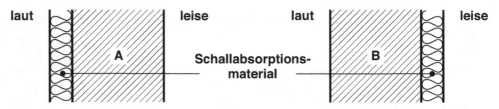

Bild A.3-8:   Schematische Darstellung des Aufbaus der Konstruktionen A und B.

a) $R_A > R_B$
b) $R_A = R_B$
c) $R_A < R_B$

44. Bei welcher Konstruktion A oder B gemäß Bild A.3-8 wird in der Mitte des leisen Raumes eine größere Schallpegeldifferenz zwischen den beiden Räumen gemessen?

45. Gibt die Nachhallzeit eines geschlossenen Raumes das Zeitintervall an, in dem der Schallpegel im Raum
a) konstant bleibt,
b) um 6 dB abnimmt,
c) um 60 dB abnimmt?

46. Welcher physikalische Vorgang ist für die Schallabsorption in einem porösen Material verantwortlich?
a) Umwandlung von Schwingungsenergie in Wärmeenergie
b) Resonanzeffekt
c) Koinzidenzeffekt

47. Der Schallabsorptionsgrad einer Bauteiloberfläche beträgt 0,2. Welche Aussage ist richtig?
a) 20 % der auffallenden Schallenergie wird reflektiert,
b) 20 % der auffallenden Schallenergie wird absorbiert,
c) 20 % der auffallenden Schallenergie wird in Wärme umgewandelt.

48. Welcher Zusammenhang besteht zwischen dem Schallabsorptionsgrad der Umschließungsflächen und der Nachhallzeit eines Raumes?
   a) Mit größer werdendem Schallabsorptionsgrad verkürzt sich die Nachhallzeit,
   b) der Schallabsorptionsgrad beeinflusst die Nachhallzeit nicht,
   c) mit größer werdendem Schallabsorptionsgrad verlängert sich die Nachhallzeit.

49. Welcher physikalischer Vorgang ist für die Schallabsorption eines Plattenabsorbers verantwortlich?
   a) Schallbeugung
   b) Reflexion der Biegewellen an den Plattenrändern
   c) Koinzidenzeffekt
   d) Masse-Feder-Resonanz

50. Wie ist ein Helmholtz-Resonator aufgebaut? Er besteht aus
   a) einem Hohlraum mit einer kreis- oder schlitzförmigen Mündung,
   b) einer schwingenden Platte,
   c) vielen Poren in einem Baustoff, die Schallenergie in Wärme umwandeln,
   d) inhomogenen, aufeinander gestapelten Platten.

Aufgaben

Aufgabe 3.1

Zwei nebeneinander liegende, gleich große Büroräume entsprechend der Grundrissskizze im Bild A.3-9 sollen im Folgenden untersucht werden.

Daten

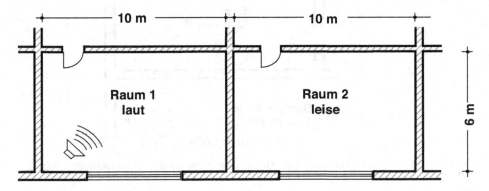

Bild A.3-9: Schematische Darstellung der Grundrissanordnung der zu untersuchenden Räume.

Raumhöhe: 3 m

Randbedingungen

Raum 1:   Schallpegel   75 dB
Raum 2:   Nachhallzeit   1,0 s

Norm-Schallpegeldifferenz zwischen beiden Räumen: 42 dB

Fragen

1. Welcher Schallpegel wird in Raum 2 aufgrund der Schallquelle in Raum 1 erzeugt und welcher Schalldruck herrscht im Raum 2?

2. Welches Schalldämm-Maß besitzt die Trennwand zwischen beiden Räumen?

3. Der in Raum 2 erzeugte Schallpegel soll um weitere 15 dB gesenkt werden. Kann dies allein durch Veränderung der akustischen Eigenschaften aller Umschließungsflächen von Raum 2 im Idealfall erreicht werden? Rechnerischer Nachweis!

Aufgabe 3.2

In einem erdgeschossigen Industriebau ist ein Büroraum neben einer Betriebshalle entsprechend der Skizze im Bild A.3-10 vorgesehen.

Daten

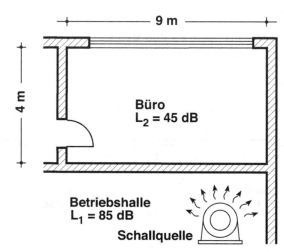

Bild A.3-10: Schematische Darstellung der Grundrissanordnung der zu untersuchenden Räume.

Raumhöhe:		3,5 m
Trennwand:	Dicke	20 cm
	Rohdichte	700 kg/m³
	Elastizitätsmodul	2500 MN/m²

Randbedingungen

Büro:	Nachhallzeit	1,5 s

Fragen

1. Berechnen Sie die Norm-Schallpegeldifferenz zwischen Büro und Betriebshalle sowie den Schalldruck und die Schallintensität im leisen Raum.

2. Ist die Trennwand zwischen Betriebshalle und Büro bauakustisch ausreichend biegeweich oder ausreichend biegesteif? Begründung!

3. Könnte ein bewertetes Bau-Schalldämm-Maß von $R'_w = 57$ dB theoretisch aufgrund der einschaligen Trennwand erreicht werden? Rechnerischer Nachweis!

4. Nennen Sie mindestens vier mögliche Maßnahmen, die den Schallpegel im Büroraum reduzieren!

Aufgabe 3.3

In einem Mehrfamilienhaus, in dem zwei Wohnungen symmetrisch zueinander angeordnet sind, werden die aneinandergrenzenden Räume gemäß der Skizze im Bild A.3-11 genutzt.

Daten

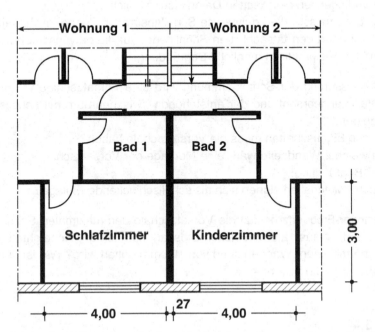

Bild A.3-11: Schematische Darstellung der Grundrissanordnung der zu untersuchenden Wohnungen.

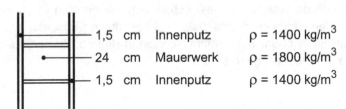

1,5	cm	Innenputz	$\rho = 1400 \text{ kg/m}^3$
24	cm	Mauerwerk	$\rho = 1800 \text{ kg/m}^3$
1,5	cm	Innenputz	$\rho = 1400 \text{ kg/m}^3$

Bild A.3-12: Schematischer Aufbau der Innenwand zwischen Schlafzimmer und Kinderzimmer.

| Raum: | Höhe | 2,5 m |
| Luft: | Dichte | $1,25 \text{ kg/m}^3$ |

Randbedingungen

| Schlafzimmer: | mittlere Nachhallzeit | 0,5 s |

Schalleinfallswinkel:	45°
Schallgeschwindigkeit:	340 m/s
zugrundezulegende Frequenz:	250 Hz

Fragen

1. Im Schlafzimmer soll ein Schallpegel von höchstens 20 dB eingehalten werden.
   a) Weisen Sie rechnerisch nach, dass dies aufgrund der einschaligen Wand und der vorliegenden akustischen Daten nicht möglich ist!
   b) Wie groß müsste die äquivalente Schallabsorptionsfläche im Schlafzimmer werden, um dort den tatsächlichen Schallpegel auf die gewünschten 20 dB zu senken? Ist dies praktisch möglich? Begründung!

2. Zur Verbesserung der Schalldämmung wird eine Vorsatzschale vor der bestehenden Wand angebracht und der entstehende Zwischenraum mit schallschluckender Einlage gefüllt.
   a) Welche Eigenschaften muss die Vorsatzschale haben?
   b) Auf welcher Wandseite wäre eine Montage der Vorsatzschale am zweckmäßigsten? Begründung!
   c) Welche Materialien eignen sich als schallschluckende Einlage?

3. Bei welcher Frequenz besitzt die Vorsatzschale den maximalen Schallabsorptionsgrad, wenn sie aus 12,5 mm dicken Gipskartonplatten der Rohdichte 900 kg/m^3 besteht und mit einem Wandabstand von 10 cm montiert wird? Wie ist diese Frequenz bauakustisch zu bewerten?

Aufgabe 3.4

In einem Bürogebäude befindet sich ein Schreibbüro neben dem Chefzimmer. Die Trennwand zwischen den Räumen ist einschalig aus Leichtbeton ausgeführt. Während der Arbeitszeit sind im Schreibbüro 8 Schreibmaschinen in Betrieb. Zu den übrigen Nachbarbüros findet keine Schallübertragung statt.

Daten

Schreibbüro:	Länge	10,0 m
	Breite	4,0 m
	Höhe	3,0 m
Chefzimmer:	Länge	4,0 m
	Breite	4,0 m
	Höhe	3,0 m
	Nachhallzeit	0,5 s
Schreibmaschine:	Schallintensität, jeweils	10^{-5} W/m^2

| Trennwand: | Rohdichte | 1000 kg/m^3 |
| | bewertetes Bauschalldämm-Maß | 40 dB |

| Luft: | Dichte | 1,25 kg/m^3 |

Randbedingungen

| Schallgeschwindigkeit in der Luft: | 343 m/s |
| Schalleinfallswinkel: | 45° |

Fragen

1. Welchen Gesamtschallpegel verursachen die Schreibmaschinen im Schreibbüro?

2. Welche Dicke besitzt die Trennwand?

3. Bei welcher Frequenz wird das Schalldämm-Maß der Trennwand gleich ihrem bewerteten Bau-Schalldämm-Maß?

4. Reicht das Schalldämm-Maß der Trennwand gemäß 3. aus, damit der Schallpegel im Chefzimmer im unbesetzten Zustand 35 dB nicht überschreitet? Wenn nein, welche Maßnahmen schlagen Sie vor?

Aufgabe 3.5

Bei einem Doppelwohnhaus sind zwei Wohnungen symmetrisch zur Doppelhaustrennwand angeordnet. Die Wohnungstrennwand besteht aus einem zweischaligen Mauerwerk. Genauere Angaben gehen aus der folgenden Skizze (Bild A.3-13) hervor:

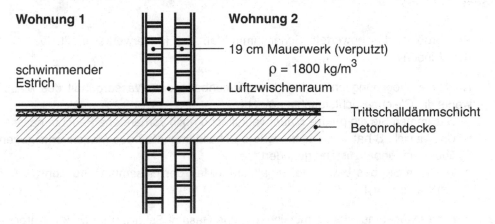

Bild A.3-13: Schematische Darstellung der Wohnungstrennwand und des Details des Decken-Wandanschlusses.

Fragen

1. Wie ist die hier dargestellte Trennwandkonstruktion hinsichtlich Schallübertragung zu beurteilen? Welche Schallübertragungseffekte dominieren und warum?

2. Sollte die Trennwandkonstruktion inklusive Deckenabschluss schalltechnisch verbessert werden? Wenn ja, stellen Sie die notwendigen konstruktiven Maßnahmen in einer Skizze mit Schlagworten zur Erläuterung dar!

3. Wie ist der Spalt zwischen den Trennwandschalen aus praktischen Gründen zu bemessen und auszuführen, um eine gute Luftschalldämmung zu erzielen?

Aufgabe 3.6

Die Außenwand eines Gebäudes, die aus Mauerwerk und 40 % Fensterflächenanteil besteht, soll schalltechnisch untersucht werden.

Daten

Außenwand:		Fläche	24,5 m²
	24 cm	Mauerwerk	
		Trockenrohdichte	800 kg/m³
		Rohbaufeuchte	30 Vol.-%
		Gleichgewichtsfeuchte	4 Vol.-%
Fenster:		bewertetes Schalldämm-Maß	40 dB

Fragen

1. Wie groß ist das bewertete Schalldämm-Maß des Mauerwerks unmittelbar nach dem Einbau?

2. Nach der Trocknungsphase hat der volumenbezogene Wassergehalt des Mauerwerks die Gleichgewichtsfeuchte erreicht:
   a) Bestimmen Sie die pro m² Mauerwerksfläche noch vorhandene Feuchtemasse!
   b) Um wieviel dB hat sich das bewertete Schalldämm-Maß des Mauerwerks gegenüber dem Einbauzustand geändert?
   c) Ermitteln Sie das bewertete Schalldämm-Maß der Gesamtkonstruktion (Mauerwerk + Fenster)!

3. Welche Maßnahmen wären möglich, um das Gesamt-Schalldämm-Maß des trockenen Bauteils zu verbessern?

Aufgabe 3.7

Das im Bild A.3-14 skizzierte dreischichtige Außenbauteil ist zu untersuchen.

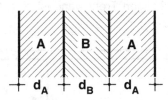

Bild A.3-14: Schematische Darstellung des Bauteilquerschnitts.

Daten

Tabelle A.3-1: Zusammenstellung von Materialdaten des Bauteils nach Bild A.3-14.

Kenngröße		Schicht A	Schicht B	Gesamtkonstruktion
Dicke	[cm]	-	-	21
Rohdichte	[kg/m³]	700	300	-
Elastizitätsmodul	[N/m²]	$3,8 \cdot 10^9$	$3 \cdot 10^6$	-
Wärmeleitfähigkeit	[W/mK]	0,22	0,04	-
Wärmedurchgangs-koeffizient	[W/m²K]	-	-	0,41

Randbedingungen

Wärmeübergangswiderstände gemäß Datenblatt 1.

Fragen

1. Aus welchen Materialien könnten die Schichten A und B des Bauteils bestehen?

2. Bestimmen Sie die Dicken der einzelnen Schichten sowie die Koinzidenzgrenzfrequenz der Bauteilschichten A!

3. Sind die Bauteilschichten A schalltechnisch biegeweich oder biegesteif?

4. Welche Resonanzfrequenz besitzt die Gesamtkonstruktion?

5. Skizzieren Sie für das Bauteil qualitativ über dem bauakustischen Frequenzbereich die Frequenzabhängigkeit des Schalldämm-Maßes!

6. Wie ist dieses Bauteil bauakustisch zu beurteilen?

Aufgabe 3.8

Zwei Büroräume unterschiedlicher Nutzung werden durch eine 4,8 m breite Wand voneinander getrennt. In der einschaligen Trennwand ist eine 1 m x 2 m große Tür eingebaut. (Siehe Skizze gemäß Bild A.3-15)

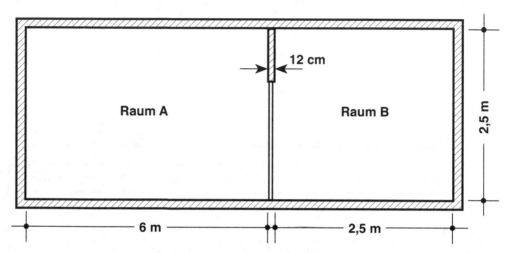

Bild A.3-15: Schematische Darstellung des Querschnitts der zu untersuchenden Räume.

Fragen

1. Die Räume A und B sind so auszustatten, dass dort eine optimale Sprachverständlichkeit herrscht! Wie groß sollen die Nachhallzeiten der Räume sein?

2. Wieviel äquivalente Schallabsorptionsfläche muss sich in den Räumen A und B befinden?

3. Das bewertete Schalldämm-Maß des gesamten Trennbauteils (einschalige Wand und geschlossene Tür) beträgt 42 dB. Nach Herstellerangaben besitzt die Tür im geschlossenen Zustand ein bewertetes Schalldämm-Maß von 37 dB. Ermitteln Sie das bewertete Schalldämm-Maß der einschaligen Wand!

4. Wie groß ist der Schalldruckpegel im lauten Raum B, wenn im leisen Raum A ein Schalldruckpegel von 20 dB gemessen wird und bei geschlossener Tür sowie diffusem Schallfeld das Gesamtschalldämm-Maß der Trennwand 60 dB beträgt?

5. Durch welche möglichen Wege wird der Schall aus dem Raum B in den Raum A übertragen? Markieren Sie diese Übertragungswege in einer Konstruktionsskizze!

Aufgabe 3.9

Eine homogene plattenförmige einschalige Wand besteht aus Leichtbeton.

Daten

Leichtbeton:	Dicke	24 cm
	Querkontraktionszahl	0,25
	Elastizitätsmodul	3800 MN/m^2
	Rohdichte	1300 kg/m^3

Fragen

1. Bestimmen Sie unter Vernachlässigung der Randeinflüsse
   a) die Geschwindigkeit der longitudinalen und transversalen Schallwellen,
   b) die Koinzidenzgrenzfrequenz und das bewertete Schalldämm-Maß der Wand.

2. Bei Modernisierungsarbeiten wurde auf einer Seite der Wand eine Holzverkleidung mit der flächenbezogenen Masse von 10 kg/m^2 angebracht. Welche Resonanzfrequenz besitzt diese Konstruktion, wenn deren 20 mm breiter Zwischenraum mit lose eingelegter Mineralfaser ausgefüllt wird?

Aufgabe 3.10

Eine Innenwand mit dem Aufbau gemäß Bild A.3-16 soll schalltechnisch untersucht werden.

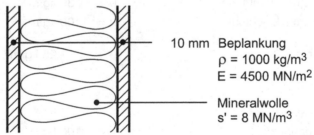

10 mm Beplankung
ρ = 1000 kg/m^3
E = 4500 MN/m^2

Mineralwolle
s' = 8 MN/m^3

Bild A.3-16: Schematische Darstellung des Aufbaus der zu untersuchenden leichten Innenwand.

Fragen

1. Berechnen Sie die charakteristische Frequenz der Konstruktion! Skizzieren Sie qualitativ das Schalldämm-Maß der Wand in Abhängigkeit von der Frequenz!

2. Wie ist die Innenwand bauakustisch zu beurteilen?

Aufgabe 3.11

Die (theoretisch weit ausgedehnte) Fassade eines Raumes bestehe aus Wand- und Fensteranteil. Die Wand dieser Fassade, die entsprechend der unten skizzierten Konstruktion A, Bild A.3-17 (links), aufgebaut ist, soll wärmetechnisch saniert werden. Dazu ist geplant, sie zweischalig gemäß Konstruktion B, Bild A.3-17 (rechts), auszuführen.

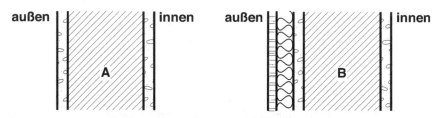

Bild A.3-17: Schematische Darstellung des Wandaufbaus vor und nach der Sanierung.

Daten

Wand A:	1,5 cm	Innenputz	$\rho =$ 1200 kg/m³
	24,0 cm	Mauerwerk	$\rho =$ 1200 kg/m³
		Querkontraktionszahl	$\nu =$ 0,3
	2,0 cm	Außenputz	$\rho =$ 1400 kg/m³

Wand B:	1,5 cm	Innenputz	$\rho =$ 1200 kg/m³
	24,0 cm	Mauerwerk	$\rho =$ 1200 kg/m³
	2,0 cm	Außenputz	$\rho =$ 1400 kg/m³
	5,0 cm	Dämmung	$\rho =$ 30 kg/m³
	1,5 cm	Leichtputz	$\rho =$ 1100 kg/m³

Luft:	Dichte		$\rho =$ 1,25 kg/m³

Randbedingungen

senkrechter Schalleinfall
zugrundegelegte Frequenz: 100 Hz
Schallgeschwindigkeit in der Luft: 330 m/s

Fragen

1. Bestimmen Sie das Schalldämm-Maß der einschaligen Konstruktion A!

2. Wie groß ist im Bauteil A die Biegewellengeschwindigkeit der Schallwellen, wenn der mittlere Elastizitätsmodul der Wand $16 \cdot 10^9$ N/m² beträgt?

3. Welche dynamische Steifigkeit muss die Dämmschicht der zweischaligen Konstruktion B haben, damit ihre Resonanzfrequenz nicht größer als 80 Hz wird? Die Putzschichten und das Mauerwerk der bestehenden Konstruktion bilden eine Schale.

4. Bestimmen Sie das Schalldämm-Maß der Konstruktion B!
   a) gemäß Frage 3
   b) wenn die Zwischenschicht aus Luft besteht

5. Wieviel Prozent der Fassadenfläche darf bei zweischaliger Ausführung der Wand aus Fenster bestehen, wenn das Schalldämm-Maß des Fensters 35 dB beträgt und das der Gesamtfassade 40 dB nicht unterschreiten soll?

6. Bestimmen Sie den Schallabsorptionsgrad der Innenoberfläche der Konstruktion B, wenn bei 70 dB Außenlärmpegel im Raum ein Schallpegel von 20 dB gemessen wird. Die sonstige Schallabsorption im Innenraum wird vernachlässigt!

Aufgabe 3.12

Die bauakustische Messung zweier Trennbauteile hat in Abhängigkeit von der Frequenz die im Bild A.3-18 dargestellten Verläufe a und b der Schalldämm-Maße ergeben. Das eine Bauteil besteht aus einer biegesteifen einschaligen Platte, das andere ist zweischalig ausgeführt, die beiden Schalen sind gleich dick. Der Schalenzwischenraum ist luftgefüllt. Die flächenbezogene Masse beider Bauteile ist gleich groß.

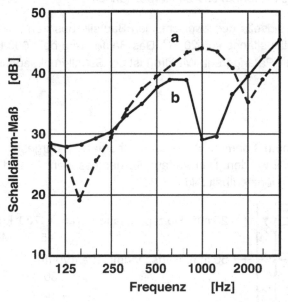

Bild A.3-18: Gemessene Schalldämm-Maße zweier Wandkonstruktionen a und b in Abhängigkeit von der Frequenz.

Daten

Trennbauteile: Länge   4,0 m
                        Höhe   3,0 m
                        flächenbezogene Masse   30 kg/m²

einschaliges Bauteil: Dicke   12 mm

Luft: Dichte   1,25 kg/m³

Randbedingungen

Schallgeschwindigkeit in der Luft: 345 m/s

Fragen

1. Wo liegen die bauakustisch kritischen Frequenzen der beschriebenen Bauteile?

2. Welche Messkurven gibt das Schalldämm-Maß der zweischaligen Wand an?

3. Wie sind die beiden Trennbauteile bauakustisch zu beurteilen?

4. Welchen Schalenabstand besitzen die Einzelschalen der doppelschaligen Wand?

5. Bestimmen Sie den dynamischen Elastizitätsmodul des einschaligen Bauteils! Um welchen Baustoff könnte es sich hierbei handeln?

6. Die Räume beidseits des zweischaligen Bauteils besitzen jeweils eine äquivalente Schallabsorptionsfläche von 20 m². Das Bauteil wird bei 1000 Hz mit einem Schalldruck von 0,11 Pa angeregt. Wie groß ist der Schalldruckpegel im leisen Raum,?

Aufgabe 3.13

Eine Bürotrennwand mit dem im Bild A.3-19 schematisch dargestellten Aufbau soll schalltechnisch untersucht werden. Den Verlauf der gemessenen Schalldämm-Maße in Abhängigkeit von der Frequenz enthält Bild A.3-20.

25 mm Holzspanplatte ρ =   700 kg/m³
                         E = 3,5·10³ MN/m²

50 mm Hartschaumplatte (vollflächig verklebt)
                         ρ = 30 kg/m³
                         s' = 8 MN/m³

Bild A.3-19: Schematische Darstellung des Aufbaus der zweischaligen Wandkonstruktion.

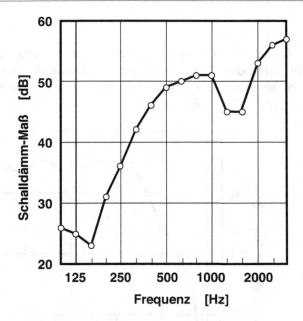

Bild A.3-20: Schalldämm-Maß der Trennwand nach Bild A.3-19 in Abhängigkeit von der Frequenz.

Daten

Bürotrennwand:	bewertetes Schalldämm-Maß	45 dB
Luft:	Dichte	1,25 kg/m³

Randbedingungen

mittlerer Schalleinfallswinkel:	45 °
Schallgeschwindigkeit in der Luft:	343 m/s

Fragen

1. Überprüfen Sie die Richtigkeit des angegebenen bewerteten Schalldämm-Maßes! Benutzen Sie hierzu das Arbeitsblatt A.3-1!

2. Worauf ist der Einbruch der Schalldämmkurve bei 1250 Hz und 1600 Hz zurückzuführen? Geben Sie einen rechnerischen Nachweis!

3. Berechnen Sie die Resonanzfrequenz der zweischaligen Trennwand!

4. Welches Schalldämm-Maß hätte bei 250 Hz eine einschalige homogene Wand mit der gleichen flächenbezogenen Masse wie die angegebene Konstruktion?

Aufgabe 3.14

Neben dem Schreibbüro soll in einer Verwaltungsetage ein Sitzungsraum eingerichtet werden. Die Trennwand beider Räume ist homogen und einschalig. Das Schalldämm-Maß dieser Wand hat bei einer bauakustischen Untersuchung die folgende Abhängigkeit von der Frequenz gemäß Bild A.3-21 ergeben:

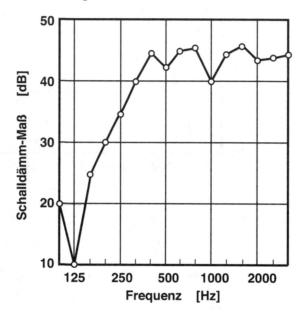

Bild A.3-21: Schalldämm-Maß der untersuchten einschaligen Wandkonstruktion in Abhängigkeit von der Frequenz.

Daten

Sitzungsraum:	Länge	7,0 m
	Breite	4,0 m
	Höhe	3,0 m
Trennwand:	Länge	4,0 m
	Höhe	3,0 m
	bewertetes Schalldämm-Maß	43 dB
Luft:	Dichte	1,25 kg/m³
	Schallgeschwindigkeit	333 m/s

Randbedingungen

| Schalleinfallswinkel: | 80 ° |
| zugrundezulegende Frequenz bei den Fragen 3 bis 5: | 1000 Hz |

Fragen

1. Bestimmen Sie die flächenbezogene Masse der Trennwand!

2. Welche Koinzidenzgrenzfrequenz besitzt die Trennwand?

3. Im vorgesehenen Sitzungsraum wird ein Schalldruckpegel von 30 dB(A), im Schreibbüro von 65 dB(A) gemessen. Bestimmen Sie die vorhandene äquivalente Schallabsorptionsfläche und die Nachhallzeit im Sitzungsraum!

4. Wie groß ist das nach dem Massegesetz theoretisch zu erwartende Schalldämm-Maß der Trennwand?

5. Ist in dem Sitzungsraum gemäß 3. eine optimale Sprachverständlichkeit gegeben?

    a) Wenn ja, begründen Sie Ihre Aussage! Wenn nein, welche Maßnahme muss getroffen werden, damit man sich dort sprachlich gut verständigen kann?

    b) Wie ändert sich der Schallpegel im Sitzungsraum durch die von Ihnen unter 5a) vorgeschlagene Maßnahme? Rechnerischer Nachweis!

    c) Wie groß ist die äquivalente Schallabsorptionsfläche des Sitzungsraums?

Aufgabe 3.15

In einem Mehrfamilienhaus werden zur passiven Solarenergienutzung Wintergärten geplant. Der Grundriss des hier zu untersuchenden Gebäudebereiches (Wohnzimmer mit Wintergarten) ist im Bild A.3-22 dargestellt.

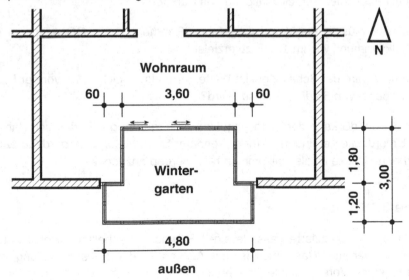

Bild A.3-22: Schematische Darstellung der Grundrissanordnung des zu untersuchenden Wohnraumes mit Wintergarten.

Daten

Raum:	Höhe	2,5 m
Glas:	Dicke	8 mm
	Rohdichte	2500 kg/m^3
Rahmen:	Schalldämm-Maß	35 dB
	Flächenanteil	20 %
Wintergarten unmöbliert	Nachhallzeit	1,0 s
Luft:	Dichte	1,25 kg/m^3

Randbedingungen

mittlerer Schalleinfallswinkel:	1. OG	45°
	5. OG	75°
zugrundezulegende Frequenz:		250 Hz
Schallgeschwindigkeit in der Luft:		343 m/s

Fragen

1. Bestimmen Sie die Schalldämmung der Wintergarten-Verglasung
   a) im 1. OG ohne Rahmen,
   b) im 1. OG unter Berücksichtigung des Rahmens!

2. Wie dick müsste die Verglasung (ohne Rahmen) im 5. OG sein, um die selbe Schalldämmung wie im 1. OG zu erzielen?

3. Wie hoch wird der Schallpegel im Wintergarten im 1. OG, wenn vor der Fassade ein Schallpegel von 65 dB gemessen wird?

4. Um wieviel dB kann der Schallpegel im Wintergarten durch eine schallabsorbierende Unterdecke gemindert werden, wenn der Schallabsorptionsgrad 0,8 beträgt? Die vorherige Decke ist als vollkommen reflektierend anzusehen.

Aufgabe 3.16

Die im Bild A.3-23 skizzierte Fassade eines Raumes ist schalltechnisch zu untersuchen. Der nichttransparente Wandanteil ist mit Ausnahme der Fensterbrüstung gemäß Bild A.3.24 mit einer Vorsatzschale, bestehend aus innenliegender Wärmedämmung und Gipskartonplatten, verkleidet.

Daten

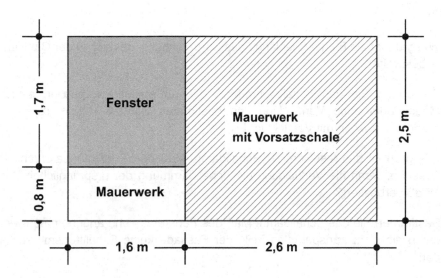

Bild A.3-23: Schematische Ansicht der zu untersuchenden Fassade.

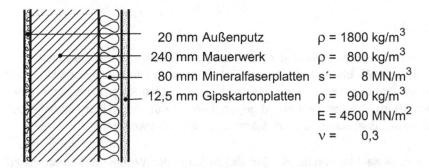

	ρ = 1800 kg/m³
20 mm Außenputz	ρ = 1800 kg/m³
240 mm Mauerwerk	ρ = 800 kg/m³
80 mm Mineralfaserplatten	s´ = 8 MN/m³
12,5 mm Gipskartonplatten	ρ = 900 kg/m³
	E = 4500 MN/m²
	ν = 0,3

Bild A.3-24: Schematischer Querschnitt der Wandkonstruktion mit Vorsatzschale.

Raum	Tiefe	6,0 m
Luft	Dichte	1,25 kg/m³

Randbedingungen

Nachhallzeit		0,7 s
Lärmpegel	außen	75 dB
	Innen	40 dB

zugrundezulegende Frequenz		500 Hz
Schalleinfallswinkel		45 °
Schallgeschwindigkeit		343,4 m/s

Fragen

1. Wie groß ist die Biegewellenlänge des Körperschalls, der sich in der Gipskartonplatte ausbreitet?

2. Berechnen Sie das Schalldämm-Maß des außenseitig verputzten einschaligen Mauerwerks ohne Verkleidung und bestimmen Sie die Resonanzfrequenz der Wandkonstruktion mit Verkleidung!

3. Wie groß ist das resultierende Schalldämm-Maß der nicht transparenten Teile der Fassade, wenn die Verkleidung die Schalldämmung der ursprünglichen Wand um 17 dB verbessert?

4. Bestimmen Sie das Schalldämm-Maß des Fensters, wenn angenommen wird, dass durch die nicht transparenten Teile der Fassade keine Schalltransmission stattfindet!

Aufgabe 3.17

Bei der schalltechnischen Messung einer Wohnungstrennwand ergeben sich im unteren Frequenzbereich (100 bis 400 Hz) starke Einbrüche im Verlauf des Schalldämm-Maßes. Zur Abhilfe schlägt der Architekt vor, die äquivalente Schallabsorptionsfläche eines Raumes zu vergrößern. Die der Trennwand gegenüberliegende Wand war bisher verputzt und soll nun mit einer schallschluckenden Bekleidung versehen werden.

1. Ist durch diese Maßnahme die Schalldämmung der Wohnungstrennwand zu verbessern? Welche andere Maßnahme wäre sinnvoller?

2. Leiten Sie die schalltechnischen Zusammenhänge in einem Raum zwischen den folgenden Größen her!

    a) Schalldruck und äquivalenter Schallabsorptionsfläche $\qquad p_2 = p_1 \cdot f\left(\dfrac{A_1}{A_2}\right)$

    b) Schallintensität und äquivalenter Schallabsorptionsfläche $\quad I_2 = I_1 \cdot f\left(\dfrac{A_1}{A_2}\right)$

    c) Schalldruck und Schallintensität $\qquad p_2 = p_1 \cdot f\left(\dfrac{I_1}{I_2}\right)$

Aufgabe 3.18

Ein Musikzimmer, das raumakustisch optimal ausgelegt war, soll in einen Vortragsraum umgewandelt werden. Dabei sollen die raumakustischen Kennwerte so verändert werden, dass dort eine optimale Sprachverständlichkeit gewährleistet ist.

Daten

Raum:	Länge	10,0 m
	Breite	5,0 m
	Höhe	3,0 m

Fragen

1. Welche Werte müssen die wesentlichen raumakustischen Kenngrößen in beiden Fällen besitzen?

2. Um welchen Faktor würde sich – bei Schallquellen gleicher Leistung – die Schallintensität im Raum durch die Umgestaltung verändern?

Aufgabe 3.19

In einem Kleinbetrieb befinden sich in zwei aneinandergrenzenden gleich großen Räumen vier Maschinen. In einem Raum sind drei der Maschinen aufgestellt (Raum 1). Die vierte Maschine befindet sich im Raum 2. Die Umschließungsflächen beider Räume sind gleich ausgestattet. Im Raum 1 befinden sich noch Bestuhlung und Mobiliar, die zusammen eine zusätzliche äquivalente Schallabsorptionsfläche von 2,5 m^2 darstellen.

Daten

Räume:	Länge		20,0 m
	Breite		20,0 m
	Höhe		5,0 m
Maschine im Raum 1:	Schallintensität (pro Maschine)		$3,2 \cdot 10^{-4}$ W/m^2
Raum 2	Schallintensität		$1,0 \cdot 10^{-4}$ W/m^2
Decke:	Holzverkleidung	$\alpha = 0,09$	
Boden:	Linoleum	$\alpha = 0,04$	
Wände:	verputzt	$\alpha = 0,01$	

Randbedingungen

Die Schallübertragung durch die Trennwand ist für die Fragen 1 bis 3 zu vernachlässigen.

Fragen

1. Wie groß sind die Nachhallzeiten in beiden Räumen?

2. Welche Schallpegel stellen sich in beiden Räumen ein?

3. Der Schallpegel im lauteren Raum soll um 5 dB herabgesetzt werden. Hierzu ist beabsichtigt, dass die Wandoberflächen dieses Raumes besser schallabsorbierend bekleidet werden. Welchen Schallabsorptionsgrad muss das aufzubringende Material haben, wenn alle Wandoberflächen damit bekleidet werden sollen? Welches Material schlagen Sie vor, wenn die berechnete Schallabsorption bei 125 Hz erfolgen soll?

4. Welches Schalldämm-Maß muss die Trennwand zwischen den Räumen mindestens haben, damit nach der Verbesserung gemäß 3. der Schallpegel im leiseren Raum nicht mehr als 60 dB beträgt, wenn die Maschine im Raum 2 abgeschaltet ist? Die Schallnebenwegübertragung bleibt dabei unberücksichtigt.

Aufgabe 3.20

In einem Raum mit dem Volumen von 150 m^3 wird eine Wandfläche von 25 m^2 mit einem Absorber verkleidet. Der Absorber besitzt in seinem wirksamen Frequenzbereich einen Absorptionsgrad von 0,9 und schluckt 10-mal mehr Schall als die unverkleidete Wand vorher. Die äquivalente Schallabsorptionsfläche der restlichen Flächen bleibt unverändert.

Daten

Luft:	Adiabatenexponent	1,4
	Gaskonstante	290 J/kgK

Fragen

1. Welche Dicke muss das schallschluckende Material besitzen, wenn in diesem Raum hauptsächlich Frequenzen ab 3000 Hz absorbiert werden sollen und eine mittlere Raumlufttemperatur von 15 °C vorliegt?

2. Nach welcher Gesetzmäßigkeit hängt die Nachhallzeit T_2 (nach der Maßnahme) von der Nachhallzeit T_1 (vorher) ab? Geben Sie die Funktion $T_2 = f(T_1)$ an und stellen Sie diese in einer Skizze für den Bereich $0 \le T_1 \le 5$ s graphisch dar!

3. Welche maximalen Nachhallzeiten treten vor und nach der Maßnahme auf?

Aufgabe 3.21

Ein Seminarraum soll raumakustisch verbessert werden, da dort keine optimale Sprachverständlichkeit herrscht.

Daten

Seminarraum:	Nachhallzeit	0,8 s
	Volumen	120 m^3
Luft:	Temperatur	20 °C
	Adiabatenexponent	1,4
	Gaskonstante	290 J/kgK

Fragen

1. Wieviel äquivalente Schallabsorptionsfläche enthält der Seminarraum?

2. Wie groß sollte die Nachhallzeit des Raumes sein, damit dort eine optimale Sprachverständlichkeit herrscht?

3. Der Raum wird zur Verbesserung der Nachhallzeit mit porösem Absorptionsmaterial
   bekleidet. In welchem mittleren Abstand vor der Wand sollte die absorbierende
   Schicht liegen, wenn hauptsächlich Frequenzen oberhalb 2 kHz absorbiert werden
   sollen?

Aufgabe 3.22

In einem Hörsaal wurden Nachhallzeitmessungen durchgeführt, um die raumakustische
Qualität des Saales zu beurteilen.

Daten

Raum:	Länge	12,5 m
	Breite	7,5 m
	Höhe	3,0 m
Luft:	Dichte	1,25 kg/m^3

Randbedingungen

Nachhallzeit:	im leeren Zustand	1,2 s
	im besetzten Zustand	0,8 s
Schallgeschwindigkeit		343 m/s

Fragen

1. Mit welcher Schallleistung müsste ein Vortragender im leeren Raum sprechen, damit sich dort ein Schalldruckpegel von 70 dB einstellt? Dabei wird ein diffuses Schallfeld vorausgesetzt.

2. Welcher Schalldruckpegel stellt sich im besetzten Raum ein, wenn der Vortragende seine Sprechweise wie im leeren Raum beibehält?

3. Skizzieren Sie den qualitativen Verlauf der Differenz zwischen dem Schalldruckpegel im Raum und dem Schallleistungspegel des Redners in Abhängigkeit von der Entfernung von der Schallquelle! Benutzen Sie hierzu die Diagrammvorlage im Arbeitsblatt A.3-2!

4. Berechnen Sie den Hallradius und markieren Sie die entsprechende Entfernung im Diagramm im Arbeitsblatt A.3-2!

Aufgabe 3.23

In einer Schreinerei befinden sich in zwei aneinander grenzenden gleich großen Räumen drei Maschinen, die jeweils gleiche Schallleistung abstrahlen. Zwei der Maschinen befinden sich in einem, und die dritte im anderen Raum. Beim Betrieb jeweils einer Maschine beträgt die Schallintensität in der Mitte des Raumes $6,4 \cdot 10^{-3}$ W/m². Die Umschließungsflächen beider Räume sind gleich ausgestattet. In dem Raum mit den zwei Maschinen befinden sich noch Holzwerkstoffe und Mobiliar, die eine zusätzliche äquivalente Schallabsorptionsfläche von 4 m² darstellen.

Daten

Raum:	Länge	15,0 m
	Breite	15,0 m
	Höhe	4,0 m

Schallabsorptionsgrad:	Decke	0,09
(bei 1000 Hz)	Boden	0,04
	Wände	0,01

Randbedingungen

Die Schallübertragung durch die Trennwand und über die Nebenwege bleibe unberücksichtigt. Die Schallabstrahlung der Maschinen erfolge bei der Mittenfrequenz von 1000 Hz, das Schallfeld sei diffus.

Fragen

1. Bestimmen Sie die Nachhallzeiten beider Räume!

2. Welche Schallintensitätspegel stellen sich in den Räumen ein, wenn alle Maschinen gleichzeitig in Betrieb sind?

3. Der laute Raum soll so umgebaut werden, dass der Schallpegel in beiden Räumen gleich groß wird. Hierzu ist beabsichtigt, dass die Raumdecke besser schallabsorbierend bekleidet wird. Welchen Schallabsorptionsgrad muss das aufzubringende Material haben? Welches Material oder welche Maßnahme schlagen Sie vor?

Aufgabe 3.24

In einer Schule wird, wie im Bild A.3-25 schematisch dargestellt, die Einrichtung eines Musikraumes (Raum A) neben einem Klassenzimmer (Raum B) geplant. Die Trennwand der Räume ist einschalig ausgebildet. Im Musikraum übt ein Bläser-Quintett. Der maximale Schalldruckpegel, der bei 1000 Hz in diesem Raum beim Spielen eines Instrumentes entsteht, beträgt $L_{max} = 63$ dB.

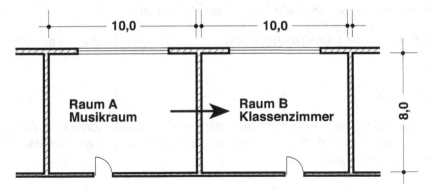

Bild A.3-25: Schematische Darstellung der Grundrissanordnung der zu untersuchenden Räume.

Daten

Raum A und B:	Höhe	3,0 m
Raum A:	Nachhallzeit bei 1000 Hz	1,5 s
Raum B:	Nachhallzeit bei 1000 Hz	0,7 s
Luft:	Dichte	1,25 kg/m³

Randbedingungen

Schallgeschwindigkeit in der Luft:	343 m/s
zugrundezulegende Frequenz:	1000 Hz
mittlerer Schalleinfallswinkel:	45°

Die Schall-Längsleitung durch die flankierenden Bauteile sei vernachlässigbar.

Fragen

1. Wieviel m^2 zusätzliche äquivalente Schallabsorptionsfläche müsste in den Musikraum eingebracht werden, um die Nachhallzeit auf 0,9 Sekunden zu reduzieren?

2. Um wieviel dB erhöht sich der Schallpegel im Musikraum gegenüber dem Schallpegel eines Instrumentes, wenn alle fünf Instrumente gleichzeitig mit der gleichen Schallintensität spielen?

3. Wie hoch soll die Schalldämmung der Trennwand zwischen Musikraum und Klassenzimmer sein, wenn im Musikraum alle fünf Instrumente gleichzeitig spielen und im Klassenzimmer ein Schallpegel von 20 dB nicht überschritten werden darf?

4. Welche flächenbezogene Masse müsste die einschalige Trennwand haben, um ein bewertetes Schalldämm-Maß von 50 dB zu erzielen?

5. Erfüllt die unter 4. untersuchte Wand bei 1000 Hz die Anforderung gemäß 3.?

Aufgabe 3.25

Um die raumakustischen Eigenschaften einer Halle zu testen, wurde eine Schallquelle mit einer Schalleistung von 0,05 Watt verwendet, in deren Fernfeld ein mittlerer Schalldruckpegel von 80 dB gemessen wurde.

Daten

Luft:	Dichte	1,25 kg/m^3

Randbedingungen

Schallgeschwindigkeit	343 m/s

Fragen

1. Welcher Schall-Leistungspegel wird vom Lautsprecher abgestrahlt?
2. Wie hoch ist die äquivalente Schallabsorptionsfläche der Halle?

Aufgabe 3.26

Die Trenndecke zwischen einer Tanzschule und einem Büro (Bild A.3-26) soll bauakustisch untersucht werden. Die beiden Räume sind gleich groß und jeweils 8 m tief.

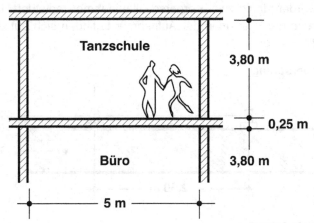

Bild A.3-26: Schematische Darstellung der zu untersuchenden Trenndecke zwischen der Tanzschule und dem Büro.

Daten

Rohdecke:	Rohdichte	2400 kg/m^3
	Elastizitätsmodul	$30 \cdot 10^3$ MN/m^2
Büro:	äquivalente Schallabsorptionsfläche	40 m^2

Fragen

1. Wie groß ist das bewertete Schalldämm-Maß der Rohdecke zwischen Büro und Tanzschule? Die Randeinflüsse der Deckenkonstruktion bleiben unberücksichtigt!

2. Bestimmen Sie die Koinzidenzgrenzfrequenz der Decke!

3. Welche Nachhallzeit besitzt der Büroraum und wie groß muss die äquivalente Schallabsorptionsfläche des Tanzraumes sein, damit dort eine optimale Klangwiedergabe der Tanzmusik erreicht wird?

4. Im Büroraum wird während der Tanzstunde ein Schalldruck von 0,4 Pa gemessen. Bestimmen Sie den Trittschallpegel und den Norm-Trittschallpegel im Büroraum sowie den äquivalenten bewerteten Norm-Trittschallpegel der Decke!

5. Durch welche Maßnahme kann die Trittschalldämmung der Decke um 20 dB verbessert werden? Welchen bewerteten Norm-Trittschallpegel hat die fertige Decke?

Aufgabe 3.27

Es soll die Trittschalldämmung einer 16 cm dicken Rohdecke aus Stahlbeton untersucht werden. Dazu wird sie durch Hammerschläge angeregt. Die dadurch entstehenden Biegeschwingungen werden durch zwei Körperschallaufnehmer registriert. Der Ort der Körperschalleinleitung und die Positionen der Aufnehmer befinden sich auf einer geraden Linie, wie in Bild A.3-27 skizziert.

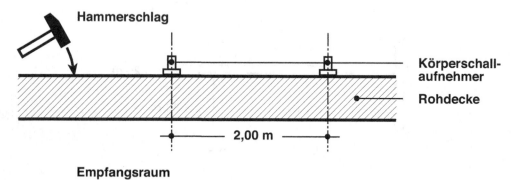

Bild A.3-27: Schematischer Schnitt durch die zu prüfende Betondecke.

Daten

Rohdecke:	Elastizitätsmodul	$35 \cdot 10^9$ Pa
	Rohdichte	2400 kg/m^3
	Querkontraktionszahl	0,25
Empfangsraum:	Länge	7,2 m
	Breite	4,8 m
	Höhe	2,5 m
	Tür	2,0 m^2
	Fenster	3,0 m^2
Schallabsorptionsgrad:	Tür	0,05
(Empfangsraum)	Fenster	0,1
	Wände	0,2
	Decke	0,8
	Boden	0,6
Luft:	Adiabatenexponent	1,4
	Gaskonstante	290 J/kgK

Randbedingungen

Temperatur	22 °C

Fragen

1. Berechnen Sie die Frequenz, bei der die Ausbreitungsgeschwindigkeit der Biegewelle in der Betonplatte und diejenige der Luftschallwellen übereinstimmen!

2. Bei welcher Frequenz entspricht der Abstand beider Körperschallaufnehmer einer Biegewellenlänge und wie groß ist die Zeitverzögerung des Körperschalls am zweiten Aufnehmer?

3. Ermitteln Sie die zu erwartende Nachhallzeit im Empfangsraum!

4. Bei der Messung der Trittschalldämmung wird im Empfangsraum bei 2500 Hz ein Schalldruck von $2 \cdot 10^{-2}$ Pa gemessen. Bestimmen Sie den Norm-Trittschallpegel!

5. Die analog zu 4. gemessenen Norm-Trittschallpegel sind in Anhängigkeit von der Frequenz im Arbeitsblatt A.3-3 zusammengestellt. Der hieraus ermittelte bewertete Norm-Trittschallpegel beträgt 76 dB. Weisen Sie dies nach!

Aufgabe 3.28

Der Speisesaal eines Hotels wird zu einer Diskothek umgebaut, in der ständig 4 Lautsprecherzeilen in Betrieb sein sollen. Über der Diskothek ist ein Sitzungsraum geplant. Die Rohdecke zwischen beiden Räumen soll durch das Aufbringen eines schwimmenden Estrichs gemäß Bild A.3-28 schalltechnisch verbessert werden.

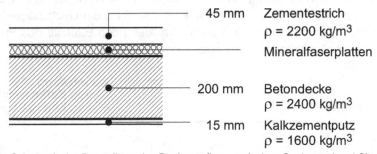

45 mm	Zementestrich $\rho = 2200 \text{ kg/m}^3$
	Mineralfaserplatten
200 mm	Betondecke $\rho = 2400 \text{ kg/m}^3$
15 mm	Kalkzementputz $\rho = 1600 \text{ kg/m}^3$

Bild A.3-28: Schematische Darstellung des Deckenaufbaus zwischen Speisesaal und Sitzungsraum.

Daten

Sitzungsraum:	Länge	10,0 m
	Breite	6,0 m
	Höhe	4,0 m
	Nachhallzeit	1,5 s
Luft:	Dichte	1,25 kg/m³

Randbedingungen

mittlerer Schalleinfallswinkel:	45°
Schallgeschwindigkeit in der Luft:	343 m/s
zugrundezulegende Frequenz:	500 Hz

Keine Nebenweg- und Körperschallübertragung von unten nach oben.

Fragen

1. Wie hoch ist die Schalldämmung der Rohdecke, wenn deren zweischichtiger Aufbau als eine einschalige Konstruktion betrachtet wird?

2. Welcher Schallpegel stellt sich beim Betrieb aller vier Lautsprecherzeilen in der Diskothek und im Sitzungsraum vor der Verbesserung des Deckenaufbaus ein, wenn der Schallpegel jeder Lautsprecherzeile 80 dB beträgt?

3. Bestimmen Sie den äquivalenten bewerteten Norm-Trittschallpegel der Rohdecke!

4. Welche dynamische Steifigkeit muss die Mineralfaser-Dämmschicht besitzen, damit die Resonanzfrequenz der Konstruktion 85 Hz nicht überschreitet?

Aufgabe 3.29

In einem bauakustischen Prüfstand werden Messungen an einer Wohnungstrennwand aus Kalksandstein-Mauerwerk durchgeführt. Eine flankierende Wand (Längswand) wird im Fall A ebenfalls als ein Kalksandstein-Mauerwerk, im Fall B als ein Leichtziegel-Mauerwerk erstellt. In beiden Fällen bestehen alle weiteren flankierenden Bauteile des Prüfstandes aus Beton. Die Flankenübertragung (Grenzdämmung) des Prüfstandes beträgt in beiden Fällen $D_{n,w} = 80$ dB.

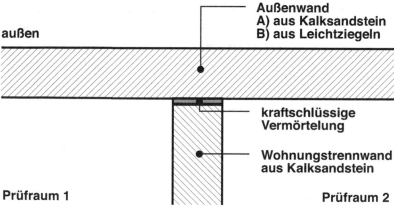

Bild A.3-29: Schematische Grundrissdarstellung der zu prüfenden Wände.

Randbedingungen

Gesamtkonstruktion A:	$R_{w,res}$ = 54 dB
Längswand A:	$D_{n,w}$ = 61 dB
Längswand B:	$D_{n,w}$ = 54 dB

Fragen

1. Wie hoch ist das bewertete Schalldämm-Maß der Wohnungstrennwand?

2. Welches resultierende Schalldämm-Maß der Gesamtkonstruktion B ist unter Labor-bedingungen zu erwarten?

3. Wie groß wird das resultierende Schalldämm-Maß der Wohnungstrennwand in der Praxis, wenn die flankierenden Bauteile eine Norm-Schallpegeldifferenz lediglich von $D_{n,w}$ = 65 dB aufweisen?

Aufgabe 3.30

Im sogenannten Diagonal-Prüfstand wurde ein Fassadenanschlussprofil gemäß Bild A.3-30 schalltechnisch untersucht. Das Ergebnis ist in Bild A.3-31 wiedergegeben.

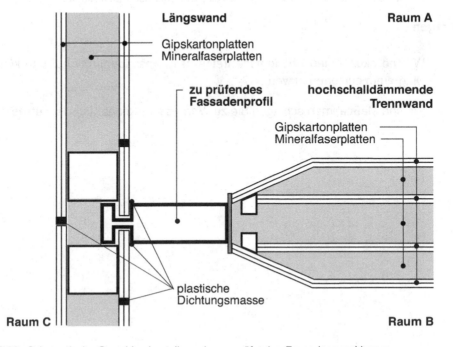

Bild A.3-30: Schematische Grundrissdarstellung des zu prüfenden Fassadenanschlusses.

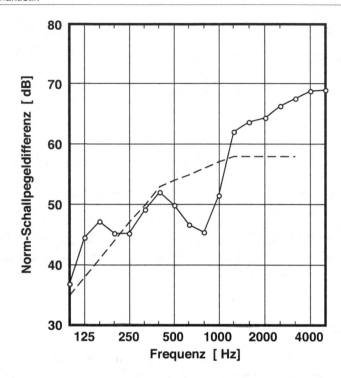

Bild A.3-31: Gemessene Norm-Schallpegeldifferenz zwischen Raum A und B.

Fragen

1. Welche akustischen Phänomene treten beim Fassadenprofil auf und können dem Diagramm entnommen werden?

2. Welche Maßnahmen schlagen Sie zur Verbesserung des Schallschutzes vor?

A.4 Brandschutz, thermische und hygrische Spannungen

Verständnisfragen

1. Was versteht man unter vorbeugendem baulichen Brandschutz?
   a) Bauliche Maßnahmen, die die Entstehung eines Brandes verhindern sollen,
   b) bauliche Maßnahmen, die die Ausbreitung eines bereits entstandenen Brandes verhindern sollen,
   c) Rettungsmaßnahmen, die die Bausubstanz gegen Brandeinwirkungen schützen sollen.

2. Welche Maßnahmen gehören zum abwehrenden Brandschutz?
   a) Feuerwehr
   b) Löschanlagen
   c) Brandschutzwände
   d) Rettungswege

3. Welche baulichen Maßnahmen dienen dem vorbeugenden Brandschutz?
   a) Bildung von Brandabschnitten
   b) Einbau von Rauchabzugsanlagen
   c) Bereitstellung von Aufzügen
   d) Bereitstellung von Fluchtwegen

4. Welches Verhalten ist im Brandfall beim Verlassen des Raumes richtig?
   a) Öffnen aller Türen und Fenster,
   b) Schließen aller Türen und Fenster,
   c) Öffnen der Fenster und schließen aller Türen.

5. Was ist ein Normbrand?

6. Was ist die Einheitstemperaturkurve ETK?

7. Welche Temperatur gibt die Einheitstemperaturkurve bei einem Brandversuch an? Die Temperatur
   a) der Luft im Brandraum,
   b) der Bauteiloberfläche im Brandraum,
   c) der Luft im brandabgewandten Raum,
   d) der Bauteiloberfläche im brandabgewandten Raum.

© Springer Fachmedien Wiesbaden GmbH, ein Teil von Springer Nature 2022
K. Gertis et al., *Bauphysikalische Aufgabensammlung mit Lösungen*,
https://doi.org/10.1007/978-3-658-35586-9_4

8. Die Einheitstemperaturkurve beschreibt in standardisierter Form den Verlauf der na-
    türlichen Brände. Welche Abweichungen können bei einem Holzbrand auftreten?
    a) Bei einer geringen Brandlast wird die ETK nicht erreicht,
    b) auch bei einer geringen Brandlast kann die ETK kurzzeitig überschritten werden,
    c) bei einer hohen Brandlast wird die ETK exakt eingehalten,
    d) bei einer hohen Brandlast wird die ETK immer im gesamten Brandverlauf über-
       schritten,
    e) bei einer hohen Brandlast wird die ETK zeitweise überschritten, aber der natürli-
       che Brand klingt immer schneller ab als die ETK.

9. Welche Rauchgastemperaturen treten gemäß der Einheitstemperaturkurve zwischen
    der 90. und der 120. Minute in einem Brandraum auf?
    a) kleiner als 700 °C
    b) 700 °C bis 900 °C
    c) 900 °C bis 1100 °C
    d) größer als 1100 °C

10. Welche Baukonstruktionen sind brandschutztechnisch allgemein kritisch?
    a) Holzkonstruktionen
    b) Stahlkonstruktionen
    c) Betonkonstruktionen

11. Durch welche Übertragungsart kann ein Brand bei einer Fassade aus unbrennbaren
    Baustoffen von einer Etage eines Gebäudes zur nächsten Etage überspringen?
    a) Wärmestrahlung
    b) Wärmekonvektion
    c) Wärmeleitung

12. Was versteht man in einem Brandfall unter "flash over"? Brandentwicklung, bei der
    a) die Raumlufttemperatur,
    b) die Oberflächentemperatur der Umschließungsbauteile des Raumes,
    c) die Brandgeschwindigkeit
    zum Feuerübersprung auf die Brandlast des Raumes ausreicht.

13. Was versteht man unter einer Brandwand? Die Wand, die
    a) im Brandfall als erstes brennt,
    b) in einem Gebäude einen Brandabschnitt abgrenzt,
    c) die Feuerwiderstandsklasse F 90 besitzt.

14. Was besagt brandschutztechnisch der Begriff "Holzgleichwert"? Es ist
    a) die Brandlast in einem Raum, die einem Kubikmeter Holz entspricht,
    b) die Brandlast in einem Raum, die einem kg Holz entspricht,
    c) die der Brandlast äquivalente Holzmenge.

15. Was drückt der Begriff Brandlast aus?

16. Was ist richtig? Die Klasse "A 2" kennzeichnet die brandschutztechnische Klassifizierung von
    a) tragenden Bauteilen,
    b) nicht tragenden Außenwänden,
    c) Baustoffen.

17. Welche Feuerwiderstandsklasse besitzt ein Bauteil, das beim Brandversuch 55 Minuten lang die Bedingungen der Normprüfung erfüllt?
    a) F 30 bzw. R 30
    b) F 55 bzw. R 55
    c) F 60 bzw. R 60
    d) W 60 bzw. E 60

18. Was besagt im Brandschutz die Bezeichnung EI 60? Das Bauteil erfüllt
    a) mindestens 60 Sekunden lang,
    b) weniger als 60 Minuten lang,
    c) mindestens 60 Minuten lang
    die Anforderungen an den Raumabschluss und die Wärmedämmwirkung.

19. Wie bezeichnet man brandschutztechnisch ein Bauteil mit der Feuerwiderstandsklasse REI 90?
    a) feuerabweisend
    b) tragend, raumabschließend und feuerbeständig
    c) feuerbeständig

20. An der brandabgekehrten Seite einer tragenden, wärmebrückenfreien Wand wird bei einer brandtechnischen Normuntersuchung nach Ablauf von 60 Minuten eine mittlere Oberflächentemperatur von 150 K über dem Ausgangszustand gemessen. Welcher Feuerwiderstandsklasse wird das Bauteil zugeordnet?
    a) F 60 bzw. R 60
    b) W 60 bzw. E 60
    c) F 90 bzw. R 90
    d) F 30 bzw. R 30

21. Ist ein Holzbauteil, das mindestens 60 Minuten die Bedingungen der Normprüfung erfüllt
    a) schwer entflammbar,
    b) feuerhemmend,
    c) hochfeuerhemmend,
    d) feuerbeständig,
    e) hochfeuerbeständig,
    f) leicht entflammbar?

22. Welche brandschutztechnische Klassifizierung müssen nicht tragende Außenwände besitzen, damit sie als feuerbeständig gelten?
    a) A 2
    b) F 60
    c) F 90
    d) T 90
    e) EI 90
    f) W 120

23. Bei einem Brand stellen sich über dem Querschnitt eines homogenen Bauteils die folgenden instationären Temperaturverteilungen ein:

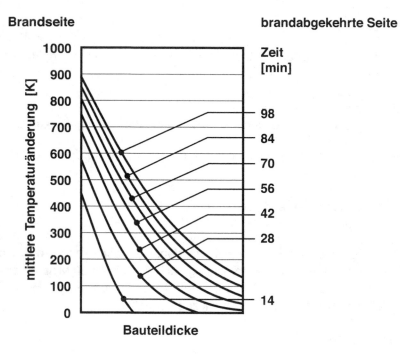

Bild A.4-1: Mittlere instationäre Temperaturverteilungen über den Querschnitt eines homogenen Bauteils. Als Parameter ist die Brandzeit in Zeitschrittweiten von je 14 min gemäß Binder-Schmidt-Verfahren angegeben.

Welcher brandschutztechnischen Klassifizierung kann das Bauteil hinsichtlich des Raumabschlusses im günstigsten Fall zugeordnet werden?
a) feuerhemmend
b) feuerbeständig
c) nicht brennbar
d) brennbar
e) hochfeuerbeständig

24. Welche Aussagen sind bei einem Holzbrand aufgrund der folgenden Brandverlauf-Kurven a und b richtig?

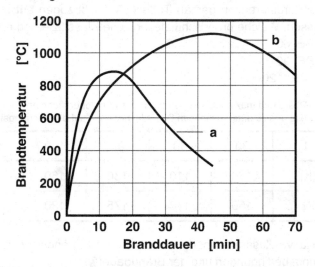

Bild A.4-2: Schematische Darstellung der Brandtemperatur in Abhängigkeit von der Branddauer für zwei Brandfälle a und b.

a) Im Fall a war bei gleicher Brandlast die zugeführte Luftmenge höher als im Fall b,
b) im Fall a war bei geringerer Brandlast die zugeführte Luftmenge größer als im Fall b,
c) im Fall a war sowohl die Luftmenge als auch die Brandlast höher als im Fall b.

25. Was wird brandschutztechnisch mit „feuerbeständig" klassifiziert?
a) Baustoffe der Klasse A
b) Baustoffe der Klasse B
c) tragende Bauteile
d) Brandwände
e) nicht tragende Außenwände
f) nicht tragende Innenwände
g) Feuerschutzabschlüsse

26. Bei der brandschutztechnischen Prüfung von Isolierverglasungen wird auf der brand-abgekehrten Seite in einem bestimmten Abstand von der Glasscheibe ein Watte-bausch platziert. Wenn sich der Wattebausch entzündet, gilt der Test als nicht be-standen. Durch welche Übertragungsart wird dem Wattebausch Wärmeenergie zuge-führt?
a) Leitung
b) Konvektion
c) Strahlung

27. Eine tragende Außenwand wird im Labor einer Feuerwiderstandsprüfung unterzogen. An der Wandoberfläche der brandabgekehrten Seite werden die mittleren und maximalen Temperaturdifferenzen gemäß Tabelle A.4-1 bezogen auf die Ausgangstemperatur gemessen. Welche brandschutztechnische Klassifizierung erhält das Bauteil?
    a) F 60 bzw. REI 60
    b) F 90 bzw. REI 90
    c) F 120 bzw. REI 120

Tabelle A.4-1:   Mittlere und maximale Temperaturen der Wandoberfläche an der brandabgekehrten Seite des zu untersuchenden Bauteils, bezogen auf die Ausgangstemperatur.

Zeit [min]	30	60	90	120	150	180
$\Delta\theta_{mittel}$ [K]	100	110	130	150	160	170
$\Delta\theta_{max}$ [K]	160	170	175	180	185	190

28. Welcher qualitative Zusammenhang besteht bei Holzbränden zwischen der Brandlast, den Lüftungsbedingungen und der Branddauer?
    a) Mit zunehmender Brandlast und Luftzufuhr nimmt die Branddauer zu,
    b) mit zunehmender Brandlast und geringerer Luftzufuhr nimmt die Branddauer zu,
    c) mit zunehmender Brandlast und Luftzufuhr wird die Branddauer kürzer,
    d) mit zunehmender Brandlast und geringerer Luftzufuhr wird die Branddauer kürzer.

29. Was sagt brandschutztechnisch die Bezeichnung EI 180 aus?
    a) Das Bauteil brennt 180 Minuten,
    b) auf der brandabgekehrten Seite des Bauteils muss die Oberflächentemperatur 180 Minuten lang die Bedingungen der Normprüfung erfüllen,
    c) auf der brandabgekehrten Seite des Bauteils darf die Oberflächentemperatur 180 °C nicht übersteigen.

30. Bei welcher der folgenden Deckenkonstruktionen a bis d gemäß Bild A.4-3 ist die Oberflächentemperatur auf der brandabgekehrten Seite an der ungünstigsten Stelle des Bauteils am niedrigsten?

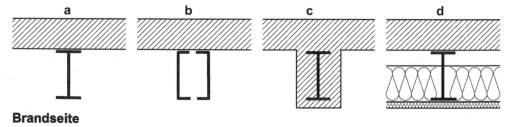

Brandseite

Bild A.4-3:   Schematische Darstellung der zu untersuchenden Konstruktionen a bis d.

Aufgaben

Aufgabe 4.1

In der mittleren Etage eines mehrgeschossigen Wohnhauses befindet sich eine Wohnung mit unten skizzierter Raumaufteilung (Bild A.4-3). Alle übereinanderliegenden Wohnungen haben gleiche Aufteilung und Nutzung sowie Randbedingungen. Bei einem Brand im Raum 2 soll die Raumlufttemperatur nach der Einheitstemperaturkurve (ETK) ansteigen.

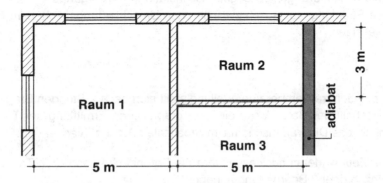

Bild A.4-4: Schematische Darstellung der Grundrissanordnung der zu untersuchenden Räume.

Daten

Decke	Dicke	15 cm
(Stahlbetonplatten)	Wärmeleitfähigkeit	2,1 W/mK
	Rohdichte	2100 kg/m^3
	spezifische Wärmekapazität	0,27 Wh/kgK
	Elastizitätsmodul	30 GPa
	thermischer Längenänderungskoeffizient	12·10^{-6} K^{-1}
	Poissonzahl	0,2

Randbedingungen

Lufttemperatur:	Raum 2	20 °C; Ausgangszustand
	Raum darüber	20 °C; zeitlich konstant

Wärmeübergangskoeffizienten:

Deckenunterseite (zum Brandraum)
konvektiver Wärmeübergangskoeffizient   10 W/m^{2}K
strahlungsbedingter Wärmeübergangskoeffizient   50 W/m^{2}K

Deckenoberseite (zum Raum darüber)
Gesamtwärmeübergangskoeffizient   21 W/m^{2}K

Schichtunterteilung   3

Verformungs- und spannungsfreier Ausgangszustand
Keine sprunghaften Änderungen zu Beginn des instationären Vorgangs
Der langwellige Strahlungsaustausch zwischen den Umschließungsflächen im Brandraum
ist zu vernachlässigen.

Fragen

1. Welche instationäre Temperaturverteilung stellt sich nach 2 Stunden Brandzeit über den Querschnitt der Betondecke ein? Zur graphischen Ermittlung der Temperaturverteilung ist das Diagrammschema im Arbeitsblatt A.4-1 zu verwenden.

2. In welche Feuerwiderstandsklasse wäre die Betondecke nach dem Temperaturkriterium einzuordnen? Begründung angeben!

3. Stellen Sie den zeitlichen Verlauf der in die Deckenunterseite eindringenden Wärmestromdichte als Funktion der Brandzeit graphisch dar!

4. Ermitteln Sie auf numerischem Weg die Werte der Wärmeeigenspannungsverteilung über den Deckenquerschnitt nach 2 Stunden Brandzeit! Dazu soll die Decke in 6 gleich dicke Querschnittselemente unterteilt werden. Die Temperaturen der einzelnen Elemente können der Tabelle A.4-2 entnommen werden.

Tabelle A.4-2: Temperaturen in den einzelnen Elementen i des Deckenquerschnitts von unten nach oben.

i	1	2	3	4	5	6
θ [°C]	712	553	415	313	240	182

5. Skizzieren Sie qualitativ die Spannungsverteilung und geben Sie Zug- und Druckzonen an! Es handelt sich nur um Wärmeeigenspannungen; Einflüsse der Randeinspannung sind außer Acht zu lassen.

Aufgabe 4.2

Die südorientierte Außenwand einer Warenlagerhalle bestehe aus einer einschichtigen, homogenen Betonplatte mit außenseitig vorgehängter Schieferbekleidung.

Daten

Wand:		
	Dicke	15 cm
	Wärmeleitfähigkeit	1,2 W/mK
	spezifische Wärmekapazität	0,24 Wh/kgK
	Rohdichte	2000 kg/m^3

Randbedingungen

Um 6.00 Uhr liegen in der Außenwand stationäre Temperaturverhältnisse vor.

Lufttemperatur:		
	außen (Luftspalt; bis 8.30 Uhr)	– 5 °C
	innen (bis Arbeitsbeginn 8.00 Uhr)	10 °C

Die Temperatur im Luftspalt zwischen Betonplatte und Schieferbekleidung steigt, bedingt durch Sonneneinstrahlung, in der Zeit von 8.30 bis 12.00 Uhr um 4 K pro Stunde an.

Die Innenlufttemperatur wird durch eine Klimaanlage geregelt. In der Zeit von 8.00 Uhr bis 9.00 Uhr steigt sie durch innere Wärmequellen um 2 K pro Stunde auf 12 °C an und wird dann auf diesem Wert konstant gehalten.

Wärmeübergangswiderstände gemäß Datenblatt 1.

Fragen

Für die Zeitpunkte 8.00 Uhr und 10.00 Uhr ist folgendes zu ermitteln:

1. Temperaturverteilungen über den Querschnitt der Betonplatte. Der Querschnitt ist dabei in 3 Schichten zu unterteilen! Benutzen Sie hierzu das Arbeitsblatt A.4-2!

2. Wärmestromdichten:
   a) von der Halle in die Außenwand,
   b) von der Außenwand an die Luft im Spalt.

3. Qualitative Spannungsverteilungen über den Plattenquerschnitt mit Angabe der Zug- und Druckzonen. Zu beachten sind nur Wärmeeigenspannungen; Einflüsse der Randeinspannung sind zu vernachlässigen.

Aufgabe 4.3

Weisen Sie anhand der Beziehung für Wärmeeigenspannungen nach, dass ein einschichtiges homogenes Bauteil unter beliebigen nicht isothermen, stationären Temperaturverhältnissen über den Bauteilquerschnitt spannungslos bleibt. Einflüsse der Randeinspannung sind zu vernachlässigen.

Aufgabe 4.4

Zwei homogene Dämmplatten mit gleichen mechanischen und thermischen Eigenschaften werden mit einem Kleber verklebt, siehe Skizze im Bild A.4-5. Im Beharrungszustand besitzt das Verbundsystem eine stationäre, gleichmäßig verteilte Temperatur von 20 °C. Die Platten seien zwischen den Auflagern A und B spannungslos eingesetzt und dort fixiert.

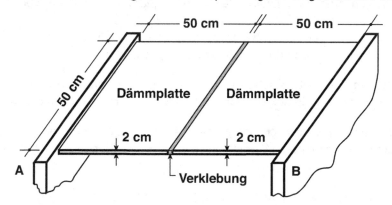

Bild A.4-5: Schematische Darstellung der Anordnung und Randlagerung der Platten.

Daten

Platten:	Elastizitätsmodul	15 MN/m^2
	thermischer Längenänderungskoeffizient	$60 \cdot 10^{-6}$ 1/K
Verklebung:	Haftzugfestigkeit	5 MN/m^2

Fragen

1. Welche Spannung tritt im Querschnitt des Verbundsystems auf, wenn es gleichmäßig auf –10 °C abgekühlt wird?

2. Welche Längskraft wirkt auf die Auflager A und B nach der Abkühlung gemäß 1.?

3. Welche Haftzugfestigkeit muss die Verklebung mindestens besitzen, damit das Verbundsystem nicht reißt?

Aufgabe 4.5

Eine Außenwand in Holztafelbaukonstruktionsweise gemäß Bild A.4-6 ist zu untersuchen.

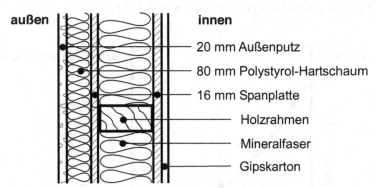

Bild A.4-6: Schematischer Querschnitt des zu untersuchenden Wandaufbaus.

Daten

Putz:	Elastizitätsmodul	$3 \cdot 10^3$ MN/m^2
	thermischer Längenänderungskoeffizient	$8 \cdot 10^{-6}$ 1/K
	Querkontraktionszahl	0,3
Hartschaum:	Elastizitätsmodul	10 MN/m^2
	thermischer Längenänderungskoeffizient	$40 \cdot 10^{-6}$ 1/K

Fragen

Welche Spannung tritt bei einer Temperaturschwankung von 60 K an der Oberfläche der Putzschicht der Konstruktion auf, wenn eine isotherme Temperaturverteilung innerhalb der Schicht zugrunde gelegt wird?

Aufgabe 4.6

Die homogene Stahlbetonplatte eines Flachdachs wird im Frühjahr aus Leichtbeton vor Ort betoniert. Kurz darauf werden die Schichten der Dachhaut aufgebracht.

Fragen

Stellen Sie in einem Diagramm den qualitativen Verlauf der Feuchteverteilung und der Verteilung der hygrischen Eigenspannungen im Querschnitt der Platte dar:
a) nach einem warmen Sommer (ca. 3 Monate nach der Fertigstellung),
b) im darauf folgenden Winter (ca. 9 Monate nach der Fertigstellung)!

Aufgabe 4.7

In einer homogenen allseits freien Betonplatte stellt sich infolge eines Brandes zum Zeitpunkt t die Temperaturverteilung $\theta(x)$ gemäß Bild A.4-7 ein.

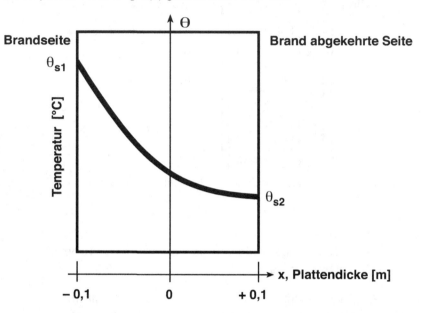

Bild A.4-7: Schematische Darstellung der Temperaturverteilung im Querschnitt einer Betonplatte.

Daten

Betonplatte	Elastizitätsmodul	$32 \cdot 10^3$ N/mm^2
	thermischer Längenänderungskoeffizient	$10 \cdot 10^{-6}$ 1/K
	Querkontraktionszahl	0,25

Fragen

1. Mit welcher Funktion $\sigma_z(x)$ lässt sich die thermische Spannungsverteilung im Querschnitt der Platte beschreiben, wenn die Temperaturverteilung $\theta(x)$ mit der parabolischen Gleichung

$$\theta(x) = 17500 \cdot (x - 0,1)^2 \qquad [°C]$$

angenähert wird und die mittlere Temperatur in der Platte 233 °C beträgt?

Anmerkung: Lösen Sie die Integration des parabolischen Ansatzes durch Reihenentwicklung.

2. Berechnen Sie die thermische Spannung an den Oberflächen und in der Querschnittmitte der Platte!

3. Stellen Sie die Spannungsverteilung über den Querschnitt der Platte schematisch dar!

Aufgabe 4.8

Ein Holzbalken der Dicke d hat nach längerer Lagerungszeit in einer geschützten Halle seine Ausgleichsfeuchte erreicht (Zustand A). Nach dem Einbau in eine Fassade wird die Außenseite des Balkens im Winter durch Regen befeuchtet. Auf der Innenseite der Fassade herrsche Wohnklima. Die Außen- und Innenlufttemperaturen sind zunächst stationär (Zustand B). Während der darauf folgenden Sommerperiode trocknet der Balken wieder aus. An einem sonnigen Sommertag erhöht sich die Temperatur an der Außenoberfläche des Balkens aufgrund von Sonneneinstrahlung stark, wobei auch die Innentemperaturen ein wenig ansteigen (Zustand C).

Fragen

Zeichnen Sie in vier getrennten Diagrammen über dem Querschnitt des Balkens für die Zustände A, B und C jeweils auf:
a) die Temperaturverteilung,
b) die Feuchteverteilung,
c) die Spannungsverteilung infolge der Wärmeeinwirkungen und
d) die Spannungsverteilung infolge der Feuchteeinwirkungen!

Aufgabe 4.9

Der Wärmeschutz einer Außenwand ist mit einem außenliegenden Wärmedämmverbundsystem verbessert worden. Die Wandkonstruktion hat den Aufbau gemäß Bild A.4-8.

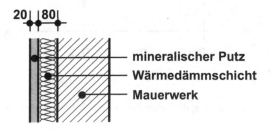

Bild A.4-8:   Schematischer Querschnitt des zu untersuchenden Wandaufbaus.

Daten

Putz	Elastizitätsmodul	$2 \cdot 10^3$ MN/m^2
	thermischer Längenänderungskoeffizient	$10 \cdot 10^{-6}$ 1/K
	Querkontraktionszahl	0,35

Wärmedämmschicht	Elastizitätsmodul	$0,8 \cdot 10^3$ MN/m^2
	thermischer Längenänderungskoeffizient	$40 \cdot 10^{-6}$ 1/K

Fragen

Welche Temperaturschwankungen dürfen höchstens auf der Oberfläche der Putz-schicht auftreten, damit keine Risse entstehen, wenn die Zugfestigkeit des Putzes 8 MN/m^2 beträgt?

Aufgabe 4.10

Gegeben sei eine allseitig freie, unendlich große, homogene Platte mit dem im Bild A.4-9 eingezeichneten Temperaturfeld. Dargestellt sind im der Verlauf der Temperatur sowie des Temperaturmomentes in dem betrachteten Bauteilquerschnitt aus Leichtbeton unter Wär-meeinwirkung.

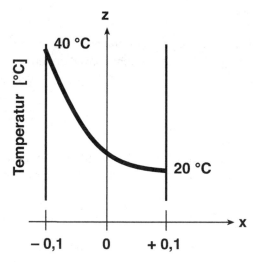

Bild A.4-9: Schematische Darstellung der Temperaturverteilung im Querschnitt einer Platte.

Daten

Leichtbeton	Elastizitätsmodul	$4 \cdot 10^3$ MN/m^2
	thermischer Längenänderungskoeffizient	$8 \cdot 10^{-6}$ 1/K
	Querkontraktionszahl	0,3

Randbedingungen

$$\theta(x) = \frac{80}{10\,x + 3} \quad [°C]$$

$\theta_m = 27{,}7 \;°C$

Fragen

1. Geben Sie die thermische Eigenspannungsfunktion $\sigma_z(x)$ des Bauteils an!

2. Berechnen Sie die Spannung an den Stellen $x = -0{,}1$ m und $x = 0$ m!

A.5 Tageslicht und Raumbeleuchtung

Verständnisfragen

1. Welcher physikalische Unterschied besteht zwischen Licht- und Schallwellen?

2. Wodurch unterscheidet sich das Tageslichtspektrum von dem der Sonnenstrahlung?
   a) Wellenlänge
   b) Kontrast
   c) Dauer
   d) Farbe
   e) Strahlungsintensität

3. Ist Infrarotstrahlung
   a) im Wellenlängenbereich des sichtbaren Lichtes enthalten,
   b) langwelliger als sichtbares Licht,
   c) kurzwelliger als sichtbares Licht?

4. Welche physikalische Eigenschaft einer Bauteiloberfläche ist maßgebend für die Farbempfindung des menschlichen Auges?
   a) Oberflächengestaltung
   b) Reflexionsgrad
   c) Oberflächentemperatur
   d) Porosität

5. Welche strahlungsphysikalische Größe bestimmt die Farbwahrnehmung?
   a) Transmissionsgrad
   b) Amplitude
   c) Wellenlänge

6. Bei welcher Wellenlänge besitzt das menschliche Auge seine maximale Empfindlichkeit?
   a) $\lambda = 333$ nm
   b) $\lambda = 10$ µm
   c) $\lambda = 555$ nm

© Springer Fachmedien Wiesbaden GmbH, ein Teil von Springer Nature 2022
K. Gertis et al., *Bauphysikalische Aufgabensammlung mit Lösungen*,
https://doi.org/10.1007/978-3-658-35586-9_5

7. Wie ist die relative Empfindlichkeit des menschlichen Auges bei der Wellenlänge von
    ca. 550 nm?
    a) tagsüber größer als nachts
    b) tagsüber kleiner als nachts
    c) gleich groß am Tag und in der Nacht

8. Welche lichttechnischen Bedingungen sind für sehr gutes Sehen erforderlich?
    a) Kontrast
    b) Verweilzeit
    c) Helligkeit
    d) Mindestgröße
    e) Mindestleuchtdichte
    f) Farbe
    g) Adaption

9. Eine Punktlichtquelle beleuchtet eine Kreisplatte der Fläche 3 m^2 gleichmäßig mit
    200 lx. Wie groß ist der auf die Fläche auftreffende Lichtstrom?
    a)   66,6 lm
    b) 600,0 lm
    c) 600,0 cd

10. Wie groß ist die Beleuchtungsstärke auf einer Fläche von 1 m^2, wenn sie unter dem
    Raumwinkel von 1 sr mit einem Lichtstrom von 1 lm beleuchtet wird?
    a) 1,0 cd
    b) 1,0 lx
    c) 1,0 lm

11. Was versteht man unter Horizontalbeleuchtungsstärke?
    a) Parallel zu einer Fläche verlaufende Lichtstrahlen,
    b) senkrecht auf eine horizontale Fläche treffender Lichtstrom,
    c) auf einer horizontalen Fläche gemessene Lichtstärke.

12. Was versteht man unter Lichtstärke?
    a) Die Beleuchtungsstärke je Flächeneinheit,
    b) den Quotienten aus dem von einer punktförmigen Lichtquelle ausgesandten Licht-
       strom und dem durchstrahlten Raumwinkel,
    c) den Quotienten aus Lichtmenge und Zeit,
    d) das Verhältnis von innerseitiger zu außenseitiger Beleuchtungsstärke.

13. Was versteht man unter Kontrast?
    a) Leuchtdichteunterschied zweier Punkte,
    b) Unterschied zwischen der Beleuchtungsstärke zweier gleich großen Flächen,
    c) Farbunterschied zweier Punkte.

14. Was beschreibt der Tageslichtquotient?
    a) tageslichttechnische Verhältnisse in einem Raum,
    b) tageslichttechnische Verhältnisse in einem Gebäude,
    c) Tageslichtdurchlässigkeit eines Fensters.

15. Wie groß soll der Mindest-Tageslichtquotient an üblichen Arbeitsplätzen sein?
    a)   1,0 %
    b) 18,0 %
    c) 20,0 %

16. Skizzieren Sie qualitativ den Verlauf des mittleren Tageslichtquotienten über der Tiefe des im Bild A.5-1 abgebildeten Raumes!

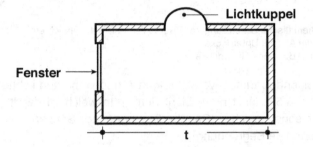

Bild A.5-1:   Schematische Darstellung des Raumes mit der Anordnung von Fenster und Oberlicht.

17. Welche Maßnahmen sind für eine Verbesserung der Tageslichtversorgung eines Raumes geeignet?
    a) Erhöhung des Strahlungsreflexionsgrades des Fensterglases,
    b) Erhöhung des Strahlungsreflexionsgrades der inneren Raumumschließungsflächen,
    c) Erhöhung des Temperaturamplitudenverhältnisses der Außenwand,
    d) Erhöhung des U-Wertes der Außenwand.

18. Was ist richtig?
    Der g-Wert von Fensterverglasungen ist im Verhältnis zum τ-Wert stets
    a) $g < \tau$
    b) $g = \tau$
    c) $g > \tau$

19. Was wird durch die Größe „Lichtstärke" gekennzeichnet?
    a) Beleuchtungsstärke im Mittelpunkt eines Raumes,
    b) Helligkeit einer weißen horizontalen Oberfläche,
    c) Helligkeit einer vertikalen Oberfläche,
    d) Maß für das abgestrahlte Licht einer Quelle.

20. Skizzieren Sie qualitativ in ein Diagramm die Verteilungen der Tageslichtquotienten in Schreibtischhöhe in den unten angegebenen Räumen A und B! Für beide Räume gelten gleiche innen- und außenseitige Randbedingungen!

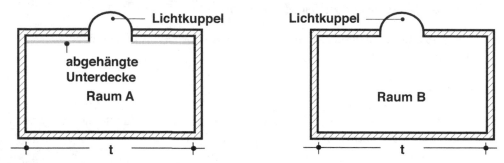

Bild A.5-2: Schematische Darstellung der Räume A und B mit Oberlichtern.
Raum A: mit Unterdecke
Raum B: ohne Unterdecke

21. Welche der folgenden Einfachverglasungen A und B mit den lichttechnischen Daten gemäß Tabelle A.5-1 lässt mehr Licht durch? In welchem damit verglasten Raum wird es unter sonst gleichen Randbedingungen bei Sonneneinstrahlung wärmer? Kurze stichwortartige Begründung!

Tabelle A.5-1: Zusammenstellung von lichttechnischen Daten der Verglasungen.

Verglasung	Reflexionsgrad	Transmissionsgrad	Absorptionsgrad
A	0,12	0,8	0,08
B	0,08	0,8	0,12

22. Die beiden unten abgebildeten Räume A und B unterliegen gleichen Randbedingungen. Skizzieren Sie in einem Diagramm die Verläufe der Tageslichtquotienten in Schreibtischhöhe über die Breite b, wenn die gesamte Lichtfläche (Gesamtfläche der Lichtkuppel) beider Räume gleich groß ist!

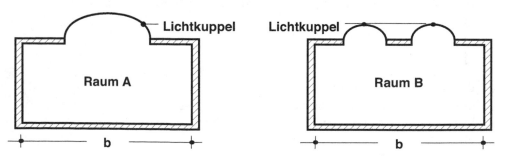

Bild A.5-3: Schematische Darstellung der Räume A und B mit Oberlichtern.

23. Skizzieren Sie qualitativ die Verläufe der Tageslichtquotienten in Schreibtischhöhe in den Schnitten A - A und B - B des Raums gemäß der schematischen Darstellung im Bild A.5-4, wenn die lichtundurchlässige Tür des Raumes geschlossen ist!

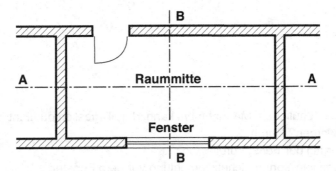

Bild A.5-4:   Schematische Darstellung des Grundrisses des zu untersuchenden Arbeitsraumes.

24. Ein Büroraum ist 14 m tief. Die Fenster sind nach Süden ausgerichtet und durch herauskragende Balkone vor direkter Sonneneinstrahlung geschützt. Welche Aussage ist richtig? Im Mittelpunkt des Raumes ist die Beleuchtungsstärke an einem sonnigen Wintertag
   a) vormittags um 8 Uhr größer als mittags um 12 Uhr,
   b) stets gleich,
   c) vormittags um 8 Uhr kleiner als mittags um 12 Uhr.

25. Die Einheit welcher lichttechnischen Kenngröße ist international als SI-Einheit festgelegt?
   a) Beleuchtungsstärke
   b) Lichtstärke
   c) Lichtstrom
   d) Tageslichtquotient

26. Welche Kenngrößen einer Verglasung beeinflussen den Tageslichtquotienten in einem Raum?
   a) Reflexionsgrad
   b) Absorptionsgrad
   c) Transmissionsgrad
   d) Gesamtenergiedurchlassgrad
   e) keine

27. Welche der folgenden Antworten ist richtig? Die Beleuchtungsstärke ist
   a) linear proportional zum Lichtstrom,
   b) quadratisch proportional zum Lichtstrom,
   c) umgekehrt proportional zum Lichtstrom,

    d) unabhängig vom Lichtstrom.

28. Bei welcher Farbe ist das menschliche Auge in der Nacht maximal empfindlich?
    a) violett
    b) blau
    c) grün
    d) gelb
    e) orange
    f) rot

29. Durch welche baulichen Maßnahmen kann der Tageslichtquotient eines Raumes verbessert werden? Durch
    a) Vergrößerung der Fensterbreite,
    b) Anbringung von Sonnenschutzvorrichtung vor dem Fenster,
    c) Südorientierung des Fensters,
    d) Anbringung eines kurzwellig reflektierenden Anstrichs auf der dem Fenster gegenüberliegenden Fassade.

30. Welche Horizontalbeleuchtungsstärke kann in Europa am Mittag eines sonnigen Tages im Monat Juli erreicht werden?
    a) $2 \cdot 10^3$ lx
    b) $10 \cdot 10^3$ lx
    c) $100 \cdot 10^3$ lx
    d) $100 \cdot 10^4$ lx

Aufgaben

Aufgabe 5.1

In einem erdgeschossigen Industriebau ist ein Büroraum entsprechend der Skizze im Bild A.5-5 vorgesehen.

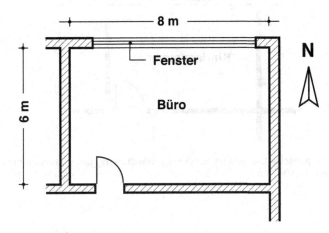

Bild A.5-5: Schematische Darstellung des Grundrisses des zu untersuchenden Büroraumes.

Daten

Fensterflächenanteil:	30 %
Raumhöhe:	3,0 m
Fensterhöhe:	1,85 m
Verbauungswinkel:	35 °

Fragen

1. Reicht die Fläche des Bürofensters für eine ausreichende Tageslichtversorgung des Raumes aus? Benutzen Sie hierzu das Datenblatt 5!

2. Tritt für einen Arbeitsplatz in Fensternähe des Büroraumes Blendung auf? Begründung! Wenn ja, welche Abhilfemaßnahmen erscheinen Ihnen geeignet?

Aufgabe 5.2

Ein Kinderzimmer, welches die im Bild A.5-6 angegebene Geometrie besitzt, soll tageslichttechnisch untersucht werden.

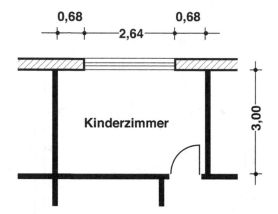

Bild A.5-6:   Schematische Darstellung der Grundrissanordnung des zu untersuchenden Kinderzimmers. (Maße in m)

Daten

| Kinderzimmer: | Höhe | 2,40 m |
| Fenster: | Höhe | 1,35 m |

Randbedingungen

| Horizontalbeleuchtungsstärke: | außen | 25000 lx |
| Verbauungsverhältnis h_V / t_V: | | 1 / 3 |

Fragen

1. Wie groß sollte der Tageslichtquotient mindestens sein, damit der Raum ausreichend mit Tageslicht versorgt wird?

2. Bestimmen Sie die Horizontalbeleuchtungstärke im Raum, wenn die Anforderung gemäß 1. erfüllt ist!

3. Reicht die Fensterbreite aus, um den Raum ausreichend mit Tageslicht zu versorgen? Benutzen Sie hierzu das Datenblatt 5!

4   Welcher Anteil der Fassade besteht aus Fensterfläche?

Aufgabe 5.3

Ein Wohnraum, in dem auch büroähnliche Schreibarbeiten ausgeführt werden, besitzt entlang seiner Breite eine Außenwand, die zu 40 % aus Fenster besteht. Die Lichtreflexion der Raumumschließungsflächen sei vernachlässigbar.

Daten

Raum:	Breite	4,0 m
	Tiefe	6,0 m
	Höhe	2,4 m
Fenster:	Höhe	1,35 m

Fragen

1. Bis zu welchem Verbauungsverhältnis kann der Raum beim gegebenen Fensterflächenanteil ausreichend mit Tageslicht versorgt werden? Benutzen Sie hierzu Datenblatt 5!

2. An einem Septembertag um 12 Uhr beträgt bei gleichmäßig bedecktem Himmel die Horizontalbeleuchtungsstärke außen 10000 lx.

   a) Wie groß ist die Horizontalbeleuchtungsstärke an einem Punkt in Raummitte, wenn dort der Mindesttageslichtquotient vorhanden ist?
   b) Reicht diese Beleuchtungsstärke zur Durchführung von Schreibarbeiten aus?

3. Nach Sonnenuntergang wird eine elektrische Punktlichtquelle (Leistung 200 W) eingeschaltet, die an der Decke in Raummitte installiert ist. Die elektrische Leistung wird mit einer Lichtausbeute von 15,8 lm/W in Licht umgesetzt, das nur in einem Raumwinkel von $0,5 \cdot \pi$ [sr] gleichmäßig senkrecht nach unten abgestrahlt wird.

   a) Welche Lichtstärke hat das abgestrahlte Licht?
   b) Wie groß ist die Beleuchtungsstärke auf der beleuchteten Horizontalfläche im Abstand von zwei Drittel der Raumhöhe unter der Lichtquelle?
      Anmerkung: Die Fläche ergibt sich aus der bekannten Definition des Raumwinkels:

$$\omega = \frac{\text{Fläche}}{(\text{Abstand})^2}$$

   c) Welche Leistung in Watt wird bei gleicher Lichtausbeute von 15,8 lm/W mindestens benötigt, damit auf der unter 3b) berechneten Fläche Schreibarbeiten bei ausreichender Beleuchtung durchgeführt werden können?

Aufgabe 5.4

Eine Feinmechanikwerkstatt besitzt entlang ihrer Breite eine Außenwand. Die übrigen Umschließungsflächen des Raumes grenzen an Nachbarräume, welche die gleiche Innenlufttemperatur haben wie die betrachtete Werkstatt selbst. Die Außenwand der Werkstatt besteht aus Mauerwerk und Fenster.

Daten

Raum:	Breite	6,0 m
	Tiefe	6,0 m
	Höhe	2,4 m
Fenster:	Höhe	1,35 m
	U-Wert	3,0 W/m²K
Luft:	spezifische Wärmekapazität	0,28 Wh/kgK
	Dichte	1,25 kg/m³

Randbedingungen

Luftwechselzahl:		0,5 h⁻¹
Lufttemperatur:	innen	20 °C
Verbauung:	Höhe	7 m
	Abstand	10 m

Wärmeübergangswiderstände gemäß Datenblatt 1.

Fragen

1. Wie groß ist der Wärmedurchgangskoeffizient der Außenwand, wenn ihr Wärmedurchlasswiderstand 0,55 m²K/W beträgt?

2. Wie groß sind die Wärmeverluste des Raumes in Abhängigkeit von der Außenlufttemperatur, wenn in Raummitte ein Tageslichtquotient von mindestens 1 % herrschen soll? Geben Sie eine allgemeine Beziehung an!

3. Welcher Tageslichtquotient wäre am Arbeitsplatz in einem derartigen Raum mittags an einem Wintertag bei bedecktem Himmel mindestens erforderlich, wenn die Horizontalbeleuchtungsstärke am Arbeitsplatz in der Raummitte 1000 lx betragen sollte und außerhalb des Raumes 3000 lx vorliegen?

4. Welche Beleuchtungsstärke ist zur Ergänzung des Tageslichtes bei Raumausführung gemäß 2. erforderlich, wenn sich der Arbeitsplatz in Raummitte befindet?

Aufgabe 5.5

Zu planen sei ein im Bild A.5-7 schematisch dargestelltes Arbeitszimmer in einem mehr-stöckigen Bürogebäude. Die Südfassade des Arbeitszimmers hat einen Fensterflächenan-teil von 25 %.

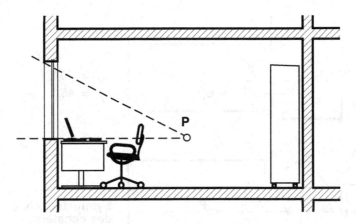

Bild A.5-7:   Schematische Darstellung des Arbeitsraumes.

Daten

Raum:	Breite	5,0 m
	Höhe	2,4 m
Fenster:	Höhe	1,35 m

Randbedingungen

10 m hohe Verbauung bezogen auf die Fenstermitte im Abstand von 14 m vor der Außen-fassade des Raumes.

Fragen

1. Welche Tiefenabmessung sollte der Raum höchstens haben, damit in der Raummit-te der Mindesttageslichtquotient gewährleistet ist?

2. Stellen Sie für Raumbreiten von 2 m, 4 m, 6 m und 8 m die notwendige Fensterbrei-te in Abhängigkeit von der Raumtiefe für den Bereich 3 m ≤ t ≤ 8 m aufgrund der Werte im Datenblatt 5 graphisch im gleichen Diagramm dar! Bestimmen Sie die maximale Raumtiefe und die dazu erforderliche Fensterbreite mittels grafischer In-terpolation bzw. Extrapolation für den zu untersuchenden Raum!

Aufgabe 5.6

Die Tageslichtverhältnisse eines Wohnraumes sollen untersucht werden. Der Raum befindet sich in einem Gebäude neben einer stark befahrenen Straße. Durch den Bau einer Lärmschutzwand vor dem Fenster entsteht die bauliche Situation gemäß Bild A.5-8.

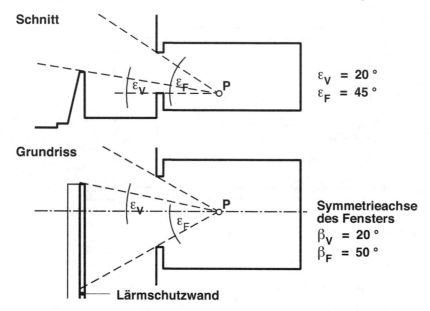

Bild A.5-8:   Schematischer Querschnitt (oben) und Grundriss (unten) eines Raumes..

Randbedingungen

Die Verschmutzung des Glases und der Einfluss von Rahmen und Konstruktionsteilen des Fensters werden nicht berücksichtigt.

Fragen

Stellen Sie mit Hilfe des Himmelslichtdiagrammes gemäß Merkblatt 8 fest, um wieviel Prozent der Tageslichtquotient durch den Bau der Lärmschutzwand kleiner wurde, wenn die Raumreflexionen vernachlässigt werden.

Aufgabe 5.7

Für den in Bild A.5-9 schematisch dargestellten Raum ist das Himmelslichtdiagramm im Mittelpunkt des Raumes gegeben, siehe Bild A.5-10. Der Reflexionsgrad der Raumbegrenzungsflächen beträgt 0,5.

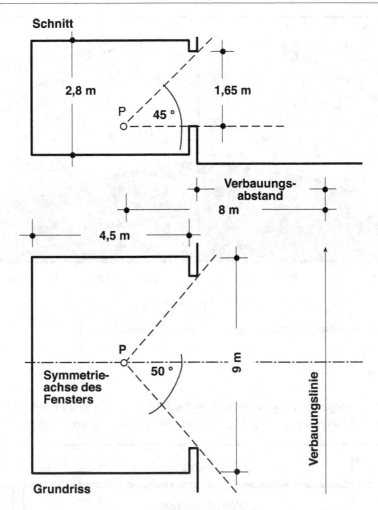

Schnitt

2,8 m

1,65 m

P   45°

Verbauungs-
abstand

8 m

4,5 m

P   50°

9 m

**Symmetrie-
achse des
Fensters**

Verbauungslinie

Grundriss

Bild A.5-9:   Schematischer Querschnitt (oben) und Grundriss (unten) eines Raumes.

Fragen

1   Zeichnen Sie die Lage der im Himmelslichtdiagramm dargestellten Verbauungen in den in Bild A.5-9 schematisch abgebildeten Schnitt und Grundriss des Raumes ein!

2.   Berechnen Sie mit Hilfe des Himmelslichtdiagrammes den Tageslichtquotienten, wenn die Raumreflexionen, die Verschmutzung des Glases, der Rahmen und die Konstruktionsteile des Fensters vernachlässigt werden!

3.   Berechnen Sie den Innenreflexionsanteil des Tageslichtquotienten im Punkt P!

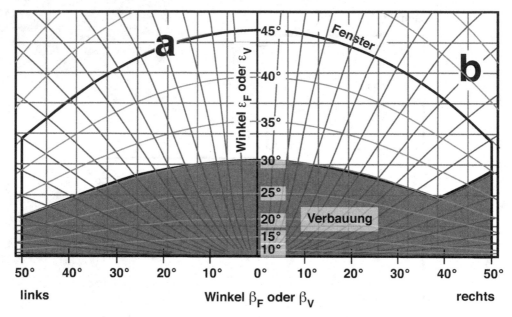

Bild A.5-10: Himmelslichtdiagramm des untersuchten Raumes (Ausschnitt).

Aufgabe 5.8

Die Tageslichtversorgung eines Hörsaales (siehe Bild A.5-11) soll im Punkt P näher untersucht werden. Die Raumhöhe beträgt 3,0 m und die Fassade ist voll verglast.

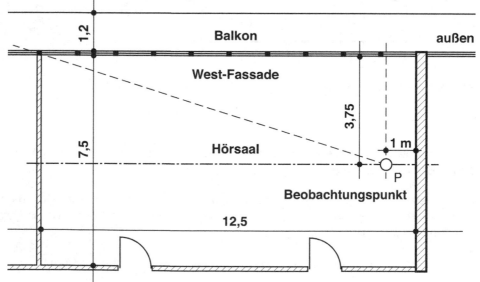

Bild A.5-11: Schematischer Grundriss des zu untersuchenden Hörsaales.

Randbedingungen

Gegenüber dem Hörsaal ist keine Bebauung vorhanden. Die Balkonplatte stellt eine Verlängerung der Decke nach außen und damit eine Verbauung dar.

Fragen

1. Welche Winkelbereiche entstehen vom Beobachtungspunkt aus zum Fenster hin in horizontaler und vertikaler Richtung? (Die Winkelbereiche rechts vom Beobachtungspunkt sind zu vernachlässigen).

2. Markieren Sie im Himmelslichtdiagramm den Himmelslichtanteil und den Außenreflexionsanteil des Tageslichtquotienten! Benutzen Sie dafür das Merkblatt 8! (Die Anteile rechts vom Beobachtungspunkt sind zu vernachlässigen).

Aufgabe 5.9

Der in Bild A.5-12 schematisch dargestellte Raum soll tageslichttechnisch untersucht werden. Vor dem Fenster befindet sich eine Pergola aus einer Stahlgitterkonstruktion als Sonnenschutzvorrichtung.

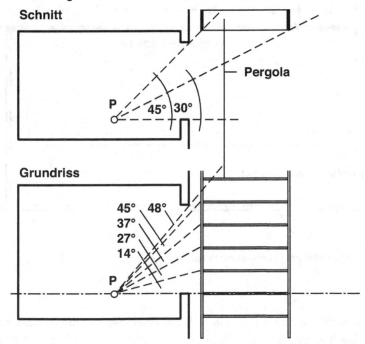

Bild A.5-12: Schematische Darstellung des Querschnitts (oben) und des Grundrisses (unten) des zu untersuchenden Raumes.

Randbedingungen

Außer der Pergola ist keine Verbauung vorhanden.

Fragen

1 Zeichnen Sie in das Himmelslichtdiagramm den Himmelslichtanteil, der sich durch das in Bild A.5-12 dargestellte Fenster für den Beobachtungspunkt P ergibt, ein! Benutzen Sie dafür das Merkblatt 8!

2. Markieren Sie die Linien, die durch die Stäbe der Pergola vom Himmelslichtanteil abgedeckt werden!

Aufgabe 5.10

Der Tageslichtquotient im Punkt P des im Bild A.5-13 dargestellten Raumes setzt sich aus dem Himmelslichtanteil $D_H = 2,5\,\%$ und dem Innenreflexionsanteil $D_R = 1,4\,\%$ zusammen, wenn zunächst in der abgebildeten Grundrissskizze links nur ein Fenster der Breite b vorhanden ist.

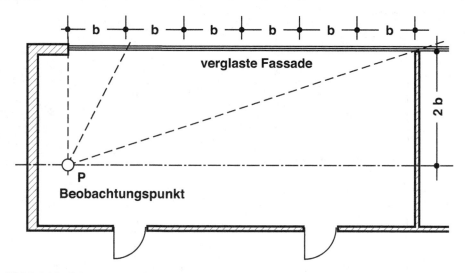

Bild A.5-13: Schematischer Grundriss eines Raumes.

Fragen

Stellen Sie in einem Diagramm dar, wie sich der Himmelslichtanteil und der Innenreflexionsanteil im Beobachtungspunkt P qualitativ ändern, wenn die Fensterbreite b vervielfacht wird!

A.6 Stadtbauphysik und Lärmbekämpfung

Verständnisfragen

1. Was ist der Unterschied zwischen „Schall" und „Lärm"?

2. Welche Bereiche von Gebäuden sind bauphysikalisch
    a) bei starker Windanströmung,
    b) bei Schwachwindzuständen
    bedeutsam? Kurze Begründung!

3. Was wird unter einer Inversionswetterlage verstanden? Wetterlage, bei der die Lufttemperatur mit zunehmender Höhe
    a) abnimmt,
    b) konstant bleibt,
    c) zunimmt.

4. Was versteht man unter "Bodeninversion"? Zunahme
    a) der Lufttemperatur mit der Höhe,
    b) der Lufttemperatur ab einer bestimmten Höhe,
    c) der Windgeschwindigkeit mit der Höhe,
    d) der Windgeschwindigkeit ab einer bestimmten Höhe über dem Boden.

5. Welche Folgen hat eine Inversionswetterlage?
    a) Die Lärmbelastung wird in größeren Entfernungen von der Schallquelle verstärkt,
    b) die Schallausbreitung erfolgt nur in kleinen Entfernungen von der Schallquelle,
    c) der Abtransport von emittierten Luftschadstoffen wird verhindert,
    d) die Ausbreitung von Abgasen wird in größeren Entfernungen von der Emissionsquelle begünstigt, weil die Windgeschwindigkeit ansteigt.

6. Welche Maßnahmen führen im Sommer in einer Stadt zur Absenkung der Außenlufttemperatur?
    a) dunkle Verglasungen
    b) dunkle Straßenbeläge
    c) helle Wandoberflächen
    d) begrünte Dächer und Fassaden
    e) Springbrunnen
    f) verglaste Innenhöfe
    g) Wasserbecken

© Springer Fachmedien Wiesbaden GmbH, ein Teil von Springer Nature 2022
K. Gertis et al., *Bauphysikalische Aufgabensammlung mit Lösungen*,
https://doi.org/10.1007/978-3-658-35586-9_6

7. Welche bauphysikalischen Maßnahmen müssen beim Bauen in warmen Gebieten mit stark alternierenden Klimabedingungen (Tag-Nacht-Wechsel) getroffen werden?
    a) Wärmedämmung
    b) Sonnenschutz
    c) Regenschutz
    d) Wärmespeicherung
    e) Lüftung

8. Welche der folgenden bauphysikalischen Entwurfsprinzipien sind für ein Gebäude im tropisch-feuchtwarmen Klima unbedingt zu beachten?
    a) Wärmedämmung
    b) Sonnenschutz
    c) Lüftung
    d) Regenschutz
    e) Wärmespeicherung
    f) Feuchteschutz

9. Welche der folgenden Situationen führt zur Erhöhung der Windgeschwindigkeit in bebauten Gebieten?
    a) Geschlossene Häuserreihen quer zur Windrichtung,
    b) parallel zur Windrichtung angeordnete Häuserzeilen,
    c) Lücken in versetzten Häuserzeilen, die parallel zur Windrichtung angeordnet sind,
    d) lockere Hochhausbebauung.

10. Führt die Begrünung eines Flachdaches im Sommer zur
    a) Erhöhung,
    b) Absenkung
    der Dachaußenoberflächentemperatur?

11. Ist die reflektierte kurzwellige Strahlung in einem bebauten Stadtgebiet
    a) proportional der kurzwelligen Sonneneinstrahlung und dem Absorptionsvermögen der bestrahlten Flächen,
    b) proportional der kurzwelligen Sonneneinstrahlung und umgekehrt proportional dem Absorptionsvermögen der bestrahlten Flächen,
    c) proportional der kurzwelligen Sonneneinstrahlung und der Albedo der Flächen?

12. Welche Schadstoffkonzentration in der Luft hat seit Anfang der 70er Jahre in Ballungsgebieten zugenommen, welche abgenommen?
    a) CO_2
    b) SO_2
    c) NO_2
    d) O_3
    e) FCKW

13. Wie groß ist der Gesamtlärmpegel von zehn gleichzeitig vorbeifahrenden, gleichen Fahrzeugen, wenn bei der Vorbeifahrt von jeweils einem Fahrzeug ein Schalldruckpegel von 80 dB gemessen wird?
    a) 80 dB
    b) 88 dB
    c) 90 dB

14. Welche der drei im Bild A.6-1 abgebildeten Straßenlärm-Situationen (A, B, oder C) gibt das Schallfeld hinter dem Schallschirm richtig wieder, wenn die straßenzugewandte Oberfläche des Schirms schallabsorbierend bekleidet ist?

A)   B)   C)

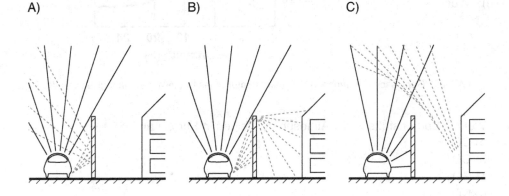

Bild A.6-1: Schematische Darstellung von drei Straßenlärmsituationen mit Angabe der Lärmquelle, der Lärmschutzwand und des Immissionsortes.

15. Eine hohe Gebäudezeile mit Flachdach ohne Dachvorsprung steht quer zur Windrichtung. Welcher Druck entsteht infolge der Anströmung auf der dem Wind zugewandten Fassade des Bauwerks?
    a) Auf der gesamten Fassadenhöhe herrscht ein Überdruck,
    b) auf der gesamten Fassadenhöhe herrscht ein Unterdruck,
    c) im mittleren Bereich der Fassade herrscht ein Überdruck, im oberen und im unteren ein Unterdruck,
    d) im mittleren Bereich der Fassade herrscht ein Unterdruck, im oberen und im unteren ein Überdruck.

16. Wie verhält sich die örtliche Luftgeschwindigkeit in Lücken und anderen offenen Zonen von bebauten Gebieten im Verhältnis zu der natürlichen Windgeschwindigkeit?
    a) Sie ist immer niedriger als die Windgeschwindigkeit in unbebauten Gebieten,
    b) sie kann die natürliche Windgeschwindigkeit um das 3-fache überschreiten,
    c) sie kann die natürliche Windgeschwindigkeit um das 0,3-fache unterschreiten.

17. Welche Orientierung hat das Bauteil, auf deren Außenoberfläche der im Bild A.6-2 dargestellte Temperaturtagesgang im Sommer gemessen wurde?

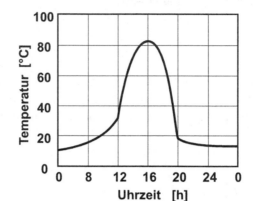

a) Horizontal

b) Nord

c) Ost

d) Süd

e) West

Bild A.6-2: Gemessene Außenoberflächentemperatur eines Bauteils in Abhängigkeit von der Tageszeit.

18. Welche Spurenstoffe in der Atmosphäre steigen in Europa an?
    a) CO_2
    b) CO
    c) SO_2
    d) NO_2
    e) O_3
    f) FCKW

19. Welche bauphysikalischen Maßnahmen sind in trocken-warmen Klimagebieten erforderlich?
    a) Speichernde Bauteile
    b) extrem leichte Bauteile
    c) große Lüftungsquerschnitte nach außen
    d) kleine Lüftungsquerschnitte nach außen

20. Welche Anordnung von Gebäuden am Stadtrand führt zum besseren Luftaustausch im Stadtgebiet?
    a) Geschlossene Gebäudezeilen quer zur Strömungsrichtung,
    b) nicht geschlossene Gebäudezeilen quer zur Strömungsrichtung,
    c) gegeneinander versetzte Gebäudezeilen quer zur Strömungsrichtung,
    d) Gebäudezeilen parallel zur Strömungsrichtung,
    e) lockere Bebauung.

Aufgaben

Aufgabe 6.1

Ein Krankenhaus befindet sich entsprechend der schematischen Darstellung im Bild A.6–3 nahe einer stark befahrenen Straße. Die der Straße zugewandten Außenfassaden der Krankenzimmer bestehen aus Mauerwerk und Fensterflächen. Die Räume sind alle gleich groß und haben die gleiche Ausstattung.

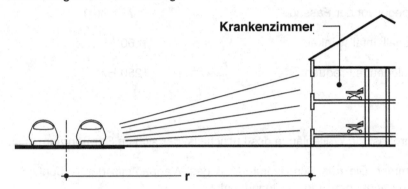

Krankenzimmer

Bild A.6-3:   Schematische Darstellung der zu untersuchenden Lärmsituation.

Daten

Krankenzimmer:	Länge	4,0 m
	Tiefe	3,2 m
	Höhe	2,5 m
	Nachhallzeit	0,5 s
Außenfassade:	Länge	4,0 m
	Höhe	2,5 m
	Schalldämm-Maß	45 dB
Mauerwerk:	Dicke	12 cm
	Rohdichte	1000 kg/m^3
Fenster:	Schalldämm-Maß	40 dB
Luft:	Dichte	1,25 kg/m^3
	Adiabatenexponent	1,4
	Gaskonstante	290 J/kgK

Randbedingungen

Lufttemperatur:	außen	22 °C
Verkehrsstärke:		2000 Kfz/h
Höhe der Lärmquellen:		0,5 m
Lärmpegel eines Fahrzeugs: (in 25 m Entfernung von der Fahrbahnmitte)		48 dB(A)
Mittelungspegel vor der Fassade:		77 dB(A)
mittlerer Schalleinfallswinkel:		60 °
zugrundezulegende Frequenz:		1250 Hz

Fragen

1. Wie groß ist die Wellenlänge des Luftschalls, der sich im Straßenraum ausbreitet?

2. Bestimmen Sie das Schalldämm-Maß des Wandanteils der Außenfassade unter den vorgegebenen Randbedingungen!

3. Ermitteln Sie den Fensterflächenanteil der Außenfassade!

4. Welcher Schallpegel stellt sich in den der Straße zugewandten Krankenzimmern ein?

5. Ermitteln Sie den Abstand zwischen der Straße (Mitte) und dem Krankenhaus!

6. In 10 m Entfernung von der Straßen-Mittelachse soll eine 2,5 m hohe Lärmschutzwand aufgestellt werden. Welche Lärmpegelminderung ist vor einem Fenster des Krankenhauses in 5,5 m Höhe zu erwarten?

Aufgabe 6.2

Durch ein Kurgebiet führt eine lange gerade Straße. Infolge einer Änderung der Verkehrsführung hat sich die Anzahl der vorbeifahrenden Fahrzeuge vor dem Sanatorium um das 15-fache erhöht. Die so entstandene Lärmpegelerhöhung soll entsprechend der im Bild A.6-4 skizzierten Lärmsituation durch Aufstellung einer Lärmschutzwand kompensiert werden. Die effektiven Schirmhöhen und die dazugehörigen Beugungswinkel für die einzelnen Immissionsorte sind in der Tabelle A.6-1 angegeben.

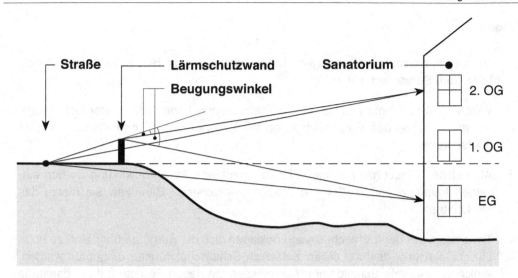

Bild A.6-4:   Schematische Darstellung der zu untersuchenden Lärmsituation.

Daten

Fassade:	Fensterflächenanteil	50 %
Außenwand:	bewertetes Schalldämm-Maß	59 dB
Luft:	Adiabatenexponent	1,4
	Gaskonstante	290 J/kgK

Randbedingungen

Lufttemperatur:	außen	25 °C

Tabelle A.6-1:   Zusammenstellung von Kenngrößen der Lärmschutzwand für zwei verschiedene
Immissionsorte

Immissionsort	effektive Schirmhöhe	Beugungswinkel
EG	2,5 m	30°
2. OG	1,0 m	10°

Fragen

1. Mit welcher Schallgeschwindigkeit breitet sich der von der Straße ausgehende Lärm zum Sanatorium hin aus?

2. Welches Abschirmmaß muss die Lärmschutzwand haben, damit der Schallpegel vor der Fassade des Sanatoriums den Wert des ursprünglichen Zustandes nicht überschreitet?

3. Ab welchen Frequenzen ist die unter 2. berechnete Abschirmwirkung an den einzelnen Immissionsorten (EG und 2. OG) ausreichend? Benutzen Sie hierzu das Merkblatt 9!

4. Trotz des Baus der Lärmschutzwand beklagen sich die Kurgäste über eine zu hohe Lärmbelästigung; deshalb sollen zusätzlich Schallschutzfenster eingebaut werden. Welches bewertete Schalldämm-Maß müssen die neuen Fenster haben, damit die Außenfassade der Gästezimmer ein resultierendes bewertetes Schalldämm-Maß von 45 dB erreicht?

Aufgabe 6.3

Neben einer Autobahn soll ein Bürogebäude errichtet werden. Die Außenwand der Büros ist 250 m von der Autobahn entfernt. Zur Verbesserung der Schalldämmung der Autobahn zugewandten Außenwand soll entsprechend dem im Bild A.6-5 schematisch dargestellten Wandaufbau eine Vorsatzschale angebracht werden. Die Fenster der Büroräume liegen auf der straßenabgewandten Seite des Gebäudes.

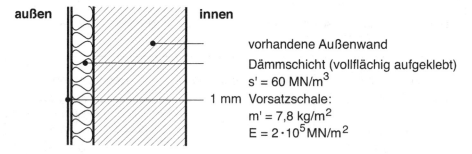

vorhandene Außenwand

Dämmschicht (vollflächig aufgeklebt)
$s' = 60$ MN/m^3

1 mm Vorsatzschale:
$m' = 7,8$ kg/m^2
$E = 2 \cdot 10^5$ MN/m^2

Bild A.6-5: Schematische Darstellung des Wandaufbaus nach der Verbesserungsmaßnahme.

Daten

Raum:	Länge	6,0 m
	Breite	4,5 m
	Höhe	3,0 m
(möbliert)	Nachhallzeit	0,6 s

Außenwand (pro Raum):	Länge	6,0 m

Fragen

1. Wie hoch ist der Mittelungspegel vor der Fassade des Bürogebäudes, wenn in 25 m Entfernung von der Autobahn ein Lärmpegel von 85 dB(A) gemessen wird?

2. Wie hoch muss die Schalldämmung der Außenwand sein, wenn in den Büros bei 1000 Hz ein Geräuschpegel von 30 dB nicht überschritten werden darf?

3. Es ist zu prüfen, ob die geplante Konstruktion zur Verbesserung der Schalldämmung bei tiefen Frequenzen geeignet ist.

4. Bestimmen Sie die Koinzidenzgrenzfrequenz der Vorsatzschale und beurteilen Sie ihre bauakustische Qualität!

5. Skizzieren Sie den qualitativen Verlauf der zu erwartenden Schalldämmung der Außenwand in Abhängigkeit von der Frequenz! Markieren Sie die charakteristischen Frequenzen!

Aufgabe 6.4

Durch ein Wohngebiet führt eine lange gerade und stark befahrene Straße. Die nahe der Straße wohnenden Menschen fühlen sich durch den Straßenlärm belästigt und müssen dagegen geschützt werden.

Daten

Luft:	Adiabatenexponent	1,4
	Gaskonstante	290 J/kgK

Entfernung zwischen Straße und Bebauung:	40 m

Fläche der Außenfassade der Bebauung:	100 m^2

Randbedingungen

Lufttemperatur:	außen	22 °C
Anzahl der vorbeifahrenden Kraftfahrzeuge:		700 Kfz/h
Mittelungspegel eines Kfz in 25 m Entfernung von der Straße:		50 dB(A)

Fragen

1. Nennen Sie mindestens fünf mögliche bauliche Maßnahmen, die zur Reduzierung des Lärmpegels in oder um die Wohngebäude führen!

2. Mit welcher Geschwindigkeit breitet sich der von der Straße ausgehende Schall aus?

3. Wie groß ist der Mittelungspegel vor der Wohnbebauung?

4. In den Wohnräumen wird bei 1000 Hz ein Schallpegel von 35 dB(A) gemessen. Wie groß ist das Schalldämm-Maß der der Straße zugewandten Fassade dieser Räume, wenn die äquivalente Schallabsorptionsfläche hinter der Fassade im Mittel 30 m² beträgt?

5. Die Außenfassade der Räume besteht zu 40 % aus Fensterflächen. Wie groß ist das Schalldämm-Maß der Fenster, wenn der Wandanteil ein Schalldämm-Maß von 50 dB besitzt?

Aufgabe 6.5

Ein Haus befindet sich am Rand einer stark befahrenen, geradlinig verlaufenden Straße. Der Schlafraum des Hauses liegt auf der Straßenseite. Die der Straße zugewandte Fassade des Raumes besteht aus Wand und 30 % Fensterflächenanteil. Der Abstand zwischen der Straße und dem Haus beträgt 10 m. Die Schallausbreitung zum Haus hin erfolgt ungehindert.

Daten

Fassade:	Länge	3,6 m
	Höhe	2,5 m
Wand:	Schalldämm-Maß	40 dB
Fenster (geschlossen):	Schalldämm-Maß	30 dB
Raum:	äquivalente Schallabsorptionsfläche	6,0 m²

Randbedingungen

zugrundezulegende Frequenz: 1000 Hz

Fragen

1. Wie groß ist das Schalldämm-Maß der Fassade des Schlafraumes?

2. Bestimmen Sie den Mittelungspegel vor der Fassade, wenn pro Stunde 600 Autos die Straße passieren und der Mittelungspegel eines Fahrzeuges je Stunde in 25 m Entfernung von der Straße 38 dB(A) beträgt!

3. Welcher Schallpegel herrscht unter den gegebenen Bedingungen im Raum?

4. Der gemäß 3. im Raum herrschende Schallpegel soll reduziert werden. Welche schalltechnischen Maßnahmen wären denkbar, um dieses Ziel zu erreichen? Nennen Sie mindestens drei verschiedene Maßnahmen!

5. Wieviel zusätzliche äquivalente Schallabsorptionsfläche müsste in den Raum eingebracht werden, damit der Schallpegel dort 35 dB(A) nicht überschreitet?

Aufgabe 6.6

Im Zuge des Neubaus einer Bundesstraße wird eine Talbrücke gemäß Bild A.6-6 gebaut. In der Umgebung der Brücke soll vor der Fassade eines Gebäudes die zu erwartende Lärmbelastung vorausberechnet werden. Die der Brücke zugewandte Außenfassade des Gebäudes besteht aus Mauerwerk.

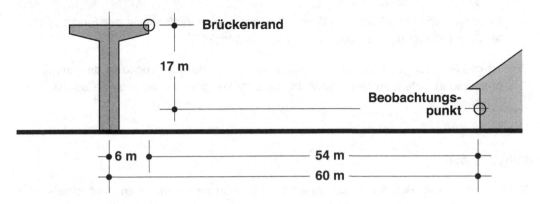

Bild A.6-6: Schematische Darstellung der Lärmsituation mit der Brücke.

Daten

Mauerwerk:	Dicke	12 cm
	Rohdichte	2000 kg/m³

Luft:	Dichte	1,25 kg/m³
	Adiabatenexponent	1,4
	Gaskonstante	290 J/kgK

Randbedingungen

Lufttemperatur:	außen	20 °C

Verkehrsstärke:		4000 Kfz/h

Lärmpegel eines Fahrzeugs (gemessen am Fahrbahnrand,
in 6 m Entfernung von der Fahrbahnmitte):   48 dB

Abschirmung durch die Fahrbahnplatte: 10 dB

zugrundezulegende Frequenz: 250 Hz

Fragen

1. Wie groß ist die Wellenlänge des von der Brücke ausgehenden Luftschalls?

2. Unter welchem Winkel trifft der Schall am Beobachtungspunkt auf?

3. Welcher Schallpegel stellt sich vor der Fassade im Beobachtungspunkt ein?

4. Bestimmen Sie das Luftschalldämm-Maß des Mauerwerksanteils der Fassade unter Zugrundelegung des Schalleinfallswinkels gemäß 2!

5. Ist die Schallpegelminderung durch die Abschirmung der Brücke in den Immissionspunkten unterhalb des Beobachtungspunktes größer oder kleiner als 10 dB? Begründung!

Aufgabe 6.7

Gegeben ist die im Bild A.6-7 skizzierte Lärmsituation an einem Strand, wo eine starke Brandung auftritt, die als Linienschallquelle betrachtet werden kann. An der Küste liegt eine Feriensiedlung, die durch eine Schallschutzwand (Steinmauer mit Holztüren) abgeschirmt ist.

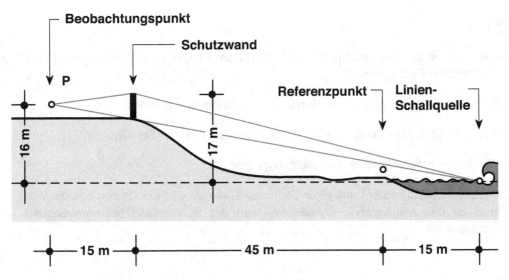

Bild A.6-7: Schematische Darstellung der Lärmsituation an einem Strand.

Daten

Holztür:	Rohdichte	800 kg/m³
	Dicke	24 mm
Steinmauer:	Rohdichte	1600 kg/m³
	Dicke	120 mm
Schutzwand:	Abschirmmaß	12 dB
Luft (feucht):	Adiabatenexponent	1,4
	Gaskonstante	376 J/kgK
	Dichte	1,2 kg/m³
Mittelungspegel:	Referenzpunkt	70 dB

Randbedingungen

zugrundezulegende Frequenz:	500 Hz
Lufttemperatur:	28 °C

Fragen

1. Wie groß ist die Wellenlänge des Luftschalls am Strand unter den vorgegebenen klimatischen Bedingungen?

2. Ermitteln Sie für die gegebene Lärmsituation den Beugungswinkel!

3. Wie groß ist der Mittelungspegel in 60 m Entfernung von der Schallquelle?

4. Welcher Schalldruck tritt im Beobachtungspunkt auf?

5. Die Schutzwand besteht aus einer Steinmauer, die zu 40 % Holztüren besitzt. Wie groß ist das resultierende Schalldämm-Maß der Schutzwand bei senkrechtem Schalleinfall?

Aufgabe 6.8

Neben einer Autobahn befindet sich gemäß Bild A.6-8 ein fensterloses Museumsgebäude. Die dem Straßenverkehrslärm ausgesetzte Außenwand besteht aus Mauerwerk, das Gebäudedach aus Glas. Der unten schematisch dargestellte Ausstellungsraum in diesem Gebäude ist schalltechnisch zu untersuchen.

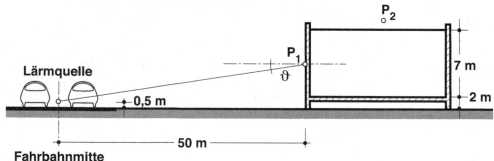

Bild A.6-8: Schematische Darstellung der Lärmsituation an einer Autobahn..

Daten

Ausstellungsraum:	Länge	35 m
	Breite	21 m
	Nachhallzeit (ohne Personen)	1,2 s
Außenwand:	Dicke	24 cm
	Rohdichte	1000 kg/m^2

Glasdach:	Schalldämm-Maß	38 dB
Luft:	Adiabatenexponent	1,4
	Dichte	1,25 kg/m^3
	Gaskonstante	290 J/kgK

Randbedingungen

Lufttemperatur	0 °C
Verkehrsstärke:	4000 Kfz/h
Lärmpegel eines Fahrzeuges (in 25 m Entfernung von der Fahrbahnmitte)	45 dB
zugrundezulegende Frequenz	500 Hz

Fragen

1. Berechnen Sie den Mittelungspegel im Punkt P_1 vor der Fassade!

2. Wie groß ist die Schalldämmung der Außenwand? Als mittlerer Schalleinfallswinkel ist der Winkel zwischen der Flächennormale der Außenwand und dem Schallstrahl gemäß Bild A.6-8 zugrunde zu legen!

3. Der Mittelungspegel im Punkt P_2 auf dem Glasdach ist um 5 dB kleiner als der im Punkt P1. Welcher Schalldruckpegel herrscht im Ausstellungsraum, wenn der Straßenverkehrslärm sowohl durch die Außenwand als auch durch das Glasdach in den Raum eindringt?

4. Wie ändert sich die Nachhallzeit im Ausstellungsraum, wenn sich dort 60 Personen befinden, die jeweils eine äquivalente Schallabsorptionsfläche von 0,9 m^2 darstellen?

5. Um wieviel dB ändert sich der Schallpegel im Ausstellungsraum gemäß 4. im Vergleich zu dem Zustand ohne Personen?

Aufgabe 6.9

Gegeben ist die im Bild A.6-9 skizzierte Straßenlärmsituation mit einer dünnen zweischaligen Lärmschutzwand aus Holz mit lose eingelegten Mineralfasermatten im Hohlraum.

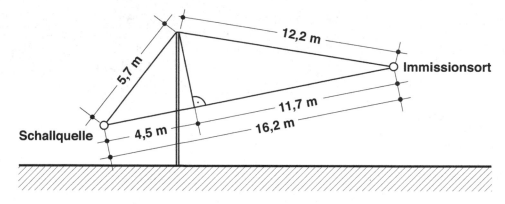

Bild A.6-9: Schematische Darstellung der zu untersuchenden Lärmschutzwand.

Daten

Holzverschalung:

Rohdichte	800 kg/m^3
Dicke	24 mm
Schalenabstand	40 mm

Luft:

Adiabatenexponent	1,4
Dichte	1,25 kg/m^3
Gaskonstante	290 J/kgK

Randbedingungen

zugrundezulegende Frequenz: 500 Hz

Lufttemperatur: 20 °C

senkrechter Schalleinfall

Fragen

1. Wie groß ist die Wellenlänge des Luftschalls, der sich im Straßenraum ausbreitet?

2. Ermitteln Sie die effektive Höhe der Lärmschutzwand und den Beugungswinkel für die gegebenen Randbedingungen gemäß der Skizze im Bild A.6-9!

3. Wie groß ist das Abschirmmaß der Lärmschutzwand? Um wieviel dB nimmt der Lärmpegel in einem 200 m entfernten Punkt ab, wenn die effektive Höhe und das Abschirmmaß der Lärmschutzwand gleich bleiben?

4. Bestimmen Sie die Resonanzfrequenz der Lärmschutzwand!

Aufgabe 6.10

Eine „dünne" Lärmschutzwand mit dem Aufbau gemäß Bild A.6-10 ist schalltechnisch zu untersuchen.

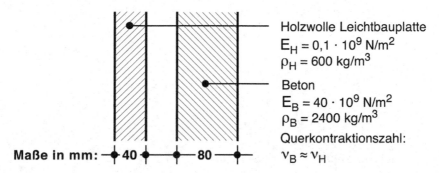

Holzwolle Leichtbauplatte
$E_H = 0,1 \cdot 10^9$ N/m^2
$\rho_H = 600$ kg/m^3

Beton
$E_B = 40 \cdot 10^9$ N/m^2
$\rho_B = 2400$ kg/m^3

Querkontraktionszahl:
$\nu_B \approx \nu_H$

Maße in mm: 40 — 80

Bild A.6-10: Schematische Darstellung der zu untersuchenden Lärmschutzwand.

Randbedingungen

Schallgeschwindigkeit in der Luft:		343 m/s
effektive Schirmhöhe:		1,7 m
Entfernungen:	Lärmquelle – Lärmschutzwand	5 m
	Lärmquelle – Empfangsort	15 m

Fragen

1. In welchem Verhältnis stehen die Biegewellenlängen der beiden Wandschalen zueinander?

2. Um wieviel dB unterscheiden sich die Luftschalldämm-Maße der beiden Wandschalen, wenn außer den flächenbezogenen Massen die übrigen Parameter der Wandschalen gleich sind?

3. Wie groß ist das Abschirmmaß der Lärmschutzwand bei 2000 Hz, wenn sich die Lärmquelle und der Empfangsort in der gleichen Höhe befinden?

4. Bei der Resonanzfrequenz der Konstruktion wird ein Schalldämm-Maß von 8 dB gemessen. Wieviel Prozent der auftretenden Schallenergie wird durch das Bauteil durchgelassen?

Teil B

Antworten und Lösungen

B.1 Wärmeschutz und Energieeinsparung

Antworten zu den Verständnisfragen

1. A d)
    B a)
    C b)
    D c)

2. Weil
    a) zwischen der Wandoberfläche und der Raumluft ein Wärmeübergangswiderstand vorliegt.

3. Strömung in gasförmigen und flüssigen Medien infolge von
    a) Temperaturunterschieden,
    b) Dichteunterschieden.

4. Strömung in gasförmigen und flüssigen Medien infolge von
    c) Druckunterschieden.

5. c) sowohl über Konvektion als auch durch Strahlung

6. c) bei Sturm, tagsüber

7. c) durch Strahlung, Konvektion, Wärmeleitung

8. b) 10^2

9. c) von der Rohdichte des Materials

10. A a)
    B c)
    C b)

11. b) Bauteilkenngröße

12. e) keiner der genannten

13. a) $\theta_{si,1} = \theta_{si,2}$
    b) $U_1 = U_2$
    c) $R_1 = R_2$

© Springer Fachmedien Wiesbaden GmbH, ein Teil von Springer Nature 2022
K. Gertis et al., *Bauphysikalische Aufgabensammlung mit Lösungen*,
https://doi.org/10.1007/978-3-658-35586-9_7

14.

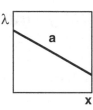

Bild B.1-1: Schematisch dargestellter Verlauf der Wärmeleitfähigkeit $(\lambda = f(x))$ im Querschnitt des untersuchten Bauteils.

15. b) $U_{eq} = U - g \cdot S_F$, berücksichtigt die solaren Energiegewinne durch das Fenster.

16. b) gleich

17. a) Temperatur

18. c) $\theta_{s1} > \theta_{s2}$

19. c) proportional der 4. Potenz der absoluten Temperatur

20. a) Die emittierte Strahlung eines schwarzen Körpers ist der 4. Potenz seiner absoluten Temperatur proportional.

21. Treibhauseffekt: Die durch die Glasfläche in den Raum eingedrungene Sonnenstrahlung (kurzwellige) wird von den Raumumschließungsflächen absorbiert. Diese absorbierte Strahlung wird von den Umschließungsflächen langwellig in den Raum abgestrahlt. Da die Glasflächen für die langwellige Strahlung fast undurchlässig sind, erfolgt eine Aufheizung des Raumes.
a) Wenn das Fenster die langwellige Strahlung nicht durchlässt.

22. b)

23. Von
a) den Temperaturen der Oberflächen,
b) den langwelligen Emissionszahlen der Oberflächen.

24. Die Lichtdurchlässigkeiten von A und B sind gleich, da $\tau_A = \tau_B$, und sie lassen mehr Licht als C durch.

25. Im Raum mit Verglasung B wird es wärmer, da $\tau_A = \tau_B > \tau_C$ und $\alpha_B > \alpha_A > \alpha_C$ sind. Dadurch wird die Erwärmung der Verglasung B und folglich die langwellige Abstrahlung in dem Raum größer.

26. c) bei streifender Strahlung

27.

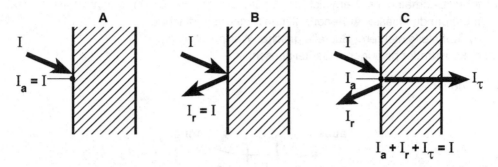

Bild B.1-2: Schematische Darstellung der transmittierten, reflektierten und absorbierten Anteile der Strahlung bei Bauteilen A, B und C.

28. Der Schnee ist
a) kurzwellig weiß,
d) langwellig schwarz.

29. a) Die weiße Farbe ist (im langwelligen Strahlungsbereich) schwärzer als die rote Farbe.

30. Strahlungseigenschaften gemäß Tabelle B.1-1

Tabelle B.1-1: Zusammenstellung der strahlungstechnischen Eigenschaften idealisierter Strahler.

Strahler	ρ [-]	α [-]	τ [-]
a) ideal schwarz	0	1	0
b) ideal weiß	1	0	0
c) grau (nicht transparent)	$0 < \rho < 1$	$0 < \alpha < 1$	0
d) ideales Glas	0	0	1

31. a) Die schwarz gestrichene Südwand im Winter,
b) die weiß gestrichene Südwand im Sommer.

32. b) im Sommer bei direkter Sonneneinstrahlung
c) im Sommer während der Nacht
d) im Winter bei direkter Sonneneinstrahlung

33. c) sowohl die kurzwellige Sonneneinstrahlung als auch die langwellige Gegenstrahlung der Atmosphäre

34. Geometrische Wärmebrücke: z.B. zwei- oder dreidimensionale Ecke, die aufgrund ihrer Geometrie im Vergleich zu benachbarten Bereichen einen größeren Wärmestrom durchlässt (Außenoberfläche > Innenoberfläche).
a) Stoßstelle mehrerer Bauteile gleicher Wärmeleitfähigkeit
c) kreisrunder homogener Bauteilausschnitt

35. a) höher

36.

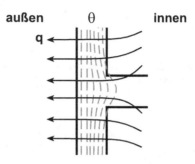

Bild B.1-3: Schematische Darstellung der Isothermen und der Adiabaten des Wandanschlusses unter Winterverhältnissen.

37.

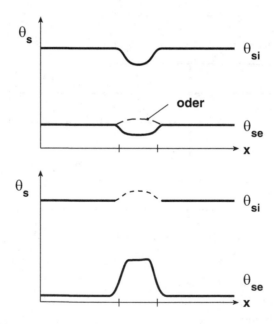

Bild B.1-4: Schematische Darstellung der Innen- und Außenoberflächentemperaturen an einem sonnigen Wintertag.

Oben: Wärmebrückenbereich hell, Gefachbereich dunkel,
Unten: Wärmebrückenbereich dunkel, Gefachbereich hell.

38. c) die Wärmedurchgangskoeffizienten

39. c) Wärmedurchlasswiderstand der Innenschale

40. Weil
    c) sich die Kellerdecke in der Nacht weniger abkühlt als andere Bauteile.

41. beste: d)   schlechteste: b)

42. b

43.

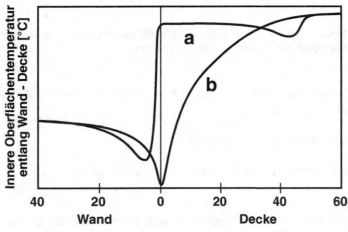

Bild B.1-5:   Schematische Darstellung der Innenoberflächentemperaturen entlang der Wand und der Decke in Abhängigkeit vom Abstand der Wand-Deckenkante.

44.

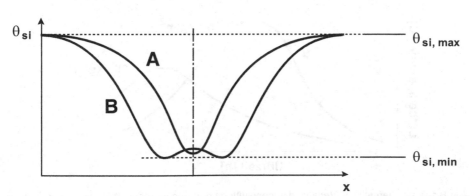

Bild B.1-6:   Schematische Darstellung der Innenoberflächentemperaturen entlang der Wand in Abhängigkeit vom Abstand von der Symmetrieachse.

45.

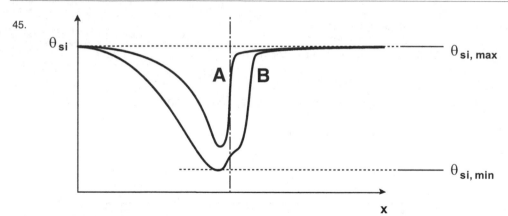

Bild B.1-7: Schematische Darstellung der Innenoberflächentemperaturen entlang der Wand in Abhängigkeit vom Abstand von der Markierung.

46. Weil

a) die Temperaturdifferenz zum Erdreich im Mittel um 50 % niedriger ist als zur Außenluft.

47. c) Fenster (Transmission und Lüftung)

48. a) mehr, da $Q = \rho \cdot V \cdot c_p \cdot \Delta\theta$ [kJ] $\rho_B = 2400$ kg/m³; $\rho_H = 600$ kg/m³

$c_{pB} = 1,0$ kJ/kgK; $c_{pH} = 2,1$ kJ/kgK

49. a) die zur Verdunstung von Wasser benötigte Wärme, die der Umgebung entzogen wird.

50. b) Baustoffgröße

51.

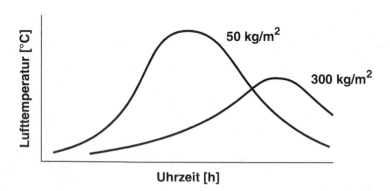

Bild B.1-8: Schematische Verläufe der Innenlufttemperaturen in Abhängigkeit von der Zeit bei zwei gleichen Räumen mit unterschiedlichen Flächengewichten der Außenwände.

52. $\Sigma \Phi = 0 = \Phi_{Sonne} + \Phi_{Heizung} + \Phi_{Licht} + \Phi_{Mensch} - \Phi_{Wand} - \Phi_{Fenster} - \Phi_{Lüftung}$

53. Die Temperatur, die
    b) den Einfluss der vom Bauteil kurzwellig absorbierten Strahlung berücksichtigt.

54. b) von instationären Wärmetransportvorgängen

55. b) das Verhältnis zwischen den Temperaturamplituden an der Innen- und Außen-oberfläche eines Bauteils

56. A: Normalbeton mit Außendämmung

57. a) 20 cm Normalbeton

58. d) während eines klaren Wintertages

59. c) Westwand, sie wird von höchster Sonneneinstrahlung nachmittags bei höchster Außenlufttemperatur bestrahlt (im Gegensatz zu gleich hoher Sonneneinstrahlung auf Ostwand vormittags bei niedrigerer Außenlufttemperatur).

60. c) Reduzierung des Luftwechsels tagsüber
    e) Wahl schwerer Innenbauteile

Lösungen zu den Aufgaben

Lösung 1.1

1. Der mittlere Wärmedurchgangskoeffizient ergibt sich aus der flächenmäßigen Mittelung der U-Werte einzelner Bauteile.

$$U_m = \frac{U_W \cdot A_W + U_F \cdot A_F + F_D \cdot U_D \cdot A_D + F_B \cdot U_B \cdot A_B}{A} \quad [W/m^2K]$$

Mit

$$U_W = \left(0,13 + \frac{0,015}{0,7} + \frac{0,24}{0,9} + \frac{0,05}{0,04} + 0,08\right)^{-1} = 0,57 \; W/m^2K$$

$$U_D = \left(0,10 + \frac{0,015}{0,7} + \frac{0,15}{2,1} + \frac{0,08}{0,04} + 0,04\right)^{-1} = 0,45 \; W/m^2K$$

$$U_B = \left(0,17 + 0,12 + \frac{0,05}{2,0} + \frac{0,08}{0,04} + 0\right)^{-1} = 0,43 \; W/m^2K$$

und den Flächen der einzelnen Bauteile

$$A_{W+F} = 2 \cdot (10 + 8) \cdot 3 = 108 \, m^2$$
$$A_F = A_{W+F} \cdot 0,2 \quad 21,6 \, m^2$$
$$A_W = A_{W+F} - A_F \quad 86,4 \, m^2$$
$$A_B = A_D = 10 \cdot 8 \quad 80 \, m^2$$

sowie

$$A = A_W + A_F + A_D + A_B = 268 \, m^2$$

erhält man:

$$U_m = \frac{0,57 \cdot 86,4 + 2,6 \cdot 21,6 + 0,45 \cdot 80 + 0,6 \cdot 0,43 \cdot 80}{268} = 0,59 \; W/m^2K$$

2. Transmissionswärmeverluste:

$$\Phi_T = U_m \cdot A \cdot \Delta\theta = 0,59 \cdot 268 \cdot 32 = 5060 \, W \approx 5,1 \, kW$$

Lüftungswärmeverluste:

$$\Phi_L = V_R \cdot \rho_L \cdot c_{pL} \cdot n \cdot \Delta\theta$$

$$V_R = 10 \cdot 8 \cdot 3 = 240 \ m^3$$

$$\Phi_L = 240 \cdot 1{,}25 \cdot 0{,}28 \cdot 0{,}8 \cdot 32 = 2150 \ W = 2{,}15 \ kW$$

Lösung 1.2

1. Mittlerer Wärmedurchgangskoeffizient:

$$U_m = \frac{U_F \cdot A_F + U_W \cdot A_W}{A_F + A_W} \quad [W/m^2K]$$

$$U_W = (R_{si} + R_T + R_{se})^{-1} = \left(0{,}13 + \frac{0{,}015}{0{,}70} + \frac{0{,}24}{0{,}99} + \frac{0{,}06}{0{,}04} + 0{,}04\right)^{-1} = 0{,}52 \ W/m^2K$$

$$A = 10 \cdot 3 = 30 \ m^2$$
$$A_F = f_F \cdot A = 0{,}5 \cdot 30 = 15 \ m^2$$
$$A_W = A - A_F = 15 \ m^2$$

ergibt sich

$$U_m = \frac{3{,}0 \cdot 15 + 0{,}52 \cdot 15}{30} = 1{,}76 \ W/m^2K$$

sowie der mittlere Wärmedurchlasswiderstand

$$R_m = \frac{1}{U_m} - (R_{si} + R_{se}) = 0{,}40 \ m^2K/W$$

2. Die notwendige mittlere Heizleistung ergibt sich aus der Wärmebilanz des Raumes. Mit den dem Raum zugeführten Wärmeströmen Φ_{zu} und den aus dem Raum abgeführten Wärmeströmen Φ_{ab} lautet die Bilanz:

$$\Sigma \ \Phi_{zu} = \Sigma \ \Phi_{ab} \quad \text{bzw.} \qquad \Phi_H + \Phi_P + \Phi_B + \Phi_S = \Phi_T + \Phi_L$$

Dabei sind:

$$\Phi_P = 6 \cdot 120 \ W \cdot 6 \ h \ / \ 24 \ h = 180 \ W$$
$$\Phi_B = 50 \cdot 10 \cdot 6 \cdot 6 \ h \ / \ 24 \ h = 750 \ W$$

$\Phi_{SA} = I \cdot A_G \cdot \tau \cdot 12\,h\,/\,24\,h\quad [W]$ mit

$A_G = A_F \cdot (1 - f_R) = 15 \cdot 0,8 = 12\,m^2$

$\Phi_{SA} = 30 \cdot 12 \cdot 0,8 \cdot 0,5 = 144\,W$

$\Phi_T = U_m \cdot A \cdot \Delta\theta = 1,76 \cdot 30 \cdot 15 = 792\,W$

$\Phi_L = \rho_L \cdot c_{pL} \cdot V_R \cdot n \cdot \Delta\theta = 1,25 \cdot 0,28 \cdot 10 \cdot 6 \cdot 3 \cdot 1,0 \cdot 15 = 945\,W$

$\Phi_H = \Phi_T + \Phi_L - \Phi_P - \Phi_B - \Phi_S = 663\,W$

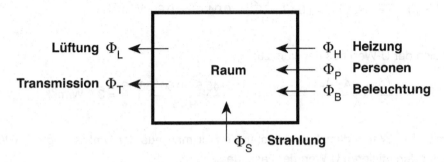

Bild B.1-9:   Schematische Darstellung des Raumes mit den zu bilanzierenden Wärmeströmen.

3.   Aus der Bedingung:

$\Phi_H = (U_{FB} \cdot A_F + U_W \cdot A_W) \cdot \Delta\theta + \Phi_L - \Phi_P - \Phi_B - \Phi_{SB}$

$\Phi_{SB} = 30 \cdot 12 \cdot 0,4 \cdot 0,5 = 72\,W$

folgt:

$$U_{FB} = \frac{\dfrac{\Phi_H - \Phi_L + \Phi_P + \Phi_B + \Phi_{SB}}{\Delta\theta} - U_W \cdot A_W}{A_F}$$

$$= \frac{1}{15} \cdot \left(\frac{663 - 945 + 180 + 750 + 72}{15} - 0,52 \cdot 15 \right) = 2,7\,W/m^2K$$

Lösung 1.3

1.   Der mittlere U-Wert für Wand und Fenster muss die Bedingung

$$U_m = U_{m,W+F} = \frac{U_W \cdot A_W + U_F\ A_F}{A_W + A_F} = 1,10\quad W/m^2K$$

erfüllen.

Mit den Bauteilflächen

$$A_F = 9 \cdot 3,5 \cdot 0,3 = 9,45 \, m^2$$
$$A_W = 9 \cdot 3,5 \cdot 0,7 + 4 \cdot 3,5 = 36,05 \, m^2$$

und dem U-Wert der Wand

$$U_W = \left(R_{si} + \frac{d_W}{\lambda_W} + R_{se} \right)^{-1} = \left(0,13 + \frac{0,24}{0,16} + 0,04 \right)^{-1} = 0,60 \ W/m^2K$$

ergibt sich der U-Wert des Fensters zu:

$$U_F = \frac{U_{m,W+F} \cdot (A_W + A_F \cdot) - U_W \cdot A_W}{A_F} = \frac{1{,}10 \cdot 45{,}5 - 0{,}60 \cdot 36{,}05}{9{,}45} = 3{,}0 \ W/m^2K$$

Den mittleren Wärmedurchlasswiderstand erhält man aus der Umformung der Gleichung für den mittleren U-Wert der Fassade:

$$R_m = \frac{1}{U_m} - (R_{si} + R_{se}) = \frac{1}{1{,}10} - 0{,}17 = 0{,}74 \ m^2K/W$$

2. Die für das Büro erforderliche Heiz- bzw. Kühlleistung errechnet sich aus der Wärmebilanz des Raumes:

$$\sum \Phi_{zu} = \sum \Phi_{ab}$$

Hierbei sind $\Sigma\Phi_{zu}$ die dem Raum insgesamt zugeführten und $\Sigma\Phi_{ab}$ die aus dem Raum insgesamt abgeführten Wärmeströme, d.h.:

$$\Phi_H - \Phi_{W+F} - \Phi_{BH} - \Phi_{BK} - \Phi_{Dach} - \Phi_{Erdreich} - \Phi_L + \Phi_i = 0$$

Mit den einzelnen Wärmeströmen ergibt sich daraus für die Heizleistung Φ_H (positiv) bzw. Kühlleistung (negativ):

$$\Phi_{H,K} = (U_{m,W+F} \cdot A_{W+F} + U_D \cdot A_D + 0{,}35 \cdot V_R \cdot n) \cdot (\theta_B - \theta_e) + U_{BH} \cdot A_{BH} \cdot$$
$$(\theta_B - \theta_H) + U_{BK} \cdot A_{BK} \cdot (\theta_B - \theta_K) + U_E \cdot A_E \cdot (\theta_B - \theta_E) - \Phi_i \qquad [W]$$

Mit

$$U_D = (0{,}10 + 1 + 0{,}04)^{-1} = 0{,}88 \ W/m^2K$$

$A_D = 9 \cdot 4 = 36 \, m^2$

$V_R = 9 \cdot 4 \cdot 3,5 = 126 \, m^3$

$U_{BH} = (0,13 + 0,75 + 0,13)^{-1} = 0,99 \, W/m^2K$

$A_{BH} = 9 \cdot 3,5 = 31,5 \, m^2$

$U_{BK} = \left(0,13 + \dfrac{0,20}{0,21} + 2 + 0,13\right)^{-1} = 0,31 \, W/m^2K$

$A_{BK} = 4 \cdot 3,5 = 14 \, m^2$

$U_E = (0,17 + 0,8)^{-1} = 1,03 \, W/m^2K$

$A_E = 9 \cdot 4 = 36 \, m^2$

folgt:

$$\Phi_{H,K} = (1,1 \cdot 45,5 + 0,88 \cdot 36 + 0,35 \cdot 126 \cdot 1) \cdot (20 - \theta_e) + 0,99 \cdot 31,5 \cdot 3$$
$$+ \, 0,31 \cdot 14 \cdot 15 + 1,03 \cdot 36 \cdot 10 - 2000 = 125,8 \cdot (20 - \theta_e) - 1470,5 \qquad [W]$$

Winter: $\Phi_{H,K} = 1045,5 \, W$ (Heizleistung)

Sommer: $\Phi_{H,K} = -1470,5 \, W$ (Kühlleistung)

Lösung 1.4

1. Der Fensterflächenanteil berechnet sich mit:

$A_D = 2 \cdot 9 \cdot \sqrt{3,5^2 + 4^2} = 95,67 \, m^2$

$A_\Delta = \dfrac{1}{2} \cdot 8 \cdot 3,5 = 14 \, m^2$

$A = A_D + A_\Delta = 109,67 \, m^2$

$A_{F,D} = 0,25 \cdot A_D = 23,92 \, m^2$

und der Brüstungsbreite oben:

$\dfrac{2,5}{x/2} = \dfrac{3,5}{4}$

$x = \dfrac{2,5}{3,5} \cdot 4 \cdot 2 = 5,71 \, m$

sowie

$$A_{F,\Delta} = \frac{1}{2} \cdot 5{,}71 \cdot 2{,}5 = 7{,}14\,m^2$$

zu:

$$f = \frac{A_{F,D} + A_{F,\Delta}}{A} = 0{,}28 = 28\,\%$$

2. Wärmedurchgangskoeffizienten (U-Werte) gemäß Merkblatt 1:

Dach mit einer ruhenden Luftschicht (siehe Datenblatt 3)

Zunächst wird das Dach in zwei Abschnitte (Sparren und Gefach) unterteilt und deren Wärmedurchgangswiderstände werden bestimmt:

$$R'_G = 0{,}10 + \frac{0{,}019}{0{,}14} + \frac{0{,}12}{0{,}04} + 0{,}16 + \frac{0{,}019}{0{,}14} + 0{,}08 = 3{,}61\ m^2K/W$$

$$R'_{Sp} = 0{,}10 + \frac{0{,}019}{0{,}14} + \frac{0{,}16}{0{,}14} + \frac{0{,}019}{0{,}14} + 0{,}08 = 1{,}59\ m^2K/W$$

Der resultierende Wärmedurchgangswiderstand dieser Abschnitte lässt sich über die flächengewichtete Mittelung der Kehrwerte der Teilwiderstände berechnen:

$$\frac{1}{R'_T} = \frac{f_G}{R'_G} + \frac{f_{Sp}}{R'_{Sp}} = \frac{0{,}9}{3{,}61} + \frac{0{,}1}{1{,}59} = 0{,}31\ W/m^2K$$

$$R'_T = 3{,}23\ m^2K/W$$

In einem zweiten Schritt werden die Wärmedurchlasswiderstände der einzelnen Schichten des Dachs ermittelt (von unten nach oben):

Holzverkleidung:
$$R''_1 = \frac{d_1}{\lambda_1} = \frac{0{,}019}{0{,}14} = 0{,}14\ m^2K/W$$

Wärmedämmschicht im Gefach + Sparren:
$$\frac{1}{R''_2} = \frac{f_G}{R'_G} + \frac{f_{Sp}}{R'_{Sp}} = f_G \frac{\lambda_G}{d_2} + f_{Sp} \frac{\lambda_{Sp}}{d_2} = 0{,}9 \frac{0{,}04}{0{,}12} + 0{,}1 \frac{0{,}10}{0{,}12} = 0{,}38\ W/m^2K$$

$$R''_2 = 2{,}63\ m^2K/W$$

Luft im Gefachbereich + Sparren:

$$\frac{1}{R''_3} = \frac{f_G}{R'_G} + \frac{f_{Sp}}{R'_{Sp}} = f_G\frac{1}{R_L} + f_{Sp}\frac{\lambda_{Sp}}{d_3} = 0{,}9\frac{1}{0{,}16} + 0{,}1\frac{0{,}10}{0{,}04} = 5{,}88 \text{ W/m}^2\text{K}$$

$$R''_3 = 0{,}17 \text{ m}^2\text{K/W}$$

Holzschalung:

$$R''_4 = \frac{d_4}{\lambda_4} = \frac{0{,}019}{0{,}14} = 0{,}14 \text{ m}^2\text{K/W}$$

Der Gesamtwärmedurchgangswiderstand errechnet sich aus der Summe der Wärmedurchlasswiderstände der Schichten und der inneren und äußeren Wärmeübergangswiderstände:

$$R''_T = 0{,}10 + 0{,}14 + 2{,}63 + 0{,}17 + 0{,}14 + 0{,}08 = 3{,}26 \text{ m}^2\text{K/W}$$

Aus den im ersten und zweiten Schritt ermittelten Wärmedurchgangswiderständen wird der arithmetische Mittelwert gebildet, um den Wärmedurchgangskoeffizienten des Dachs zu erhalten:

$$R_T = \frac{R'_T + R''_T}{2} = \frac{3{,}23 + 3{,}26}{2} = 3{,}25 \text{ m}^2\text{K/W}$$

Die Wärmedurchgangskoeffizienten der nichttransparenten Dachschräge und der Brüstung betragen:

$$U_D = \frac{1}{R_T} = 0{,}31 \text{ W/ m}^2\text{K}$$

bzw.

$$U_{Br} = \left(0{,}13 + \frac{0{,}24}{0{,}48} + \frac{0{,}02}{0{,}87} + \frac{0{,}115}{0{,}99} + 0{,}04\right)^{-1} = 1{,}24 \text{ W/m}^2\text{K}$$

3. Mittlerer U-Wert:

    Dach

    $$U_{m,D} = 0{,}75 \cdot U_D + 0{,}25 \cdot U_F = 0{,}98 \text{ W/m}^2\text{K}$$

    Giebel

    $$U_{m,\Delta} = \frac{U_{Br} \cdot A_{Br} + U_F \ A_{F,\Delta}}{A_\Delta} = 2{,}14 \text{ W/m}^2\text{K}$$

    $$A_{Br} = (8 + 5{,}71) \cdot \frac{1}{2} \cdot 1 = 6{,}86 \text{ m}^2$$

4. Gesamtwärmeverlust:

$$\Phi = \Phi_T + \Phi_L = (U_m \cdot A + \rho_L \cdot c_{pL} \cdot V_R \cdot n) \cdot \Delta\theta$$

$$U_m = \frac{U_{m,D} \cdot A_D + U_{m,\Delta} \cdot A_\Delta}{A} = \frac{0{,}98 \cdot 95{,}67 + 2{,}14 \cdot 14}{109{,}67} = 1{,}13 \ \text{W/m}^2\text{K}$$

$$V = A_\Delta \cdot 9 = 14 \cdot 9 = 126 \, \text{m}^3$$

$$\Phi = \left(1{,}13 \cdot 109{,}67 + 1{,}25 \cdot 0{,}28 \cdot 126 \cdot 0{,}8\right) \cdot 20 = 3184 \ \text{W}$$

5. Maßnahmen:
Sonnenschutzvorrichtung an Fenstern;
intensive Nachtlüftung;
innere Speichermassen erhöhen (z.B. Holzbekleidung)

6. alle Fenster

Lösung 1.5

1. Wärmedurchlasswiderstand:

$$R_W = \frac{0{,}015}{0{,}7} + \frac{0{,}24}{0{,}99} + \frac{0{,}12}{0{,}04} = 3{,}26 \ \text{m}^2\text{K/W}$$

Wärmedurchgangskoeffizient:

$$U_W = (0{,}13 + 3{,}26 + 0{,}04)^{-1} = 0{,}29 \ \text{W/m}^2\text{K}$$

2. Der mittlere Wärmedurchgangskoeffizient der Gesamtfassade ergibt sich mit:

$$U_F = \frac{U_G \cdot A_G + U_R \cdot A_R}{A_G + A_R} \quad [\text{W/m}^2\text{K}]$$

Fenster mit einem Luftzwischenraum von 12 mm (siehe Datenblatt 3)

$$U_G = \left(0{,}13 + \frac{0{,}003}{0{,}81} + 0{,}15 + \frac{0{,}003}{0{,}81} + 0{,}04\right)^{-1} = 3{,}06 \ \text{W/m}^2\text{K}$$

$$U_R = \left(0{,}13 + \frac{0{,}05}{0{,}17} + 0{,}04\right)^{-1} = 2{,}15 \ \text{W/m}^2\text{K}$$

$$U_F = 0{,}25 \cdot 2{,}15 + 0{,}75 \cdot 3{,}06 = 2{,}83 \ \text{W/m}^2\text{K}$$

zu: $$U_m = \frac{U_W \cdot A_W + U_F \cdot A_F}{A_W + A_F} = 0{,}75 \cdot 0{,}29 + 0{,}25 \cdot 2{,}83 = 0{,}93 \ \text{W/m}^2\text{K}$$

3. Die erforderliche Luftwechselzahl errechnet sich aus der Wärmebilanz des Raumes. Sie lautet für die zu bilanzierenden Wärmeströme gemäß Bild B.1-10:

$\Sigma \, \Phi_{zu} = \Sigma \, \Phi_{ab}$;   d.h.

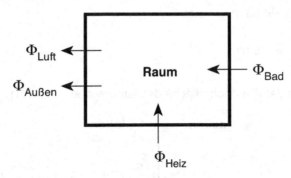

Bild B.1-10: Schematische Darstellung des Raumes mit den zu bilanzierenden Wärmeströmen.

$\Phi_{Bad} + \Phi_{Heiz} = \Phi_{Luft} + \Phi_{Außen}$

Dabei sind:

$\Phi_{Bad} = U_B \cdot A_B \cdot (\theta_B - \theta_{Sch}) = 72 \text{ W}$

$U_B = \left(0,13 + \dfrac{0,015}{0,7} + \dfrac{0,115}{0,99} + \dfrac{0,02}{1,4} + \dfrac{0,005}{1,0} + 0,13 \right)^{-1} = 2,40 \text{ W/m}^2\text{K}$

$A_B = 3 \cdot 2,5 = 7,5 \text{ m}^2$

$\Phi_{Heiz} = 500 \text{ W}$

$\Phi_{Außen} = \Phi_{Wand} + \Phi_{Fenster} = 195,1 \text{ W}$

$\Phi_{Wand} = U_W \cdot A_W \cdot (\theta_{Sch} - \theta_e) = 0,29 \cdot 7,3 \cdot 20 = 42,3 \text{ W}$

$A_W = 4 \cdot 2,5 - A_F = 10 - 2 \cdot 1,35 = 7,3 \text{ m}^2$

$\Phi_{Fenster} = U_F \cdot A_F \cdot (\theta_{Sch} - \theta_e) = 2,83 \cdot 2,7 \cdot 20 = 152,8 \text{ W}$

Aus der Bilanz ergibt sich:

$\Phi_{Luft} = 500 + 72 - 195,1 = 376,9 \text{ W}$

Nach der Beziehung:

$$\Phi_{Luft} = n \cdot \rho_L \cdot c_{pL} \cdot V_R \cdot (\theta_{Sch} - \theta_e) \ [W]$$

mit $V_R = 3 \cdot 4 \cdot 2,5 = 30 \ m^3$ folgt:

$$n = \frac{376,9}{0,35 \cdot 30 \cdot 20} = 1,8 \ h^{-1}$$

4.   Wärmebilanz an der Außenoberfläche der Außenwand: $\Sigma \ q_{zu} = \Sigma \ q_{ab}$

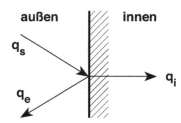

Bild B.1-11: Schematische Darstellung der zu bilanzierenden Wärmestromdichten.

Mit $q_{zu} = q_i + q_S$ und $q_{ab} = q_e$ folgt:

$q_i + q_S = q_e$

Dabei sind:

$$q_i = (R_{si} + R)^{-1} \cdot (\theta_{Sch} - \theta_{se}) = (0,13 + 3,26)^{-1} \cdot (20 - \theta_{se}) \ [W/m^2]$$

$$q_S = I \cdot \alpha = 400 \cdot 0,8 = 320 \ W/m^2$$

$$q_e = \frac{\theta_{se} - \theta_e}{R_{se}} = \frac{1}{0,04} \cdot (\theta_{se} - 0) \quad [W/m^2]$$

Nach dem Einsetzen dieser Zusammenhänge in die Bilanzgleichung ergibt sich aus:

$$\frac{20 - \theta_{se}}{0,13 + 3,26} + 320 = \frac{\theta_{se}}{0,04}$$

$$5,9 - 0,3 \cdot \theta_{se} + 320 = 25 \cdot \theta_{se}$$

die Außenoberflächentemperatur zu:

$$\theta_{se} = \frac{325,9}{25,3} = 12,9 \ °C$$

Lösung 1.6

1. Unter der Annahme für den mittleren Wärmedurchgangskoeffizienten, dass

$$U_{m,W+F} = \frac{U_W \cdot A_W + U_F \; A_F}{A_{ges}} = \frac{U_W \cdot (1 - f_F) + U_F \; f_F}{1} \leq 1,85 \; W/m^2K$$

ist, ergibt sich der Fensterflächenanteil f_F mit

$$U_W = \left(0,13 + 0,02 + \frac{0,30}{0,5} + 0,03 + 0,04 \right)^{-1} = 1,22 \; W/m^2K$$

$$U_F = U_G \cdot (1 - f_R) + U_R \cdot f_R \quad [W/m^2] \quad \text{mit } f_R = \text{Rahmenanteil (30 \%)}$$

$$U_R = \left(0,13 + \frac{0,05}{0,17} + 0,04 \right)^{-1} = 2,15 \; W/m^2K$$

$$U_F = 1,86 \cdot (1 - 0,3) + 2,15 \cdot 0,3 = 1,95 \; W/m^2K$$

und der Bedingung:

$$f_F \cdot (U_F - U_W) \leq 1,85 - U_W$$

$$f_F \leq \frac{1,85 - 1,22}{1,95 - 1,22} = 0,86$$

D.h. der Fensterflächenanteil für dieses Geschoss darf höchstens 86 % betragen.

2. Die Raumlufttemperatur berechnet sich aus der Wärmebilanz des Raumes. Sie lautet:

$$\Sigma \; \Phi_{zu} = \Sigma \; \Phi_{ab}$$

Die dem Raum zugeführten Wärmeströme $\Sigma\Phi_{zu}$ sind:

$$\Sigma \; \Phi_{zu} = \Phi_{Heiz} + \Phi_{Sonne}$$

mit $\Phi_{Heiz} = 1000$ W und

$$\Phi_{Sonne} = I \cdot \tau \cdot (1 - f_R) \cdot A_F = I \cdot \tau \cdot (1 - f_R) \cdot f_F \cdot A_{W+F}$$

$$= 600 \cdot 0,8 \cdot (1 - 0,3) \cdot 0,4 \cdot 12,5 = 1680 \; W$$

$$\Sigma\Phi_{zu} = 1000 + 1680 = 2680 \; W$$

Die aus dem Raum abgeführte Wärme $\Sigma\Phi_{ab}$ setzt sich zusammen aus:

$$\Sigma\,\Phi_{ab} = \Phi_W + \Phi_F + \Phi_{R1,2} + \Phi_{R2,3} + \Phi_L$$

Dabei sind:

$$\Phi_W = U_W \cdot (1 - f_F) \cdot A_W \cdot (\theta_2 - \theta_e)\quad [W]$$

$$\Phi_W = 1{,}22 \cdot (1 - 0{,}4) \cdot 12{,}5 \cdot (\theta_2 + 15) = 9{,}15 \cdot (\theta_2 + 15)\quad [W]$$

$$\Phi_F = U_F \cdot f_F \cdot A_{W+F} \cdot (\theta_2 - \theta_e)\quad [W]$$

$$\Phi_F = 1{,}95 \cdot 0{,}4 \cdot 12{,}5 \cdot (\theta_2 + 15) = 9{,}75 \cdot (\theta_2 + 15)\quad [W]$$

$$\Phi_{R1,2} = U_{IW} \cdot A_{1,2} \cdot (\theta_2 - \theta_1)\quad [W]$$

$$U_{IW} = \left(0{,}13 + \frac{0{,}1}{0{,}21} + 0{,}13\right)^{-1} = 1{,}36\ W/m^2 K$$

$$\Phi_{R1,2} = 1{,}36 \cdot 7{,}5 \cdot (\theta_2 - 20) = 10{,}20 \cdot (\theta_2 - 20)\quad [W]$$

$$\Phi_{R2,3} = U_{IW} \cdot A_{2,3} \cdot (\theta_2 - \theta_3)\quad [W]$$

$$\Phi_{R2,3} = 1{,}36 \cdot 12{,}5 \cdot (\theta_2 - 15) = 17{,}00 \cdot (\theta_2 - 15)\quad [W]$$

$$\Phi_L = n \cdot V_R \cdot \rho_L \cdot c_{pL} \cdot (\theta_2 - \theta_e)\quad [W]$$

$$\Phi_L = 1{,}0 \cdot 37{,}5 \cdot 0{,}35 \cdot (\theta_2 + 15) = 13{,}13 \cdot (\theta_2 + 15)\quad [W]$$

folgt:

$$\Sigma\Phi_{ab} = 32{,}03 \cdot (\theta_2 + 15) + 17{,}00 \cdot (\theta_2 - 15) + 10{,}20 \cdot (\theta_2 - 20)\quad [W]$$

Aus der Beziehung

$$2680 = \theta_2 \cdot (32{,}03 + 17{,}00 + 10{,}20) + (32{,}03 - 17{,}0) \cdot 15 - 10{,}20 \cdot 20$$

ergibt sich die Raumlufttemperatur zu:

$$\theta_2 = (2680 - 225{,}45 + 204)\,/\,59{,}23 = 44{,}9\ °C$$

Lösung 1.7

1. Zur Ermittlung des zeitlichen Verlaufs der Heizleistung wird zunächst mit Hilfe des Binder-Schmidt-Verfahrens (siehe Merkblatt 3) die instationäre Temperaturverteilung im Bauteilquerschnitt bestimmt. Dazu sind folgende Arbeitsschritte notwendig:

I. Richtpunktabstände:
$$r_i = R_{si} \cdot \lambda = 0{,}13 \cdot 0{,}24 = 0{,}03 \text{ m}$$

$$r_e = R_{se} \cdot \lambda = 0{,}08 \cdot 0{,}24 = 0{,}01 \text{ m}$$

II. Schichteinteilung; siehe Arbeitsblatt A.1-1:
$$\Delta x = \frac{d}{n} = \frac{0{,}16}{4} = 0{,}04 \text{ m}$$

III. Stabilitätsbedingung:
$$d \geq \frac{\Delta x}{2} \text{ für } r_i \text{ und } r_e \text{ erfüllt.}$$

IV. Zeitschrittweite:
$$\Delta t = \frac{(\Delta x)^2}{2 \cdot a} = \frac{(\Delta x)^2}{2 \cdot \lambda} \cdot \rho \cdot c_p \quad [\text{h}]$$

$$\Delta t = \frac{(0{,}04)^2 \cdot 540 \cdot 0{,}28}{2 \cdot 0{,}24} = 0{,}5 \text{ h}$$

fiktive Außenlufttemperatur (gemäß Merkblatt 2):

$$\Theta = \theta_e + R_{se} \cdot I \cdot \alpha - K \quad [°C]$$

Die zur Berechnung der Heizleistung notwendige Oberflächentemperatur θ_{si} wird aus dem Binder-Schmidt-Diagramm in Bild B.1-12 abgelesen, siehe Tabelle B.1-2.

Tabelle B.1-2:   Zusammenstellung instationärer wärmetechnischer Daten für die Zeit von 17.00 Uhr bis 20.00 Uhr.

Zeit [h]	17.00	17.30	18.00	18.30	19.00	19.30	20.00
I [W/m²]	300	200	100	0	0	0	0
K [K]	0	0	0	3	3	3	3
Θ [°C]	9,2	2,8	–3,6	–13	–13	–13	–13
θ_{si} [°C]	20	19,8	19,6	19,5	19,3	18,9	18,5
Φ_H [W]	0	19,2	38,5	48,1	67,3	105,8	144,2

Mit

$$\Phi_H = \frac{\theta_i - \theta_{si}}{R_{si}} \cdot A \quad [\text{W}]$$

ergibt sich für jeden Zeitpunkt die Heizleistung Φ_H, entsprechend Tabelle B.1-2. Der zeitliche Verlauf von Φ_H ist in Bild B.1-13 dargestellt.

2. Die stationäre Endverteilung ergibt sich aus der Verbindung von θ_i mit der fiktiven Außenlufttemperatur Θ (um 18.30 Uhr) durch eine Gerade; siehe Bild B.1-12. Daraus ergibt sich $\theta_{si} = 15{,}2\ °C$.

Die stationäre Heizleistung beträgt damit:

$$\Phi_H = \frac{20 - 15{,}2}{0{,}13} \cdot 12{,}5 = 461{,}5\ W$$

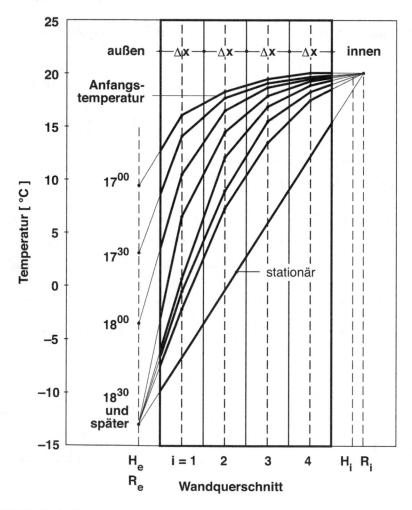

Bild B.1-12: Binder-Schmidt-Diagramm des zu untersuchenden Bauteils.

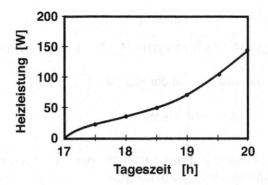

Bild B.1-13: Die erforderliche Heizleistung in Abhängigkeit von der Zeit.

Lösung 1.8

1. Die Dämmschichtdicke ergibt sich mit den Wärmedurchlasswiderständen von:

Wand $R = 0,02 + \dfrac{0,30}{0,4} + 0,02 = 0,79 \ m^2K/W$

und

Nische $R = 0,02 + \dfrac{0,175}{0,4} + \dfrac{d}{0,093} + 0,02 = 0,79 \ m^2K/W$

zu:

$d = 0,029 \ m \approx 3 \ cm.$

2. Ja, weil wegen des Heizkörpers in der Nische eine höhere Oberflächentemperatur herrscht!

Die Wärmebilanz an der Innenoberfläche der Nische setzt sich aus folgenden Teilen zusammen: äußere, konvektive und Strahlungsanteile:

$- q_a - q_{Konv} + q_{Str} = 0$

$- (R_{se} + R)^{-1} \cdot (\theta_{si} - \theta_e) - \left(\dfrac{1}{R_{se}}\right)_{Konv.} \cdot (\theta_{si} - \theta_{Ls}) + \left(\dfrac{1}{R_{si}}\right)_{Str.} \cdot (\theta_H - \theta_{si}) = 0$

$- (0,04 + 0,79)^{-1} \cdot (\theta_{si} - 0) - (0,13)^{-1} \cdot (\theta_{si} - 25) + (0,17)^{-1} \cdot (60 - \theta_{si}) = 0$

$\theta_{si} = 36,9 \ °C$

Mit der Oberflächentemperatur in der Nische erhält man für diese einen Wärmeverlust von:

$q_N = (0,04 + 0,79)^{-1} \cdot (36,9 - 0) = 44,5 \ W/m^2$

Der Wärmeverlust in der Wand beträgt:

$$q_W = U_W \cdot (\theta_i - \theta_e) = (0{,}13 + 0{,}79 + 0{,}04)^{-1} \cdot (20 - 0) = 20{,}8 \ W/m^2$$

Damit ergibt sich, dass der Verlust der Nische um

$$\frac{44{,}5 - 20{,}8}{20{,}8} = 1{,}14 \quad \hat{=} \quad 114 \ \% \text{ höher ist, als der der Wand.}$$

3. Den Strahlungsaustauschkoeffizienten erhält man aus der Formel für den strahlungsbedingten Wärmeübergangskoeffizienten:

$$h_r = \left(\frac{1}{R_{si}}\right)_{Str} = C_{1,2} \cdot \frac{\left(\dfrac{T_H}{100}\right)^4 - \left(\dfrac{T_{si}}{100}\right)^4}{\theta_H - \theta_{si}} \quad [W/m^2 K]$$

zu:

$$C_{1,2} = \frac{1}{0{,}17} \frac{60 - 36{,}9}{\left(\dfrac{273 + 60}{100}\right)^4 - \left(\dfrac{273 + 36{,}9}{100}\right)^4} = 4{,}42 \ W/m^2 K^4$$

4. Emissionsgrad ε_H der Heizkörperoberfläche:

$$C_{1,2} = \frac{C_s}{\dfrac{1}{\varepsilon_H} + \dfrac{1}{\varepsilon_P} - 1} \quad [W/m^2 K^4]$$

$$\varepsilon_H = \left(\frac{5{,}77}{4{,}42} + 1 - \frac{1}{0{,}9}\right)^{-1} = 0{,}84$$

5. Flächenbezogener Transmissionswärmeverlust für den gesamten Außenwandbereich:

$$q_{T,ges} = 0{,}2 \cdot q_N + 0{,}5 \cdot q_W + 0{,}3 \cdot q_F \quad [W/m^2]$$

mit

Nische: $\quad q_N = 44{,}5 \ W/m^2$

Wand: $\quad q_W = U_W \cdot (\theta_i - \theta_e) = 20{,}8 \ W/m^2$

Fenster: $\quad q_F = U_F \cdot (\theta_i - \theta_e) = 3 \cdot (20 - 0) = 60 \ W/m^2$

$$q_{T,ges} = 0{,}2 \cdot 44{,}5 + 0{,}5 \cdot 20{,}8 + 0{,}3 \cdot 60 = 37{,}3 \ W/m^2$$

Lösung 1.9

1. Zur Berechnung des mittleren Wärmedurchlasswiderstandes wird zunächst der mittlere Wärmedurchgangswiderstand der inhomogenen Konstruktion gemäß Merkblatt 1 benötigt. Die Wärmedurchlasswiderstände der ruhenden Luftschichten sind dem Datenblatt 3 zu entnehmen. Dazu wird zunächst die Außenwand in zwei Abschnitte (Gefach und Balken) unterteilt und die Wärmedurchgangswiderstände für diese Bereiche bestimmt:

$$R'_G = 0{,}13 + 2 \cdot \frac{0{,}019}{0{,}14} + 0{,}18 + \frac{0{,}12}{0{,}04} + 0{,}18 + \frac{0{,}115}{0{,}96} + 0{,}04 = 3{,}92 \text{ m}^2\text{K/W}$$

$$R'_B = 0{,}13 + 2 \cdot \frac{0{,}019}{0{,}14} + \frac{0{,}16}{0{,}17} + 0{,}18 + \frac{0{,}115}{0{,}96} + 0{,}04 = 1{,}68 \text{ m}^2\text{K/W}$$

Der resultierende Wärmedurchgangswiderstand dieser Abschnitte lässt sich über die flächengewichtete Mittelung der Kehrwerte der Teilwiderstände berechnen:

$$\frac{1}{R'_T} = \frac{f_G}{R'_G} + \frac{f_B}{R'_B} = \frac{0{,}85}{3{,}92} + \frac{0{,}15}{1{,}68} = 0{,}31 \text{ W/m}^2\text{K}$$

$$R'_T = 3{,}23 \text{ m}^2\text{K/W}$$

In einem zweiten Schritt werden die Wärmedurchlasswiderstände der einzelnen Schichten der Wand ermittelt (von innen nach außen):

Spanplatte:
$$R''_1 = \frac{d_1}{\lambda_1} = \frac{0{,}019}{0{,}14} = 0{,}136 \text{ m}^2\text{K/W}$$

Balken + Luft:
$$\frac{1}{R''_2} = \frac{f_G}{R'_G} + \frac{f_B}{R'_B} = f_G \frac{1}{R_L} + f_{Sp} \frac{\lambda_B}{d_2} = 0{,}85 \frac{1}{0{,}18} + 0{,}15 \frac{0{,}17}{0{,}04} = 5{,}36 \text{ W/m}^2\text{K}$$

$$R''_2 = 0{,}187 \text{ m}^2\text{K/W}$$

Balken + Wärmedämmschicht:
$$\frac{1}{R''_3} = \frac{f_G}{R'_G} + \frac{f_B}{R'_B} = f_G \frac{\lambda_G}{d_3} + f_{Sp} \frac{\lambda_B}{d_3} = 0{,}85 \frac{0{,}04}{0{,}12} + 0{,}15 \frac{0{,}17}{0{,}12} = 0{,}50 \text{ W/m}^2\text{K}$$

$$R''_3 = 2{,}00 \text{ m}^2\text{K/W}$$

Spanplatte:
$$R''_4 = \frac{d_4}{\lambda_4} = \frac{0{,}019}{0{,}14} = 0{,}136 \text{ m}^2\text{K/W}$$

Ruhende Luftschicht:

$R''_5 = 0,18 \ m^2K/W$

Vormauerwerk:

$R''_6 = \dfrac{d_6}{\lambda_6} = \dfrac{0,115}{0,96} = 0,120 \ m^2K/W$

Der Gesamtwärmedurchgangswiderstand der inhomogenen Konstruktion errechnet sich aus der Summe der Wärmedurchlasswiderstände der Schichte und der inneren und äußeren Wärmeübergangswiderstände:

$R''_T = 0,13 + 0,136 + 0,187 + 2,00 + 0,136 + 0,18 + 0,12 + 0,04 = 2,93 \ m^2K/W$

Aus den im ersten und zweiten Schritt ermittelten Wärmedurchgangswiderständen wird deren arithmetischer Mittelwert gebildet:

$R_T = \dfrac{R'_T + R''_T}{2} = \dfrac{3,23 + 2,93}{2} = 3,08 \ m^2K/W$

Daraus ergibt sich der mittlere Wärmedurchlasskoeffizient der Außenwand abzüglich der Wärmeübergangswiderstände wie folgt:

$R_m = R_T - R_{si} - R_{se} = 2,91 \ m^2K/W$

2.   Transmissionswärmeverlust:

$q = U_m \cdot (\theta_i - \theta_e) = \dfrac{\theta_i - \theta_e}{R_m} = \dfrac{20}{2,91} = 6,87 \ W/m^2$

3.   Der neue Wärmedurchgangswiderstand der Wärmebrücke errechnet sich zu:

$R_B = 0,13 + 2 \cdot \dfrac{0,019}{0,14} + \dfrac{0,16}{0,17} + 0,08 = 1,42 \ m^2K/W$

Die Schieferbekleidung bleibt dabei unberücksichtigt. Aus der Bedingung, dass der neue mittlere Wärmedurchgangskoeffizient mit dem im ersten Schritt errechneten U-Wert gemäß 1) übereinstimmen soll, folgt:

$U_m = 0,15 \ \dfrac{1}{1,42} + 0,85 \cdot \left(0,13 + \dfrac{0,019}{0,14} \cdot 2 + 0,18 + \dfrac{d}{0,04} + 0,08\right)^{-1} = \dfrac{1}{3,23} \ W/m^2K$

Die Dämmschichtdicke errechnet sich daraus mit d = 0,15 m. Dadurch reduziert sich die Dicke der Luftschicht um 3 cm, d.h. es verbleibt eine praktische Luftschichtdicke von 1 cm. Der Wärmedurchlasswiderstand der neuen Luftschicht wird entsprechend kleiner, d.h. nach Datenblatt 3:

$R_g = 0,15 \ m^2K/W$

Die gesuchte Dämmschichtdicke ergibt sich unter Berücksichtigung des neuen R_g-Wertes aus der Bedingung

$$\left(0,13 + \frac{0,019}{0,14} \cdot 2 + 0,15 + \frac{d}{0,04} + 0,08\right)^{-1} \cdot 0,85 = 0,31 - 0,70 \cdot 0,15$$

zu:

d = 0,152 m

Lösung 1.10

1. Der Sperrwert (Diffusionswiderstand) unterhalb des Luftspalts sollte für Dachlängen < 50 m $\mu \cdot d = 10$ m betragen.

   Nachweis:

   $\Sigma(\mu \cdot d) = 0,015 \cdot 10 + 0,16 \cdot 80 + 0,10 \cdot 1 = 13$ m > 10 m

   Der Dachaufbau ist bauphysikalisch in Ordnung!

2. Der Luftspalt muss mindestens 5 cm dick sein; aus baupraktischen Erwägungen sollte er größer ausgeführt werden (bis ca. 20 cm), um eventuellen Verschlüssen des Luftspalts durch unsaubere Ausführung vorzubeugen!

3. Die Querschnittsfläche der Be- und Entlüftungsöffnungen sollte mindestens 2 ‰ der Dachfläche betragen.
   Öffnungsquerschnitt: 100 m^2 · 0,2 % = 2000 cm^2.
   Die Öffnungen sollten an mindestens zwei gegenüberliegenden Traufen angebracht werden!

4. Der aus der Dämmung herausragende Teil des Holzbalkens wird thermisch vernachlässigt und der gesamte Dachaufbau als hinterlüftet betrachtet.

   Zunächst wird das Dach gemäß Merkblatt 1 in zwei Abschnitte (Holzbalken und Gefach) unterteilt und die Wärmedurchgangswiderstände für diese Bereiche bestimmt:

   $$R'_H = 0,10 + \frac{0,015}{0,7} + \frac{0,16}{2,1} + \frac{0,10}{0,17} + 0,08 = 0,87 \text{ m}^2\text{K/W}$$

   $$R'_G = 0,10 + \frac{0,015}{0,7} + \frac{0,16}{2,1} + \frac{0,010}{0,04} + 0,08 = 2,78 \text{ m}^2\text{K/W}$$

Der resultierende Wärmedurchgangswiderstand dieser Abschnitte lässt sich über die flächengewichtete Mittelung der Kehrwerte der Teilwiderstände berechnen:

$$\frac{1}{R'_T} = \frac{f_G}{R'_G} + \frac{f_H}{R'_H} = \frac{0,92}{2,78} + \frac{0,08}{0,87} = 0,423 \text{ W/m}^2\text{K}$$

$$R'_T = 2,36 \text{ m}^2\text{K/W}$$

In einem zweiten Schritt werden die Wärmedurchlasswiderstände der einzelnen Schichten des Dachs ermittelt (von unten nach oben):

Innenputz:

$$R''_1 = \frac{d_1}{\lambda_1} = \frac{0,015}{0,7} = 0,021 \text{ m}^2\text{K/W}$$

Betonplatte:

$$R''_2 = \frac{d_2}{\lambda_2} = \frac{0,16}{2,1} = 0,076 \text{ m}^2\text{K/W}$$

Wärmedämmschicht im Gefach + Holzbalken:

$$\frac{1}{R''_3} = \frac{f_G}{R'_G} + \frac{f_H}{R'_H} = f_G \frac{\lambda_G}{d_3} + f_H \frac{\lambda_H}{d_3} = 0,92\frac{0,04}{0,10} + 0,08\frac{0,17}{0,10} = 0,504 \text{ W/m}^2\text{K}$$

$$R''_3 = 1,984 \text{ m}^2\text{K/W}$$

Der Gesamtwärmedurchgangswiderstand errechnet sich aus der Summe der Wärmedurchlasswiderstände der Schichte und der inneren und äußeren Wärmeübergangswiderstände:

$$R''_T = 0,10 + 0,021 + 0,076 + 1,984 + 0,08 = 2,26 \text{ m}^2\text{K/W}$$

Aus den im ersten und zweiten Schritt ermittelten Wärmedurchgangswiderständen wird der arithmetische Mittelwert gebildet:

$$R_T = \frac{R'_T + R''_T}{2} = \frac{2,36 + 2,26}{2} = 2,31 \text{ m}^2\text{K/W}$$

Mit $\quad R_m = R_T - R_{se} - R_{si} \quad 2,31 - 0,10 - 0,08 = 2,13 \text{ m}^2\text{K/W}$

$$U_m = \frac{1}{2,13} = 0,47 \text{ W/ m}^2\text{K}$$

ergibt sich der Gesamtwärmeverlust zu:

$$\Phi = U_m \cdot A \cdot (\theta_i - \theta_e) = 0,47 \cdot 100 \, (20 + 10) = 1410 \text{ W}$$

Oberflächentemperaturen:

$$q_H = \frac{1}{R'_H} \cdot (\theta_i - \theta_e) = \frac{1}{0,87} \; 30 = 34,5 \; \text{W/m}^2$$

$$q_G = \frac{1}{R'_G} \cdot (\theta_i - \theta_e) = \frac{1}{2,78} \; 30 = 10,8 \; \text{W/m}^2$$

$$\theta_{si,H} = \theta_i - q_H \cdot R_{si} = 16,6 \; °C$$

$$\theta_{si,G} = \theta_i - q_G \cdot R_{si} = 18,9 \; °C$$

5.

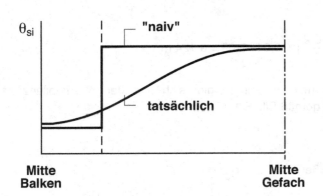 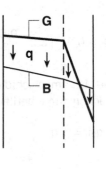

Bild B.1-14: Qualitative Temperaturverteilung in der Dachkonstruktion.
links: Oberfläche innen
rechts: Querschnitt

Lösung 1.11

1.   Aufbau von oben nach unten: II.   Dachhaut

                                                    I.   Ausgleichsschicht

                                                    VII.   Wärmedämmung

                                                    IV.   Dampfsperre

                                                    III.   Dampfdruckausgleichsschicht

                                                    VI.   Stahlbeton

                                                    V.   Putz

2.   Die Dämmschichtdicke errechnet sich mit der Wärmestromdichte von 6 W/m² (ohne
      Heizfolie) aus dem erforderlichen Wärmedurchgangskoeffizienten

$$U = \frac{q}{\theta_i - \theta_e} = \frac{6}{20 - 0} = 0{,}3 \, \text{W/m}^2\text{K}$$

und dem Wärmedurchlasswiderstand der Konstruktion

$$R = R_T - (R_{si} + R_{se}) = 3{,}2 \, \text{m}^2\text{K/W}$$

bzw.

$$R = \sum_{i=1}^{n} \frac{d_i}{\lambda_i} = \frac{0{,}01}{0{,}7} + \frac{0{,}2}{2{,}1} + \frac{d_D}{0{,}04}$$

zu:

$$d_D = 0{,}04 \cdot \left(3{,}2 - \frac{0{,}01}{0{,}7} - \frac{0{,}2}{2{,}1} \right) = 0{,}04 \cdot 3{,}09 = 0{,}124 \, \text{m}$$

3. Die Dämmschichtdicke (mit Heizfolie) ergibt sich aus der Wärmebilanz an der Deckeninnenoberfläche gemäß Bild B.1-15:

$$\Sigma \, q_{zu} = \Sigma \, q_{ab}$$

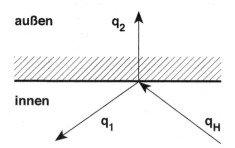

Bild B.1-15: Schematische Darstellung der zu bilanzierenden Wärmestromdichten an der Deckeninnenoberfläche.

Die einzelnen Wärmestromdichten sind:

$$q_{zu} = q_H = 60{,}4 \, \text{W/m}^2$$

$$q_{ab} = q_1 + q_2$$

mit

$$q_1 = (R_{si})^{-1} \cdot (\theta_{si} - \theta_i) \quad [\text{W/m}^2]$$
$$q_2 = (R + R_{se})^{-1} \cdot (\theta_{si} - \theta_e) = 6 \, \text{W/m}^2$$

Aus der Beziehung

$$60{,}4 \text{ W/m}^2 = (R_{si})^{-1} \cdot (\theta_{si} - \theta_i) + 6 \text{ W/m}^2$$

errechnet sich schließlich die Oberflächentemperatur:

$$\theta_{si} = R_{si} \cdot 54{,}4 + \theta_i = 5{,}44 + 20 = 25{,}4 \text{ °C}$$

Aus q_2 erhält man den neuen Wärmedurchlasswiderstand der Konstruktion:

$$R = \frac{\theta_{si} - \theta_e}{6} - R_{se} = \frac{25{,}4}{6} - 0{,}04 = 4{,}2 \text{ m}^2\text{K/W}$$

Der Wärmedurchlasswiderstand muss danach um

$$R_{zus} = R_{ohne} - R_{mit} = \frac{d_{D,zus}}{\lambda_D} = 1{,}0 \text{ m}^2\text{K/W}$$

höher sein als der ohne Heizfolie. Daraus ergibt sich eine zusätzliche Dämmschicht-dicke von $d_{D,zus} = 0{,}04$ m. Dies führt zu einer Veränderung der Dämmschichtdicke um 33 %.

Lösung 1.12

1. Zur Bestimmung der Wärmeleitfähigkeit des Mauerwerks wird zunächst aus der Beziehung

$$U_m = \frac{U_F A_F + U_W A_W}{A_F + A_W} \quad [\text{W/m}^2\text{k}]$$

der Wärmedurchgangskoeffizient der Außenwand berechnet. Daraus folgt:

$$U_W = \frac{U_m(A_F + A_W) - U_F \cdot A_F}{A_W} = \frac{1{,}16 \cdot 5 \cdot 2{,}5 - 3{,}0 \cdot 2{,}5}{5 \cdot 2{,}5 - 2{,}5} = 0{,}7 \text{ W/m}^2\text{K}$$

bzw.

$$U_W = \left(R_{si} + \frac{d_{Pi}}{\lambda_{Pi}} + \frac{d_M}{\lambda_M} + \frac{d_{Pa}}{\lambda_{Pa}} + R_{se} \right)^{-1} = 0{,}7 \text{ W/m}^2\text{K}$$

Durch die Auflösung dieser Beziehung nach dem Wärmedurchlasswiderstand

$$R_M = \frac{d_M}{\lambda_M} = \frac{1}{0{,}7} - 0{,}13 - \frac{0{,}015}{0{,}7} - \frac{0{,}025}{0{,}87} - 0{,}04 = 1{,}21 \text{ m}^2\text{K/W}$$

ergibt sich:

$$\lambda_M = \frac{0,365}{1,21} = 0,30 \text{ W/mK}$$

2. Die Heizleistung berechnet sich aus der Wärmebilanz an der inneren Oberfläche der Außenwand:

$$\Sigma \, \Phi_{zu} = \Sigma \, \Phi_{ab} \qquad \text{mit}$$

$$\Sigma \, \Phi_{zu} = \Phi_{Heiz} \qquad \text{und}$$

$$\Sigma \, \Phi_{ab} = \Phi_{Raum} + \Phi_{AW} \qquad [\text{W}]$$

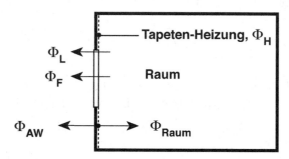

Bild B.1-16: Schematische Darstellung der zu bilanzierenden Wärmeströme an der Innenoberfläche der Außenwand.

Dabei sind:

$$\Phi_{Raum} = \Phi_F + \Phi_L \qquad [\text{W}]$$

$$\Phi_F = U_F \cdot A_F \cdot (\theta_i - \theta_e) = 3,0 \cdot 2,5 \cdot (20 - 0) = 150,0 \text{ W}$$

$$\Phi_L = n \cdot \rho_L \cdot c_{pL} \cdot V \cdot (\theta_i - \theta_e) = 1,0 \cdot 0,35 \cdot 5 \cdot 5 \cdot 2,5 \cdot 20 = 437,5 \text{ W}$$

$$\Phi_{Heiz} = \Phi_{Raum} + \Phi_W \qquad [\text{W}]$$

$$\Phi_{Raum} = 587,5 \text{ W}$$

Aus der Beziehung

$$\Phi_{Raum} = \frac{A_W \cdot (\theta_{si} - \theta_i)}{R_{si}} \qquad [\text{W}]$$

erhält man die Oberflächentemperatur:

$$\theta_{si} = \theta_i + \frac{R_{si} \cdot \Phi_{Raum}}{A_W} = 20 + 0,13 \cdot 58,75 = 27,6\ °C$$

Mit

$$\Phi_W = \left(\frac{1}{U_W} - R_{si}\right)^{-1} \cdot A_W \cdot (\theta_{si} - \theta_e) = \left(\frac{1}{0,7} - 0,13\right)^{-1} \cdot 10 \cdot (27,6 - 0) = 212,5\ W$$

ergibt sich die Leistung der Tapetenheizung zu:

$$\Phi_{Heiz} = 587,5 + 212,5 = 800\ W$$

3. Ja, die Heizleistung ändert sich. Nachweis:

$$\Sigma\ \Phi_{zu} = \Sigma\ \Phi_{ab}$$

$$\Sigma\ \Phi_{zu} = \Phi_{Heiz}$$

$$\Sigma\ \Phi_{ab} = \Phi_L + \Phi_F + \Phi_W \qquad [W]$$

mit $\Phi_L = 437,5\ W$ und $\Phi_F = 150,0\ W$ folgt:

$$\Phi_W = U_W \cdot A_W\ (\theta_i - \theta_e) = 0,7 \cdot 10 \cdot (20 - 0) = 140,0\ W$$

$$\Sigma\ \Phi_{ab} = \Phi_{Heiz} = 727,5\ W$$

$$\text{Verminderung} = \frac{800 - 727,5}{800} \cdot 100\ \% = 9\ \%$$

Lösung 1.13

1. Der Wärmedurchlasswiderstand des Luftspaltes errechnet sich mit dem Wärme-durchgangskoeffizienten der Verglasung

$$U_V = \left(0,13 + \frac{0,004}{0,8} + R_{Sp} + \frac{0,004}{0,8} + 0,04\right)^{-1} = 3,1\ W/m^2K$$

zu:

$$R_{Sp} = 0,14\ m^2K/W$$

Die Wärmestromdichte durch die Verglasung

$$q_V = U_V \cdot (\theta_i - \theta_e) = 3,1 \cdot (20 - 0) = 62\ W/m^2$$

setzt sich wie folgt zusammen:

$$q_V = q_S + q_{L,K}$$

Dabei ist der strahlungsbedingte Anteil:

$$q_S = q_{1,2} = C_{1,2} \cdot \left[\left(\frac{T_1}{100} \right)^4 - \left(\frac{T_2}{100} \right)^4 \right] \qquad [W/m^2]$$

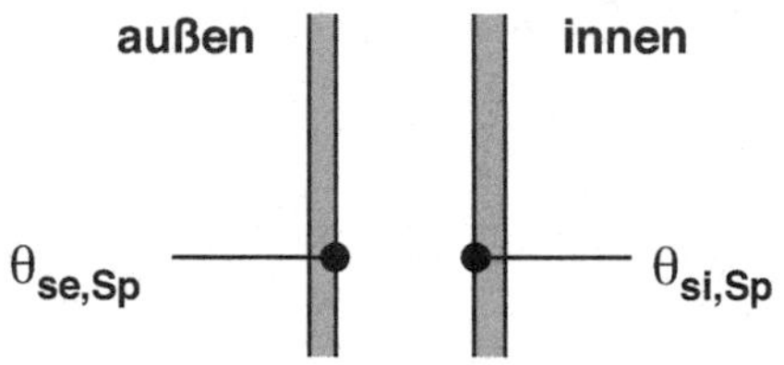

außen   **innen**

$\theta_{se,Sp}$ ———• •——— $\theta_{si,Sp}$

Bild B.1-17 Schematische Darstellung der Verglasung mit Angabe der Oberflächentemperaturen im Luftzwischenraum

Die Oberflächentemperaturen T_1 und T_2 ergeben sich gemäß Bild B.1-17 mit

$$\theta_{si,Sp} = 20 - \left(R_{si} + \frac{d_1}{\lambda_1} \right) \cdot q = 20 - \left(0,13 + \frac{0,004}{0,8} \right) \cdot 62 = 11,6\ °C$$

$$\theta_{se,Sp} = 0 + \left(R_{se} + \frac{d_2}{\lambda_2} \right) \cdot q = 0 + \left(\frac{0,004}{0,8} + 0,04 \right) \cdot 62 = 2,8\ °C$$

zu:

$$T_1 = \theta_{si,Sp} + 273 = 284,6\ K$$

$$T_2 = \theta_{se,Sp} + 273 = 275,8\ K$$

Mit

$$q_S = 5,0 \cdot (2,846^4 - 2,758^4) = 38,7\ W/m^2$$

$$q_{L,K} = 62 - 38,7 = 23,3\ W/m^2$$

folgt der Anteil:

$$\xi = \frac{q_{L,K}}{q} \cdot 100\ \% = \frac{23,3}{62} \cdot 100\ \% = 38\ \%$$

2. Der durch den Austauschkoeffizienten charakterisierte Strahlungsvorgang (Wärmestrahlung) findet (bei Temperaturen zwischen –10 °C und +30 °C) zu über 95 % im Wellenlängenbereich von 3 bis 40 μm (langwellig) statt.

3. Nein, da das Spektrum des Tageslichtes im Wellenlängenbereich von 0,38 μm bis 0,78 μm liegt. Langwellige Strahler, wie die hier betrachteten Glasscheiben, strahlen in diesem Wellenlängenbereich nicht ab.

4. Nein; Fensterglas ist im ultravioletten und infraroten Wellenlängenbereich nahezu opak, dagegen im sichtbaren Bereich hochtransparent. Für die Hautbräunung wäre jedoch der UV-Anteil des Sonnenlichts erforderlich.

Lösung 1.14

1. Die Mauerwerksdicke folgt aus der Bedingung für den Wärmedurchlasswiderstand

$$R_T = \sum_{i=1}^{n} \frac{d_i}{\lambda_i} = \frac{0,015}{0,7} + \frac{d_M}{0,72} + \frac{0,02}{0,87} = 0,55 \ m^2K/W$$

zu:

$$d_M = 0,364 \ m, \quad \rightarrow \text{praktisch: } d_M = 36,5 \ cm$$

2. Der Wärmedurchgangskoeffizient des Fensters setzt sich zusammen aus dem Wärmedurchgangskoeffizienten der Verglasung

$$U_V = \left(R_{si} + \frac{d_V}{\lambda_V} + R_{se} \right)^{-1} = \left(0,13 + \frac{0,004}{0,8} + 0,04 \right)^{-1} = 5,71 \ W/m^2K$$

und dem des Rahmens

$$U_R = \left(R_{si} + \frac{d_R}{\lambda_R} + R_{se} \right)^{-1} = \left(0,13 + \frac{0,068}{0,13} + 0,04 \right)^{-1} = 1,44 \ W/m^2K$$

zu:

$$U_F = \frac{U_V \cdot A_V + U_R \cdot A_R}{A_V + A_R} = 5,71 \cdot 0,8 + 1,44 \cdot 0,2 = 4,86 \ W/m^2K$$

3. Wärmestromdichte:

Nachts

$$q = U_W \cdot (\theta_i - \theta_e) = 1,39 \cdot (20 - 0) = 27,8 \ W/m^2$$

mit

$$U_W = \left(R_{si} + \frac{d_{Pi}}{\lambda_{Pi}} + \frac{d_M}{\lambda_M} + \frac{d_{Pa}}{\lambda_{Pa}} + R_{se} \right)^{-1}$$

$$= \left(0,13 + \frac{0,015}{0,7} + \frac{0,365}{0,72} + \frac{0,02}{0,87} + 0,04 \right)^{-1} = 1,39 \ W/m^2K$$

Tagsüber:

Energiebilanz auf der Außenoberfläche der Außenwand gemäß Bild B.1-18:

$$\Sigma \ q_{zu} = \Sigma \ q_{ab}$$

Dabei sind:

$$\Sigma \ q_{zu} = \alpha \cdot I + q_1$$

mit

$$\alpha = 1 - \rho = 0,5$$

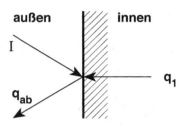

außen   **innen**

I

q_1

q_{ab}

Bild B.1-18: Schematische Darstellung der zu bilanzierenden Wärmestromdichten an der Außenoberfläche der Außenwand.

$$q_1 = \frac{\theta_i - \theta_{se}}{R_{si} + \Sigma \dfrac{d_i}{\lambda_i}} \quad [W/m^2]$$

mit

$$\Sigma \frac{d_i}{\lambda_i} = \frac{0,015}{0,7} + \frac{0,365}{0,72} + \frac{0,02}{0,87} = 0,55 \ m^2K/W$$

und

$$\Sigma \ q_{ab} = q_{ab} = \frac{\theta_{se} - \theta_e}{R_{se}} \quad [W/m^2]$$

Die hier unbekannte Oberflächentemperatur θ_{se} ergibt sich nach dem Einsetzen der Einzelanteile in die Energiebilanz.

$$\alpha \cdot I + \frac{\theta_i - \theta_{se}}{R_{si} + \sum \frac{d_i}{\lambda_i}} - \frac{\theta_{se} - \theta_e}{R_{se}} = 0$$

$$\alpha \cdot I \cdot \left(R_{si} + \sum \frac{d_i}{\lambda_i}\right) \cdot R_{se} + (\theta_i - \theta_{se}) \cdot R_{se} - (\theta_{se} - \theta_e) \cdot \left(R_{si} + \sum \frac{d_i}{\lambda_i}\right) = 0$$

zu:

$$\theta_{se} = \frac{\alpha \cdot I \cdot \left(R_{si} + \sum \frac{d_i}{\lambda_i}\right) \cdot R_{se} + \theta_i \cdot R_{se} + \theta_e \cdot \left(R_{si} + \sum \frac{d_i}{\lambda_i}\right)}{R_{si} + \sum \frac{d_i}{\lambda_i} + R_{se}} \quad [°C]$$

$$\theta_{se} = \frac{0{,}5 \cdot 250 \cdot (0{,}13 + 0{,}55) \cdot 0{,}04 + 20 \cdot 0{,}04 + 5 \cdot (0{,}13 + 0{,}55)}{0{,}72} = 10{,}56 \ °C$$

Damit ist:

$$q_1 = \frac{\theta_i - \theta_{se}}{R_{si} + \sum \frac{d_i}{\lambda_i}} = \frac{20 - 10{,}56}{0{,}13 + 0{,}55} = 13{,}9 \ W/m^2$$

4. Die Heizleistung resultiert aus der Wärmebilanz im Raum.

Nachts:

$$\sum \Phi_{zu} = \sum \Phi_{ab} = \Phi_{Heiz}$$

$$\Phi_{Heiz} = \sum \Phi_{ab} = \Phi_W + \Phi_F + \Phi_L = (U_W \cdot A_W + U_F \cdot A_F + n \cdot \rho_L \cdot c_{PL} \cdot V_L)(\theta_i - \theta_e)$$

$$= (1{,}39 \cdot 6 + 4{,}86 \cdot 4 + 0{,}5 \cdot 0{,}35 \cdot 40) \cdot (20 - 0) = 695{,}6 \ W$$

mit

$$A_W = 0{,}6 \cdot 10 \ m^2 = 6 \ m^2$$
$$A_F = 0{,}4 \cdot 10 \ m^2 = 4 \ m^2$$
$$V_L = 4 \cdot 4 \cdot 2{,}5 = 40 \ m^3$$

tagsüber:

$$\sum \Phi_{zu} = \sum \Phi_{ab}$$

$$\sum \Phi_{zu} = \Phi_{Sonne} + \Phi_{Heiz} = I \cdot \tau_V \cdot A_V + \Phi_{Heiz} = 250 \cdot 0{,}8 \cdot 3{,}2 + \Phi_{Heiz}$$

$$= 640 \ W + \Phi_{Heiz}$$

mit

$$\tau_V = 1 - \rho - \alpha = 0,8$$

und

$$A_V = A_F \cdot f = 4 \ m^2 \cdot 0,8 = 3,2 \ m^2$$

$$\Sigma \ \Phi_{ab} = \Phi_W + \Phi_V + \Phi_L + \Phi_R$$

mit

$$\Phi_W = \frac{\theta_i - \theta_{se}}{R_{si} + \Sigma \frac{d_i}{\lambda_i}} = \frac{20 - 10,56}{0,13 + 0,55} \cdot 6 = 83,3 \ W$$

$$\Phi_V = U_V \cdot A_V \cdot (\theta_i - \theta_e) = 5,71 \cdot 3,2 \cdot (20 - 5) = 274,1 \ W$$

$$\Phi_L = n \cdot \rho_L \cdot c_{pL} \cdot V \cdot (\theta_i - \theta_e) = 0,5 \cdot 0,35 \cdot 40 \cdot (20 - 5) = 105 \ W$$

$$\Phi_R = \frac{\theta_i - \theta_{se,R}}{R_{si} + \Sigma \frac{d_i}{\lambda_i}} \qquad [W]$$

Die unbekannte Außenoberflächentemperatur $\theta_{se,R}$ berechnet sich analog zu θ_{se} gemäß 3.:

$$\theta_{se,R} = \frac{\alpha \cdot I \cdot \left(R_{si} + \frac{d_R}{\lambda_R}\right) \cdot R_{se} + \theta_i \cdot R_{se} + \theta_e \cdot \left(R_{si} + \frac{d_R}{\lambda_R}\right)}{R_{si} + \frac{d_R}{\lambda_R} + R_{se}} \quad [°C]$$

$$\theta_{se,R} = \frac{0,5 \cdot 250 \cdot (0,13 + 0,52) \cdot 0,04 + 20 \cdot 0,04 + 5 \cdot (0,13 + 0,52)}{0,69} = 10,58 \ °C$$

Schließlich folgt:

$$\Phi_R = \frac{20 - 10,58}{0,13 + 0,52} \cdot 0,8 = 11,59 \ W$$

$$\Phi_{Heiz} = \Phi_W + \Phi_V + \Phi_R + \Phi_L - \Phi_{Sonne}$$
$$= 83,3 + 274,1 + 11,59 + 105 - 640 = -166,0 \ W$$

D.h., es ist keine Heizleistung notwendig, sondern es muss Wärme aus dem Raum abgeführt werden.

Lösung 1.15

1. Die Ermittlung der Temperaturverteilung erfolgt mit Hilfe des Binder-Schmidt-Verfahrens gemäß Merkblatt 3:

   I.   Richtpunktabstände: $r_i = \lambda \cdot R_{si} = 1,4 \cdot 0,13 \ m = 18,2 \ cm$

                                                   $r_e = \lambda \cdot R_{se} = 1,4 \cdot 0,04 \ m = 5,6 \ cm$

   II.   Schichtelementdicke: $\Delta x = \dfrac{d}{n} = \dfrac{0,15}{3} \ m = 0,05 \ m = 5,0 \ cm$

   III. Stabilitätsbedingung: $\dfrac{\Delta x}{2} = 2,5 \ cm < r_i$ und r_e, erfüllt

   IV. Zeitschrittweite: $\Delta t = \dfrac{(\Delta x)^2}{2 \cdot a}$ [h]

$$a = \frac{\lambda}{\rho \cdot c_p} = \frac{1,4}{2000 \cdot 0,28} = 2,5 \cdot 10^{-3} \ m^2/h$$

$$\Delta t = \frac{(0,05)^2}{2 \cdot 2,5} 10^3 = 0,5 \ h$$

Die gesuchte instationäre Temperaturverteilung des Bauteils ist im Binder-Schmidt-Diagramm, Bild B.1-19, dargestellt.

2. Die Oberflächentemperaturen werden aus dem Diagramm (Bild B.1-19) abgelesen. Sie sind hier in Tabelle B.1-2 zusammengestellt.

Tabelle B.1-3:   Innen- und Außenoberflächentemperaturen in Abhängigkeit von der Tageszeit.

Zeit [h]	8.00	8.30	9.00	9.30	10.00
θ_{si} [°C]	13,4	13,7	14,2	14,6	15,0
θ_{se} [°C]	8,1	9,0	10,7	12,2	14,2

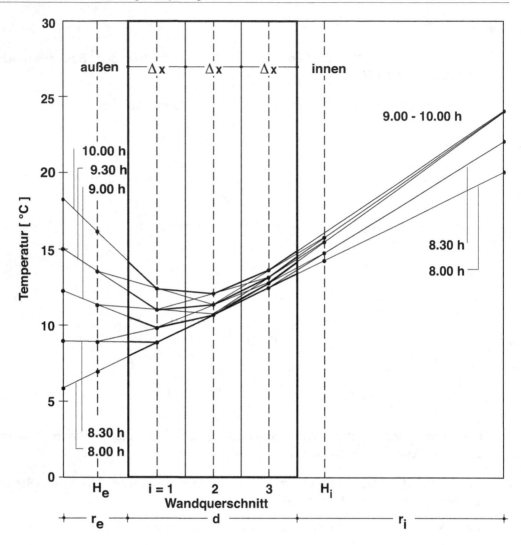

Bild B.1-19: Binder-Schmidt-Diagramm des untersuchten Bauteils.

Lösung 1.16

1. Südorientierung, da das Maximum der Sonneneinstrahlung um 12.00 Uhr auftritt!

2. Die instationäre Heiz- bzw. Kühlleistung errechnet sich für jeden Zeitpunkt aus der Energiebilanz des Raumes:

$$\Sigma\ \Phi_{zu} = \Sigma\ \Phi_{ab}$$

$$\Sigma\ \Phi_{zu} = \Phi_{Sonne} + \Phi_{Heiz} \qquad \text{[W]}$$

$$\Sigma\ \Phi_{ab} = \Phi_W + \Phi_F + \Phi_L \qquad \text{[W]}$$

$$\Phi_{Heiz} = \Phi_W + \Phi_F + \Phi_L - \Phi_{Sonne} \qquad \text{[W]}$$

$$\Phi_F = U \cdot A_F \cdot (\theta_i - \theta_e) \qquad \text{[W]}$$

$$\Phi_L = n \cdot \rho_L \cdot c_{pL} \cdot V \cdot (\theta_i - \theta_e) \qquad \text{[W]}$$

mit

$$V = 5 \cdot 5 \cdot 2{,}5 = 62{,}5 \ m^3$$

$$\Phi_{Sonne} = A_F \cdot I \cdot \tau = 5 \cdot I \cdot 0{,}8 = 4\ I \qquad \text{[W]}$$

$$\Phi_F + \Phi_L = (15 + 10{,}94) \cdot (\theta_i - \theta_e) = 25{,}94\ (20 - \theta_e) \qquad \text{[W]}$$

$$\Phi_W = A_W \cdot \frac{\theta_i - \theta_{si}}{R_{si}} = 7{,}5 \cdot \frac{20 - \theta_{sl}}{R_{si}} \qquad \text{[W]}$$

$$A_W = A - A_F = 5 \cdot 2{,}5 - 5 = 7{,}5 \ m^2$$

Die instationären Innenoberflächentemperaturen θ_{si} werden mit Hilfe des Binder-Schmidt-Verfahrens gemäß Merkblatt 3 ermittelt.

I.   Richtpunktabstände: $r_i = \lambda \cdot R_{si} = 0{,}4 \ m \cdot 0{,}13 = 0{,}05 \ m$

$$r_e = \lambda \cdot R_{se} = 0{,}4 \ m \cdot 0{,}08 = 0{,}032 \ m$$

II. Schichtelementdicke: $\Delta x = \dfrac{d}{n} = \dfrac{0{,}22}{4} \ m = 0{,}055 \ m = 5{,}5 \ cm$

III. Stabilitätsbedingung: $\dfrac{\Delta x}{2} = 0{,}0275 \ m < r_i$ und r_e, erfüllt

IV. Zeitschrittweite: $\Delta t = \dfrac{(\Delta x)^2}{2 \cdot a} = \dfrac{(\Delta x)^2}{2 \cdot \lambda} \cdot \rho \cdot c_p \qquad \text{[h]}$

$$\Delta t = \frac{(0{,}055)^2}{2 \cdot 0{,}4} \cdot 476 \cdot 0{,}28 = 0{,}5 \ h$$

Die unbekannten Oberflächentemperaturen werden dem Binder-Schmidt-Diagramm in Bild B.1-20 entnommen. Sie sind in Tabelle B.1-4 zusammengestellt.

Tabelle B.1-4: Zusammenstellung der instationären thermischen Randbedingungen außen.

Zeit [h]	7.00	7.30	8.00	8.30	9.00	9.30	10.00
θ_e [°C]	5	5	5	5	5	6	7
I [W/m²]	0	0	105	210	310	400	480
Θ [K]	2	2	12,6	20,1	27,3	34,8	41,6
θ_{si} [°C]	17	17	17	17	17	17	17,3

Die absorbierte Sonneneinstrahlung und die Außenlufttemperatur werden als äußere thermische Randbedingungen mit Hilfe der fiktiven Außenlufttemperatur Θ gemäß Merkblatt 2 erfasst.

$$\Theta = \theta_e + R_{se} \cdot \alpha \cdot I - K \quad [°C]$$

Die Wärmeströme und die Heiz- bzw. Kühlleistung zu den einzelnen Zeitpunkten gehen aus der Tabelle B.1-5 hervor.

Tabelle B.1-5: Zusammenstellung der errechneten Wärmeströme und der Heiz- bzw. Kühlleistung.

Zeit [h]	7.00	7.30	8.00	8.30	9.00	9.30	10.00
Φ_{F+L} [W]	389	389	389	389	389	363	337
Φ_W [W]	173	173	173	173	173	173	156
$\Sigma\Phi_{ab}$ [W]	562	562	562	562	562	536	493
Φ_S [W]	0	0	420	840	1240	1600	1920
Φ_H [W]	562	562	142	−278	−678	−1064	−1427

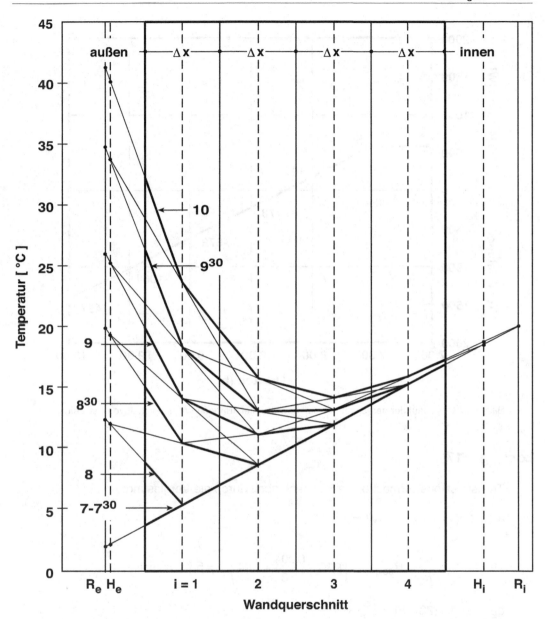

Bild B.1-20: Instationäre Temperaturverteilungen im Bauteilquerschnitt; ermittelt mit Hilfe des Binder-Schmidt-Verfahrens.

3.

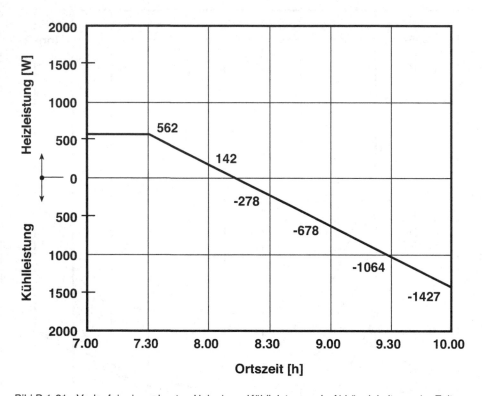

Bild B.1-21: Verlauf der berechneten Heiz- bzw. Kühlleistungen in Abhängigkeit von der Zeit.

Lösung 1.17

1. Transmissionswärmestrom je Flächeneinheit durch die Verglasung:

$$q_G = U_G \cdot (\theta_i - \theta_e) \quad [W/m^2]$$

$$U_G = \left(R_{si} + \frac{d_G}{\lambda_G} + R_{se}\right)^{-1} = \left(0{,}13 + \frac{0{,}004}{0{,}8} + 0{,}04\right)^{-1} = 5{,}71 \text{ W/m}^2\text{K}$$

$$q_G = 5{,}71 \cdot (22 - 5) = 97{,}1 \text{ W/m}^2$$

2. Prozentuale Reduktion:

$$\eta = \frac{q_G - q}{q_G} \cdot 100 \quad [\%]$$

Dabei ist:

$q = U \cdot (\theta_i - \theta_e) = 2{,}45 \cdot (22 - 5) = 41{,}7 \ \text{W/m}^2$

mit

$$U = \left(R_{si} + \frac{d_A}{\lambda_A} + R_g + \frac{d_G}{\lambda_G} + R_{se} \right)^{-1} = \left(0{,}13 + \frac{0{,}005}{0{,}06} + 0{,}15 + \frac{0{,}004}{0{,}8} + 0{,}04 \right)^{-1} \ [\text{W/m}^2\text{K}]$$

$U = 2{,}45 \ \text{W/m}^2\text{K}$

und somit

$$\eta = \frac{97{,}1 - 41{,}7}{97{,}1} \cdot 100 = 57 \ \%$$

3. a) $\eta_1 = \dfrac{q_G - q'}{q_G} \cdot 100 \ [\%]; \qquad \eta_2 = \dfrac{q - q'}{q'} \cdot 100 \ [\%]$

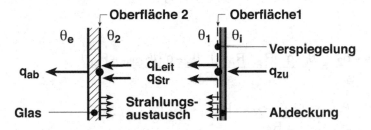

Bild B.1-22: Schematische Darstellung des Fensters mit Angabe der zu bilanzierenden Wärmestromdichten.

Der Wärmestrom je m^2 errechnet sich aus den Energiebilanzen an den jeweils dem Luftspalt zugewandten Oberflächen 1 und 2 unter Berücksichtigung des Wärmetransports im Luftspalt.

Wärmebilanzen unter stationären Bedingungen:

I.   Oberfläche 1 (Abdeckung):

$$q_{zu} = q_{Str} + q_{Leit} = q' = \frac{\theta_i - \theta_1}{R_{si} + R_{Abd}} \qquad [\text{W/m}^2]$$

II.   Oberfläche 2 (Glas):

$$q_{ab} = q_{Str} + q_{Leit} = q' = \frac{\theta_2 - \theta_e}{R_{Glas} + R_{se}} \qquad [\text{W/m}^2]$$

Im Luftspalt gilt:

$q' = q_{Str} + q_{Leit} + q_{Konv}$ [W/m²],   wobei $q_{Konv} = 0$,

q_{Str} und q_{Leit} durch

$$q_{Str} = \frac{\theta_1 - \theta_2}{R_{Str}} = h_{str} \cdot (\theta_1 - \theta_2) \quad [W/m^2]$$

$$q_{Leit} = \frac{\theta_1 - \theta_2}{R_g} \quad [W/m^2]$$

gegeben sind.

Mit den Oberflächentemperaturen

aus I. $\theta_1 = \theta_i - q' \cdot (R_{si} + R_{Abd})$ [°C]

aus II. $\theta_2 = \theta_e + q' \cdot (R_{Glas} + R_{se})$ [°C]

folgen:

$$q_{Str.} = \frac{\theta_1 - \theta_2}{R_{Str}} = \frac{\theta_i - q' \cdot (R_{si} + R_{Abd}) - \theta_e - q' \cdot (R_{Glas} + R_{se})}{R_{Str}}$$

$$= \frac{(\theta_i - \theta_e) - q' \cdot (R_{si} + R_{Abd} + R_{Glas} + R_{se})}{R_{Str}} \quad [W/m^2]$$

und

$$q_{Leit} = \frac{\theta_1 - \theta_2}{R_g} = \frac{\theta_i - q' \cdot (R_{si} + R_{Abd}) - \theta_e - q' \cdot (R_{Glas} + R_{se})}{R_g}$$

$$= \frac{(\theta_i - \theta_e) - q' \cdot (R_{si} + R_{Abd} + R_{Glas} + R_{se})}{R_g} \quad [W/m^2]$$

Damit ist:

$$q' = q_{Str} + q_{Leit} = \frac{(\theta_i - \theta_e) \cdot (R_{Str} + R_g)}{R_{Str} \cdot R_g + (R_{Str} + R_g) \cdot (R_{si} + R_{Abd} + R_{Glas} + R_{se})} \quad [W/m^2]$$

$$q' = \frac{(22 - 5) \cdot \left(\frac{1}{2} + \frac{0,01}{0,02} \right)}{\frac{0,01}{0,02} \cdot \frac{1}{2} + \left(\frac{1}{2} + \frac{0,01}{0,02} \right) \left(0,13 + \frac{0,005}{0,06} + \frac{0,004}{0,8} + 0,04 \right)} = 33,4 \ W/m^2$$

und schließlich

$$\eta_1 = \frac{97,1 - 33,4}{97,1} \cdot 100 = 66 \ \% \qquad \eta_2 = \frac{41,7 - 33,4}{41,7} \cdot 100 = 20 \ \%$$

b)   Strahlungsaustauschkonstante:

$$C_{1,2} = \frac{q_{Str}}{\left(\dfrac{T_1}{100}\right)^4 - \left(\dfrac{T_2}{100}\right)^4} \quad [W/m^2K^4]$$

mit

$$q_{Str} = h_r \cdot (\theta_1 - \theta_2) = \frac{14,9 - 6,5}{0,5} = 16,8 \ W/m^2$$

und

$$T_1 = \theta_1 + 273 = 14,9 + 273 = 287,9 \ K$$

$$T_2 = \theta_2 + 273 = 6,5 + 273 = 279,5 \ K$$

Dabei sind:

$$\theta_1 = \theta_i - q' \cdot (R_{si} + R_{Abd}) = 22 - 33,4 \left(0,13 + \frac{0,005}{0,06}\right) = 14,9 \ °C$$

$$\theta_2 = \theta_e + q' \cdot (R_{Glas} + R_{se}) = 5 + 33,4 \left(\frac{0,004}{0,8} + 0,04\right) = 6,5 \ °C$$

Somit folgt für die Strahlungsaustauschkonstante:

$$C_{1,2} = \frac{16,8}{\left(\dfrac{287,9}{100}\right)^4 - \left(\dfrac{279,5}{100}\right)^4} = 2,2 \ W/m^2K^4$$

c) $q_{Leit} = q - q_{Str} = 33,4 - 16,8 = 16,6 \ W/m^2$

$$\eta_{Leit} = \frac{33,4 - 16,8}{33,4} = 0,50 \rightarrow 50 \ \%$$

Lösung 1.18

1.   Wärmedurchgangskoeffizient:

$$U = \left(R_{si} + \frac{d}{\lambda} + R_{se}\right)^{-1} = \left(0,13 + \frac{0,365}{0,6} + 0,04\right)^{-1} = 1,28 \ W/m^2K$$

2. Die Oberflächentemperaturen resultieren aus der Wärmebilanz an der Außen-Oberfläche der Außenwand gemäß Bild B.1-23:

$$\Sigma\, q = q_S - q_i - q_e = 0$$

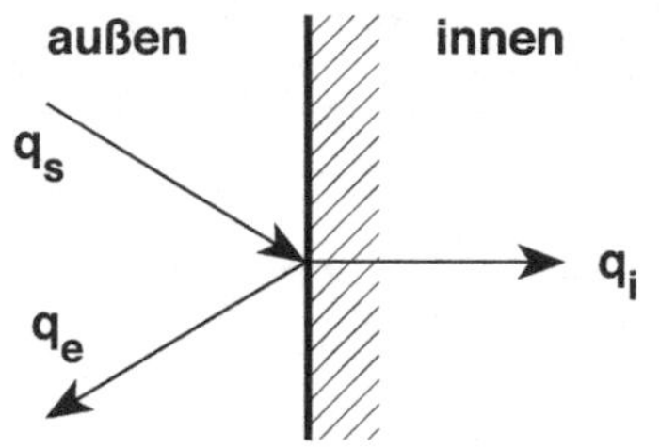

außen **innen**

q_s

q_i

q_e

Bild B.1-23: Schematische Darstellung der zu bilanzierenden Wärmestromdichten an der Außenober-fläche der Außenwand.

Dabei sind:

$$q_S = I \cdot \alpha = 400 \cdot 0{,}4 = 160 \ \text{W/m}^2$$

$$q_i = \frac{\theta_{se} - \theta_i}{R_{si} + \dfrac{d}{\lambda}} \quad [\text{W/m}^2]$$

$$q_e = \frac{\theta_{se} - \theta_e}{R_{se}} \quad [\text{W/m}^2]$$

Somit folgt insgesamt:

$$I \cdot \alpha - \frac{\theta_{se} - \theta_i}{R_{si} + \dfrac{d}{\lambda}} - \frac{\theta_{se} - \theta_e}{R_{se}} = 0$$

und daraus die Außenoberflächentemperatur

$$\theta_{se} = U \cdot \left[I \cdot \alpha \cdot R_{se} \cdot \left(R_{si} + \frac{d}{\lambda} \right) + \theta_i \cdot R_{se} + \theta_e \cdot \left(R_{si} + \frac{d}{\lambda} \right) \right] = 30,6\ °C$$

Damit lässt sich

$$q_e = \frac{30,6 - 25}{0,04} = 140 \ \text{W/m}^2$$

berechnen. Aus der Bilanz ergibt sich dann:

$$q_i = \frac{\theta_{si} - \theta_i}{R_{si}} = q_s - q_e = 160 - 140 = 20 \ \text{W/m}^2$$

und schließlich

$$\theta_{si} = 20 \cdot 0,13 + \theta_i = 2,6 + 18 = 20,6\ °C$$

3. Zur Bestimmung der Kühlleistung wird gemäß Bild B.1-24 die Wärmebilanz im Raum erstellt:

$$\Sigma\ \Phi = \Phi_W + \Phi_L + \Phi_F + \Phi_S - \Phi_{Kühl} = 0$$

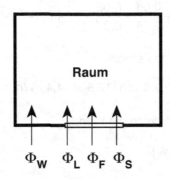

Bild B.1-24: Schematische Darstellung der zu bilanzierenden Wärmeströme im Raum.

Dabei sind:

$$\Phi_W = q_i \cdot A_W = 20 \cdot 13 = 260\ W$$

mit

$$A_W = A - A_F = 6 \cdot 2,5 - 2 = 13\ m^2$$

$$\Phi_F = U_F \cdot A_F \cdot (\theta_e - \theta_i) = 2,6 \cdot 2 \cdot (25 - 18) = 36,4\ W$$

$$\Phi_S = I \cdot \tau \cdot A_G = 400 \cdot 0,8 \cdot 1,6 = 512\ W$$

$$A_G = A_F - 0,2 \cdot A_F = 0,8 \cdot A_F = 1,6\ m^2$$

und

$$\Phi_L = n \cdot \rho_L \cdot c_{pL} \cdot V_L \cdot (\theta_e - \theta_i) = 0,1 \cdot 60 \cdot 0,35 \cdot (25 - 18) = 14,7\ W$$

mit

$$V = 6 \cdot 4 \cdot 2,5 = 60\ m^3$$

Die Kühlleistung des Raumes ist somit:

$$\Phi_{Kühl} = 260 + 36,4 + 512 + 14,7 = 823,1\ W$$

Lösung 1.19

1. Wärmedurchgangskoeffizient der Wand:

$$U = \left(0,13 + \frac{0,015}{0,7} + \frac{0,24}{0,36} + \frac{0,04}{0,04} + \frac{0,02}{0,87} + 0,04\right)^{-1} = 0,53 \text{ W/m}^2\text{K}$$

2. Strahlungsenergie durch das Fenster:

$$Q_{Str} = I \cdot t \cdot \tau \cdot A_V = 600 \cdot 8 \cdot 0,8 \cdot 0,3 \cdot 12,5 = 14,4 \text{ kWh}$$

3. a) Transmissionswärmestrom durch die Wand:

$$\Phi_W = U \cdot (\theta_i - \Theta) \cdot A_W \quad [\text{W}]$$

mit

$$A_W = 12,5 \cdot (1 - 0,3) = 8,75 \text{ m}^2$$

Die fiktive Außenlufttemperatur Θ ist gemäß Merkblatt 2:

$$\Theta = \theta_e + R_{se} \cdot \alpha \cdot I = 6 + 0,04 \cdot 0,6 \cdot 600 = 20,4 \,°\text{C}$$

Damit ergibt sich:

$$\Phi_W = 0,53 \cdot (20 - 20,4) \cdot 8,75 = -1,9 \text{ W} \quad (\text{Wärmegewinn})$$

b) Transmissionswärmeverlust durch das Fenster:

$$\Phi_V = U_V \cdot (\theta_i - \theta_e) \cdot A_V = 3,1 \cdot (20 - 6) \cdot 3,75 = 162,75 \text{ W}$$

mit

$$A_V = 12,5 \cdot 0,3 = 3,75 \text{ m}^2$$

c) Die Luftwechselzahl wird aus der Wärmebilanz des Raumes bestimmt.

$$\Sigma \Phi = \Phi_{Str} + \Phi_P - \Phi_W - \Phi_V - \Phi_L = 0$$

Dabei sind:

$$\Phi_{Str.} = I \cdot \tau \cdot A_V \quad [\text{W}]$$

$$\Phi_P = 2 \cdot 120 = 240 \text{ W}$$

Φ_W und Φ_V gemäß 3a) bzw. 3b)

$$\Phi_L = \rho_L \cdot c_{pL} \cdot n \cdot V \cdot (\theta_i - \theta_e) = 0{,}35 \cdot 12{,}5 \cdot 4 \cdot 14 \cdot n \quad [W]$$

$$\Sigma\, \Phi = 600 \cdot 12{,}5 \cdot 0{,}3 \cdot 0{,}8 + 240 + 1{,}9 - 162{,}75 - 245 \cdot n = 0$$

Die Luftwechselzahl folgt schließlich zu:

$$n = \frac{1879{,}15}{245} = 7{,}7\, h^{-1}$$

Lösung 1.20

1. Wärmedurchgangskoeffizient der Außenwand:

$$U_{W,e} = \left(R_{si} + \sum_{i=1}^{n} \frac{d_i}{\lambda_i} + R_{se} \right)^{-1} \quad [W/m^2K]$$

$$U_{W,e} = \left(0{,}13 + \frac{0{,}015}{0{,}7} + \frac{0{,}24}{0{,}6} + \frac{0{,}08}{0{,}035} + 0{,}04 \right)^{-1} = 0{,}35 \ W/m^2K$$

2. Thermische Bilanz des Raumes:

$$\Sigma\, \Phi = \Phi_{zu} - \Phi_{ab} + \Phi_{Kühl., Heiz.} = 0$$

Dabei sind:

$$\Phi_{zu} = \Phi_S + \Phi_{Pers} + \Phi_{Bel} + \Phi_{Büromasch} = 4704 + 200 + 300 + 400 = 5604 \ W$$

$$\Phi_S = I \cdot g \cdot A_G = 600 \cdot 0{,}8 \cdot 9{,}8 = 4704 \ W \qquad mit$$

$$A_F = 7{,}2 \cdot 2{,}85 \cdot 0{,}6 = 12{,}3 \ m^2 \qquad und$$

$$A_G = 12{,}3 \cdot 0{,}8 = 9{,}8 \ m^2$$

$$\Phi_{ab} = \Phi_{W,außen} + \Phi_F + \Phi_R + \Phi_{L,F} + \Phi_{W,innen} + \Phi_T + \Phi_{L,T}$$

$$= (U_{W,e} \cdot A_{W,e} + U_F \cdot A_F + U_R \cdot A_R + n_F \cdot \rho_L \cdot c_{pL} \cdot V) (\theta_i - \theta_e) +$$

$$(U_{W,i} \cdot A_{W,i} + U_T \cdot A_T + n_T \cdot \rho_L \cdot c_{pL} \cdot V) (\theta_i - \theta_{Flur}) \quad [W]$$

mit

$$A_{W,e} = 7{,}2 \cdot 2{,}85 - A_F = 8{,}2 \ m^2$$

$A_{W,i} = 7,2 \cdot 2,85 - A_T = 18,5 \; m^2$

$A_R = 12,3 \cdot 0,2 = 2,5 \; m^2$

$V = 7,2 \cdot 2,85 \cdot 4,8 = 98,5 \; m^3$

$\Phi_{ab} = (0,35 \cdot 8,2 + 2,1 \cdot (9,8 + 2,5) + 1,0 \cdot 0,5 \cdot 1,25 \cdot 0,28 \cdot 98,5)\,(20 - 0)+$

$\qquad (2 \cdot 18,5 + 2 \cdot 2,0 + 1,0 \cdot 0,5 \cdot 1,25 \cdot 0,28 \cdot 98,5)\,(20 - 16) = 1151,7 \; W$

Schließlich:

$\Sigma \; \Phi = \Phi_{zu} + \Phi_{ab} + \Phi_{K,H} = 5604 - 1151,7 + \Phi_{K,H} = 0$

3. Es muss dem Raum Wärme entzogen werden (Kühlung). Die Kühlleistung beträgt:

$\Phi_K = 1151,7 - 5604 = -4452 \; W \approx -4,5 \; kW$

Lösung 1.21

1. Wärmedurchgangskoeffizient der Außenwand:

$$U_{W,e} = \left(R_{si} + \sum_{i=1}^{n} \frac{d_i}{\lambda_i} + R_{se} \right)^{-1} \quad [W/m^2K]$$

$$= \left(R_{si} + \left(\frac{d}{\lambda}\right)_{Pi} + \left(\frac{d}{\lambda}\right)_{M} + \left(\frac{d}{\lambda}\right)_{D} + \left(\frac{d}{\lambda}\right)_{Pa} + R_{se} \right)^{-1}$$

$$= \left(0,13 + \frac{0,015}{0,7} + \frac{0,24}{0,6} + \frac{0,12}{0,04} + \frac{0,02}{0,6} + 0,04 \right)^{-1} = 0,28 \; W/m^2K$$

2.

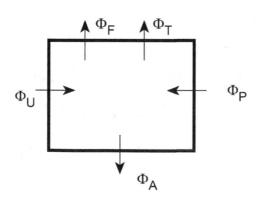

Bild B.1-25: Schematische Darstellung der zu bilanzierenden Wärmeströme.

Die Lufttemperatur ergibt sich gemäß Bild B.1-25 aus der Wärmebilanz für den Lagerraum bei geschlossener Tür (ohne Luftwechsel):

$$\Sigma\ \Phi = \Phi_U + \Phi_P - \Phi_F - \Phi_T - \Phi_A = 0$$

Mit

$$\Phi = q \cdot A = U \cdot \Delta\theta \cdot A \quad [\,W\,]$$

$$\Phi_U = U_{Tr} \cdot (\theta_{LU} - \theta_i) \cdot A_U = 2,1\,(20 - \theta_i) \cdot 28 \qquad [W] \qquad \text{(Wand Umkleideraum)}$$

$$\Phi_P = U_{Tr} \cdot (\theta_{LP} - \theta_i) \cdot A_P = 2,1\,(22 - \theta_i) \cdot 28 \qquad [W] \qquad \text{(Wand Pausenraum)}$$

$$\Phi_F = U_{Tr} \cdot (\theta_i - \theta_{LF}) \cdot A_F = 2,1\,(\theta_i - 18) \cdot 56 \qquad [W] \qquad \text{(Wand Flur)}$$

$$\Phi_T = U_T \cdot (\theta_i - \theta_{LF}) \cdot A_T = 2,1\,(\theta_i - 18) \cdot 4 \qquad [W] \qquad \text{(Tür Flur)}$$

$$\Phi_A = U \cdot (\theta_i - \theta_e) \cdot A_A = 0,28\,(\theta_i - 8) \cdot 60 \qquad [W] \qquad \text{(Außenwand)}$$

erhält man aus

$$58,8 \cdot (20 - \theta_i) + 58,8 \cdot (22 - \theta_i) - 117,6 \cdot (\theta_i - 18) - 8,4 \cdot (\theta_i - 18) - 16,8 \cdot (\theta_i - 8) = 0$$

$$\theta_i \cdot (58,8 \cdot 2 + 117,6 + 8,4 + 16,8) = 1176 + 1293,6 + 2116,8 + 151,2 + 134,4$$

die Lufttemperatur:

$$\theta_i = \frac{4872,0}{260,4} = 18,7\ ^\circ C$$

3.

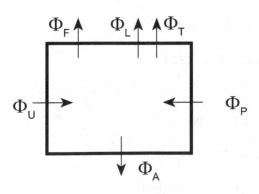

Bild B.1-26: Schematische Darstellung der zu bilanzierenden Wärmeströme.

Die Lufttemperatur ergibt sich gemäß Bild B.1-26 aus der Wärmebilanz für den Lagerraum, bei geöffneter Tür (mit Luftwechsel):

$$\Sigma \, \Phi = \Phi - \Phi_L = 0$$

Dabei ist:

$$\Phi_L = \rho_L \cdot c_{pL} \cdot V \cdot n \cdot (\theta_i - \theta_F) = 1,25 \cdot 0,28 \cdot 420 \cdot 0,8 \cdot (\theta_i - \theta_F) = 117,6 \cdot (\theta_i - 18)$$

mit

$$V = l \cdot b \cdot h = 15 \cdot 7 \cdot 4 = 420 \ m^3$$

Unter Berücksichtigung der Wärmebilanz gemäß 2. folgt aus:

$$\theta_i \, (260,4 + 117,6) = 4872,0 + 117,6 \cdot 18$$

$$\theta_i = \frac{6988,8}{378} = 18,5 \ ^\circ C$$

4. Die relative Luftfeuchte im Lagerraum erhält man aus dem Ausgleich der Feuchtekonzentrationen im Flur und im Lagerraum unter stationären Bedingungen:

$$c_F = c_i$$

$$c_F = \frac{\varphi_F \cdot p_{S,F}}{R \cdot T_F} \ [kg/m^3]$$

$$c_i = \frac{\varphi_i \cdot p_{S,i}}{R \cdot T_{Li}} \ [kg/m^3]$$

Dabei sind:

$$p_{S,F} = p_S(\theta_F) = p_S(18\ ^\circ C) = 2067 \ Pa$$

$$p_{S,i} = p_S(\theta_i) = p_S(18,5\ ^\circ C) = 2133 \ Pa$$

und

$$T_F = \theta_F + 273 = 18 + 273 = 291 \ K$$

$$T_i = \theta_i + 273 = 18,5 + 273 = 291,5 \ K$$

Nach dem Einsetzen von c_F und c_i folgt aus:

$$\frac{0,6 \cdot 2067}{R \cdot 291} = \frac{\varphi_i \cdot 2133}{R \cdot 291,5}$$

die relative Luftfeuchte

$$\varphi_i = \frac{291,5}{291} \cdot \frac{2067}{2133} \cdot 0,6 = 0,58 \rightarrow 58 \ \%$$

Lösung 1.22

1. Ein Volumenstrom von 0,3 m³/s entspricht 0,3 · 3600 = 1080 m³/h

    $V = 6 \cdot 7,5 \cdot 4,8 = 216,0 \ m^3$

    $n = \dfrac{1080}{216} = 5 \ h^{-1}$

2. $\Phi_L = \Phi_{W,D} + \Phi_T + \Phi_B$

    $\Phi_{W,D} = U_{W,D} \cdot (A_W + A_D) \cdot (\theta_H - \theta_P)$

    $\Phi_T = q_T \cdot A_T = 9,36 \cdot 4 = 37,44 \ W$

    $\Phi_B = q_B \cdot A_B = 7,2 \cdot 45 = 324,0 \ W$

    $\Phi_L = \rho_L \cdot c_{pL} \cdot V \cdot n \cdot (\theta_P - \theta_e)$

    $$U_{W,D} = \left(R_{si} + \frac{d}{\lambda} + R_{si} \right)^{-1} = \left(2 \cdot 0,17 + \frac{0,30}{2,0} \right)^{-1} = 2,04 \ W/m^2K$$

    $A_W = 2 \ (6 \cdot 4,8 + 7,5 \cdot 4,8) - 4 = \ 125,6 \ m^2$

    $A_D = A_B = 6 \cdot 7,5 = \hspace{3cm} 45,0 \ m^2$

    $A_W + A_D = \hspace{3.5cm} 170,6 \ m^2$

    $\Phi_{W,D} = 2,04 \cdot 170,6 \cdot (\ 18 - \theta_P) = 6264,4 - 348,0 \ \theta_P$

    $\Phi_L = 1,25 \cdot 0,28 \cdot 216 \cdot 5 \cdot (\theta_P - 2) = 378 \ \theta_P - 756$

    $6264,4 - 348,0 \ \theta_P + 37,44 + 324,0 = 378 \ \theta_P - 756$

    $7381,84 = 726 \ \theta_P$

$$\theta_P = \frac{7381{,}84}{726} = 10{,}2\ ^\circ C$$

3.   Wenn $\theta_P = \theta_H = 18\ ^\circ C$

$$\Phi_{Heiz} = \Phi_B + \Phi_L$$

$$\Phi_B = U \cdot A \cdot (\theta_P - \theta_B)$$

$$q = U\,(12 - 10{,}2) = 7{,}2\ W/m^2K$$

$$U = \frac{7{,}2}{1{,}8} = 4{,}0\ W/m^2$$

$$\Phi_B = 4{,}0 \cdot 45 \cdot (18 - 12) = 1080\ W$$

$$\Phi_L = 1{,}25 \cdot 0{,}28 \cdot 216 \cdot 5 \cdot (18 - 2) = 6048\ W$$

$$\Phi_{Heiz} = 7128\ W$$

Lösung 1.23

1.   Stationärer Fall

$$q = U \cdot (\theta_e - \theta_i)$$

$$U = (R_{si} + \frac{d}{\lambda} + R_{se})^{-1} = (0{,}17 + \frac{0{,}08}{0{,}18} + 0{,}08)^{-1} = 1{,}44\ W/m^2K$$

$$q = 1{,}44 \cdot (28 - 25) = 4{,}32\ W/m^2$$

$$\theta_{se} = \theta_e - R_{se} \cdot q = 28 - 0{,}08 \cdot 4{,}32 = 27{,}7\ ^\circ C$$

$$\theta_{si} = \theta_{se} + R_{si}\,q = 25 + 0{,}17 \cdot 4{,}32 = 25{,}7\ ^\circ C$$

Die Temperaturverteilung ist im Bild B.1-27 grafisch dargestellt.

2. $r_e = R_{se} \cdot \lambda = 0{,}08 \cdot 0{,}18 = 0{,}014\ m > \dfrac{x}{2} = 0{,}01\ m$

$r_i = R_{si} \cdot \lambda = 0{,}17 \cdot 0{,}18 = 0{,}031\ m > \dfrac{x}{2}$

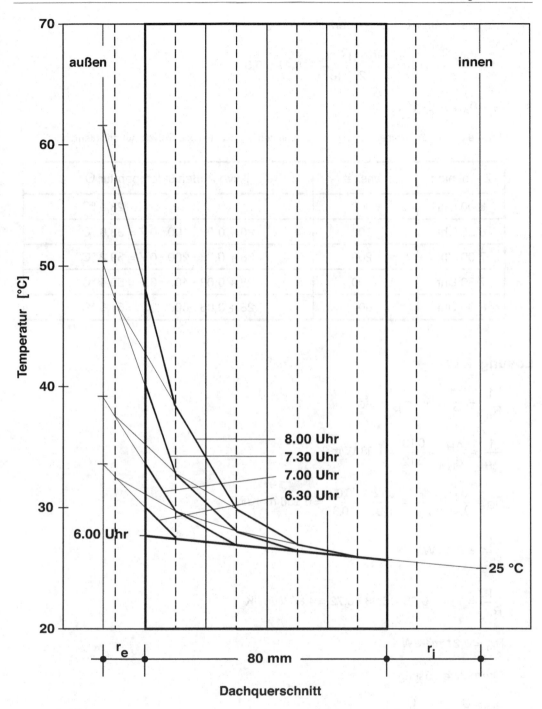

Bild B.1-27: Binder-Schmidt-Diagramm des Dachquerschnittes.

Die Stabilitätsbedingung ist erfüllt

$$\Delta t = \frac{(\Delta x)^2}{2\lambda} \cdot \rho \cdot c_p = \frac{(0,02)^2 \cdot 960}{2 \cdot 0,18} \cdot 0,47 = 0,5 \text{ h}$$

3. $\Theta = \theta_e + R_{se} \cdot I \cdot \alpha - K$

Tabelle B.1-6: Zusammenstellung der berechneten Intensitäten und fiktiven Außenlufttemperaturen.

Zeitpunkt t	Intensität I	fiktive Außenlufttemperatur Θ
6.00 Uhr	000	28,0 °C
6.30 Uhr	100	$28 + 0,08 \cdot 100 \cdot 0,7 = 33,6$ °C
7.00 Uhr	200	$28 + 0,08 \cdot 200 \cdot 0,7 = 39,2$ °C
7.30 Uhr	400	$28 + 0,08 \cdot 400 \cdot 0,7 = 50,4$ °C
8.00 Uhr	600	$28 + 0,08 \cdot 600 \cdot 0,7 = 61,6$ °C

Lösung 1.24

1. $\dfrac{1}{R_m} = \dfrac{1}{R_H} \cdot f_H + \dfrac{1}{R_G} \cdot f_G$

$$\frac{1}{R_H} = \frac{\lambda_H}{d_H} = \frac{0,13}{0,12} = 1,08 \text{ W/m}^2\text{K}$$

$$R_G = \frac{d_Z}{\lambda_Z} + \frac{d_P}{\lambda_P} = \frac{0,12}{0,9} + \frac{0,02}{0,8} = 0,158 \text{ m}^2\text{K/W}$$

$$\frac{1}{R_G} = 6,33 \text{ W/m}^2\text{K}$$

$$\frac{1}{R_m} = 1,08 \cdot 0,28 + 6,33 \cdot 0,72 = 4,86 \text{ W/m}^2\text{K}$$

$R_m = 0,21 \text{ m}^2\text{K/W}$

Alternative Lösung

$U_m = U_G \cdot f_G + U_H \cdot f_H$

$$U_G = (R_{si} + \sum \frac{d}{\lambda} + R_{se})^{-1} = (0,13 + \frac{0,12}{0,9} + \frac{0,02}{0,8} + 0,04)^{-1} = 3,05 \text{ W/m}^2\text{K}$$

$$U_H = (0,13 + \frac{0,12}{0,13} + 0,04)^{-1} = 0,92 \text{ W/m}^2\text{K}$$

$$U_m = 0,28 \cdot 0,92 + 0,72 \cdot 3,05 = 2,45 \text{ W/m}^2\text{K}$$

$$R_m = \frac{1}{U_m} - (R_{si} + R_{se}) = 0,40 - 0,17 = 0,23 \text{ m}^2\text{K/W}$$

2. Das Gefach ist ungünstiger als der Holzrahmen

$$U = (R_{se} + \sum \frac{d}{\lambda} + R_{si})^{-1} \quad [\text{W/m}^2\text{K}]$$

$$0,13 + \frac{0,02}{0,8} + \frac{0,12}{0,9} + \frac{d_D}{0,04} + \frac{0,025}{0,21} + 0,04 = \frac{1}{0,3}$$

$$0,45 + \frac{d_D}{0,04} = 3,33$$

$$d_D = (3,33 - 0,45) \cdot 0,04 = 0,115 \text{ m} \rightarrow 12 \text{ cm}$$

3. Bilanz der Wärmeströme

$$\Phi_{\text{Heizung}} = \Phi_{\text{Lüftung}} + \Phi_{\text{Fenster}} + \Phi_{\text{Wand außen}}$$

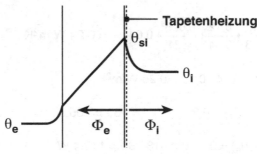

Bild B.1-28: Schematische Darstellung der Temperaturverteilung im untersuchten Bauteil und der Wärmeströme.

$$\Phi_e = (\frac{1}{U} - R_{si})^{-1} \cdot A_w \cdot (\theta_{si} - \theta_e) \quad [\text{W}]$$

$$\Phi_i = R_{si}^{-1} \cdot A_w \cdot (\theta_{si} - \theta_i) \quad [\text{W}]$$

$$\Phi_e + \Phi_i = 600 \text{ W}$$

Mit der Fläche der Gesamtfassade: $A = 7{,}2 \cdot 2{,}5 = 18 \ m^2$

$$\left(\frac{1}{0{,}3} - 0{,}13\right)^{-1} \cdot 0{,}7 \cdot 18 \cdot (\theta_{si} + 10) + \frac{1}{0{,}13} \cdot 0{,}7 \cdot 18 \cdot (\theta_{si} - 20) = 600 \ W$$

$$3{,}93 \cdot (\theta_{si} + 10) + 96{,}92 \cdot (\theta_{si} - 20) = 600 \ W$$

$$(3{,}93 + 96{,}92) \cdot \theta_{si} + 39{,}3 - 1938{,}4 = 600 \ W$$

$$\theta_{si} = \frac{2499{,}1}{100{,}85} = 24{,}78 \ {}^\circ C$$

$$\Phi_i = \Phi_L + \Phi_F$$

$$\Phi_L = n \cdot \rho_L \cdot c_{pL} \cdot V \cdot (\theta_i - \theta_e) = n \cdot 1{,}25 \cdot 0{,}28 \cdot 18 \cdot 4{,}8 \cdot 30 = n \cdot 907{,}2 \ W$$

$$\Phi_F = U_F \cdot A_F \cdot (\theta_i - \theta_e) = 0{,}7 \cdot 0{,}3 \cdot 18 \cdot 30 = 113{,}4 \ W$$

$$\Phi_i = \frac{1}{R_{si}} \cdot A_W \cdot (\theta_{si} - \theta_i) = 96{,}92 \cdot 4{,}78 = 463{,}3 \ W$$

$$907{,}2 \ n + 113{,}4 = 463{,}3$$

$$n = \frac{463{,}3 - 113{,}4}{907{,}2} = 0{,}386 \approx 0{,}4 \ h^{-1}$$

alternative Lösung:

$$U_{H,neu} = \left(0{,}13 + \frac{0{,}12}{0{,}13} + \frac{0{,}12}{0{,}04} + \frac{0{,}025}{0{,}21} + 0{,}04\right)^{-1} = 0{,}24 \ W/m^2K$$

$$U_{W,neu} = 0{,}3 \cdot 0{,}72 + 0{,}24 \cdot 0{,}28 = 0{,}28 \ W/m^2K$$

$$\Phi_W = U_W \cdot A_W \cdot (\theta_i - \theta_e) = 0{,}28 \cdot 0{,}7 \cdot 18 \cdot 30 = 105{,}84 \ W$$

$$\Phi_F = U_F \cdot A_F \cdot (\theta_i - \theta_e) = 0{,}7 \cdot 0{,}3 \cdot 18 \cdot 30 = 113{,}4 \ W$$

$$\Phi_H = \Phi_L + \Phi_F + \Phi_W$$

$$\Phi_L = n \cdot \rho_L \cdot c_{pL} \cdot V \cdot (\theta_i - \theta_e) = n \cdot 1{,}25 \cdot 0{,}28 \cdot 18 \cdot 4{,}8 \cdot 30 = n \cdot 907{,}2 \ W$$

$$907{,}2 \ n = 600 - 105{,}84 - 113{,}4 = 380{,}76$$

$$n = \frac{380{,}76}{907{,}2} = 0{,}42 \ h^{-1}$$

Lösung 1.25

1. $\Phi = U \cdot A \cdot \Delta\theta$

$U = (R_{si} + \sum \dfrac{d_i}{\lambda_i} + R_{se})^{-1}$

$U = (0{,}13 + \dfrac{0{,}015}{0{,}85} \cdot 2 + \dfrac{0{,}365}{0{,}65} + 0{,}04)^{-1} = 1{,}3 \ W/m^2K$

$\Phi_W = 1{,}3 \cdot 5 \cdot 2{,}5 \cdot 30 = 487{,}5 \ W$

$\Phi_F = 0{,}7 \cdot 8 \cdot 2{,}5 \cdot 30 = 420{,}0 \ W$

$\Phi_L = n \cdot \rho_L \cdot c_{pL} \cdot V_L \cdot (\theta_i - \theta_e)$

$\Phi_{LTür} = 0$

$\Phi_{LFenster} = 0{,}7 \cdot 1{,}25 \cdot 0{,}28 \cdot 5 \cdot 8 \cdot 2{,}5 \cdot 30 = 735 \ W$

$\Phi_{Heiz} = \Phi_W + \Phi_F + \Phi_L = 487{,}5 + 420 + 735 = 1642{,}5 \ W$

2. $q_S = I \cdot \alpha = 80 \cdot 0{,}65 = 52 \ W/m^2$

$\Phi_S = A \cdot q_S = 52 \cdot 8 \cdot 2{,}5 \cdot 0{,}9 = 936 \ W$

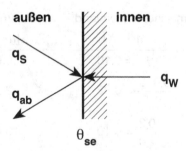

Bild B.1-29: Schematische Darstellung der zu bilanzierenden Wärmestromdichten an der Außenoberfläche der Außenwand.

$q_S + q_W - q_{ab} = 0$

$q_S = I \cdot \alpha = 80 \cdot 0{,}8 = 64 \ W/m^2$

$q_{ab} = (R_{se})^{-1} \cdot (\theta_{se} - \theta_e) = \dfrac{1}{0{,}04}\theta_{se} + 250$

$$q_W = (R_{si} + \sum \frac{d}{\lambda})^{-1} \cdot (\theta_i - \theta_{se}) = \left(0,13 + \frac{0,015}{0,85} \cdot 2 + \frac{0,365}{0,65}\right)^{-1} \cdot (20 - \theta_{se})$$

$$= 27,6 - 1,38 \, \theta_{se}$$

$$64 + 27,6 - 1,38 \, \theta_{se} - \frac{1}{0,04} \theta_{se} - 250 = 0$$

$$-158,4 = 26,38 \, \theta_{se}$$

$$\theta_{se} = -6,0 \; °C$$

$$q_W = q_{ab} - q_S = 25 \, (-6) + 250 - 64 = 36 \; W/m^2 \quad \text{(von der Wand weg)}$$

3. $\Phi_T + \Phi_L - \Phi_S - \Phi_i - \Phi_H = 0$

$\Phi_H = 1642,5 - 936 - 800 = -93,5$ W Kühlenergie

Lösung 1.26

1. $U = (R_{se} + \frac{d_1}{\lambda_1} + \frac{d_2}{\lambda_2} + \frac{d_3}{\lambda_3} + R_{si})^{-1} = (0,04 + \frac{0,05}{0,04} + \frac{0,2}{2,0} + \frac{0,015}{0,75} + 0,10)^{-1}$

$\quad = 0,66 \; W/m^2K$

2.

Schicht	thermischer Widerstand [m^{2}K/W]	Darstellung [mm]	θ_x [°C]
Luft innen	$= 0,10$	10,0	18,0
Putz	$\frac{0,015}{0,75} = 0,02$	2,0	17,6
Beton	$\frac{0,2}{2,0} = 0,10$	10,0	15,6
Wärmedämmschicht	$\frac{0,05}{0,04} = 1,25$	125,0	$-9,2$
Luft außen	$= 0,04$	4,0	
	$\Sigma = 1,51$	151,0	

3. $\left(\dfrac{d}{\lambda}\right)_{Schnee} = 0,74 \; m^2K/W - R_{se}$ \qquad (graphisch ermittelt)

$d_{Schnee} = (0,74 - 0,04) \cdot 0,2 = 0,14 \; m = 14 \; cm$ siehe Bild B.1-30

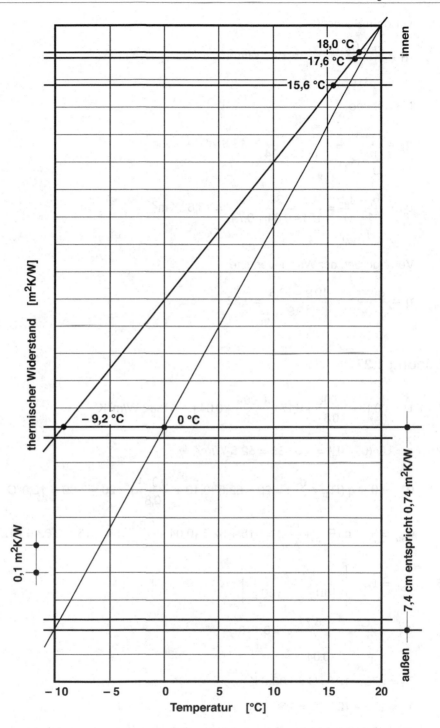

Bild B.1-30: Grafische Lösung zur Bestimmung der Schneedicke.

4.   vor dem Schneefall

$$q_1 = \frac{\theta_i - \theta_e}{\dfrac{1}{U}} = \frac{30}{1{,}51} = 19{,}9 \ \text{W/m}^2$$

Mit Schnee

$$q_2 = \frac{\theta_i - \theta_{se}}{\dfrac{1}{U} - R_{se}} = \frac{20}{1{,}51 - 0{,}04} = 13{,}6 \ \text{W/m}^2 \ \text{oder}$$

$$q_2 = \frac{\theta_i - \theta_e}{\left(\dfrac{1}{U}\right)_{neu}} = \frac{30}{1{,}51 - 0{,}04 + 0{,}74} = 13{,}6 \ \text{W/m}^2$$

Verringerung der Wärmeverluste

$$\eta = \frac{q_1 - q_2}{q_1} = \frac{19{,}9 - 13{,}6}{19{,}9} = 0{,}32 \rightarrow 32 \ \%$$

Lösung 1.27

1. $U = \left(0{,}13 + \dfrac{0{,}008}{0{,}8} + 0{,}17 + \dfrac{0{,}004}{0{,}8} + 0{,}04\right)^{-1} = 2{,}82 \ \text{W/m}^2\text{K}$

2. $q = U \cdot (\theta_i - \theta_e) = 1{,}5 \cdot 35 = 52{,}5 \ \text{W/m}^2$

$$\theta_{si1} = \theta_i - q\left(R_{si} + \frac{d_1}{\lambda_1}\right) = 20 - 52{,}5\left(0{,}13 + \frac{0{,}004}{0{,}8}\right) = 20 - 7{,}09 = 12{,}9°\text{C}$$

$$\theta_{si2} = \theta_e + q\left(R_{se} + \frac{d_2}{\lambda_2}\right) = -15 + 52{,}5\left(0{,}04 + \frac{0{,}008}{0{,}8}\right) = -15 + 2{,}63 = -12{,}4 \ °\text{C}$$

3. $q_{Str} = C_{1,2} \cdot \left[\left(\dfrac{T_1}{100}\right)^4 - \left(\dfrac{T_2}{100}\right)^4\right]$

$$C_{1,2} = \frac{C_s}{\dfrac{2}{\varepsilon} - 1} = \frac{5{,}77}{\dfrac{2}{0{,}04} - 1} = 0{,}118$$

$T_1 = 273 + 12{,}9 \ °\text{C} = 285{,}9 \ \text{K}$

$T_2 = 273 - 12{,}4 \ °\text{C} = 260{,}6 \ \text{K}$

$q_{Str} = 0{,}118 \cdot (2{,}859^4 - 2{,}606^4) = 0{,}118 \cdot (66{,}8 - 46{,}1) = 2{,}44 \ \text{W/m}^2$

Lösung 1.28

1. $R = R_{si} + \dfrac{d}{\lambda} + R_{se} = 0{,}13 + \dfrac{0{,}16}{0{,}21} + 0{,}04 = 0{,}932 \text{ m}^2\text{K/W}$

2. $q = U_{neu} \cdot \Delta\theta$

$R_{neu} = \dfrac{\Delta\theta}{q} = \dfrac{20 - 15}{1{,}5} = 3{,}33 \text{ m}^2\text{K/W}$

$R_{neu} = R_{alt} + \dfrac{d_2}{\lambda_2} \quad \rightarrow \quad \dfrac{d_2}{\lambda_2} = 3{,}33 - 0{,}93 = 2{,}4 \text{ m}^2\text{K/W}$

$d_2 = 0{,}04 \cdot 2{,}4 = 0{,}096 \text{ m} \quad \rightarrow \quad d_2 = 10 \text{ cm}$

3. $r_i = R_{si} \cdot \lambda = 0{,}13 \cdot 0{,}21 = 0{,}027 \text{ m}$

$r_e = R_{se} \cdot \lambda = 0{,}04 \cdot 0{,}21 = 0{,}008 \text{ m}$

$\dfrac{\Delta x}{2} \leq r_i \text{ und } r_e \quad \rightarrow \quad \dfrac{\Delta x}{2} \leq r_e = 0{,}008 \text{ m}$

$\Delta x \leq 2 \cdot 0{,}008 = 0{,}016 \text{ m}$

$n = \dfrac{d}{\Delta x} = \dfrac{0{,}16}{0{,}016} = 10 \text{ Schichten}$

4. $\Delta t = \dfrac{(\Delta x)^2}{2a} \qquad\qquad a = \dfrac{(\Delta x)^2}{2 \cdot \Delta t} = \dfrac{\lambda}{\rho c_p}$

$\Delta t = 12 \text{ min} = 0{,}2 \text{ h} \qquad \text{gemäß Arbeitsblatt A.1-7}$

$\rho = \dfrac{\lambda}{c_p} \cdot \dfrac{2\,\Delta t}{(\Delta x)^2} = \dfrac{0{,}21}{0{,}28} \cdot \dfrac{2 \cdot 0{,}2}{(0{,}016)^2} = 1172 \text{ kg/m}^3 \qquad \rightarrow \qquad \text{Leichtbeton}$

$m' = \rho \cdot d = 1172 \cdot 0{,}16 = 187{,}5 \text{ kg/m}^2$

5. Das Binder-Schmidt-Diagramm der homogenen Wand ist in Bild B.1-31 dargestellt.

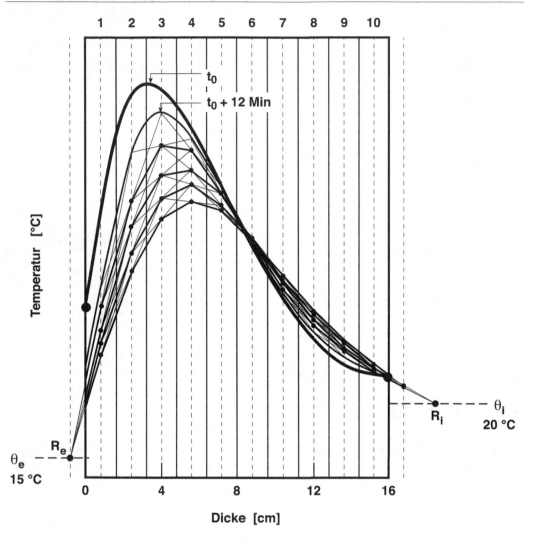

Bild B.1-31: Binder-Schmidt-Diagramm der homogenen Wand.

Lösung 1.29

1. $\theta_{siB} = \theta_{iB} + q \cdot R_{si} = 20 + 44{,}5 \cdot 0{,}13 = 25{,}8 \ °C$

2. $\theta_{Tr1} = \theta_{se} - q \cdot \dfrac{d_1}{\lambda_1}$

$$\frac{d_1}{\lambda_1} = \frac{\theta_{se} - \theta_{Tr1}}{q}$$

$$\lambda_1 = \frac{d_1 \cdot q}{\theta_{se} - \theta_{Tr1}} = \frac{0,04 \cdot 44,5}{74,2 - 38,6} = 0,05 \text{ W/mK} \qquad \text{Material: Mineralfaser}$$

$$\frac{d_2}{\lambda_2} = \frac{\theta_{Tr1} - \theta_{Tr2}}{q}$$

$$\lambda_2 = \frac{d_2 \cdot q}{\theta_{Tr1} - \theta_{Tr2}} = \frac{0,04 \cdot 44,5}{38,6 - 27,5} = 0,16 \text{ W/mK} \qquad \text{Material: Holzwolle-Leichtbauplatte}$$

3. Wärmebilanz an der Bauteiloberfläche: $q_S - q_w - q_{konv} = 0$

$T_H = 273 + 110 = 383 \text{ K}$

$T_{se} = 273 + 74,2 = 347,2 \text{ K}$

$$q_S = C_{1,2} \cdot \left[\left(\frac{T_H}{100}\right)^4 - \left(\frac{T_{se}}{100}\right)^4 \right] = 5,1 \cdot (3,83^4 - 3,472^4) = 356,3 \text{ W/m}^2$$

$q_{konv} = 356,3 - 44,5 = 311,8 \text{ W/m}^2$

$\theta_A = \theta_{sA} - q_{konv} \cdot R_{sB} = 74,2 - 311,8 \cdot 0,13 = 33,7 \text{ °C}$

Lösung 1.30

1. $$U_m = \frac{U_H \cdot A_H + U_M \cdot A_m}{A_H + A_M} = 1,76 \text{ W/m}^2\text{K}$$

$$U_M = \left(R_{si} + \left(\frac{d}{\lambda}\right)_M + R_{se} \right)^{-1} = \left(0,13 + \frac{0,115}{0,3} + 0,04 \right)^{-1} = 1,81 \text{ W/m}^2\text{K}$$

$A_H = 0,115 \cdot h \triangleq 7 \%$

$A_M = 1,5 \cdot h \triangleq 93 \%$

$$1,76 = \frac{(U_H \cdot 0,115 + U_M \cdot 1,5) \cdot h}{(0,115 + 1,5) \cdot h}$$

$$U_H = \frac{1,76 \cdot 1,615 - 1,81 \cdot 1,5}{0,115} = 1,11 \text{ W/m}^2\text{K}$$

$$U_H = \left(R_{si} + \left(\frac{d}{\lambda}\right)_H + R_{se} \right)^{-1} = 1,11 \ W/m^2K$$

$$\left(\frac{d}{\lambda}\right)_H = \left(\frac{1}{1,11}\right) - (R_{si} + R_{se}) = \left(\frac{1}{1,11}\right) - (0,13 + 0,04) = 0,73 \ m^2K/W$$

$$\lambda_H = \frac{d_H}{0,73} = \frac{0,115}{0,73} = 0,16 \ W/mK$$

2. Ein um 50 % erhöhter Wärmeschutz bedeutet, dass der mittlere U-Wert um 50 % reduziert wird:

$U'_m = 0,5 \ U_m = 0,88 \ W/m^2K$

$$0,88 = 0,07 \ U_H + 0,93 \ U_M = \frac{0,07}{R_{si} + R_{se} + R_H + R_D} + \frac{0,93}{R_{si} + R_{se} + R_M + R_D}$$

$$R_H = \frac{d_H}{\lambda_H} = 0,64 \ m^2K/W$$

$$R_M = \frac{d_M}{\lambda_M} = \frac{0,115}{0,3} = 0,38 \ m^2K/W$$

$$0,88 = \frac{0,07}{0,13 + 0,04 + 0,64 + R_D} + \frac{0,93}{0,13 + 0,04 + 0,38 + R_D}$$

$0,88 \ (0,81 + R_D) \cdot (0,55 + R_D) = 0,07 \ (0,55 + R_D) + 0,93 \cdot (0,81 + R_D)$

$0,39 + 1,19 \ R_D + 0,88 \ R_D^2 = 0,79 + R_D$

$0,88 R_D^2 + 0,19 \ R_D - 0,40 = 0 \qquad !$

$$R_{D1,2} = \frac{-0,19 \pm \sqrt{0,19^2 - 4 \cdot 0,88 \cdot (-0,40)}}{2 \cdot 0,88}$$

$$= \frac{-0,19 \pm \sqrt{0,036 + 1,41}}{1,76} = \frac{-0,19 \pm 1,2}{1,76}$$

$$R_{D1} = R_D = \frac{-0,19 + 1,2}{1,76} = 0,57 \ m^2K/W$$

$$R_{D2} = \frac{-0,19 - 1,2}{1,76} < 0 \quad \rightarrow \quad \text{gilt nicht!}$$

$$R_D = \frac{d_D}{\lambda_D} = 0,57 \ m^2K/W \rightarrow$$

$d_D = 0,57 \ \lambda_D = 0,57 \cdot 0,035 = 0,02 \ m = 2 \ cm$

B.2 Feuchteschutz und Tauwasservermeidung

Antworten zu den Verständnisfragen

1. Es sagt aus, dass
   a) der Wasserdampfdiffusionswiderstand einer Bauteilschicht gleich groß ist, wie der einer gleichdicken Luftschicht,
   b) die betrachtete Bauteilschicht aus ruhender Luft besteht.

2. $p_{si} \approx p_i$, und $p_{se} \approx p_e$,
   weil bei Diffusionsberechnungen für Bauteile normalerweise der Stoffübergangswiderstand $1/\beta$ klein ist im Vergleich zu den Diffusionswiderständen der Bauteilschichten, so dass er vernachlässigt werden kann.

3. Sie führt zu
   c) Konvektion.

4. Sie führt zu
   b) Diffusion.

5. b) Sommertag

6. b) ja, weil die im Baustoff sorbierte Feuchte bei Hitze durch Überdruck im Porenraum des Baustoffes zur Oberfläche transportiert wird

7. b) ja, wenn die Rohdichte des Baustoffes kleiner als die des Wassers ist.

8.

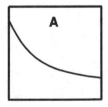
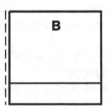

Bild B.2-1: Qualitative Feuchteverteilung über die Querschnitte der Bauteile A und B.

Links: ohne außenseitigen Bitumenanstrich
Rechts: mit außenseitigem Bitumenanstrich

© Springer Fachmedien Wiesbaden GmbH, ein Teil von Springer Nature 2022
K. Gertis et al., *Bauphysikalische Aufgabensammlung mit Lösungen*,
https://doi.org/10.1007/978-3-658-35586-9_8

9.   c) die Schalldämmung wird besser, die Wärmedämmung schlechter

10. Falsch: Lage der Dampfsperre (innenseitig!)
     Überflüssig: ggf. Unterspannbahn, abhängig von Dachdeckung
     Vergessen: Dampfsperre innenseitig

11. mit $c = \dfrac{\varphi \cdot p_S}{R \cdot T}$ $[kg/m^3]$ gilt:

     Winter: $c_i > c_e$, üblicherweise bei geringer Lüftung und interner Feuchteproduktion

12. a) beim Vorhandensein einer Dampfsperre zwischen den beiden Schichten

13. Die Temperatur, bei der
     c) der Partialdruck des Wasserdampfs den Sättigungsdampfdruck der Luft erreicht.
     d) der Wassergehalt der Luft seinen maximal möglichen Wert (Sättigungswert) er-
        reicht.

14. a) Lüften

15. d) Winter

16. Luftdruck > Wasserdampfdruck > Schalldruck

17. B

18. a) den Schrank unbedingt von der Wand wegrücken
     b) ausreichend lüften
     c) Feuchteproduktion im Raum reduzieren
     d) Außendämmung anbringen

19. Weil dort
     b) die Luftgeschwindigkeit niedriger,
     c) das Schimmelpilzrisiko höher,
     e) die Oberflächentemperatur im Winter tiefer
     ist als an den anderen Wandbereichen.

20. a) Wärmedurchlasswiderstand wird kleiner,
     b) U-Wert wird größer,
     c) Schalldämm-Maß wird größer

21. a) die relative Feuchte wird größer,
     b) die absolute Feuchte bleibt gleich,
     c) die Taupunkttemperatur bleibt gleich

22. b) von außen nach innen, da mit

$p_i = \varphi_i \cdot p_{S,i} = 1192\ Pa$

$p_e = \varphi_e \cdot p_{S,e} = 1447\ Pa$

$p_e > p_i$ ist.

23. a) aus dem Raum heraus, da $c_i > c_e$, mit $\qquad c_i = \dfrac{0{,}5 \cdot 2342}{R \cdot 293} = 8{,}7\ g/m^3$

$$c_e = \dfrac{1 \cdot 260}{R \cdot 263} = 2{,}1\ g/m^3$$

24. Regen: Gesamte Niederschlagsmenge

Schlagregen: Die Horizontalkomponente des Regens, die infolge der Windströmung auf ein vertikales Bauteil trifft.

Für horizontale Bauteile ist der Gesamtniederschlag, für vertikale Bauteile der Schlagregen von Bedeutung.

25. b) $s_d > 1500\ m$

26. B Tauwassergefahr zwischen den Schichten

C Tauwassergefahr an der Innenoberfläche

27. a) die relative Feuchte sinkt

d) die Taupunkttemperatur ändert sich nicht

28. Wassergehalt von Baustoffen,

c) der unter üblichen Nutzungs- und Anwendungsbedingungen in 90 % aller Fälle nicht überschritten wird.

29. d) die Dampfdurchlässigkeit des Innenputzes

30. A)   d)

B)   b)

C)   a)

D)   c)

31. b) Tauwasserausfall im Bauteilquerschnitt

32. c) Gase, die chemisch miteinander nicht reagieren, verhalten sich in einem Raum so, als ob das jeweils andere Gas nicht vorhanden wäre.

33. b) größer als, weil $u_v = \dfrac{\rho_B}{\rho_W} \cdot u_m$ und $\rho_B > \rho_W$ ist.

34. a) – e) – g) – f) – b) – c) und d)

35. Wenn
    a) das Bauteil nicht den Mindestwärmeschutz besitzt,
    c) der Dampfdruck in der Raumluft größer ist als der Sättigungsdampfdruck auf der Bauteiloberfläche.

36. Wenn
    b) das Bauteil keine Dampfsperre besitzt,
    d) die Dampfsperre, von innen betrachtet, hinter der Dämmschicht angebracht wird.

37. c) kleiner als 10^{-7} m

38. Die Sättigungsdampfdruckkurve kann mithilfe einer Näherungsformel gemäß Merkblatt 4 dargestellt werden:

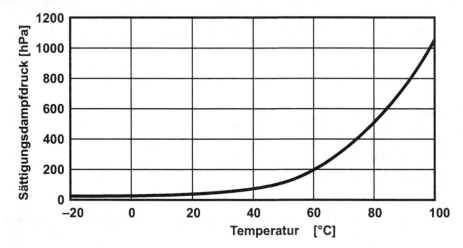

Bild B.2-2:   Schematische Darstellung der Sättigungsdampfdruckkurve in Abhängigkeit von der Temperatur.

39. Den Wasserdampfdiffusionswiderstand
    a) einer Materialschicht.

40. Dampfsperre lässt Wasser weder in flüssiger als auch in Dampfform durch; Feuchtesperre ist dampfdurchlässig.

41. b) die absolute Luftfeuchte bei einer bestimmten Lufttemperatur und relativer Luftfeuchte
    c) die Wassermasse pro Volumeneinheit Luft

42. b) von der relativen Luftfeuchte und der Lufttemperatur im Raum

43.

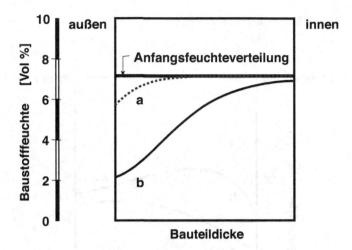

Bild B.2-3: Schematische Darstellung der Stofffeuchteverteilung über der Bauteildicke.

44.

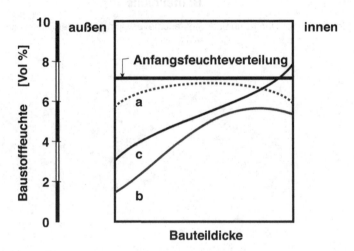

Bild B.2-4: Schematische Darstellung der Stofffeuchteverteilung über der Bauteildicke.

45. Sie sagt aus, dass
   b) das Produkt aus Druck und spezifischem Volumen eines Gases stets proportional zur absoluten Temperatur ist.

46. c) $5 \cdot 10^9$ msPa/kg

47. Er ist gleich
   c) der Summe der Teildrücke der trockenen Luft und des Wasserdampfes.

48. c) 60 Vol.-%

49. c) Wasserdampfdiffusionsleitkoeffizient

50.

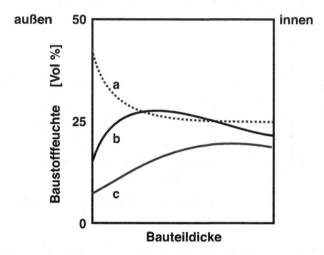

Bild B.2-5:   Schematische Darstellung der Stofffeuchteverteilung über der Bauteildicke.

Lösungen zu den Aufgaben

Lösung 2.1

1. Zur Bestimmung der Temperaturverteilung wird zunächst die Wärmestromdichte berechnet:

$$q = U \cdot (\theta_i - \theta_e) \quad [\text{W/m}^2]$$

Unter Vernachlässigung des außenseitigen Kunstharzputzes erhält man mit

$$U_W = \left(0{,}25 + \frac{0{,}015}{0{,}7} + \frac{0{,}24}{0{,}99} + \frac{0{,}06}{0{,}04} + 0{,}04\right)^{-1} = 0{,}49 \text{ W/m}^2\text{K}$$

$$U_G = \left(0{,}25 + 0{,}14 + 0{,}04\right)^{-1} = 2{,}33 \text{ W/m}^2\text{K}$$

$$q_W = U_W \cdot (\theta_i - \theta_e) = 0{,}49 \cdot (20 + 5) = 12{,}25 \text{ W/m}^2$$

$$q_G = U_G \cdot (\theta_i - \theta_e) = 2{,}33 \cdot (20 + 5) = 58{,}25 \text{ W/m}^2$$

für:

Wand		Glas
$\theta_{si} = \theta_i - q_W \cdot R_{si} =$	16,9 °C	$\theta_{si} = \theta_i - q_G \cdot R_{si} = 5{,}4$ °C

$$\theta_1 = \theta_i - q_W \cdot \left(R_{si} + \frac{0{,}015}{0{,}7}\right) = 16{,}7 \text{ °C}$$

$$\theta_2 = \theta_e + q_W \cdot \left(R_{se} + \frac{0{,}06}{0{,}04}\right) = 13{,}7 \text{ °C}$$

Wand		Glas
$\theta_{se} = \theta_e + q_W \cdot R_{se} =$	– 4,8 °C	$\theta_{se} = \theta_e + q_G \cdot R_{se} = - 2{,}7$ °C

Die Temperaturverteilung ist im Bild B.2-6 dargestellt.

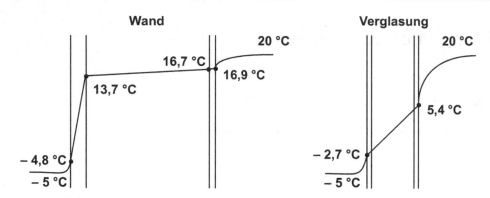

Bild B.2-6: Gerechneter Temperaturverlauf im Wandquerschnitt (links) und in der Verglasung
(rechts).

2. Bedingung für Oberflächentauwasser: $p_{S,si} \leq p_i$

$p_i = \varphi_i \cdot p_{S,i} = 0,5 \cdot 2337 = 1168$ Pa

$p_{S,si,W} = 1924$ Pa $> p_i$ kein Tauwasser!!

$p_{S,si,G} = 897$ Pa $< p_i$ Tauwasser!!

Tauwasser tritt an der inneren Glasoberfläche auf.

3. Tauwasserbildung wird an der Innenoberfläche ansetzen.

Begründung: Der Dampfdruck der Innenluft steigt mit zunehmender Raumluftfeuchte
an. Da der Verlauf der Sättigungsdampfdruckkurve der Temperaturverteilung analog
ist, berühren sich die Sättigungs- und Dampfdruckkurven an der Innenoberfläche der
Außenwand.

4. Die Tauwasserbildung an der inneren Oberfläche wird vermieden, wenn die Oberflächentemperatur $\theta_{si} > \theta_S$ ist. Mit der Bedingung $p_{S,si,W} = p_i$ wird die Temperatur $\theta_{si,W}$
$= \theta_S = 9,3$ °C dem Merkblatt 4 entnommen.

Die Dämmschichtdicke lässt sich aus der Wärmebilanz an der Innenoberfläche errechnen:

$q_i = q_e$

$$(\theta_i - \theta_{si}) \cdot (R_{si})^{-1} = (\theta_{si} - \theta_e) \cdot \left(\frac{0,015}{0,7} + \frac{0,24}{0,99} + \frac{d_D}{0,04} + R_{se} \right)^{-1}$$

$$d_D = \left[R_{si} \cdot \frac{\theta_{si} - \theta_e}{\theta_i - \theta_{si}} - \left(\frac{0,015}{0,7} + \frac{0,24}{0,99} + R_{se} \right) \right] \cdot 0,04 \quad [m]$$

$$= \left[\frac{0,25 \cdot (9,3+5)}{20-9,3} - \left(\frac{0,015}{0,7} + \frac{0,24}{0,99} + 0,04\right)\right] \cdot 0,04 = 6,8 \cdot 10^{-4} \text{ m}$$

Die erforderliche Dämmschichtdicke ist mindestens 0,7 mm.

Lösung 2.2

1. Um die relative Luftfeuchte an der Wandoberfläche bestimmen zu können, wird zunächst die Oberflächentemperatur

$$\theta_{si} = \theta_{Büro} - q \cdot R_{si} \quad [°C]$$

bestimmt. Die noch unbekannte Wärmestromdichte q ergibt sich aus:

$$q = U \cdot (\theta_{Büro} - \theta_K) = 0,31 \cdot 15 = 4,7 \text{ W/m}^2 \qquad \text{mit}$$

$$U = \left(0,13 + \frac{0,20}{0,21} + 2 + 0,13\right)^{-1} = 0,31 \text{ W/m}^2\text{K}$$

Somit folgt:

$$\theta_{si} = 20 - 4,7 \cdot 0,17 = 19,2 \text{ °C}$$

und die Sättigungsdampfdrücke

$$p_S(20 °C) = 2337 \text{ Pa};$$
$$p_S(19,2 °C) = 2224 \text{ Pa};$$

Mit der Gleichung

$$p_{Büro} = \varphi \cdot p_S = 0,4 \cdot 2337 = 935 \text{ Pa}$$

lässt sich die relative Luftfeuchte

$$\varphi_{Büro} = \frac{p_{Büro}}{p_{S,si}} = \frac{935}{2224} = 0,42 \quad \text{-> 42 \%}$$

bestimmen.

2. Tauwasserbildung setzt an der Oberfläche ein, wenn $p_{S,si} = p_B$ ist.
    Aus der Beziehung

$$p_{Büro} = \varphi \cdot p_{S,Büro} \quad [Pa]$$

folgt:

$$\varphi = \frac{p_{Büro}}{P_{S,Büro}} = \frac{2224}{2337} = 0,95 \rightarrow 95\ \%$$

3. Für die Ermittlung der stündlich abzuscheidenden Wassermenge muss die Massebilanz gemäß Bild B.2-7 aufgestellt werden. Sie lautet:

$$\dot{m}_{Ab} = \dot{m}_W + \dot{m}_B + \dot{m}_H$$

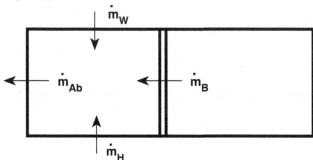

Bild B.2-7:   Schematische Darstellung der zu bilanzierenden Diffusionsmassenströme.

Mit $\dot{m} = g \cdot A$

$$g = \frac{p_1 - p_2}{Z} \quad [kg/m^2 s]$$

und dem Sättigungsdampfdruck im Kühlraum $p_S(5\ °C) = 872$ Pa bzw. in der Halle $p_S(17\ °C) = 1937$ Pa

sowie mit $Z = 5 \cdot 10^9 \cdot \sum \mu \cdot d \quad [m^2 s Pa/kg]$

erhält man:

$$\dot{m}_W = \frac{0,5 \cdot 2337 - 0,8 \cdot 872}{5 \cdot 10^9 \cdot (0,24 \cdot 5 + 20)} \cdot 45,5 = 2,021 \cdot 10^{-7}\ kg/s$$

$$\dot{m}_B = \frac{0,4 \cdot 2337 - 0,8 \cdot 872}{5 \cdot 10^9 \cdot (0,20 \cdot 5 + 20)} \cdot 14 = 3,163 \cdot 10^{-8}\ kg/s$$

$$\dot{m}_H = \frac{0,6 \cdot 1937 - 0,8 \cdot 872}{5 \cdot 10^9 \cdot (0,20 \cdot 5 + 20)} \cdot 31,5 = 1,394 \cdot 10^{-7}\ kg/s$$

Damit ergibt sich:

$$\dot{m}_{Ab} = 3,731 \cdot 10^{-7}\ kg/s = 1,343\ g/h$$

4. Um eine Eisbildung zu verhindern muss für die Temperatur des Wasserabscheiders gelten:

$$\theta_{AB} > 0\,°C$$

Mit dem Dampfdruck gemäß Merkblatt 4:

$$p_K = \varphi \cdot p_S(5°C) = 0{,}8 \cdot 872 = 698\,Pa$$

folgt für die maximale Temperatur des Wasserabscheiders: $\theta_{AB,max} \leq 1{,}9\,°C$

Damit ist der Temperaturbereich des Wasserabscheiders:

$$0\,°C < \theta_{AB} < 1{,}9\,°C$$

Lösung 2.3

1. Nein, der skizzierte Dachaufbau ist bauphysikalisch nicht richtig.

   Maßnahmen:
   Diffusionshemmende Schicht innen vorsehen (z.B. Folie zwischen Dämmschicht und Innenbekleidung, die auch als Windsperre wirkt). Ohne diffusionshemmende Schicht auf der Raumseite der Konstruktion dringt zu viel Wasserdampf aus dem Raum in die Wärmedämmschicht ein und zerstört ihre Dämmwirkung.

2. Die Untersuchung des Tauwasserausfalls im Querschnitt eines Bauteils erfolgt mit Hilfe des Glaser-Verfahrens gemäß Merkblatt 5.

   Mit

   $$U = \left(0{,}25 + \frac{0{,}115}{0{,}99} + \frac{0{,}02}{0{,}87} + \frac{0{,}24}{0{,}48} + 0{,}04\right)^{-1} = 0{,}93\,W/m^2K$$

   und dadurch

   $$q = U \cdot (\theta_i - \theta_e) = 0{,}93 \cdot (20 + 5) = 0{,}93 \cdot 25 = 23{,}3\,W/m^2$$

   ergibt sich die Temperaturverteilung im Bauteilquerschnitt. Die dazugehörigen Sättigungsdampfdrücke werden aus den Tabellen nach Merkblatt 4 abgelesen.

Winter

$$\theta_{si} = 20 - 23{,}3 \cdot 0{,}25 = 14{,}2 \ °C \qquad \Rightarrow \qquad p_S = 1619 \ Pa$$

$$\theta_{M/M\ddot{o}} = 20 - 23{,}3 \cdot \left(0{,}25 + \frac{0{,}24}{0{,}48}\right) = 2{,}5 \ °C \quad \Rightarrow \qquad 731 \ Pa$$

$$\theta_{M\ddot{o}/V} = 20 - 23{,}3 \cdot \left(0{,}25 + \frac{0{,}24}{0{,}48} + \frac{0{,}07}{0{,}87}\right) = 0{,}7 \ °C \quad \Rightarrow \qquad 642 \ Pa$$

$$\theta_{se} = -5 + 23{,}3 \cdot 0{,}04 = -4{,}7 \ °C \qquad \Rightarrow \qquad 412 \ Pa$$

Dampfdruckverteilung:

Winter

$$p_{si} = \varphi_i \cdot p_{S,i} = 0{,}5 \cdot 2337 = 1168 \ Pa$$
$$p_{se} = \varphi_e \cdot p_{S,e} = 0{,}8 \cdot 401 = 321 \ Pa$$

Sommer

$$p_{si} = p_{se} = 1200 \ Pa$$

Wasserdampfdiffusionsäquivalente Luftschichtdicken:

$$(\mu \cdot d)_M = 0{,}24 \cdot 10 = 2{,}4 \ m$$
$$(\mu \cdot d)_{M\ddot{o}} = 0{,}02 \cdot 18 = 0{,}36 \ m$$
$$(\mu \cdot d)_V = 0{,}115 \cdot 18 = 2{,}07 \ m$$

Glaser-Diagramm siehe Bild B.2-8, danach tritt zwischen Mauerwerk und Mörtel-schicht Tauwasserbildung auf.

3. Die Konstruktion ist zulässig, wenn die folgenden Kriterien erfüllt sind:

a) $m_c < m_{ev}$, d.h. Verdunstungsmenge > Tauwassermenge

b) $m_c < 1000 \ g/m^2$

Zur Prüfung dieser Kriterien müssen die Tauwassermengen m_c, die in der Tauperio-de (Winter) anfällt und die Verdunstungsmenge m_{ev}, die während der Verdunstungs-periode (Sommer) aus dem Bauteil ausdiffundiert, bestimmt werden. Mit den Was-serdampfdiffusionsdurchlasswiderständen

$$Z_M = 5 \cdot 10^9 \cdot 2{,}4 = 1{,}20 \cdot 10^{10} \ m^2 s Pa/kg \quad \text{und}$$

$$Z_{Mö+V} = 5 \cdot 10^9 \cdot (0,36 + 2,07) = 1,215 \cdot 10^{10} \ \text{m}^2\text{sPa/kg}$$

lassen sich m_c und m_{ev} berechnen zu:

$$m_c = 2160 \cdot 3600 \left(\frac{1168 - 731}{1,2 \cdot 10^{10}} - \frac{731 - 321}{1,215 \cdot 10^{10}} \right) = 0,020 \ \text{kg/m}^2 = 20 \ \text{g/m}^2$$

$$m_{ev} = 2160 \cdot 3600 \left(\frac{1700 - 1200}{1,2 \cdot 10^{10}} + \frac{1700 - 1200}{1,215 \cdot 10^{10}} \right) = 0,644 \ \text{kg/m}^2 = 644 \ \text{g/m}^2$$

Es wird festgestellt, dass die Bedingungen $m_{ev} > m_c$ und $m_c < 1000$ g/m^2 gemäß a) und b) erfüllt sind. Damit ist die Konstruktion zulässig!

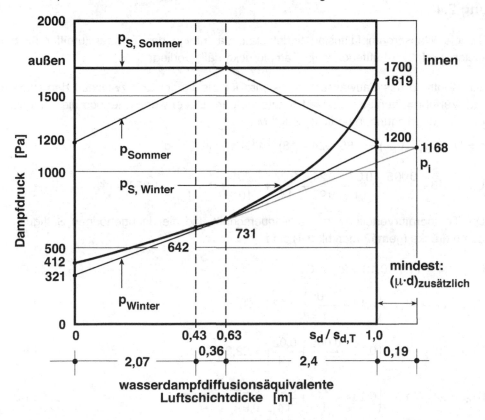

Bild B.2-8:   Glaser-Diagramm des untersuchten Bauteilquerschnitts.

4.   Aufbringen einer zusätzlichen diffusionshemmenden Schicht auf die innere Oberfläche.

5. Maßgebend ist die wasserdampfdiffusionsäquivalente Luftschichtdicke (Sperrwert, s_d-Wert) $\mu \cdot d$. Der notwendige $\mu \cdot d$-Wert einer innenseitigen diffusionshemmenden Schicht, um Tauwasserbildung gerade zu verhindern, errechnet sich aus dem Strahlensatz; siehe Diagramm in Bild B.2-4, zu:

$$\sum \mu \cdot d = \frac{1168 - 321}{731 - 321} \cdot (2{,}07 + 0{,}36) = 5{,}02 \text{ m}$$

Der $\mu \cdot d$ -Wert der Dampfsperre ergibt sich danach:

$$\mu \cdot d_{DS} = 5{,}02 - (2{,}07 + 0{,}36 + 2{,}4) = 0{,}19 \text{ m}$$

Lösung 2.4

1. Ja, die Wasserdampfdiffusion findet statt, da infolge der Temperaturdifferenz bei gleicher relativer Luftfeuchte ein Dampfdruckgefälle vorliegt.

2. Zur Kontrolle des Tauwasserausfalls wird für die Innenwand zwischen den Bädern das Verfahren gemäß Merkblatt 5 durchgeführt. Dabei werden jedoch die vorliegenden Randbedingungen berücksichtigt. Mit

$q = U \cdot (\theta_{B1} - \theta_{B2}) = 1{,}85 \cdot (24 - 18) = 11{,}1 \text{ W/m}^2$ und

$$U = \left(0{,}13 + \frac{0{,}005}{1} + \frac{0{,}02}{1{,}4} + \frac{0{,}24}{0{,}99} + \frac{0{,}02}{1{,}4} + \frac{0{,}005}{1{,}0} + 0{,}13\right)^{-1} = 1{,}85 \text{ W/m}^2\text{K}$$

Die Temperaturverteilung im Bauteilquerschnitt und die dazugehörigen Sättigungsdampfdrücke (gemäß Merkblatt 4) sind:

$\theta_{s1} = 24 - 11{,}1 \cdot 0{,}13 = 22{,}6 \ °C$ $\qquad\qquad \Rightarrow p_S = 2741 \text{ Pa}$

$\theta_{Tr1} = 24 - 11{,}1 \cdot \left(0{,}13 + \dfrac{0{,}005}{1}\right) = 22{,}5 \ °C$ $\qquad \Rightarrow \qquad 2724 \text{ Pa}$

$\theta_{Tr2} = 24 - 11{,}1 \cdot \left(0{,}13 + \dfrac{0{,}005}{1} + \dfrac{0{,}02}{1{,}4}\right) = 22{,}3 \ °C$ $\qquad \Rightarrow \qquad 2691 \text{ Pa}$

$\theta_{Tr3} = 24 - 11{,}1 \cdot \left(0{,}13 + \dfrac{0{,}005}{1} + \dfrac{0{,}02}{1{,}4} + \dfrac{0{,}24}{0{,}99}\right) = 19{,}7 \ °C$ $\qquad \Rightarrow \qquad 2294 \text{ Pa}$

$\theta_{Tr4} = 24 - 11{,}1 \cdot \left(0{,}13 + \dfrac{0{,}005}{1} + \dfrac{0{,}02}{1{,}4} \cdot 2 + \dfrac{0{,}24}{0{,}99}\right) = 19{,}5 \ °C$ $\qquad \Rightarrow \qquad 2266 \text{ Pa}$

$$\theta_{s2} = 24 - 11,1 \cdot \left(0,13 + \frac{0,005}{1} \cdot 2 + \frac{0,02}{1,4} \cdot 2 + \frac{0,24}{0,99}\right) = 19,4 \ ^\circ C \qquad \Rightarrow \qquad 2252 \ Pa$$

Sättigungsdampfdrücke und Dampfdrücke in den Bädern:

$\theta_{B1} = 24,0 \ ^\circ C \qquad p_S = 2988 \ Pa \qquad\qquad p_i = p_{si} = p_S \cdot \varphi = 2390 \ Pa$

$\theta_{B2} = 18,0 \ ^\circ C \qquad p_S = 2067 \ Pa \qquad\qquad p_i = p_{si} = p_S \cdot \varphi = 1654 \ Pa$

Wasserdampfdiffusionsäquivalente Luftschichtdicken (Diffusionswiderstände):

$$\Sigma \ \mu \cdot d = \quad 0,005 \cdot 200 = 1,0 \ m \qquad \text{Fliesen}$$

$$0,02 \cdot 15 = 0,3 \ m \qquad \text{Zementmörtel}$$

$$0,24 \cdot 15 = 3,6 \ m \qquad \text{Kalksandstein}$$

$$0,02 \cdot 15 = 0,3 \ m \qquad \text{Zementmörtel}$$

$$0,005 \cdot 200 = 1,0 \ m \qquad \text{Fliesen}$$

$\Sigma \ \mu \cdot d = \quad 6,2 \ m$

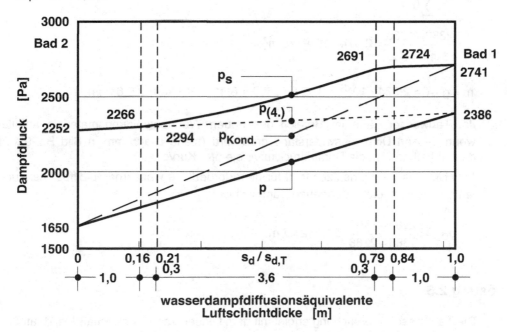

Bild B.2-9:   Glaser-Diagramm des untersuchten Bauteilquerschnitts.

Es fällt kein Tauwasser aus, da p stets kleiner als p_S ist.

3. Tauwasserbildung an der Innenoberfläche des warmen Bades tritt auf, wenn

$$p_{si} = p_S(\theta_{si}) = p_i = \varphi_{max} \cdot p_S(\theta_i) \quad [\text{Pa}]$$

Um den Fall mit einem höheren Wärmeübergangswiderstand von 0,17 m²K/W zu berücksichtigen, sollen zunächst mittels eines neuen U-Wertes die Oberflächentemperatur und der Sättigungsdampfdruck bestimmt werden:

$$U_{neu} = \left(0,17 + \frac{0,005}{1} + \frac{0,02}{1,4} + \frac{0,24}{0,99} + \frac{0,02}{1,4} + \frac{0,005}{1,0} + 0,17\right)^{-1} = 1,61 \text{ W/m}^2\text{K}$$

$$\theta_{s1} = 24 - 1,61 \cdot (24 - 18) \cdot 0,17 = 22,4 \text{ °C} \qquad \Rightarrow p_S = 2708 \text{ Pa}$$

Die relative Luftfeuchte darf danach höchstens

$$\varphi_{max} = \frac{p_{si}}{p_S(\theta_i)} = \frac{2708}{2982} = 0,91 \Rightarrow 91 \text{ \% sein.}$$

Die Wasserdampfdiffusionsstromdichte bzw. der Wasserdampfdiffusionsstrom sind:

$$g = \delta_0 \frac{p_{i,1} - p_{i,2}}{\sum \mu \cdot d} \quad [\text{kg/m}^2\text{s}]$$

$$g = \frac{2386 - 1650}{5 \cdot 10^9 \cdot 6,2} = 2,374 \cdot 10^{-8} \text{ kg/m}^2\text{s}$$

$$\dot{m} = g \cdot A = 2,374 \cdot 10^{-8} \cdot 3 \cdot 2,5 \cdot 3600 = 6,41 \cdot 10^{-4} \text{ kg/h} = 0,64 \text{ g/h}$$

4. Ja, Tauwasser kann im Bereich des neuen Wandbekleidungsmaterials anfallen, wenn dessen Diffusionswiderstand groß wird (siehe Diagramm in Bild B.2-9). Für diesen Fall berührt die Dampfdruckkurve die p_S - Kurve.

Mit Hilfe des Strahlensatzes folgt für die erforderliche wasserdampfdiffusionsäquivalente Luftschichtdicke der neuen Dämmschicht:

$$\mu \cdot d_{DS} = \frac{2266 - 1650}{2386 - 2266} \cdot 5,2 = 26,7 \text{ m}$$

Lösung 2.5

1. Die Tauwasseruntersuchung erfolgt mit dem Glaser-Verfahren gemäß Merkblatt 5.

Mit

$$q = U \cdot (\theta_i - \theta_e) = 0,33 \cdot (20 + 5) = 8,25 \text{ W/m}^2$$

und

$$U = \left(R_{si} + \frac{d_M}{\lambda_M} + \frac{d_D}{\lambda_D} + \frac{d_V}{\lambda_V} + R_{se} \right)^{-1}$$

$$= \left(0,25 + \frac{0,175}{0,92} + \frac{0,10}{0,04} + \frac{0,115}{1,15} + 0,04 \right)^{-1} = 0,33 \; \text{W/m}^2\text{K}$$

ergeben sich die folgenden Temperaturen im Bauteilquerschnitt und die dazugehörigen Sättigungsdampfdrücke gemäß Merkblatt 4:

$$\theta_{si} = \theta_i - q \cdot R_{si} = 20 - 8,25 \cdot 0,25 = 17,9 \; ^\circ\text{C} \qquad\qquad p_{S,si} = 2050 \; \text{Pa}$$

$$\theta_1 = \theta_i - q \cdot \left(R_{si} + \frac{d_M}{\lambda_M} \right) = 16,4 \; ^\circ\text{C} \qquad\qquad p_{S,1} = 1864 \; \text{Pa}$$

$$\theta_2 = \theta_i - q \cdot \left(R_{si} + \frac{d_M}{\lambda_M} + \frac{d_D}{\lambda_D} \right) = -4,3 \; ^\circ\text{C} \qquad p_{S,2} = 426 \; \text{Pa}$$

$$\theta_{se} = \theta_e + q \cdot R_{se} = -5 + 8,25 \cdot 0,04 = -4,7 \; ^\circ\text{C} \qquad p_{S,se} = 412 \; \text{Pa}$$

Dampfdruckverteilung Winter:

$$p_i = \varphi_i \cdot p_{S,i} = 0,5 \cdot 2337 = 1168 \; \text{Pa}$$

$$p_e = \varphi_e \cdot p_{S,e} = 0,8 \cdot 401 = 321 \; \text{Pa}$$

Dampfdruckverteilung Sommer

$$p_i = 1200 \; \text{Pa}$$

Wasserdampfdiffusionsäquivalente Luftschichtdicken:

Vormauerwerk: $\mu \cdot d = 60 \cdot 0,115 =$ 6,9 m

Dämmschicht: $\mu \cdot d = 70 \cdot 0,10 \;\; =$ 7,0 m

Mauerwerk: $\mu \cdot d = 40 \cdot 0,175 =$ 7,0 m

Variante 1: Tauwasser zwischen Dämmschicht und Vormauerwerk!

2.   Die Wärmestromdichten und der Wärmedurchlasswiderstand bleiben unverändert (stationär), d.h. die Temperaturgradienten je Schicht ändern sich ebenfalls nicht!

Neue Temperatur in der Trennschicht Dämmung / Mauerwerk:

$$\theta_{D/M} = \theta_i - q \cdot \left(R_{si} + \frac{d_D}{\lambda_D} \right) = 20 - 8,25 \cdot \left(0,25 + \frac{0,1}{0,04} \right) = -2,7 \; ^\circ\text{C} \quad p_S = 488 \; \text{Pa}$$

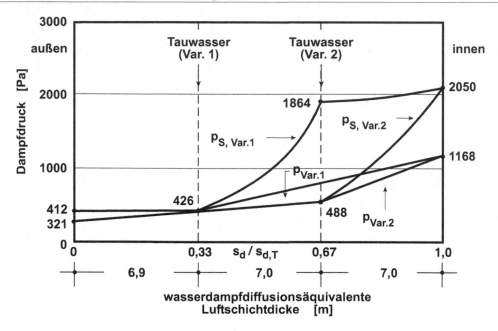

Bild B.2-10: Glaser-Diagramm des untersuchten Bauteilquerschnitts.

3. Variante 2: Tauwasser zwischen innerer Dämmschicht und Mauerwerk! (siehe Diagramm im Bild B.2-10)!

Variante 2 (Dämmschicht innen) ist stärker tauwassergefährdet, da bei Variante 1 der Diffusionswiderstand zwischen Innenoberfläche und Taupunktstelle doppelt so groß ist wie bei Variante 2, wobei die Dampfdruck-Differenzen in diesem Bereich jeweils gleich sind! D.h. der Diffusionsmassestrom innenseitig ist bei Variante 2 etwa zweimal so groß wie bei Variante 1, während der Diffusionsmassestrom außenseitig gleich bleibt.

Tauwassermenge:

$$g = \frac{p_i - p_S}{Z_i} - \frac{p_S - p_e}{Z_e} \qquad [kg/m^2 s]$$

$$m_c = t_c \cdot g_c = \frac{2160 \cdot 3600}{5 \cdot 10^9} \cdot \left(\frac{1168 - 488}{7} - \frac{488 - 321}{7 + 6,9} \right) = 0,132 \ kg/m^2$$

Verdunstungsmenge:

$$g_{ev} = \frac{p_S - p_i}{Z_i} + \frac{p_S - p_e}{Z_e} \qquad [kg/m^2 s]$$

$$m_{ev} = t_{ev} \cdot g_{ev} = \frac{2160 \cdot 3600}{5 \cdot 10^9} \cdot \left(\frac{1700 - 1200}{7} + \frac{1700 - 1200}{7 + 6,9} \right) = 0,167 \ kg/m^2$$

Beurteilung:

$m_{ev} > m_c$ → Bilanz positiv; trocknet wieder aus

$m_c < 0,5$ kg/m^2 (saugend / nicht saugend)

Die Konstruktion darf ausgeführt werden!

Verbesserungsmaßnahmen sind nicht erforderlich.

Dampfsperre innenseitig wäre empfehlenswert.

Lösung 2.6

1. An der Innenoberfläche tritt kein Tauwasser auf, wenn $p_{S,si} > p_i$ ist.

$p_i = \varphi_i \cdot p_{S,i} = 0,5 \cdot 2337 = 1168$ Pa

$\theta_{si} = \theta_i - U \cdot (\theta_i - \theta_e) \cdot R_{si} = 20 - 0,95 \cdot (20 + 10) \cdot 0,17 = 15,2$ °C

mit

$$U = \left(0,17 + 0,02 + \frac{0,03}{0,093} + \frac{0,24}{0,5} + 0,02 + 0,04 \right)^{-1} = 0,95 \text{ W/m}^2\text{K}$$

$p_{S,si} = p_S(15,2 \text{ °C}) = 1726$ Pa $> p_i$ → kein Tauwasser an der Innenoberfläche!

2. Überprüfung der Tauwasserbildung erfolgt analog zum Glaser-Verfahren gemäß Merkblatt 5, jedoch mit dem vorherrschenden Außenklima. Mit

$q = U \cdot (\theta_i - \theta_e) = 0,99 \cdot (20 + 10) = 29,7 \text{ W/m}^2$ und

$$U = \left(0,13 + 0,02 + \frac{0,03}{0,093} + \frac{0,24}{0,5} + 0,02 + 0,04 \right)^{-1} = 0,99 \text{ W/m}^2$$

ergeben sich die folgende Temperaturverteilung im Bauteilquerschnitt und die dazugehörigen Sättigungsdampfdrücke gemäß Merkblatt 4:

$\theta_{si} = 20 - 29,7 \cdot 0,13 = 16,1$ °C $\qquad p_S = 1829$ Pa

$\theta_1 = 20 - 29,7 \cdot (0,13 + 0,02) = 15,6$ °C $\qquad p_S = 1771$ Pa

$\theta_2 = 20 - 29,7 \cdot \left(0,13 + 0,02 + \dfrac{0,03}{0,093} \right) = 6,0$ °C $\qquad p_S = 935$ Pa

$\theta_3 = 20 - 29,7 \cdot \left(0,13 + 0,02 + \dfrac{0,03}{0,093} + \dfrac{0,24}{0,5} \right) = -8,3$ °C $\qquad p_S = 301$ Pa

$\theta_{se} = -10 + 29,7 \cdot 0,04 = -8,8$ °C $\qquad p_S = 288$ Pa

Dampfdruckverteilung:

Winter $p_i = \varphi_i \cdot p_{S,i} = 0{,}5 \cdot 2337 = 1168 \text{ Pa}$

$p_e = \varphi_e \cdot p_{S,e} = 0{,}8 \cdot 259 = 207 \text{ Pa}$

Sommer $p_S = 1402 \text{ Pa}$

$p_i = p_e = 0{,}7 \cdot 1402 = 981 \text{ Pa}$

Wasserdampfdiffusionsäquivalente Luftschichtdicken:

$\mu \cdot d$ = 0,7 m Außenputz

= 2,4 m Mauerwerk

= 0,06 m Dämmschicht

= 0,24 m Innenputz

$\Sigma \, \mu \cdot d$ = 3,40 m

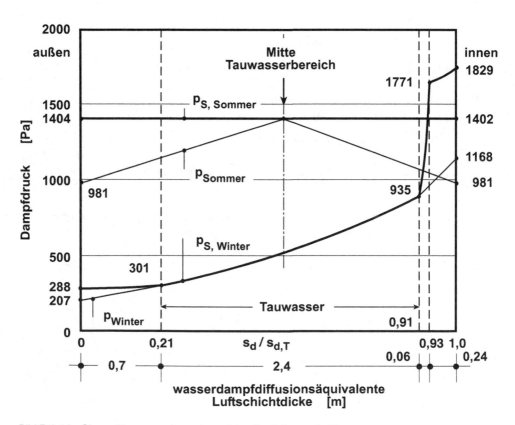

Bild B.2-11: Glaser-Diagramm des untersuchten Bauteilquerschnitts.

Ergebnisse:

a) Tauwasser tritt im gesamten Mauerwerk-Bereich auf (siehe Diagramm im Bild B.2-11).

b) Tauwassermenge: $m_c = t \cdot g_c = 2160 \cdot 3600 \cdot g_c$ [kg/m²]

$$g_c = \frac{p_i - p_2}{Z_i} - \frac{p_3 - p_e}{Z_e} \qquad \text{[kg/m²s]}$$

mit den Wasserdampfdiffusionsdurchlasswiderständen:

$Z_i = 5 \cdot 10^9 \cdot (0,24 + 0,06) = 5 \cdot 10^9 \cdot 0,3 \ m^2 sPa/kg$

$Z_e = 5 \cdot 10^9 \cdot 0,7 \ m^2 sPa/kg$

$$m_c = \frac{2160 \cdot 3600}{5 \cdot 10^9} \cdot \left(\frac{1168 - 935}{0,3} - \frac{301 - 207}{0,7} \right) = 0,999 \ kg/m^2$$

c) Die Bedingung $m_c < 1000 \ g/m^2$ ist gerade noch erfüllt, wasseraufnahmefähige Schichten sind im Tauwasserbereich vorhanden.

Verdunstungsmenge:

$$g_{ev} = \frac{p_s - p_i}{Z_i + 0,5 Z_M} + \frac{p_s - p_e}{Z_e + 0,5 Z_M} \qquad \text{[kg/m²s]}$$

$$m_{ev} = \frac{2160 \cdot 3600}{5 \cdot 10^9} \cdot \left(\frac{1402 - 981}{1,2 + 0,3} + \frac{1402 - 981}{1,2 + 0,7} \right) = 0,781 \ kg/m^2$$

$m_{ev} < m_c$, d.h. die Bilanz ist negativ; Die Konstruktion trocknet nicht aus; sie ist diffusionstechnisch nicht zulässig!

d) Abhilfe ist eine diffusionshemmende Schicht innenseitig vor der Dämmschicht!

Lösung 2.7

1. Oberflächentemperaturverteilung:

$q_B = U_B \cdot (\theta_i - \theta_e) = 2,45 \cdot 28 = 68,6 \ W/m^2 \qquad \text{mit}$

$$U_B = \left(0,25 + \frac{0,25}{2,1} + 0,04 \right)^{-1} = 2,45 \ W/m^2 K$$

$$\theta_{si,B} = \theta_i - R_{si} \cdot q_B = 18 - 0{,}25 \cdot 68{,}6 = 0{,}9 \,°C$$

Gefach

$$q_G = U_G \cdot (\theta_i - \theta_e) = 11{,}8 \; W/m^2$$

mit

$$U_G = \left(0{,}25 + \frac{0{,}1}{2{,}1} + \frac{0{,}08}{0{,}04} + \frac{0{,}07}{2{,}1} + 0{,}04\right)^{-1} = 0{,}42 \; W/m^2K$$

$$\theta_{si,G} = \theta_i - R_{si} \cdot q_G = 18 - 0{,}25 \cdot 11{,}8 = 15{,}1 \,°C$$

Temperaturverteilung siehe Bild B.2-12.

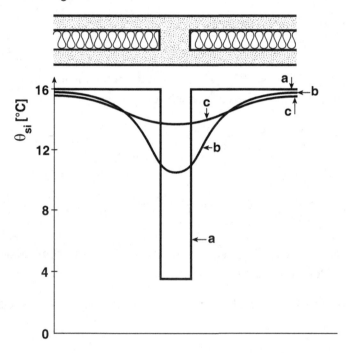

Bild B.2-12: Schematischer Verlauf der Innenoberflächentemperaturen in der Umgebung der Wärmebrücke des untersuchten Bauteils.

2. a) Tauwasser tritt nicht auf, wenn die Bedingung $p_{S,si} > p_i$ erfüllt ist.

$$p_i = p_S(18\,°C) \cdot 0{,}45 = 2063 \cdot 0{,}45 = 928 \; Pa$$

$$p_{S,siB} = p_S(0{,}9\,°C) = 652 \; Pa$$

$$p_{S,siG} = p_S(15{,}1\,°C) = 1715 \; Pa$$

Hier ist $p_{S,siB} < p_i$, dies bedeutet Tauwasserbildung an der inneren Oberfläche der Wärmebrücke.

Mit der Konzentration

$$c = \frac{p}{R \cdot T} \quad [kg/m^3]$$

und

$$\Delta c = \frac{p_i - p_{S,si}}{R \cdot T} = \frac{928 - 652}{462 \cdot (273 + 18)} = 2{,}05 \cdot 10^{-3} \text{ kg/m}^3 = 2{,}05 \text{ g/m}^3$$

ergibt sich die Tauwassermenge:

$$m = V \cdot \Delta c = 2{,}5 \cdot 2 \cdot 2 \cdot 2{,}05 = 20{,}5 \text{ g}$$

sowie die relative Luftfeuchte

$$\varphi_i = \frac{p_{S,si}}{p_S(18°C)} = \frac{652}{2063} = 0{,}32 \Rightarrow 32 \%$$

b) Eine solche Dampfsperre würde bei dieser Betrachtungsweise nichts verändern, da sie lediglich die Tauwasserbildung im Bauteilquerschnitt beeinflusst! Bei realer Betrachtung mit zweidimensionaler Wärmeleitung ist kein Tauwasser an der Innenoberfläche zu erwarten, da die Temperatur an der Wärmebrücke, was zu prüfen wäre, über der Taupunkttemperatur der Raumluft mit 6,0 °C liegen wird. Diese Temperatur ergibt sich mit

$$p = 0{,}45 \cdot p_S(18 °C) = 928 \text{ Pa}$$

aus der Tabelle gemäß Merkblatt 4.

Lösung 2.8

1. Zur Darstellung des Sättigungsdampfdrucks und des Dampfdrucks werden zunächst die unten aufgeführten Daten berechnet. Mit

$$U = \left(0{,}25 + \frac{0{,}016}{0{,}14} + 0{,}14 + \frac{0{,}06}{0{,}04} + \frac{0{,}016}{0{,}14} + 0{,}08\right)^{-1} = 0{,}42 \text{ W/m}^2\text{K}$$

ergibt sich unter Vernachlässigung der Dampfsperre eine Wärmestromdichte von

$$q = U \cdot (\theta_i - \theta_e) = 0{,}42 \cdot (20 + 5) = 10{,}5 \text{ W/m}^2$$

die Temperaturverteilung und mit Hilfe des Merkblatts 4 die dazugehörigen Sättigungsdampfdrücke:

$\theta_{si} = \theta_i - q \cdot R_{si} = 20 - 10,5 \cdot 0,25 = 17,4\ °C$ $\qquad p_S = 1986\ Pa$

$\theta_1 = 20 - 10,5 \cdot \left(0,25 + \dfrac{0,016}{0,14}\right) = 16,2\ °C$ $\qquad p_S = 1841\ Pa$

$\theta_2 = 20 - 10,5 \cdot \left(0,25 + \dfrac{0,016}{0,14} + 0,14\right) = 14,7\ °C$ $\qquad p_S = 1672\ Pa$

$\theta_3 = -5 + 10,5 \cdot \left(0,08 + \dfrac{0,016}{0,14}\right) = -3,0\ °C$ $\qquad p_S = 475\ Pa$

$\theta_{se} = -5 + 10,5 \cdot 0,08 = -4,2\ °C$ $\qquad p_S = 430\ Pa$

Tabelle B.2-1: Zusammenstellung der feuchtetechnischen Daten im Bauteilquerschnitt

Schichtgrenze	Temperatur	Sättigungsdruck	Dampfdruck
Luft (innen)	20,0 °C	2337 Pa	1168 Pa
Oberfläche innen	17,4 °C	1986 Pa	1168 Pa
Spanplatte/Luft	16,2 °C	1841 Pa	
Luft/Dämmschicht	14,7 °C	1672 Pa	
Dämmsch./Spanpl.	- 3,0 °C	475 Pa	
Oberfläche außen	- 4,2 °C	430 Pa	321 Pa
Luft (außen)	- 5,0 °C	401 Pa	321 Pa

Die Berechnung der Dampfdrücke im Querschnitt erfolgt mit Hilfe der Diffusionsstromdichte:

$$g = \frac{p_i - p_{S,Dampfsp.}}{Z_i} = \frac{1168 - 475}{5 \cdot 10^9 \cdot \sum(\mu \cdot d)_i} = \frac{693}{5 \cdot 10^9 \cdot 1,68} = 8,25 \cdot 10^{-8}\ kg/m^2 s$$

mit

$p_i = \varphi_i \cdot p_S(20°C) = 1168\ Pa$

$p_{S,Dampfsp.} = p_S(-3,0\ °C) = 475\ Pa$

$\sum (\mu \cdot d)_i = 100 \cdot 0,016 + 0,02 \cdot 1 + 0,06 \cdot 1 = 1,68\ m$

Aus

$$g = \frac{p_i - p_{Tr1}}{Z_1} \quad [kg/m^2s]$$

folgt mit dem Wasserdampfdiffusionsdurchlasswiderstand

$$Z_1 = 5 \cdot 10^9 \cdot \mu_{Sp} \cdot d_{Sp} = 5 \cdot 10^9 \cdot 1,6 \ m^2s/kg$$

der Dampfdruck:

$$p_{Tr1} = p_i - g \cdot Z_1 = 1168 - 8,25 \cdot 10^{-8} \cdot 5 \cdot 10^9 \cdot 1,6 = 508 \ Pa$$

Aus

$$g = \frac{p_i - p_{Tr2}}{Z_1 + Z_2} \quad [kg/m^2s]$$

erhält man mit dem Wasserdampfdiffusionsdurchlasswiderstand

$$Z_2 = 5 \ 10^9 \cdot 0,02 \ m^2s/kg$$

den Dampfdruck:

$$p_{Tr2} = p_i - g \cdot (Z_1 + Z_2) = 1168 - 8,25 \cdot 10^{-8} \cdot 5 \cdot 10^9 \cdot (1,6 + 0,02) = 500 \ Pa$$

Da außerhalb der Dampfsperre kein Massenstrom auftritt, ist $p_e = p_{Dampfsp,e}$. Wegen $p_i > p_{S,Dampfsp.}$ setzt innenseitig ein Massenstrom ein mit Tauwasserbildung zwischen Dampfsperre und Wärmedämmschicht. Der innenseitige Massenstrom ist gleich der Intensität der Tauwasserbildung. Sättigungsdampfdruck- und Dampfdruckverteilung über den Bauteilquerschnitt sind im Bild B.2-13 dargestellt.

2.   Die gefragte Zeit lässt sich über den massebezogenen Feuchtegehalt bestimmen.

Aus

$$u_m = \frac{m_{H_2O}}{m_{Mat}} = \frac{g \cdot t}{d_D \cdot \rho_D} = \frac{t \cdot 8,25 \cdot 10^{-8}}{0,06 \cdot 50} = 2,75 \cdot 10^{-8} \cdot t$$

bzw. $u_m = 1 = 2,75 \cdot 10^{-8} \cdot t$

folgt:

$$t = \frac{1}{2,75 \cdot 10^{-8} \cdot 3600} = 10.101 \ h = 420 \ Tage \approx 1,2 \ Jahre$$

3.   Massebezogener Feuchtegehalt:

$$u_{m,c} = 2,75 \cdot 10^{-8} \cdot 2160 \cdot 3600 = 0,214 \Rightarrow 21,4 \ M.\text{-}\%$$

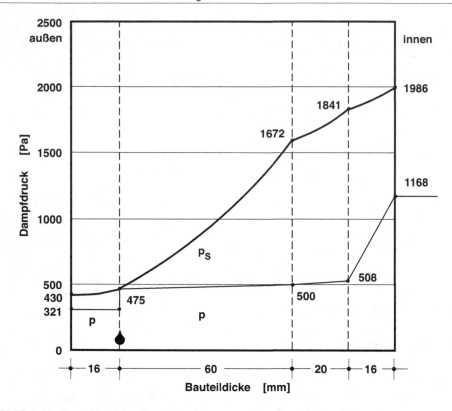

Bild B.2-13: Dampfdruckverteilung über den untersuchten Bauteilquerschnitt.

4. Dampfsperre muss auf der warmen Seite der Wärmedämmung angeordnet werden. Die p_D-Kurve muss so verlaufen, dass kein Schnittpunkt mit p_S-Kurve auftritt. Im Grenzfall findet eine Berührung beider Kurven statt. Der kritische Punkt für Tauwasserbildung liegt zwischen Wärmedämmschicht und äußerer Spanplatte. Dort sind die außenseitige und die innenseitige Diffusionstromdichte gleich. D.h. $g_i = g_e$:

$$g_e = \frac{\Delta p_e}{Z_e} = \frac{475 - 321}{5 \cdot 10^9 \cdot 1{,}6} \qquad [\text{kg/m}^2\text{s}] \qquad \text{und}$$

$$g_i = \frac{\Delta p_i}{Z_i} = \frac{1168 - 475}{5 \cdot 10^9 \cdot \left(0{,}06 + s_{d,D} + 0{,}02 + 1{,}6\right)} \qquad [\text{kg/m}^2\text{s}]$$

$s_{d,D} = (\mu \cdot d)_D = 5{,}6$ m.

Der Sperrwert der innenseitigen Dampfsperre müsste mindestens 5,6 m betragen.

Lösung 2.9

1. Wasserdampfkonzentration:

$$c = \frac{m_{H_2O}}{V_L} = \frac{p}{R \cdot T} \quad [kg/m^3]$$

Dabei sind:

$$p = \varphi \cdot p_S = \varphi \cdot p_S(24\,^\circ C) = 0{,}6 \cdot 2982\ Pa = 1789\ Pa$$

$$T = 24 + 273 = 297\ K$$

Eingesetzt ergibt sich:

$$c = \frac{1789}{462 \cdot 297} = 0{,}013\ kg/m^3 = 13\ g/m^3$$

2. a) Ja, eine Wasserdampfdiffusion setzt aufgrund des Wasserdampfdruckunterschiedes zwischen dem Innen- und Außenraum der Saunakabine ein.

   Nachweis:

   $$c\,(T_1) = c\,(T_2)$$

   und damit

   $$\frac{p_1}{R \cdot T_1} = \frac{p_2}{R \cdot T_2} \quad \text{bzw.} \quad \frac{p_2}{p_1} = \frac{T_2}{T_1}$$

   Mit

   $$p_1 = p_e = 1789\ Pa \quad \text{im Vorraum und}$$

   $$p_2 = p_i = \frac{353}{297} \cdot 1789\ Pa = 2126\ Pa \quad \text{in der Saunakabine, folgt: } p_i > p_e$$

   b) Der Riegelbereich kann wärme- und feuchtetechnisch als homogen bezeichnet werden, da sowohl die Wärmeleitfähigkeit als auch der μ-Wert identisch sind. Daher ist in diesem Querschnitt nicht mit Tauwasser zu rechnen. Deshalb wird nur der Gefachbereich untersucht. Die Überprüfung des Tauwasserausfalls erfolgt mit Hilfe des Glaser-Verfahrens gemäß Merkblatt 5 unter Berücksichtigung der vorherrschenden Bedingungen. Es wird unter Zugrundelegung der schematischen Darstellung in Bild B.2-14 wie folgt vorgegangen:

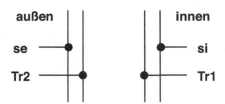

Bild B.2-14: Schematische Darstellung des Trennwandaufbaus zur Benennung der Schichtgrenzen.

$q = U \cdot (\theta_i - \theta_e) = 0{,}29 \cdot (80 - 24) = 16{,}2 \ W/m^2$

mit

$$U = \left(R_{si} + \sum \frac{d}{\lambda} + R_{se}\right)^{-1} = \left(0{,}17 + 2 \cdot \frac{0{,}01}{0{,}13} + \frac{0{,}12}{0{,}04} + 0{,}17\right)^{-1} = 0{,}29 \ W/m^2K$$

Trennschichttemperaturen der Sauna-Trennwandkonstruktion im Saunabetrieb:

$\theta_{si} = \theta_i - q \cdot R_{si} = 80 - 16{,}2 \cdot 0{,}17 = 77{,}2 \ °C$

$$\theta_{Tr1} = \theta_i - q \cdot \left(R_{si} + \frac{d_H}{\lambda_H}\right) = 80 - 16{,}2 \cdot \left(0{,}17 + \frac{0{,}01}{0{,}13}\right) = 76 \ °C$$

$$\theta_{Tr2} = \theta_e + q \cdot \left(R_{se} + \frac{d_H}{\lambda_H}\right) = 24 + 16{,}2 \cdot \left(0{,}17 + \frac{0{,}01}{0{,}13}\right) = 28 \ °C$$

$\theta_{se} = \theta_e + q \cdot R_{se} = 24 + 16{,}2 \cdot 0{,}17 = 26{,}8 \ °C$

Sättigungsdampfdruck gemäß Merkblatt 4 näherungsweise:

$$p_S(\theta) = 610{,}5 \cdot \exp \frac{17{,}268 \cdot \theta}{237{,}3 + \theta} \quad [Pa]$$

$$p_S(80\ °C) = 610{,}5 \cdot \exp \frac{17{,}269 \cdot 80}{237{,}3 + 80} = 47.490 \ Pa$$

Ferner sind:

$p_i = 2126 \ Pa$ \qquad gemäß 2a)

$\theta_e = 24 \ °C$ \qquad $p_{S,e} = 2982 \ Pa$ \qquad $p_e = 1789 \ Pa$

Sättigungsdampfdrücke zu den jeweiligen Trennschichttemperaturen:

$$p_{S,si} = 610{,}5 \cdot \exp \frac{17{,}269 \cdot 77{,}2}{237{,}3 + 77{,}2} = 42.331 \ Pa; \qquad p_{si} = p_i = 2126 \ Pa$$

$$p_{S,Tr1} = 610,5 \cdot \exp\frac{17,269 \cdot 76}{237,3 + 76} = 40.271 \; \text{Pa}$$

$$p_{S,Tr2} = p_S(28\,°C) = 3778 \; \text{Pa}$$

$p_{S,se} = 3522 \; \text{Pa};$ $\qquad\qquad\qquad\qquad\qquad$ $p_{se} = p_e = 1789 \; \text{Pa}$

Anhand des Glaser-Diagramms, Bild B.2-15, wird festgestellt, dass an keiner Stelle der Konstruktion Tauwassergefahr besteht, da überall $p < p_S$ ist.

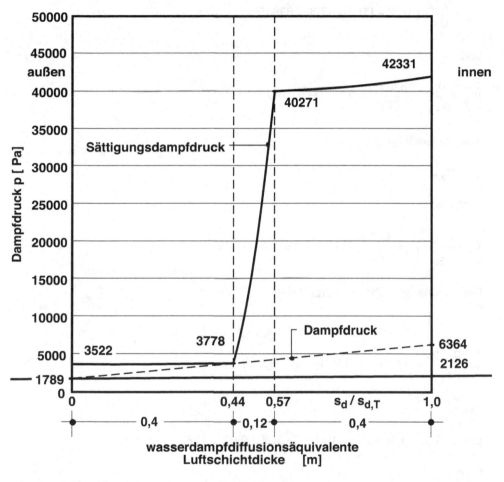

Bild B.2-15: Glaser-Diagramm des untersuchten Bauteilquerschnitts.

Tauwasser setzt ein, wenn $p = p_S$ wird. Wenn der Dampfdruckverlauf (siehe gestri-chelte Gerade im Glaser-Diagramm Bild B.2-15) die Sättigungsdampfdruckkurve be-rührt und dort einen Knick aufweist, dann tritt dort Tauwasser auf. Bei steigendem

Dampfdruck innen geschieht dies in der Trennfläche zwischen der Wärmedämm-schicht und der äußeren Holzbekleidung.
Für diesen Fall gilt:

$$\frac{p_{si} - p_{se}}{\Sigma \mu \cdot d} = \frac{p_{S,Tr2} - p_{se}}{0,4}$$

Daraus folgt:

$$p_{si} = \frac{0,92}{0,4} \cdot (3778 - 1789) + 1789 = 6364 \, Pa$$

und

$$\varphi_{si} = \frac{p_{si}}{p_{S,si}} = \frac{6364}{42331} = 0,15 \quad \Rightarrow \quad 15\,\%$$

Aus der Bedingung

$$\varphi_{si} \cdot p_{S,si} = \varphi_i \cdot p_{S,i}$$

ergibt sich:

$$\varphi_i = \frac{p_{S,si}}{p_{S,i}} \cdot \varphi_{si} = \frac{42331}{47490} \cdot 0,15 = 0,13 \quad \Rightarrow \quad 13\,\%$$

3. Die ungünstigste Stelle ist das Gefach.

   Mit

$$g = \frac{p_i - p_e}{Z_W} = 3 \, g/m^2h = 8,333 \cdot 10^{-7} \, kg/m^2s$$

bzw.

$$p_i = g \cdot Z_W + p_e = 8,333 \cdot 10^{-7} \cdot 5 \cdot 10^9 \cdot 0,92 + 1789 = 5622 \, Pa$$

folgt:

$$\varphi_i = \frac{5622}{47490} = 0,12 \quad \Rightarrow \quad 12\,\%$$

Es besteht gerade noch keine Tauwassergefahr, da $\varphi_i < 13\,\%$ ist.

Lösung 2.10

1. Zur Bestimmung der relativen Luftfeuchte wird eine Feuchtebilanz gemäß Bild B.2-16 aufgestellt.

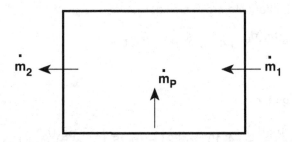

Bild B.2-16: Schematische Darstellung der zu bilanzierenden Masseströme.

Feuchtebilanz: $\dot{m}_1 + \dot{m}_P - \dot{m}_2 = 0$

Dabei sind:

$\dot{m}_1 = c_e \cdot V \cdot n$ [kg/h]

$\dot{m}_2 = c_i \cdot V \cdot n$ [kg/h]

$\dot{m}_P = 0,1$ kg/h

Damit ergibt sich:

$V \cdot n \cdot (c_e - c_i) + \dot{m}_P = 0$

bzw.

$c_i = c_e + \dfrac{\dot{m}_P}{V \cdot n}$ [kg/m³]

mit

$c_i = \dfrac{\varphi_i \cdot p_S(\theta_i)}{R \cdot T_i}$ [kg/m³]

$c_e = \dfrac{\varphi_e \cdot p_S(\theta_e)}{R \cdot T_e}$ [kg/m³]

und

$\dfrac{\dot{m}}{V \cdot n} = \dfrac{0,1}{4 \cdot 5 \cdot 2,5 \cdot 0,5} = 4 \cdot 10^{-3}$ kg/m³

Nach dem Einsetzen dieser Beziehung in die Bilanzgleichung folgt:

$$\frac{\varphi_i \cdot p_S(\theta_i)}{R \cdot T_i} = \frac{\varphi_e \cdot p_S(\theta_e)}{R \cdot T_e} + 4 \cdot 10^{-3}$$

Für die relative Luftfeuchte ergibt sich daraus:

$$\varphi_i = \frac{T_i}{p_S(\theta_i)} \cdot \left(\frac{\varphi_e \cdot p_S(\theta_e)}{T_e} + 4 \cdot 10^{-3} \cdot R \right) \quad [\%]$$

bzw. mit

$$T_i = 20 + 273 = 293 \text{ K}$$

$$\varphi_i = \frac{293}{2337} \cdot \left(\frac{0.8 \cdot p_S(\theta_e)}{T_e} + 4 \cdot 10^{-3} \cdot 462 \right) = 0.125 \cdot \left(\frac{0.8 \cdot p_S(\theta_e)}{T_e} + 1.85 \right) \cdot 100 \quad [\%]$$

Die berechneten relativen Feuchten φ_i für die Außenlufttemperaturen von –15°C bis 20 °C sind in Tabelle B.2-2 zusammengestellt. Graphisch ist $\varphi_i = f(\theta_e)$ in Bild B.2-17 dargestellt.

Tabelle B.2-2: Zusammenstellung der gerechneten Kenngrößen für den Außenlufttemperaturbereich von –15 °C bis 20 °C.

θ_e [°C]	–15	–10	–5	0	5	10	15	20
T_e [K]	258	263	268	273	278	283	288	293
$p_S(\theta_e)$ [Pa]	165	259	401	611	872	1227	1704	2337
φ_i [%]	30	33	38	45	55	67	82	100[*]
$p_S(\theta_{si})$ [Pa]	701	771	888	1052	1285	1566	1916	2334
θ_{si} [°C]	1,9	3,3	5,3	7,7	10,7	13,7	16,8	20,0
$\theta_{si,W}$ [°C]	11,8	12,9	14,1	15,3	16,5	17,7	18,8	20,0

[*] Tauwasser, Nebel im Raum

2. Die Oberflächentemperatur muss mindestens gleich der Taupunkttemperatur der Raumluft sein, bzw.

$$p_S(\theta_{si}) = p_S(\theta_i) \cdot \varphi_i(\theta_e) = 2337 \cdot \varphi_i(\theta_e) \quad [\text{Pa}]$$

Es ist:

$$p_S(\theta_i) = p_S(20 \text{ °C}) = 2337 \text{ Pa}$$

Mit $p_S(\theta_{si})$ folgt aus Merkblatt 4 die Oberflächentemperatur θ_{si}, siehe Tabelle B.2-2 bzw. Bild B.2-18.

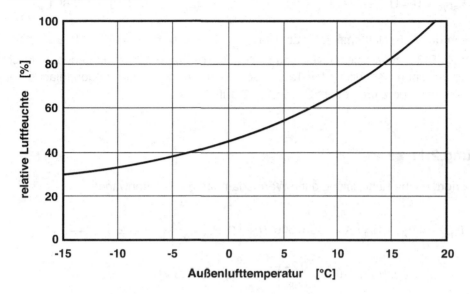

Bild B.2-17: Relative Raumluftfeuchte in Abhängigkeit von der Außenlufttemperatur gemäß der Aufgabenstellung.

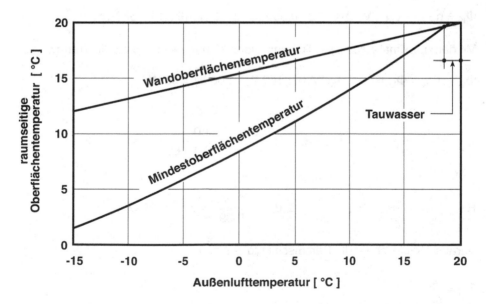

Bild B.2-18: Innenoberflächentemperatur und ihr kritischer Wert hinsichtlich Tauwasserbildung in Abhängigkeit von der Außenlufttemperatur gemäß der Aufgabenstellung.

3. Die Innenoberflächentemperatur der Außenwand hängt nach der Beziehung

$$\theta_{si,W} = \theta_i - U \cdot (\theta_i - \theta_e) \cdot R_{si} = 20 - 1{,}39 \cdot 0{,}17 \cdot (20 - \theta_e) = 15{,}3 + 0{,}236 \cdot \theta_e$$

von der Außenlufttemperatur ab. Die $\theta_{si,W}$ -Werte sind für $-15°C \leq \theta_i \leq 20 °C$ in Tabelle B.2-2 zusammengestellt und in Bild B.2-18 graphisch wiedergegeben. Nach der graphischen Darstellung tritt Tauwasserbildung an der Wandinnenoberfläche bei Außenlufttemperaturen oberhalb von 19 °C auf.

Lösung 2.11

1. Erforderliche Kühlleistung ohne Wärmedämmung der Trennwand:

$$\Phi_{ges} = \Phi_U + U_M \cdot A_M \cdot \Delta\theta = 500 \text{ W} + \left(2 \cdot R_{si} + \frac{d_M}{\lambda_M}\right)^{-1} \cdot 4 \cdot 2{,}5 \cdot (24 - 6)$$

$$= 500 \text{ W} + \left(2 \cdot 0{,}13 + \frac{0{,}24}{0{,}99}\right)^{-1} \cdot 10 \cdot 18 = 858{,}3 \text{ W}$$

2. Um die Dicke der Dämmschicht zu bestimmen, wird zunächst die vorhandene Kühlleistung der Anlage ermittelt. Sie ist:

$$\Phi_K = n \cdot \rho_L \cdot c_{pL} \cdot V \cdot \Delta\theta = 10 \cdot 0{,}35 \cdot (4 \cdot 4 \cdot 2{,}5) \cdot (6 - 2) = 560 \text{ W}$$

Mit dem maximal zulässigen Transmissionswärmegewinn durch die Trennwand

$$\Phi_W = \Phi_K - \Phi_U = U_W \cdot A_M \cdot \Delta\theta = 560 \text{ W} - 500 \text{ W} = 60 \text{ W}$$

ist

$$U_W = \frac{\Phi_W}{A_M \cdot \Delta\theta} = \left(R_{si} + R_M + R_D + R_{si}\right)^{-1} = \frac{60}{10 \cdot (24 - 6)} = 0{,}33 \text{ W/m}^2\text{K}$$

bzw.

$$R_D = \frac{1}{U_W} - 2 \cdot R_{si} - R_M = \frac{1}{0{,}33} - 2 \cdot 0{,}13 - \frac{0{,}24}{0{,}99} = 2{,}53 \text{ m}^2\text{K/W}$$

Daraus ergibt sich für die Dämmschichtdicke aus:

$$R_D = \frac{d_D}{\lambda_D}$$

$$d_D = R_D \cdot \lambda_D = 2{,}53 \cdot 0{,}04 = 0{,}1 \text{ m}$$

3. Zur Berechnung der Wasserdampfdiffusionswiderstandszahl μ_M wird zunächst die Feuchtekonzentration vor dem Kühler

$$c_{vor} = \frac{\varphi \cdot p_S(6\,°C)}{R \cdot T_{vor}} = \frac{0,9 \cdot 935}{462 \cdot 279} = 6,53 \cdot 10^{-3} \text{ kg/m}^3 = 6,53 \text{ g/m}^3$$

und nach dem Kühler

$$c_{nach} = \frac{\varphi \cdot p_S(2\,°C)}{R \cdot T_{nach}} = \frac{706}{462 \cdot 275} = 5,56 \cdot 10^{-3} \text{ kg/m}^3 = 5,56 \text{ g/m}^3$$

bestimmt. Die relative Luftfeuchte ist $\varphi = 100$ %, da der Taupunkt der Raumluft mit 4,5 °C größer ist, als die Temperatur 2 °C nach dem Kühler. Die Restfeuchtezufuhr ergibt sich damit zu:

$$\dot{m} = V_R \cdot n \cdot \Delta c = 40 \cdot 10 \cdot (6,53 - 5,56) = 388 \text{ g/h}$$

Wasserdampfdiffusionsstrom durch die Trennwand:

$$\dot{m}_{Diff} = 0,005 \cdot 388 = 1,94 \text{ g/h}$$

Wasserdampfdiffusionsstromdichte durch die Trennwand:

$$g = \frac{\dot{m}_{Diff}}{A_M} = \frac{1,94}{10} = 0,194 \text{ g/m}^2\text{h} = 5,389 \cdot 10^{-8} \text{ kg/m}^2\text{s}$$

bzw.

$$g_{Diff} = \frac{p_1 - p_2}{Z_W} = \frac{0,6 \cdot 2982 - 0,9 \cdot 935}{Z_W} = 5,389 \cdot 10^{-8} \text{ kg/m}^2\text{s}$$

Damit lässt sich der Wasserdampfdiffusionsdurchlasswiderstand der Wand berechnen zu:

$$Z_W = \frac{0,6 \cdot 2982 - 0,9 \cdot 935}{5,389 \cdot 10^{-8}} = 1,759 \cdot 10^{10} \text{ m}^2\text{sPa/kg}$$

Für die wasserdampfdiffusionsäquivalenten Luftschichtdicken der Trennwand folgt:

$$\sum (\mu \cdot d) = Z_W \cdot \delta_0 = 1,759 \cdot 10^{10} \cdot 2 \cdot 10^{-10} = 3,52 \text{ m}$$

Aus der Beziehung

$$\sum (\mu \cdot d) = (\mu \cdot d)_M + (\mu \cdot d)_D = 3,52 \text{ m}$$

ergibt sich für die wasserdampfdiffusionsäquivalente Luftschichtdicke des Mauer-werks

$$(\mu \cdot d)_M = 3{,}52 - (\mu \cdot d)_D = 3{,}52 - 1 \cdot 0{,}1 = 3{,}42 \text{ m}$$

Die gesuchte Wasserdampfdiffusionswiderstandszahl berechnet sich schließlich dar-aus zu:

$$\mu_M = \frac{3{,}42}{d_M} = \frac{3{,}42}{0{,}24} = 14{,}25$$

$\lambda = 0{,}99$ W/mK; $\mu = 14$:   Leichtbeton, Kalksandstein

4.   Die Untersuchung des Tauwasseranfalls erfolgt mit Hilfe des Glaser-Verfahrens ge-mäß Merkblatt 5 unter Berücksichtigung der vorherrschenden Klimabedingungen.

Trennschichttemperaturen:

Variante 1: Dämmung in der Produktionshalle (Dämmung auf der Hallenseite)

$$q = U_W \cdot (\theta_1 - \theta_2) = U_W \cdot (\theta_H - \theta_K) = 0{,}33 \cdot (24 - 6) = 5{,}9 \text{ W/m}^2$$

$\theta_K = 6 \,°C$

$$\theta_{sK} = \theta_K + q \cdot R_{si} = 6 + 5{,}9 \cdot 0{,}13 = 6{,}8 \,°C$$

$$\theta_{Tr} = \theta_K + q \cdot (R_{si} + R_M) = 6 + 5{,}9 \cdot \left(0{,}13 + \frac{0{,}24}{0{,}99}\right) = 8{,}2 \,°C$$

$$\theta_{sH} = \theta_K + q \cdot (R_{si} + R_M + R_D) = 6 + 5{,}9 \cdot \left(0{,}13 + \frac{0{,}24}{0{,}99} + 2{,}53\right) = 23{,}1 \,°C$$

$\theta_H = 24 \,°C$

Variante 2: Wärmedämmung im Kühlraum (auf der Kühlraumseite)

$\theta_{sK} = 6{,}8 \,°C$

$$\theta_{Tr} = \theta_K + q \cdot (R_{si} + R_D) = 6 + 5{,}9 \cdot (0{,}13 + 2{,}53) = 21{,}7 \,°C$$

$\theta_{sH} = 23{,}1 \,°C$

$\theta_H = 24 \,°C$

Die zu den Trennschichttemperaturen gehörigen Sättigungsdampfdrücke gemäß
Merkblatt 4 und die Dampfdrücke der Luft:

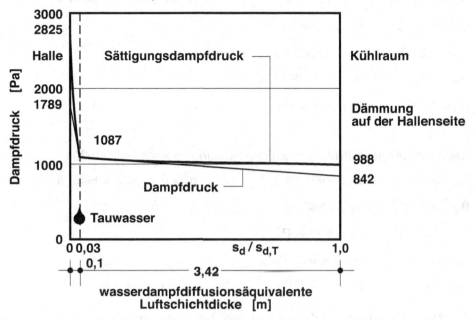

Bild B.2-19: Glaser-Diagramm des untersuchten Bauteilquerschnitts mit hallenseitiger Dämmung.

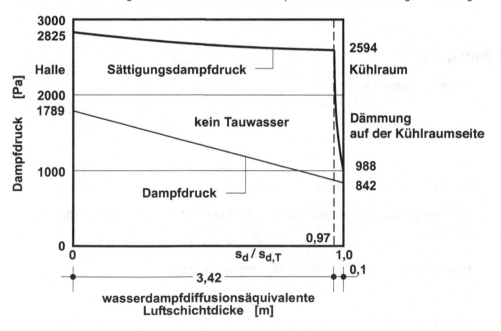

Bild B.2-20: Glaser-Diagramm des untersuchten Bauteilquerschnitts mit kühlraumseitiger Dämmung.

Dämmung auf der Hallenseite: Glaser-Diagramm siehe Bild B.2-19

$\theta_K = 6\ °C$ $p_{S,K} = 935\ Pa$ $p_K = 0,9 \cdot p_{S,K} = 842\ Pa$

$\theta_{sK} = 6,8\ °C$ $p_{S,sK} = 988\ Pa$

$\theta_{Tr} = 8,2\ °C$ $p_{S,Tr} = 1087\ Pa$

$\theta_{sH} = 23,1\ °C$ $p_{S,sH} = 2825\ Pa$

$\theta_H = 24\ °C$ $p_{S,H} = 2982\ Pa$ $p_H = 0,6 \cdot p_{S,H} = 1789\ Pa$

Dämmung auf der Kühlraumseite: Glaser-Diagramm siehe Bild B.2-20

$\theta_K = 6\ °C$ $p_{S,K} = 935\ Pa$ $p_K = 0,9 \cdot p_{S,K} = 842\ Pa$

$\theta_{sK} = 6,8\ °C$ $p_{S,si} = 988\ Pa$

$\theta_{Tr} = 21,7\ °C$ $p_{S,Tr} = 2594\ Pa$

$\theta_{sH} = 23,1\ °C$ $p_{S,sH} = 2825\ Pa$

$\theta_H = 24\ °C$ $p_{S,H} = 2982\ Pa$ $p_H = 0,6 \cdot p_{S,H} = 1789\ Pa$

Die Wärmedämmung ist auf der kalten Seite zum Kühlraum hin auf das Mauerwerk aufzubringen (siehe Glaser-Diagramme).

Lösung 2.12

Relative Luftfeuchte:

$$\varphi = \frac{p_i}{p_{S,i}} \cdot 100 \quad [\%]$$

mit

$p_{S,i} = p_S\ (18\ °C) = 2063\ Pa$

Der Dampfdruck p_i errechnet sich aus der Feuchtebilanz des Raumes gemäß Bild B.2-21.

Feuchtebilanz: $\sum \dot{m} = \dot{m}_W + \dot{m}_L + \dot{m}_1 + \dot{m}_2 + \dot{m}_3 = 0$

mit

$\dot{m} = g \cdot A \quad [kg/s]$

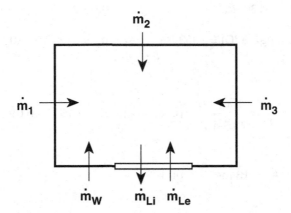

Bild B.2-21: Schematische Darstellung der zu bilanzierenden Wasserdampfdiffusionsströme.

Die Wasserdampfdiffusionsstromdichte ist definiert als:

$$g = \frac{\Delta p}{Z} \quad [kg/m^2 s]$$

mit dem Wasserdampfdiffusionsdurchlasswiderstand

$$Z = 5 \cdot 10^9 \sum (\mu \cdot d) \ m^2 sPa/kg$$

Wasserdampfdiffusionsströme:

$$\dot{m}_L = \dot{m}_{Le} - \dot{m}_{Li}$$

$$\dot{m}_L = (c_e - c_i) \cdot V \cdot n \quad [kg/s] \quad und$$

$$c_e = \frac{p_e}{R \cdot T_e} = \frac{1583}{462 \cdot 298} = 11,5 \cdot 10^{-3} \ kg/m^3$$

$$c_i = \frac{p_i}{R \cdot T_i} = \frac{p_i}{462 \cdot 291} = 7,4 \cdot 10^{-6} \cdot p_i \quad [kg/m^3]$$

$$\dot{m}_L = (11,5 - 0,0074 \ p_i) \cdot 10^{-3} \cdot (6 \cdot 4 \cdot 2,5) \cdot 0,1 / 3600 =$$
$$1,917 \cdot 10^{-5} - 1,233 \cdot 10^{-8} \ p_i$$

Mit den Daten

Außenwand: $\sum (\mu \cdot d) = 0,365 \cdot 10 + 0,025 \cdot 20 + 0,015 \cdot 10 = 4,3 \ m$

Innenwand: $\sum (\mu \cdot d) = 0,01 \cdot 8 \cdot 2 + 0,05 \cdot 1 = 0,21 \ m$

Außenwand: $Z_e = 5 \cdot 10^9 \cdot 4,3 = 2,15 \cdot 10^{10} \ m^2 sPa/kg$

Innenwand: $Z_i = 5 \cdot 10^9 \cdot 0,21 = 1,05 \cdot 10^9 \ m^2 sPa/kg$

$p_{S,e} = p_S(25\,°C) = 3166\;Pa;$ $\qquad\qquad$ $p_e = 0,5 \cdot 3166\;Pa = 1583\;Pa$

$p_{S1} = p_{S2} = p_{S3} = p_S(18\,°C) = 2063\;Pa;$ $\quad$ $p_1 = p_2 = p_3 = 0,6 \cdot 2063 = 1238\;Pa$

ergibt sich für:

$$\dot{m}_W = \frac{p_e - p_i}{Z_e} \cdot A_W = \frac{1583 - p_i}{2,15 \cdot 10^{10}} \cdot (6 \cdot 2,5 - 2) = 9,57 \cdot 10^{-7} - 6,05 \cdot 10^{-10} \cdot p_i$$

mit

$$A_W = (6 \cdot 2,5) - A_F = 13\;m^2 \qquad \text{und}$$

$$\dot{m}_1 + \dot{m}_2 + \dot{m}_3 = \frac{p_1 - p_i}{1,05 \cdot 10^9} \cdot (6 \cdot 2,5 + 2 \cdot 4 \cdot 2,5) \qquad [kg/s]$$

$$= \frac{1238 - p_i}{1,05 \cdot 10^9} \cdot 35 = 4,127 \cdot 10^{-5} - 3,33 \cdot 10^{-8} \cdot p_i$$

Nach dem Einsetzen der oben aufgeführten Beziehungen in die Feuchtebilanz folgt aus:

$$\dot{m} = (9,57 \cdot 10^{-2} + 4,127 + 1,917) \cdot 10^{-5} - (6,05 \cdot 10^{-2} + 3,33 + 1,233)p_i \cdot 10^{-8} = 0$$

$$p_i = \frac{0,0957 + 4,127 + 1,917}{0,0605 + 3,33 + 1,23}\;10^3 = 1329\;Pa$$

$$\varphi = \frac{p_i}{p_S(18\,°C)} = \frac{1329}{2063} = 0,64 \;\Rightarrow\; 64\;\%$$

Lösung 2.13

1. Die Wärmeleitfähigkeit berechnet sich aus der Beziehung:

$$q = U \cdot (\theta_i - \theta_E) = 5,5\;W/m^2$$

mit

$$U = \frac{5,5}{\theta_i - \theta_{sE}} = \frac{5,5}{20 - 10}\;W/m^2K \qquad \text{bzw.}$$

$$0,55 = \left(R_{si} + \frac{d_D}{\lambda_D} + \frac{d_B}{\lambda_B}\right)^{-1} = \left(0,13 + \frac{0,06}{0,04} + \frac{0,35}{\lambda_B}\right)^{-1} \qquad [W/m^2K]$$

Daraus ergibt sich:

$$\lambda_B = \left(\frac{1}{0,55} - 1,63\right)^{-1} \cdot 0,35 = 1,86 \; W/mK$$

2. Zur Ermittlung des Sättigungsdampfdruckverlaufs wird zunächst die Temperaturverteilung im Bauteilquerschnitt bestimmt.

Temperatur:

$$\theta_{si} = \theta_i - q \cdot R_{si} = 20 - 5,5 \cdot 0,13 = 19,3 \; °C$$

$$\theta_{Tr} = \theta_i - q \cdot (R_{si} + R_D) = 20 - 5,5 \cdot \left(0,13 + \frac{0,06}{0,04}\right) = 11 \; °C$$

$$\theta_{sE} = \theta_i - q \cdot R_T = 20 - 5,5 \cdot \frac{1}{0,55} = 10 \; °C$$

Sättigungsdampfdruck gemäß Merkblatt 4:

$$p_{S,si} = p_S(19,3 \; °C) = 2238 \; Pa$$

$$p_{S,Tr} = p_S(11 \; °C) = 1312 \; Pa$$

$$p_{S,sE} = p_S(10 \; °C) = 1227 \; Pa$$

$$p_{S,si,Sperrschicht} = p_{S,sE,Sperrschicht}$$

Wasserdampfdiffusionsäquivalenten Luftschichtdicken:

$$(\mu \cdot d)_B = 100 \cdot 0,35 = 35 \; m$$

$$(\mu \cdot d)_D = 50 \cdot 0,06 = 3 \; m$$

Sättigungsdampfdruck-Verlauf siehe das Diagramm im Bild B.2-18

3. Die Überprüfung der Tauwassergefahr erfolgt mit Hilfe des Glaser-Verfahrens gemäß Merkblatt 5. Dazu wird der Dampfdruck

$$p_i = p_{S,i} \cdot \varphi_i = p_S(20 \; °C) \cdot \varphi_i = 2337 \cdot 0,6 = 1402 \; Pa$$

benötigt. p-Verlauf siehe Diagramm Bild B.2-22.

Die Konstruktion ist unter den gegebenen Randbedingungen tauwassergefährdet. Zwischen Beton und innenliegender Dämmschicht fällt permanent Tauwasser aus. Eine Trocknung kann nicht stattfinden.

4. Der Wandaufbau ist unter den gegebenen Bedingungen unzulässig. Die Wand muss innenseitig mit einer diffusionshemmenden Schicht versehen werden.

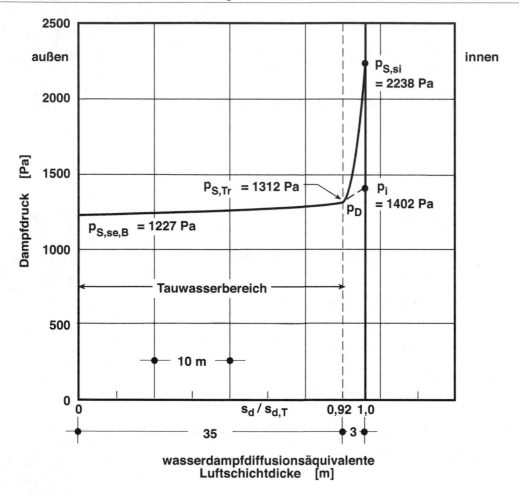

Bild B.2-22: Glaser-Diagramm des untersuchten Bauteilquerschnitts.

Lösung 2.14

1. Oberflächentauwasser setzt ein, wenn $p_{S,si} \leq p_i$ ist.

$p_S(\theta_i) = p_S(20\,°C) = 2337\ Pa$

$p_i = p_S(\theta_i) \cdot \varphi_i = 2337 \cdot 0{,}6 = 1402\ Pa$

Der Sättigungsdampfdruck an der Innenoberfläche des Fensters ergibt sich mit

$\theta_{si,F} = \theta_i - q_F \cdot R_{si} = 20 - 42 \cdot 0{,}17 = 12{,}9\,°C$

$q_F = U_F \cdot (\theta_i - \theta_e) = 2{,}8 \cdot (20 - 5) = 42 \ \text{W/m}^2$

und

$U_F = (0{,}17 + 0{,}15 + 0{,}04)^{-1} = 2{,}8 \ \text{W/m}^2\text{K}$

aus Merkblatt 4 zu:

$p_{S,si,F} = p_S(12{,}9\ °\text{C}) = 1487 \ \text{Pa}$

Weil $p_{S,si,F} = 1487 \ \text{Pa} > p_i = 1402 \ \text{Pa}$ ist, tritt an der Fensteroberfläche kein Tauwasser auf!

2.   Feuchtebilanz des Raumes gemäß Bild B.2-23:

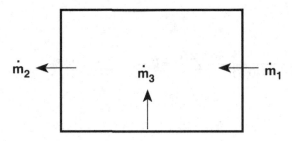

Bild B.2-23: Schematische Darstellung der zu bilanzierenden Wasserdampfdiffusionsströme.

Bilanz:

$\dot{m}_1 - \dot{m}_2 + \dot{m}_3 = 0$

mit

$$\dot{m}_1 = \frac{\varphi_e \cdot p_{S,e}}{R \cdot T_e} \cdot V \cdot n \quad [\text{kg/h}]$$

$$\dot{m}_2 = \frac{\varphi_i \cdot p_{S,i}}{R \cdot T_i} \cdot V \cdot n \quad [\text{kg/h}]$$

$\dot{m}_3 = 100 \ \text{g/h} = 0{,}1 \ \text{kg/h}$

Eingesetzt ergibt sich die Feuchtebilanz zu:

$$\frac{\varphi_i \cdot p_{S,i}}{R \cdot T_i} - \frac{\dot{m}_3}{V \cdot n} = \frac{\varphi_e \cdot p_{S,e}}{R \cdot T_e}$$

3. Relative Luftfeuchte der Außenluft:

$$\varphi_e = \left(\frac{\varphi_i \cdot p_{S,i}}{R \cdot T_i} - \frac{\dot{m}}{V \cdot n} \right) \cdot \frac{R \cdot T_e}{p_{S,e}} \quad [\%]$$

Mit

$T_i = 20 + 273 = 293$ K

$T_e = 5 + 273 = 278$ K

$p_{S,e} = p_S(5\ °C) = 872$ Pa

$V = 50$ m^3

folgt:

$$\varphi_e = \left(\frac{0,6 \cdot 2337}{462 \cdot 293} - \frac{0,1}{50 \cdot 0,5} \right) \frac{462 \cdot 278}{872} = 0,94 \qquad \Rightarrow \qquad 94\ \%$$

Lösung 2.15

1. Zur Ermittlung der Wärmeleitfähigkeit des Prüfmaterials wird eine Bilanzierung der Wärmeströme gemäß Bild B.2-24 vorgenommen.

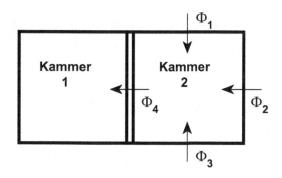

Bild B.2-24: Schematische Darstellung der zu bilanzierenden Wärmeströme.

Bilanz in der Kammer 2:

$$\Sigma\ \Phi = \Phi_1 + \Phi_2 + \Phi_3 - \Phi_4 = 0$$

$$\Phi_1 = \Phi_2 = \Phi_3 = \Phi^* = U \cdot (\theta_H - \theta_2) \cdot A \quad [W]$$

Mit

$$A = 2 \cdot 2,5 = 5 \text{ m}^2$$

und

$$U = \left(R_{si} + \frac{d}{\lambda} + R_{si}\right)^{-1} = \left(0,13 + \frac{0,2}{2,1} + 0,13\right)^{-1} = 2,82 \quad \text{W/m}^2\text{K}$$

folgt:

$$\Phi^* = 2,82 \cdot (24 - 20) \cdot 5 = 56,4 \text{ W}$$

Der Wärmestrom Φ_4 durch die Trennwand beider Kammern ist:

$$\Phi_4 = U_P \cdot (\theta_2 - \theta_1) \cdot A \quad [\text{W}]$$

$$\Phi_4 = \left(R_{si} + \frac{d_p}{\lambda_p} + R_{se}\right)^{-1} \cdot (20 + 10) \cdot 5 = \left(0,13 + \frac{0,15}{\lambda_p} + 0,04\right)^{-1} \cdot 150 \quad [\text{W}]$$

Eingesetzt in die Bilanzgleichung ergibt sich mit

$$\Sigma\Phi = \left(3 \cdot \Phi^* - \Phi_4\right) = 3 \cdot 56,4 - \left(0,13 + \frac{0,15}{\lambda_P} + 0,04\right)^{-1} \cdot 150 = 0$$

die gesuchte Wärmeleitfähigkeit:

$$\lambda_P = \frac{3 \cdot 56,4 \cdot 0,15}{150 - 3 \cdot 56,4 \cdot 0,17} = 0,21 \text{ W/mK}$$

2. Die Wasserdampfdiffusionswiderstandszahl des Prüflings errechnet sich aus der Beziehung:

$$g = \frac{p_2 - p_1}{Z_p} = \frac{m}{t \cdot A} = \frac{36 \cdot 10^{-3}}{24 \cdot 2 \cdot 2,5} = 0,3 \cdot 10^{-3} \text{ kg/m}^2\text{h} = 8,333 \cdot 10^{-8} \text{ kg/m}^2\text{s}$$

mit den Dampfdrücken

$$p_1 = \varphi_1 \cdot p_{S,1} = \varphi_1 \cdot p_S(-10 \text{ °C}) = 0,8 \cdot 259 = 207 \text{ Pa}$$

$$p_2 = \varphi_2 \cdot p_{S,2} = \varphi_2 \cdot p_S(20 \text{ °C}) = 0,5 \cdot 2337 = 1168 \text{ Pa}$$

Mit dem Wasserdampfdiffusionsdurchlasswiderstand

$$Z_P = 5 \cdot 10^9 \cdot \mu_P \cdot d_P = \frac{p_2 - p_1}{g} = \frac{1168 - 207}{8{,}333 \cdot 10^{-8}} = 1{,}153 \cdot 10^{10} \; m^2 sPa/kg$$

lässt sich die gesuchte Wasserdampfdiffusionswiderstandszahl ermitteln.

$$\mu_P \cdot d_P = \frac{1{,}153 \cdot 10^{10}}{5 \cdot 10^9} = 2{,}31 \; m \quad \Rightarrow \quad \mu_P = \frac{2{,}31}{0{,}15} = 15{,}4$$

3.   Leichtbeton mit porigem Zuschlag (siehe Datenblatt 2).

Lösung 2.16

1.   Die Innenoberflächentemperaturen werden mit Hilfe des Binder-Schmidt-Verfahrens gemäß Merkblatt 3 ermittelt.

I. Richtpunktabstände: $r_i = \lambda \cdot R_{si} = 0{,}7 \cdot 0{,}17 = 0{,}119 \; m = 11{,}9 \; cm$

$r_e = \lambda \cdot R_{se} = 0{,}7 \cdot 0{,}04 = 0{,}028 \; m = 2{,}8 \; cm$

II. Schichtelementdicke: $\Delta x = \dfrac{d}{n} = \dfrac{0{,}15}{3} = 0{,}05 \; m = 5 \; cm$

III. Stabilitätsbedingung: $\dfrac{\Delta x}{2} \leq r_i, \; r_e$, d.h. $0{,}025 \; m < 0{,}028 \; m$; erfüllt

IV. Zeitschrittweite: $\Delta t = \dfrac{(\Delta x)^2}{2 \cdot a} = \dfrac{(0{,}05)^2}{2 \cdot 1{,}25 \cdot 10^{-3}} = 1 \; [h]$

mit $a = \dfrac{\lambda}{\rho \cdot c_p} = \dfrac{0{,}7}{2000 \cdot 0{,}28} = 1{,}25 \cdot 10^{-3} \; m^2/h$

Binder-Schmidt-Diagramm siehe Bild B.2-25

2.   Tauwasser tritt auf, wenn $p_S \leq p_i$ ist.

θ_{si} (20 Uhr) = 13 °C ist die niedrigste Oberflächentemperatur auf der Bauteilinnenseite. Mit p_S(13 °C) = 1497 Pa folgt, dass an der Innenoberfläche kein Tauwasser auftritt, weil $p_S > p_i = 1400$ Pa ist!

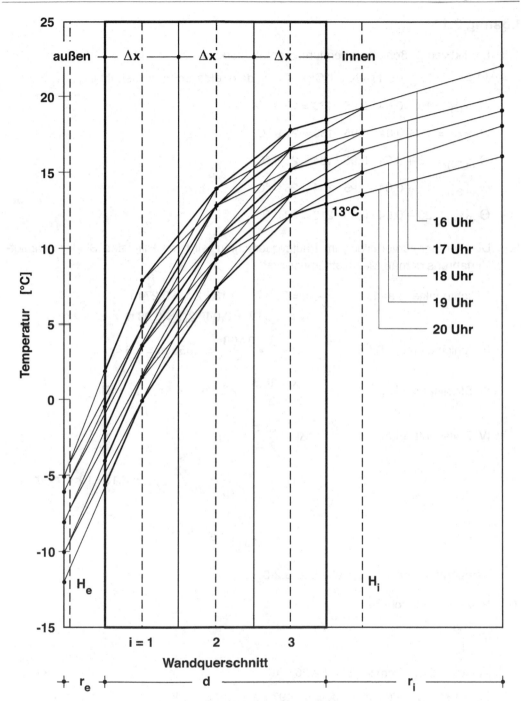

Bild B.2-25: Binder-Schmidt-Diagramm des untersuchten Bauteilquerschnitts.

Lösung 2.17

1. Die fiktiven Außenlufttemperaturen gemäß Merkblatt 2:

$$\Theta = \theta_e + R_{se} \cdot (\alpha \cdot I) - K \quad [°C]; \quad K = 0 \text{, da direkte Sonneneinstrahlung}$$

$$\Theta_{(7.00)} = 15 + 0{,}04 \cdot 0{,}95 \cdot 130 = 19{,}9 \ °C$$

$$\Theta_{(7.30)} = 17 + 0{,}04 \cdot 0{,}95 \cdot 130 = 21{,}9 \ °C$$

$$\Theta_{(8.00)} = 18 + 0{,}04 \cdot 0{,}95 \cdot 184 = 25{,}0 \ °C$$

$$\Theta_{(8.30)} = 19 + 0{,}04 \cdot 0{,}95 \cdot 184 = 26{,}0 \ °C$$

$$\Theta_{(9.00)} = 20 + 0{,}04 \cdot 0{,}95 \cdot 210 = 28{,}0 \ °C$$

2. Die Temperaturverteilung im Bauteilquerschnitt wird mit Hilfe des Binder-Schmidt-Verfahrens gemäß Merkblatt 3 bestimmt.

I. Richtpunktabstände: $\quad r_i = R_{si} \cdot \lambda = 0{,}13 \cdot 2{,}1 = 0{,}27 \ m$

$$r_e = R_{se} \cdot \lambda = 0{,}04 \cdot 2{,}1 = 0{,}08 \ m$$

II. Schichtelementdicke: $\quad \Delta x = \dfrac{d}{n} = \dfrac{0{,}168}{3} = 0{,}056 \ m = 5{,}6 \ cm$

III. Stabilitätsbedingung: $\quad \dfrac{\Delta x}{2} = \dfrac{16{,}8}{2 \cdot 3} = 2{,}8 \ cm \quad < \quad r_i, r_e; \quad \text{erfüllt}$

IV. Zeitschrittweite: $\quad \Delta t = \dfrac{(\Delta x)^2}{2 \cdot a} \quad [h],$

$$\text{mit} \quad a = \frac{\lambda}{\rho \cdot c_p} = \frac{2{,}1}{2400 \cdot 0{,}28} = 3{,}13 \cdot 10^{-3} \ m^2/h$$

$$\Delta t = \frac{0{,}056^2}{2 \cdot 3{,}13 \cdot 10^{-3}} = 0{,}5 \ h$$

Temperaturverteilungen siehe Bild B.2-26.

3. Relative Luftfeuchte:

$$\varphi = \frac{p_i}{p_{S,i}}$$

Aus dem Diagramm im Bild B.2-26 wird

$\theta_{si} = 13 \ °C$ abgelesen. $\rightarrow p_{S,si} = 1497 \ Pa$; gemäß Merkblatt 4.

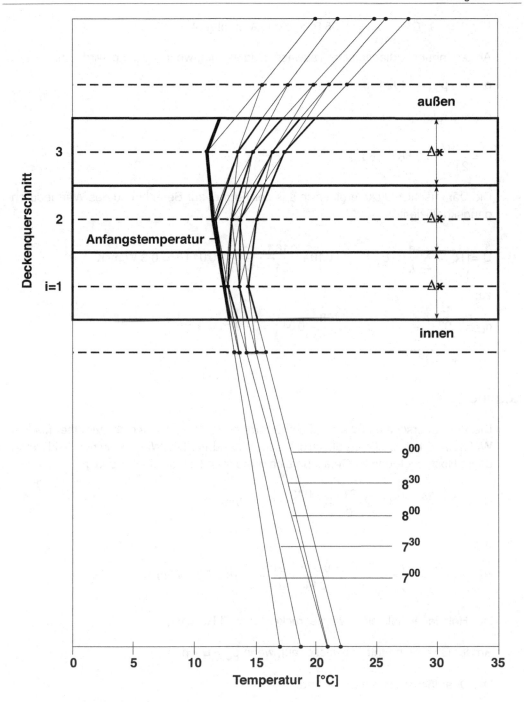

Bild B.2-26: Binder-Schmidt-Diagramm des untersuchten Deckenquerschnittes

Für $\theta_i = 19\ °C \rightarrow p_{s,i} = 2196\ Pa$; gemäß Merkblatt 4.

An der Innenoberfläche setzt Tauwasserbildung ein, wenn $p_{S,si} = p_i$ wird, d.h.

$p_i = \varphi \cdot p_{S,i} = 1497\ Pa$

Daraus folgt:

$$\varphi = \frac{1497}{2196} = 0,68 \Rightarrow 68\ \%$$

4. Die Dämmschichtdicke ergibt sich aus der Formel zur Berechnung des Wärmedurchgangskoeffizienten

$$U = \left(R_{si} + \sum \frac{d}{\lambda} + R_{se} \right)^{-1} = \left(0,10 + \frac{0,168}{2,1} + \frac{d_D}{0,03} + 0,04 \right)^{-1} = 0,3\ W/m^2K$$

zu:

$$d_D = 0,03 \cdot \left(\frac{1}{0,3} - 0,10 - \frac{0,168}{2,1} - 0,04 \right) = 0,09\ m = 9\ cm$$

Lösung 2.18

1. Die Vormauerschale und die Luftschicht tragen in diesem Fall nicht zum thermischen Widerstand bei, weil die Luftschicht nicht ruhend ist. Die Wärmedurchlasswiderstände im Holzriegel- und im Gefachbereich errechnen sich einzeln, wie folgt:

$$R_H = 2 \cdot \frac{d_{Sp}}{\lambda_{Sp}} + \frac{d_H}{\lambda_H} = 2 \cdot \frac{0,019}{0,14} + \frac{0,12}{0,17} = 0,98\ W/m^2K$$

und

$$R_G = 2 \cdot \frac{d_{Sp}}{\lambda_{Sp}} + \frac{d_D}{\lambda_D} + R_g = 2 \cdot \frac{0,019}{0,14} + \frac{0,08}{0,04} + 0,18 = 2,45\ W/m^2K$$

Der Holzriegel stellt eine Wärmebrücke dar, weil $R_H < R_G$.

2. An der Oberfläche tritt Tauwasser auf, wenn $p_{S,si,H} < p_i$ ist.

Die Oberflächentemperatur beträgt:

$$\theta_{si,H} = \theta_i - q_H \cdot R_{si,H} = [°C]$$

mit

$$R_{T,H} = R_{si} + R_H + R_{se} = 0,25 + 0,98 + 0,08 = 1,31 \; m^2K/W$$

$$U_H = 0,765 \; W/m^2K$$

$$q_H = U_H \cdot (\theta_i - \theta_e) = 0,765 \cdot (20 + 5) = 19,1 \; W/m^2$$

errechnet sich die Oberflächentemperatur an der Innenseite des Holzriegels (d.h. der Wärmebrücke)

$$\theta_{si,H} = \theta_i - q_H \cdot R_{si} = 20 - 19,1 \cdot 0,25 = 15,2 \; °C$$

Gemäß Merkblatt 4 ist $p_{S,si,H} = 1726 \; Pa$ kleiner als

$$p_i = 0,75 \cdot 2337 = 1753 \; Pa,$$

d.h. auf der Innenoberfläche tritt Tauwasser auf.

Um das Tauwasser auf der Innenoberfläche des Bauteils zu vermeiden, darf $\theta_{si,H}$ die Taupunkttemperatur θ_S der Raumluft nicht erreichen. Es muss also $\theta_{si,H} > \theta_S$ sein.

Bedingung:

$$\theta_{si,H} = \theta_i - U_H \cdot (\theta_i - \theta_e) \cdot R_{si,H} > \theta_S$$

$$U_H < R_{si,H}^{-1} \cdot \frac{\theta_i - \theta_S}{\theta_i - \theta_e}$$

Die Taupunkttemperatur ist diejenige Temperatur, bei der der Dampfdruck der Raumluft (1753 Pa) zum Sättigungsdampfdruck wird. Unter dieser Bedingung wird aus Merkblatt 4 abgelesen:

$$\theta_S = 15,4 \; °C$$

Damit errechnet sich der notwendige U-Wert des Bauteils:

$$U_H < \frac{1}{0,25} \cdot \frac{20 - 15,4}{20 + 5} = 0,74 \; W/m^2K$$

3. Mit
    $$U_H = 0,765 \; W/m^2K$$
    $$q_H = U_H \cdot (\theta_i - \theta_e) = 0,765 \cdot (20 + 5) = 19,1 \; W/m^2$$

folgen die Temperaturen von außen nach innen und die Sättigungsdampfdrücke gemäß Merkblatt 4:

$$\theta_{se} = \theta_e - q_H \cdot R_{se} = -5 + 19,1 \cdot 0,08 = -3,5 \text{ °C}; \qquad\qquad p_S = 456 \text{ Pa}$$

Schichtgrenze Spanplatte – Holz:

$$\theta_{Tr1} = \theta_e + q_H \cdot \left(R_{se} + \frac{d_{Sp}}{\lambda_{Sp}} \right) = -5 + 19,1 \cdot \left(0,08 + \frac{0,019}{0,14} \right) = -0,9 \text{ °C}; \quad p_S = 567 \text{ Pa}$$

Die Temperaturen innerhalb des Holzquerschnittes sind:

$$\theta_{H,n} = \theta_{H,n-1} + q_H \cdot \frac{d_{Sp}}{12} \cdot \frac{1}{\lambda_{Sp}}$$

$\theta_{H,1} =$	0,3 °C;	$p_S =$ 624 Pa
$\theta_{H,2} =$	1,4 °C;	$p_S =$ 676 Pa
$\theta_{H,3} =$	2,5 °C;	$p_S =$ 731 Pa
$\theta_{H,4} =$	3,6 °C;	$p_S =$ 790 Pa
$\theta_{H,5} =$	4,7 °C;	$p_S =$ 854 Pa
$\theta_{H,6} =$	5,9 °C;	$p_S =$ 928 Pa
$\theta_{H,7} =$	7,0 °C;	$p_S =$ 1001 Pa
$\theta_{H,8} =$	8,1 °C;	$p_S =$ 1080 Pa
$\theta_{H,9} =$	9,2 °C;	$p_S =$ 1163 Pa
$\theta_{H,10} =$	10,4 °C;	$p_S =$ 1261 Pa
$\theta_{H,11} =$	11,5 °C;	$p_S =$ 1356 Pa
$\theta_{H,12} =$	12,6 °C;	$p_S =$ 1458 Pa

Schichtgrenze Holz – Spanplatte:

$$\theta_{Tr2} = \theta_i - q_H \cdot \left(R_{si} + \frac{d_{Sp}}{\lambda_{Sp}} \right) = 20 - 19,1 \cdot \left(0,25 + \frac{0,019}{0,14} \right) = 12,6 \text{ °C}; \qquad p_S = 1458 \text{ Pa}$$

$$\theta_{si} = \theta_i - q_H \cdot R_{si} = 20 - 19,1 \cdot 0,25 = 15,2 \text{ °C}; \qquad\qquad p_S = 1726 \text{ Pa}$$

4.   Um festzustellen, ob sich im Querschnitt Tauwasser bildet, werden die Sättigungsdampfdruck- und die Dampfdruckkurve miteinander verglichen. Die Dampfdrücke außen und innen errechnen sich wie folgt:

$$\theta_e = -5 \text{ °C}; \qquad p_{S,e} = 401 \text{ Pa}; \qquad p_e = 0,6 \cdot 401 = 241 \text{ Pa}$$

$$\theta_i = 20 \text{ °C}; \qquad p_{S,i} = 2337 \text{ Pa}; \qquad p_i = 0,75 \cdot 2337 = 1753 \text{ Pa}$$

Auf der Innenseite kann jedoch der Dampfdruck nicht höher sein als 1726 Pa, es bildet sich Oberflächentauwasser. Nach der Methode des „gespannten Seils" (siehe Bild B.2-27) schmiegt sich die Dampfdruckkurve an die Sättigungsdampfdruckkurve an, es entsteht auch innerhalb der Bauteils Tauwasser. Es bildet sich dann kein Tauwasser, wenn die Dampfdruckkurve die Sättigungsdampfdruckkurve nicht berührt. Gemäß der Grafik im Bild B.2-27 liegt der Berührungspunkt bei 790 Pa. Aus dem geometrischen Zusammenhang

$$\frac{790-241}{1{,}9+1{,}6} = \frac{p_i - 241}{1{,}9 + 4{,}8 + 1{,}9}$$

ergibt sich ein maximal zulässiger Dampfdruck auf der Bauteilinnenseite von

p_i = 1590 Pa. Dies entspricht einer relativen Luftfeuchte des Innenraums von

$$\varphi = \frac{p_i}{p_{S,i}} = \frac{1590}{2337} = 0{,}68 \Rightarrow 68\ \%,$$

die im Innenraum nicht überschritten werden darf.

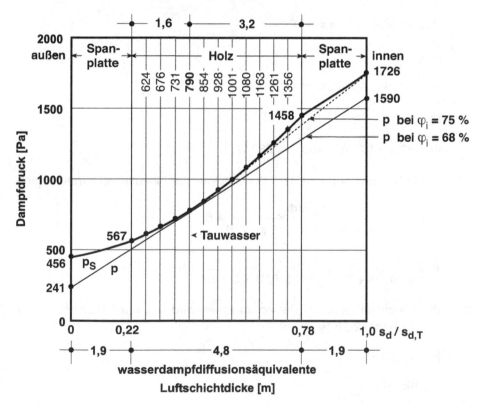

Bild B.2-27: Wasserdampfdiffusions-Diagramm des untersuchten Bauteilquerschnittes.

Lösung 2.19

1. Zur Ermittlung der Innenlufttemperatur wird die Wärmeenergiebilanz des Raumes aufgestellt:

$$\Sigma\,\Phi = \Phi_S + \Phi_P + \Phi_G - \Phi_W - \Phi_F - \Phi_L = 0$$

Dabei sind:

$$\Phi_S = I \cdot g \cdot A_F = 200 \cdot 0{,}6 \cdot 3{,}1 = 372\ \text{W}$$

mit

$$A_F = 5 \cdot 2{,}5 \cdot 0{,}25 = 3{,}1\ \text{m}^2$$

$$\Phi_W - \Phi_F - \Phi_L = \left(U_W \cdot A_W + U_F \cdot A_F + \rho_L \cdot c_{pL} \cdot V \cdot n\right) \cdot \left(\theta_i - \theta_e\right)$$

mit

$$A_W = 5 \cdot 2{,}5 \cdot 0{,}75 = 9{,}4\ \text{m}^2$$

und

$$V = 5 \cdot 3{,}5 \cdot 2{,}5 = 43{,}8\ \text{m}^3$$

sowie

$$\Phi_p + \Phi_G = 100\ \text{W} + 180\ \text{W} = 280\ \text{W}$$

Die Auflösung der Bilanz nach der unbekannten Innenlufttemperatur ergibt:

$$\theta_i = \frac{\Phi_S + \Phi_P + \Phi_G}{U_W \cdot A_W + U_F \cdot A_F + \rho_L \cdot c_{pL} \cdot V \cdot n} + \theta_e \quad [^\circ\text{C}]$$

$$\theta_i = \frac{652}{0{,}30 \cdot 9{,}4 + 2{,}0 \cdot 3{,}1 + 1{,}25 \cdot 0{,}28 \cdot 0{,}5 \cdot 43{,}8} - 10 = 29{,}1\ ^\circ\text{C}$$

2. Die Feuchteabgabe der Person im Raum wird aus der Feuchtebilanz des Raumes gemäß Bild B.2-28 bestimmt.

Feuchtebilanz:

$$\dot{m} + \dot{m}_e - \dot{m}_i = 0$$

$$\dot{m} = \dot{m}_i - \dot{m}_e \quad \text{mit} \quad \dot{m} = \dot{m}_P + \dot{m}_{Pf}$$

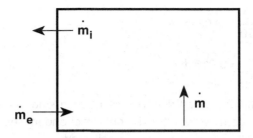

Bild B.2-28: Schematische Darstellung der zu bilanzierenden Masseströme.

Mit

$$\dot{m}_i = c_i \cdot V \cdot n = \frac{p_i}{R \cdot T_i} \cdot V \cdot n \quad [kg/h]$$

$$\dot{m}_e = c_e \cdot V \cdot n = \frac{p_e}{R \cdot T_e} \cdot V \cdot n \quad [kg/h]$$

folgt:

$$\dot{m} = \left(\frac{p_i}{T_i} - \frac{p_e}{T_e}\right) \cdot \frac{V}{R} \cdot n = \left(\frac{\varphi_i \cdot p_{S,i}}{T_i} - \frac{\varphi_e \cdot p_{S,e}}{T_e}\right) \cdot \frac{V}{R} \cdot n$$

Für

$p_{S,i} = 4026 \ Pa;$ $T_i = 29,1 + 273 = 302,1 \ K$

$p_{S,e} = 259 \ Pa;$ $T_e = -10,0 + 273 = 263,0 \ K$

ergibt sich:

$$\dot{m} = \left(\frac{0,3 \cdot 4026}{302,1} - \frac{0,9 \cdot 259}{253}\right) \cdot \frac{43,8}{462} \cdot 0,5 = 0,148 \ kg/h = 148 \ g/h$$

Die Feuchteabgabe der Person ist danach:

$$\dot{m}_P = \dot{m} - \dot{m}_{Pf} = 148 - 120 = 28 \ g/h$$

Lösung 2.20

1.   Schichtdicken der Wandkonstruktion: $d = \dfrac{\mu \cdot d}{\mu}$

Schicht 1 $d = \dfrac{0,3}{20} = 0,015 \ m$

Schicht 2 $d = \dfrac{7,5}{25} = 0,3 \ m$

Schicht 3 $\quad d = \dfrac{8{,}0}{100} = 0{,}08\ m$

Schicht 4 $\quad d = \dfrac{0{,}3}{20} = 0{,}015\ m$

2. Die Sättigungsdampfdrücke an den Trennschichten sind in Tabelle A.2-4 enthalten. Damit können aus dem Merkblatt 4 die entsprechenden Temperaturen entnommen werden, die in Tabelle B.2-3 zusammengestellt sind.

Tabelle B.2-3: Zusammenstellung der ermittelten Trennschichttemperaturen.

Schichtenfolge	Trennschichttemperatur [°C]
Luft (außen)	
	– 8,0
Schicht 1	
	– 7,6
Schicht 2	
	– 4,0
Schicht 3	
	20,0
Schicht 4	
	20,4
Luft (innen)	

3. Innen- und Außenlufttemperaturen:

$$\theta_i = \theta_{si} + q \cdot R_{si} = 20{,}4 + 12 \cdot 0{,}13 = 22{,}0\ °C$$

$$\theta_e = \theta_{se} - q \cdot R_{se} = -8 - 12 \cdot 0{,}04 = -8{,}5\ °C$$

4. Aus der Beziehung

$$q = R^{-1} \cdot \left(\theta_{si} - \theta_{se}\right) = 12\ W/m^2$$

bestimmt sich der Wärmedurchlasswiderstand zu:

$$R = \frac{\theta_{si} - \theta_{se}}{q} = \frac{20{,}4 + 8}{12} = 2{,}37\ m^2 K/W$$

Der Wärmedurchgangskoeffizient kann berechnet werden entweder aus:

$$q = U \cdot \left(\theta_i - \theta_e\right)\ [W/m^2]$$

$$U = \frac{q}{\theta_i - \theta_e} = \frac{12}{22 + 8{,}5} = 0{,}39\ W/m^2 K$$

oder nach der Gleichung:

$$U = \frac{1}{R_{si} + R + R_{se}} = \frac{1}{2,37 + 0,13 + 0,04} = 0,39 \text{ W/m}^2\text{K}$$

5.

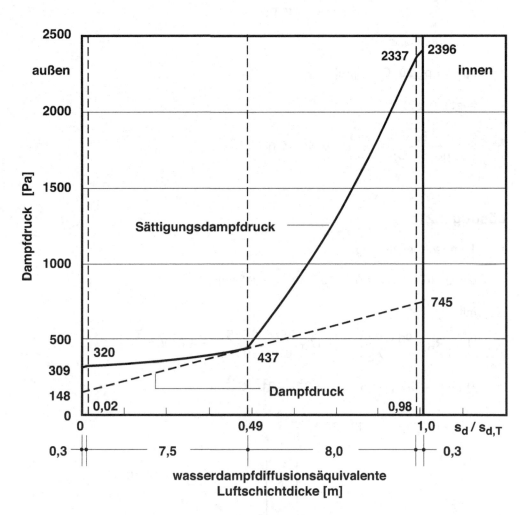

Bild B.2-29: Glaser-Diagramm des untersuchten Bauteils mit der Angabe des Dampfdruckes, bei dem gerade keine Tauwasserbildung im Bauteilinneren auftritt.

Die Dampfdruckverteilung des Bauteils (Bild B.2-29) lässt sich mit den Daten gemäß Tabelle A.2-4 erstellen. Damit im Bauteilquerschnitt kein Tauwasser auftritt, dürfen sich die Dampfdruck- und die Sättigungsdampfdruckkurve, gemäß Bild B.2-29 an keiner Stelle überschneiden. Eine geradlinige Berührung für p und p_S ist der Grenzfall, bei dem gerade kein Tauwasser auftritt. Unter dieser Bedingung ergibt sich mit

$p_e = \varphi \cdot p_S(-8,5\,°C) = 0,5 \cdot 296\ Pa = 148\ Pa$

aus dem Glaser-Diagramm B.2-29 mit Hilfe des Strahlensatzes:

$$p_i = \frac{16,1}{7,8} \cdot (437 - 148) + 148 = 745\ Pa$$

Nach der Beziehung

$$p_i = \varphi \cdot p_S(20\,°C)\quad [Pa]$$

folgt schließlich:

$$\varphi = \frac{p_i}{p_S(20\,°C)} = \frac{745}{2337} = 0,32 \quad d.h.\ 32\,\%$$

Lösung 2.21

1. Temperaturverteilung:

    $$q = U \cdot (\theta_i - \theta_E) = 1,61 \cdot (25 - 12) = 20,9\ W/m^2$$

    mit

    $$U = \left(R_{si} + \frac{d_D}{\lambda_D} + \frac{d_Z}{\lambda_Z}\right)^{-1} = \left(0,17 + \frac{0,08}{0,2} + \frac{0,035}{0,7}\right)^{-1} = 1,61\ W/m^2K$$

    $$\theta_{si} = \theta_i - q \cdot R_{si} = 25 - 20,9 \cdot 0,17 = 21,4\,°C$$

    $$\theta_{Tr} = \theta_{Ei} + q \cdot \frac{d_Z}{\lambda_Z} = 12 + 20,9 \cdot \frac{0,035}{0,7} = 13,0\,°C$$

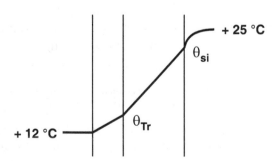

Bild B.2-30: Temperaturverteilung im untersuchten Bauteilquerschnitt

2.   Auf der Innenoberfläche bildet sich Tauwasser, wenn $p_{S,si} < p_i$ ist.

$p_i = \varphi_i \cdot p_S = \varphi_i \cdot p_S(25\ °C) = 0,8 \cdot 3166\ Pa = 2533\ Pa$

$p_{S,si} = p_S(21,4\ °C) = 2547\ Pa\ >\ 2533\ Pa$

Es bildet sich gerade noch kein Tauwasser! Die Dämmwirkung des Dämmputzes ist gerade ausreichend.

3.   Feuchtekonzentration nach Betrieb (vor der Lüftung):

$$c_1 = \frac{\varphi_i \cdot p_S(25°C)}{R \cdot T} = \frac{0,8 \cdot 3166}{462 \cdot (273 + 25)} = 18,4 \cdot 10^{-3}\ kg/m^3$$

Feuchtekonzentration nach der Lüftung:

$$c_2 = \frac{\varphi_i \cdot p_S(15°C)}{R \cdot T} = \frac{0,5 \cdot 1704}{462 \cdot (273 + 15)} = 6,4 \cdot 10^{-3}\ kg/m^3$$

$\Delta c = c_1 - c_2 = 18,4 - 6,4 = 12,0\ g/m^3$

Mit dem Raumvolumen

$V = 25 \cdot 12 \cdot 5 = 1500\ m^3$

ergibt sich die abzutransportierende Feuchtemenge:

$m = \Delta c \cdot V = 12,0 \cdot 10^{-3} \cdot 1500 = 18,0\ kg$

Lösung 2.22

1.   Wärmedurchgangskoeffizienten:

Innenfenster

$U_{F,i} = U_{G,i} \cdot 0,8 + U_R \cdot 0,2\quad [W/m^2 K]$

$$U_{G,i} = \left(R_{si} + \frac{d}{\lambda} + R_{si}\right)^{-1} = \left(0,13 + \frac{0,008}{0,8} + 0,13\right)^{-1} = 3,70\ W/m^2 K$$

$U_{F,i} = 0,8 \cdot 3,70 + 0,2 \cdot 2,0 = 3,36\ W/m^2 K$

Außenfenster

$$U_{F,e} = U_{G,e} \cdot 0,8 + U_R \cdot 0,2 \quad [W/m^2K]$$

$$U_{G,e} = \left(R_{si} + \frac{d}{\lambda} + R_{se}\right)^{-1} = \left(0,13 + \frac{0,008}{0,8} + 0,04\right)^{-1} = 5,56 \; W/m^2K$$

$$U_{F,e} = 0,8 \cdot 5,56 + 0,2 \cdot 2,0 = 4,85 \; W/m^2K$$

2. Die Lufttemperatur nachts im Wintergarten ergibt sich aus der Wärmebilanz des Raumes:

$$\Phi_{zu} = \Phi_{ab}$$

Dabei sind:

$$\Phi_{zu} = U_{F,i} \cdot A_i \cdot (\theta_i - \theta_W) \quad [W]$$

$$\Phi_{ab} = U_{F,e} \cdot A_e \cdot (\theta_W - \theta_e) \quad [W]$$

mit

$$A_i = [2 \cdot (1,8 + 0,6) + 3,6] \cdot 2,5 = 21,0 \; m^2$$

$$A_e = (4,8 + 2 \cdot 1,2) \cdot 2,5 = 18,0 \; m^2$$

Aus

$$U_{F,i} \cdot A_i \cdot (\theta_i - \theta_W) = U_{F,e} \cdot A_e \cdot (\theta_W - \theta_e)$$

folgt für die Lufttemperatur im Wintergarten:

$$\theta_W = \frac{U_{F,i} \cdot A_i \cdot \theta_i + U_{F,e} \cdot A_e \cdot \theta_e}{U_{F,i} \cdot A_i + U_{F,e} \cdot A_e} = \frac{3,36 \cdot 21 \cdot 20 + 4,85 \cdot 18 \cdot (-10)}{3,36 \cdot 21 + 4,85 \cdot 18} = 3,4 \; °C$$

3. Die Tauwassermenge berechnet sich aus der Differenz der absoluten Feuchten:

$$c(20°C) = \frac{\varphi \cdot p_S(20°C)}{R \cdot T_i} = \frac{0,5 \cdot 2337}{462 \cdot 293} = 8,63 \cdot 10^{-3} \; kg/m^3$$

und

$$c(3,4°C) = \frac{p_S(3,4°C)}{R \cdot T_W} = \frac{779}{462 \cdot 276,4} = 6,10 \cdot 10^{-3} \; kg/m^3$$

zu:

$m = [c\,(20\ °C) - c\,(3,4\ °C)] \cdot V = 2,53 \cdot 10^{-3} \cdot 30,6 = 77,4 \cdot 10^{-3}\ kg = 77,4\ g$

mit dem Raumvolumen

$V = (4,8 \cdot 1,2 + 3,6 \cdot 1,8) \cdot 2,5 = 30,6\ m^3$

4. Zur Bestimmung der Lufttemperaturerhöhung wird für den Raum die Wärmebilanz aufgestellt:

$\Phi_{ab} = \Phi_{zu}$

Dabei sind:

$\Phi_{ab} = U_{F,e} \cdot A_e \cdot (\theta_W - \theta_e) + U_{F,i} \cdot A_i \cdot (\theta_W - \theta_i)$ [W]

$\Phi_{zu} = [\,I_S \cdot g \cdot A_S + 2 \cdot (I_W \cdot g \cdot A_W)] \cdot 0,8$ [W]

mit

$A_W = 1,2 \cdot 2,5 = 3,0\ m^2$

$A_S = 4,8 \cdot 2,5 = 12,0\ m^2$

Die Lufttemperatur im Wintergarten ist dann:

$$\theta_W = \frac{g \cdot \left(I_S \cdot A_S + 2 \cdot I_W \cdot A_W\right) \cdot 0,8 + U_{F,i} \cdot A_i \cdot \theta_i + U_{F,e} \cdot A_e \cdot \theta_e}{U_{F,i} \cdot A_i + U_{F,e} \cdot A_e}\quad [°C]$$

$$\theta_W = \frac{0,8 \cdot (4800 + 900) \cdot 0,8 + 3,36 \cdot 21 \cdot 20 + 4,85 \cdot 18 \cdot (-10)}{3,36 \cdot 21 + 4,85 \cdot 18} = 26,5\ °C$$

Die Erhöhung der Temperatur im Vergleich der Temperatur aus 2. beträgt:

$\Delta\theta_W = 26,5 - 3,4 = 23,1\ °C$

Lösung 2.23

1. Die Temperaturverteilung an den einzelnen Schichtgrenzen kann anhand der angegebenen Sättigungsdampfdrücke (Bild A.2-32) aus dem Merkblatt 4 abgelesen werden:

$$p_{S1} = 408 \text{ Pa} \qquad \theta_{se} = \theta_1 = \qquad -4,8\ °C$$

$$p_{S2} = 422 \text{ Pa} \qquad \theta_2 = \qquad -4,4\ °C$$

$$p_{S3} = 897 \text{ Pa} \qquad \theta_3 = \qquad +5,4\ °C$$

$$p_{S4} = 1402 \text{ Pa} \qquad \theta_4 = \qquad +12,0\ °C$$

$$p_{S5} = 1477 \text{ Pa} \qquad \theta_{si} = \theta_5 = \qquad +12,8\ °C$$

2. Wärmedurchgangskoeffizient des Bauteils:

$$U = \frac{q}{\theta_i - \theta_e} \quad [\text{W/m}^2\text{K}]$$

Mit den ermittelten Oberflächentemperaturen unter 2. kann z.B. die konvektiv transportierte Wärmestromdichte an der Innenseite des Bauteils bestimmt werden:

$$q_i = R_{si}^{-1} \cdot (\theta_i - \theta_{si}) = \frac{20 - 12,8}{0,25} = 28,8 \text{ W/m}^2$$

Im stationären Zustand ist die Wärmestromdichte im gesamten Querschnitt konstant, d.h. $q_i = q_e = q$. Somit gilt:

$$q = U \cdot (\theta_i - \theta_e) \quad [\text{W/m}^2]$$

Damit ergibt sich:

$$U = \frac{q}{\theta_i - \theta_e} = \frac{28,8}{25} = 1,15 \text{ W/m}^2\text{K}.$$

3. Der Wärmedurchgangswiderstand des gesamten Bauteils beträgt:

$$R_T = R_{se} + \Sigma R + R_{si} = R_{se} + R_A + R_B + R_C + R_D + R_{si} \quad [\text{m}^2\text{K/W}]$$

$$q = U \cdot (\theta_i - \theta_e) = R_B^{-1} \cdot (\theta_3 - \theta_2) \quad [\text{W/m}^2]$$

ergibt sich der Wärmedurchlasswiderstand der tauwassergefährdeten Bauteilschicht:

$$R_B = \frac{d_B}{\lambda_B} = R_T \cdot \frac{\theta_3 - \theta_2}{\theta_i - \theta_e} = \frac{1}{1,15} \cdot \frac{5,4 + 4,4}{20 + 5} = 0,34 \text{ m}^2\text{K/W}$$

Die Schichtdicke berechnet sich daraus zu:

$$d_B = 0,34 \cdot 0,6 = 0,20 \text{ m}.$$

4. Die anfallende Tauwassermasse (Massestromdichte) im Winter errechnet sich gemäß Merkblatt 5 zu:

$$g_c = g_i - g_e$$

mit

$$g_i = \frac{p_i - p_3}{Z_i} = \frac{p_i - p_3}{5 \cdot 10^9 \left[(\mu \cdot d)_C + (\mu \cdot d)_D \right]} = \frac{1168 - 897}{5 \cdot 10^9 \cdot (0,06 + 0,24)} = 1,807 \cdot 10^{-7} \text{ kg/m}^2\text{s}$$

und

$$g_e = \frac{p_2 - p_e}{Z_e} = \frac{p_2 - p_e}{5 \cdot 10^9 (\mu \cdot d)_A} = \frac{422 - 321}{5 \cdot 10^9 \cdot 0,7} = 2,886 \cdot 10^{-8} \text{ kg/m}^2\text{s}$$

Die während der Tauperiode anfallende Tauwassermenge berechnet sich mit

$$m_c = t_c \cdot g_c$$

zu:

$$m_c = 2160 \cdot 3600 \cdot (18,07 - 2,886) \cdot 10^{-8} = 1,18 \text{ kg/m}^2 = 1180 \text{ g/m}^2$$

5. Die Konstruktion ist hinsichtlich des Feuchteschutzes kritisch zu beurteilen, weil die im Winter anfallende Tauwassermenge von 1180 g/m²
    a) größer als 500 g/m² ist und
    b) im Sommer nicht vollständig verdunstet.

Lösung 2.24

1. $$\Delta t = \frac{(\Delta x)^2}{2 \cdot a}$$

    $$\Delta x = \frac{24}{4} = 6 \text{ cm}$$

    $$a = \frac{\lambda}{\rho \cdot c_p} \quad \rightarrow \quad \lambda = \frac{(\Delta x)^2}{2 \cdot \Delta t} \cdot \rho \cdot c_p = \frac{(0,06)^2}{2} \cdot 1500 \cdot 0,28 = 0,76 \text{ W/mK}$$

2. θ_{si} (8 Uhr) = 12,5 °C; aus dem Binder-Schmidt-Diagramm (Bild B.2-31)

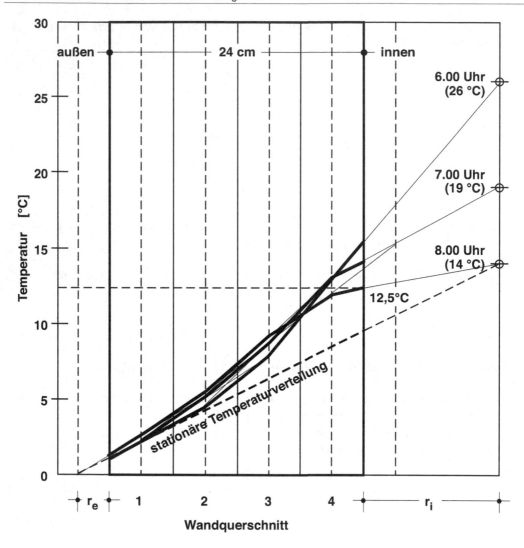

Bild B.2-31: Temperaturverteilung im untersuchten Bauteilquerschnitt.

3. $p_{S,i} = p_S(12{,}5\ ^{\circ}C) = 1449$ Pa

$p_i = p_S(14\ ^{\circ}C) \cdot \varphi_i = 1598 \cdot 0{,}9 = 1438$ Pa

$p_{S,i} > p_i$ → kein Tauwasser

4. $m = \Delta c \cdot V$

$\Delta c = c\,(26\ ^{\circ}C) - c\,(14\ ^{\circ}C)$

$$= \frac{p_S(26\,°C)\cdot \varphi_i}{R\cdot (26+273)} - \frac{p_S(14\,°C)\cdot \varphi_i}{R\cdot (14+273)}$$

$$= \frac{0{,}9}{462}\cdot \left(\frac{3359}{299} - \frac{1598}{287}\right) = 0{,}011 \text{ kg/m}^3$$

$$m = 11 \text{ g/m}^3 \cdot (2\cdot 2{,}5\cdot 2{,}5)\text{ m}^3 = 137{,}5 \text{ g}$$

Lösung 2.25

1. $$U = \left(0{,}13 + \frac{0{,}008}{0{,}8} + 0{,}17 + \frac{0{,}004}{0{,}8} + 0{,}04\right)^{-1} = 2{,}82 \text{ W/m}^2\text{K}$$

2. $$q = U\cdot (\theta_i - \theta_e) = 1{,}5\cdot 35 = 52{,}5 \text{ W/m}^2$$

$$\theta_{si1} = \theta_i - q\cdot \left(R_{si} + \frac{d_1}{\lambda_1}\right) = 20 - 52{,}5\cdot \left(0{,}13 + \frac{0{,}004}{0{,}8}\right) = 20 - 7{,}09 = 12{,}9 \text{ °C}$$

$$\theta_{se2} = \theta_i - q\cdot \left(R_{se} + \frac{d_2}{\lambda_2}\right) = -15 + 52{,}5\cdot \left(0{,}04 + \frac{0{,}008}{0{,}8}\right) = -15 + 2{,}63 = -12{,}4 \text{ °C}$$

3. $$c = \frac{\varphi\cdot p_S}{R\cdot T} = \frac{0{,}55\cdot 3073}{462\cdot 297{,}5} = 0{,}0123 \text{ kg/m}^3$$

$$p_S(24{,}5\,°C) = 3073 \text{ Pa}$$

$$T = 273 + 24{,}5 = 297{,}5 \text{ K}$$

$$V = 1{,}2\cdot 1{,}7\cdot 0{,}016 = 0{,}033 \text{ m}^3$$

$$m = c\cdot V = 0{,}0123\cdot 0{,}032 = 0{,}4\cdot 10^{-3} \text{ kg} = 0{,}4 \text{ g}$$

4. $$p(\theta_S) = \varphi\cdot p_S(24{,}5\,°C) = 0{,}55\cdot 3073 = 1690 \text{ Pa}$$

$$\theta_S = 14{,}9 \text{ °C}$$

Lösung 2.26

1.   – mangelnde Lüftung des Raumes
   – niedrige Innenoberflächentemperatur (nicht ausreichender Wärmedurchlasswiderstand)
   – hohe relative Luftfeuchte im Raum
   – behinderte Wärmekonvektion, wenn die Wand möglicherweise zugestellt ist.

2. Ungünstigste Stelle: Wärmebrücke $R_{si,B} = 0,25 \ m^2K/W$

$$R_B \geq R_{si,B} \cdot \left(\frac{\theta_i - \theta_e}{\theta_i - \theta_s} - 1 \right) - R_{se} \qquad [m^2K/W]$$

$\theta_s = f(p_i)$

$p_i = \varphi_i \cdot p_{S,i}(20\ °C) = 0,60 \cdot 2337 = 1402 \ Pa$

aus der Tabelle $\theta_S = 12\ °C$

$$R_B \geq 0,25 \cdot \left(\frac{20 + 10}{20 - 12} - 1 \right) - 0,08 = 0,61 \ m^2K/W$$

3. Wärmedurchlasswiderstände

   Bereich 1 (Riegel):

$$R_1 = \left(\frac{d}{\lambda} \right)_{GK} + \left(\frac{d}{\lambda} \right)_{Holz} + \left(\frac{d}{\lambda} \right)_{Span} \qquad [m^2K/W]$$

$$R_1 = \frac{0,0125}{0,21} + \frac{0,08}{0,15} + \frac{0,012}{0,2} = 0,65 \ m^2K/W \quad \rightarrow \text{reicht aus}$$

   Bereich 2 (Gefach):

$$R_2 = \left(\frac{d}{\lambda} \right)_{GK} + R_{Luft} + \left(\frac{d}{\lambda} \right)_{Span}$$

$$R_2 = \frac{0,0125}{0,21} + 0,18 + \frac{0,012}{0,20} = 0,30 \ m^2K/W \quad \rightarrow \text{reicht nicht aus}$$

   Oberflächentemperaturen: siehe Diagramm in Bild B.2-32.

   Im Riegelbereich wurde ein Wärmeübergangswiderstand von 0,17 m^2K/W und im Gefachbereich, weil dieser als Wärmebrücke gilt, von 0,25 m^2K/W eingesetzt:

   $\theta_{si,1} = 14,3\ °C$ $\qquad\qquad$ $\theta_{si,2} = 7,5\ °C$

   $\theta_{se,1} = -7,3\ °C$ $\qquad\qquad$ $\theta_{se,2} = -6,5\ °C$

4. relative Luftfeuchte

   Die niedrigste Innenoberflächentemperatur ist

   $\theta_{si,2} = 7,5\ °C \quad \rightarrow \quad p_S(7,5°C) = 1036 \ Pa$

   Damit kein Oberflächentauwasser auftritt, muss

   $p_S(7,5°C) = 1036 \ Pa > p_i$ sein.

Die relative Luftfeuchte innen darf höchstens

$$\varphi_i = \frac{p_i}{p_S(20°C)} = \frac{1036}{2337} = 0,44 \qquad \rightarrow 44\ \%\ \text{betragen, um Tauwasserbildung an der}$$

Innenoberfläche zu vermeiden.

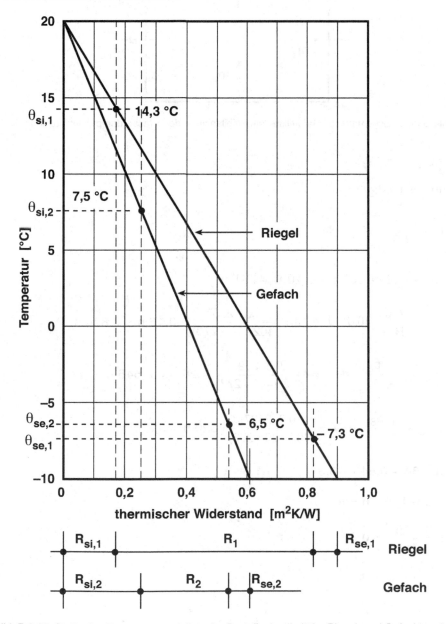

Bild B.2-32: Stationäre Temperaturverteilung im Bauteilquerschnitt im Riegel- und Gefachbereich.

5.   Feuchtebilanz

$$\Sigma \dot{m} = \dot{m}_{\ddot{u}} + \dot{m}_{zu} + \dot{m}_E - \dot{m}_{ab} = 0$$

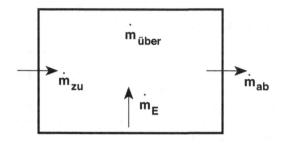

Bild B.2-33: Schematische Darstellung der zu bilanzierenden Wasserdampfdiffusionsströme.

$$\dot{m} = c \cdot n \cdot V$$

$$\dot{m}_E = 1,5 \text{ kg/h}$$

$$c = \frac{\varphi \cdot p_S}{R \cdot T}$$

$$\dot{m}_{\ddot{u}} = \left[c_i(20°C\,;60\%) - c_i(20°C\,;44\%) \right] \cdot n \cdot V$$

$$= \frac{V \cdot p_{si}}{R \cdot T} \cdot (0,6 - 0,44) \cdot n = \frac{320 \cdot 2337}{462 \cdot (20 + 273)} \cdot 0,16 \text{ n} = 0,884 \text{ n}$$

$$\dot{m}_{zu} = \frac{\varphi_e \cdot p_{S,e}}{R \cdot T_e} \cdot n \cdot V = \frac{0,8 \cdot 259}{462 \cdot (-10 + 273)} \cdot 320 \text{ n} = 0,546 \text{ n}$$

$$\dot{m}_{ab} = \frac{\varphi_i \cdot p_{S,i}}{R \cdot T_i} \cdot n \cdot V = \frac{0,8 \cdot 2337}{462 \cdot (20 + 273)} \cdot 320 \text{ n} = 3,315 \text{ n}$$

$$(0,884 + 0,546 - 3,315) \cdot n + 1,5 = 0$$

$$1,5 - 1,885 \text{ n} = 0$$

$$n = \frac{1,5}{1,885} = 0,8 \text{ h}^{-1}$$

Lösung 2.27

1. Temperaturverteilung

a) Tauperiode

$$p_{S,si} = 1527 \text{ Pa} \qquad \theta_{si} = 13,3 \,°C$$

$$p_{S,Tr1} = 1411 \text{ Pa} \qquad \theta_{Tr1} = 12,1 \,°C$$

$$p_{S,Tr2} = 898 \text{ Pa} \qquad \theta_{Tr2} = 5,4 \,°C$$

$$p_{S,Tr3} = 778 \text{ Pa} \qquad \theta_{Tr3} = 3,4 \,°C$$

$$p_{S,Tr4} = 585 \text{ Pa} \qquad \theta_{Tr4} = -0,5 \,°C$$

$$p_{S,Tr5} = 553 \text{ Pa} \qquad \theta_{Tr5} = -1,2 \,°C$$

$$p_{S,se} = 441 \text{ Pa} \qquad \theta_{se} = -3,9 \,°C$$

b) Verdunstungsperiode bei einer relativen Luftfeuchte von 80 %

$$p_{S,si} = p_{S,se} = \frac{1200}{0,8} = 1500 \text{ Pa}$$

$$\theta_{si} = \theta_{se} = 13 \,°C$$

2. $m_c = t_c \cdot g_c \ [\text{kg/m}^2]$

$$g_c = \frac{p_i - p_{S,Tr2}}{Z_i} - \frac{p_{S,Tr4} - p_e}{Z_e} \ [\text{kg/m}^2\text{s}]$$

$$Z_i = 5 \cdot 10^9 \cdot (\mu \cdot d)_i = 5 \cdot 10^9 \cdot (0,24 + 0,06) = 1,5 \cdot 10^9 \text{ m}^2\text{sPa/kg}$$

$$Z_e = 5 \cdot 10^9 \cdot (\mu \cdot d)_e = 5 \cdot 10^9 \cdot (1,2 + 0,7) = 9,5 \cdot 10^9 \text{ m}^2\text{sPa/kg}$$

$$p_i = p_{S,i} \cdot \varphi_i = p_S(20 \,°C) \cdot \varphi_i = 2337 \cdot 0,5 = 1168 \text{ Pa}$$

$$p_e = p_{S,e} \cdot \varphi_e = p_S(-5 \,°C) \cdot \varphi_e = 401 \cdot 0,8 = 321 \text{ Pa}$$

$$g_c = \frac{1168 - 898}{1,5 \cdot 10^9} - \frac{585 - 321}{9,5 \cdot 10^9} = (1,8 - 0,228) \cdot 10^{-7} = 1,572 \cdot 10^{-7} \text{ kg/m}^2\text{s}$$

$$m_c = 2160 \cdot 3600 \cdot 1,572 \cdot 10^{-7} = 1,22 \text{ kg/m}^2 = 1220 \text{ g/m}^2$$

3. $m_{ev} = t_{ev} \cdot g_{ev}$ [kg/m²]

$$g_{ev} = \frac{p_S - p_i}{Z_i} + \frac{p_S - p_e}{Z_e} \quad [kg/m^2s]$$

$p_i = p_e = 1200$ Pa

$$g_{ev} = \frac{1700 - 1200}{1{,}5 \cdot 10^9} + \frac{1700 - 1200}{9{,}5 \cdot 10^9} = (3{,}333 + 0{,}526) \cdot 10^{-7} = 3{,}859 \cdot 10^{-7} \ kg/m^2s$$

$m_{ev} = 2160 \cdot 3600 \cdot 3{,}859 \cdot 10^{-7} = 3{,}0 \ kg/m^2 = 3000 \ g/m^2$

Beurteilung:

1. $m_c < m_{ev}$

2. $m_c = 1200 \ g/m^2 > 1000 \ g/m^2$ → Bauteil ist nicht zulässig !

Lösung 2.28

1. $U = \left(R_{si} + \dfrac{d}{\lambda} + R_{se} \right)^{-1} = \left(0{,}10 + \dfrac{0{,}200}{0{,}025} + 0{,}04 \right)^{-1} = \dfrac{1}{8{,}14} = 0{,}12 \ W/m^2K$

$$q = \frac{\theta_e - \theta_{se}}{R_{se} + \dfrac{d}{\lambda}} = \frac{18 - 5}{0{,}04 + 8} = \frac{13}{8{,}04} = 1{,}62 \ W/m^2$$

2. $\theta_e = 18 \ °C$

$\theta_{si} = 5 \ °C$

$\theta_i = ?$

$\theta_{se} = -2 °C$

$q = q_{Str} - q_{konv}$

$q_{konv} = q_{Str} - q$

$$q_{Str} = C_{1,2} \cdot \left[\left(\frac{T_{si}}{100} \right)^4 - \left(\frac{T_{se}}{100} \right)^4 \right]$$

$$C_{1,2} = \dfrac{C_s}{\dfrac{1}{\varepsilon_{Eis}} + \dfrac{1}{\varepsilon_{Dach}} - 1} = \dfrac{5,67}{\dfrac{1}{0,9} + \dfrac{1}{0,5} - 1} = \dfrac{5,67}{1,11 + 2 - 1} = 2,64 \ W/m^2K^4$$

$$q_{Str} = 2,69 \left[\left(\dfrac{273 + 5}{100} \right)^4 - \left(\dfrac{273 - 2}{100} \right)^4 \right] = 2,69 \cdot (2,78^4 - 2,71^4) = 2,69 \cdot (59,73 - 5,79)$$

$$= 2,69 \cdot 5,79 = 15,58 \ W/m^2$$

$$q_{konv} = 15,58 - 1,62 = 13,96 \ W/m^2$$

$$q_{konv} = \dfrac{\theta_i - \theta_{si}}{R_{si}}$$

$$\theta_i = \theta_{si} + q_{konv} \cdot R_{si} = 5 + 13,96 \cdot 0,18 = 5 + 2,51 = 7,5 \ °C$$

3. Tauwasser an der Oberfläche, wenn

$$p_S(\theta_{si}) \leq p_i$$

$$p_S(5 \ °C) = 872 \ Pa$$

$$p_S(7,5 \ °C) = 1036 \ Pa$$

$$p_i = 0,5 \cdot 1036 = 518 \ Pa$$

kein Tauwasser, da $p_S(5 \ °C) > p \ (7,5 \ °C)$

$$872 \ Pa > 518 \ Pa$$

4. $c = \dfrac{\varphi \cdot p_S}{R \cdot T}$

$$\Delta c = \dfrac{\varphi_1 \cdot p_S(18°C)}{R \cdot (273 + 18)} - \dfrac{\varphi_2 \cdot p_S(7,5°C)}{R \cdot (273 + 7,5)} =$$

$$= \dfrac{0,8 \cdot 2063}{462 \cdot 291} - \dfrac{0,5 \cdot 1036}{462 \cdot 280,5} =$$

vor Betrieb   während des Betriebs

$$= (12,276 - 4,022) \cdot 10^{-3} = 11 \cdot 10^{-3} \ kg/m^3 = 11 \ g/m^3$$

Lösung 2.29

1. $U = (R_{si} + \dfrac{d}{\lambda} + R_{se})^{-1} = (0{,}17 + \dfrac{0{,}20}{1{,}5} + 0{,}13)^{-1} = 2{,}31 \ \text{W/m}^2\text{K}$

2. $\theta_{se} = \theta_e - U \cdot (\theta_e - \theta_i) \cdot R_{se} = 28 - 2{,}31 \cdot (28 - 20) \cdot 0{,}13 = 25{,}6 \ °\text{C}$

   $p = \varphi \cdot p_S \,(28 \ °\text{C}) \qquad p_S \,(28 \ °\text{C}) = 3778 \ \text{Pa (Tabelle)}$

   $p = 0{,}9 \cdot 3778 = 3400 \ \text{Pa}$

   Tauwasser, wenn $\theta_{se} < \theta_S$

   $\theta_S = 26{,}2 \ °\text{C} \quad$ (Tabelle)

   Tauwasser, weil 25,6 °C < 26,2 °C

3. $\sum Q = \Phi_D + \Phi_W + \Phi_{F,T} + \Phi_L - \Phi_{KI} - \Phi_B = 0$

   $\Phi_W = q_W \cdot A_W = U \cdot (\theta_e - \theta_i) \cdot A = 2{,}31 \cdot 8 \cdot 29 = 535{,}92 \ \text{W}$

   $A = (2 \cdot 3{,}6 + 2 \cdot 4{,}2) \cdot 25 - 10 = 29 \ \text{m}^2$

   $\Phi_{F,T} = U \cdot (\theta_e - \theta_i) \cdot A = 3{,}8 \cdot 8 \cdot 10 = 304{,}0 \ \text{W}$

   $\Phi_D = 2{,}0 \cdot 8 \cdot 3{,}6 \cdot 4{,}2 = 241{,}92 \ \text{W}$

   $\Phi_B = 2{,}0 \cdot (20 - 14) \cdot 3{,}6 \cdot 4{,}2 = 181{,}44 \ \text{W}$

   $\Phi_L = \rho_L \cdot c_{pL} \cdot V \cdot n \cdot (\theta_e - \theta_i) = 1{,}21 \cdot 0{,}28 \cdot 3{,}6 \cdot 4{,}2 \cdot 2{,}5 \cdot 0{,}8 \cdot 8 = 81{,}96 \ \text{W}$

   $\Phi_{KI} = \Phi_D + \Phi_W + \Phi_{F,T} + \Phi_L - \Phi_B = 983{,}6 \ \text{W}$

4. Außen:

   $c_1 = \dfrac{\varphi_1 \cdot p_S(28 \ °\text{C})}{R \cdot T_1} = \dfrac{0{,}9 \cdot 3778}{462 \cdot (273 + 28)} = 0{,}025 \ \text{kg/m}^3$

   Innen:

   $c_2 = \dfrac{\varphi_2 \cdot p_S(20 \ °\text{C})}{R \cdot T_2} = \dfrac{0{,}5 \cdot 2337}{462 \cdot (273 + 20)} = 0{,}009 \ \text{kg/m}^3$

   $\Delta c = 0{,}025 - 0{,}009 = 0{,}016 \ \text{kg/m}^3$

   $\dot{m} = \Delta c \cdot V \cdot n = 0{,}016 \cdot 3{,}6 \cdot 4{,}2 \cdot 2{,}5 \cdot 0{,}8 = 0{,}484 \ \text{kg/h} \ \rightarrow 484 \ \text{g/h}$

Lösung 2.30

1. $U_{WG} = \left(R_{si} + \sum \dfrac{d}{\lambda} + R_{si} \right)^{-1} = \left(0,17 + 2 \cdot \dfrac{0,015}{0,13} + 2 \cdot \dfrac{0,0125}{0,21} + \dfrac{0,12}{0,04} + 0,17 \right)^{-1}$

$\qquad = 0,27 \ \text{W/m}^2\text{K}$

$U_m = \dfrac{U_1 A_1 + U_2 A_2 + \dots + U_n A_n}{A_1 + A_2 + \dots + A_n}$

$A_{Dach} = 3 \cdot 2,5 = 7,5 \ \text{m}^2$

$A_{Wand} = 2 \cdot (3 \cdot 2,5 + 2,5 \cdot 2,5) - 2 = 25,5 \ \text{m}^2$

$A_{Tür} = 2,0 \ \text{m}^2$

$A_{Boden} = A_{Dach} = 7,5 \ \text{m}^2$

$\sum A = 42,5 \ \text{m}^2$

$U_m = \dfrac{25,5 \cdot (0,8 \cdot 0,27 + 0,2 \cdot 0,62) + 7,5 \cdot 0,28}{42,5} + \dfrac{7,5 \cdot 2 + 2,0 \cdot 1}{42,5} = 0,65 \ \text{W/m}^2\text{K}$

2. $\Phi_T = q \cdot A = U_m \cdot (\theta_1 - \theta_2) \cdot A = 0,65 \cdot (80 - 25) \cdot 42,5 = 1519 \ \text{W}$

$\Phi_L = \rho_L \cdot c_{pL} \cdot V \cdot n \cdot (\theta_1 - \theta_2) = 1,2 \cdot 0,28 \cdot 7,5 \cdot 2,5 \cdot 1,0 \cdot 55 = 347 \ \text{W}$

$\sum \Phi = \Phi_T + \Phi_L = 1866 \ \text{W}$

3. Sättigungsdampfdrücke aus Merkblatt 4:

$p_S(25 \ °C) \quad = 3166 \ \text{Pa}$

$p_S(27,5 \ °C) = 3669 \ \text{Pa}$

$p_S(29,2 \ °C) = 4050 \ \text{Pa}$

$p_S(30,1°C) \quad = 4265 \ \text{Pa}$

Sättigungsdampfdrücke nach der Magnus-Formel (siehe auch DIN 4108 – 3)

$p_S = 610,5 \cdot \exp \dfrac{17,269 \cdot \theta}{237,3 + \theta}$

$p_S(74,9 \ °C) = 610,5 \cdot e^{4,14} = 38.457 \ \text{Pa}$

$p_S(75,8 \ °C) = 610,5 \cdot e^{4,18} = 39.936 \ \text{Pa}$

$p_S(77,5 \ °C) = 610,5 \cdot e^{4,25} = 42.860 \ \text{Pa}$

$p_S(80 \ °C) = 610,5 \cdot e^{4,35} \quad = 47.490 \ \text{Pa}$

$p_2 = 47.490 \cdot 0,3 = 14.247$ Pa

$p_1 = 3.166 \cdot 0,8 = 2533$ Pa

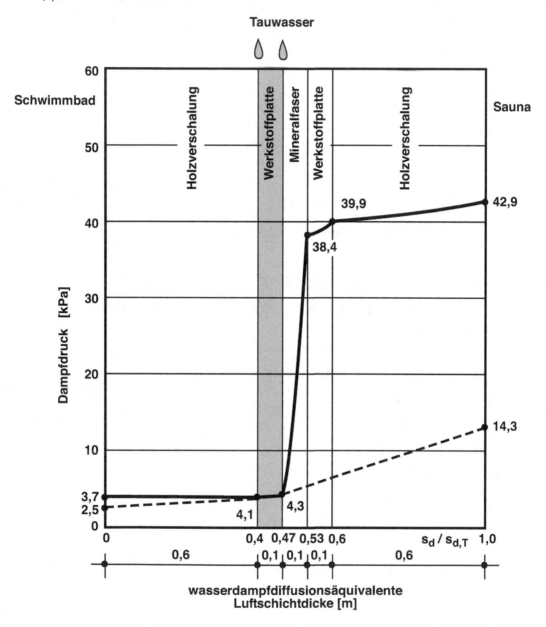

Bild B.2-34: Glaser-Diagramm des untersuchten Bauteils.

4.   Diffusionsverluste

$$g_{Wand} = \frac{p_2 - p_S}{Z} = \frac{14247 - 4265}{5 \cdot 10^9 \cdot (0,6 + 0,1 + 0,1)} = 2,496 \cdot 10^{-6} \text{ kg/m}^2\text{s}$$

$$\dot{m}_{Wand} = 2,496 \cdot 10^{-6} \cdot 25,5 = 6,364 \cdot 10^{-5} \text{ kg/s} = 0,23 \text{ kg/h}$$

$$\dot{m}_{Boden} = 0$$

$$\dot{m}_{Dach} = 0$$

Lüftungsverluste

$$c_{Sauna} = \frac{\varphi \cdot p_S}{R \cdot T} = \frac{14247}{462 \cdot (273 + 80)} = 0,087 \text{ kg/m}^3$$

$$c_{Schwimmbad} = \frac{2533}{462 \cdot (273 + 25)} = 0,0184 \text{ kg/m}^3$$

$$\dot{m}_L = \Delta c \cdot V \cdot n = (0,087 - 0,0184) \cdot 3 \cdot 2,5 \cdot 2,5 \cdot 1 = 1,29 \text{ kg/h}$$

Gesamtverluste

$$\Sigma \dot{m} = 1,29 + 0,23 = 1,52 \text{ kg/h} \Rightarrow \text{es müssen 1,52 kg/h aufgegossen werden.}$$

B.3 Bau- und Raumakustik

Antworten zu den Verständnisfragen

1. a) Schall
    b) Tageslicht

2. Lichtwellen: elektromagnetische Wellen
    Schallwellen: mechanische Schwingungen (Teilchenschwingung)

3. c) 16 Hz bis 16 kHz,

4. a) leiser

5. c) Lautstärke

6. b) $\sqrt[3]{2}$

7. c) 0 dB + 0 dB = 3 dB

8. a) $p_0 = 2 \cdot 10^{-5}$ Pa
    c) $p_0 = 20\ \mu\text{Pa}$

9. a) 1 pW/m^2

10. b) Transversalwellen
    c) Dehnwellen
    d) Biegewellen

11. a) Bei gleicher Schallausbreitungsrichtung sind die Schwingungsrichtungen der Teilchen des Mediums unterschiedlich.

12. b) Rohdichte
    c) Elastizitätsmodul

13. Einen
    a) bauakustischen Kennwert eines einschaligen Bauteils,
    b) bauakustischen Kennwert eines mehrschaligen Bauteils.

14. a) $\tau_A = 2 \cdot \tau_B$

© Springer Fachmedien Wiesbaden GmbH, ein Teil von Springer Nature 2022
K. Gertis et al., *Bauphysikalische Aufgabensammlung mit Lösungen*,
https://doi.org/10.1007/978-3-658-35586-9_9

15. a) 40 dB

16. e) 1 mW

17. b) Schallbeugung
    c) Schallstreuung

18. c) die Schalldämmung nimmt zu, die Wärmedämmung nimmt ab

19. a) Die Einzahlangabe der Schalldämmung eines Bauteils.

20. a) Frequenz
    c) Rohdichte des Bauteilmaterials
    d) Dichte des umgebenden Mediums
    e) Biegesteifigkeit des Bauteils
    f) Schallgeschwindigkeit im umgebenden Medium

21. c) 54 dB

22. c) Bau-Schalldämm-Maß < Labor-Schalldämm-Maß

23. a) Bauteilen

24. Die Schalldämmung
    b) wird schlechter.

25. b)

26. a) Die Spur der einfallenden Luftschallwelle ist gleich der Wellenlänge der Biege-
    schwingung eines einschaligen Bauteils.

27. $f_g \approx 160$ Hz

28. Frequenz, bei der unter streifendem Schalleinfall auf einer Platte
    a) die Ausbreitungsgeschwindigkeit der Biegewelle in der Platte gleich der Schallge-
    schwindigkeit in der Luft ist,
    b) die Biegewellenlänge der Platte gleich der Wellenlänge der Luftschallwelle ist.

29. ausreichend biegeweich: $f_g \geq 1600$ Hz,   geringe Schallabstrahlung
    ausreichend biegesteif: $f_g < 160$ Hz,   starke Schallabstrahlung

30. b) Rohdichte des Baumaterials
    c) Dicke des Bauteils
    d) Biegesteifigkeit des Bauteils

31. a) A
     b) B

32. Bei
     b) einschaligen Trennbauteilen.

33. b) Die Schalen einer zweischaligen Konstruktion schwingen mit der maximalen Amplitude gegeneinander.

34. b) Koinzidenz

35. a) Konstruktion A ist einschalig und besitzt daher keine Resonanzfrequenz.
     b) Konstruktion B ist zweischalig, somit ist eine "gemeinsame" Koinzidenzgrenzfrequenz nicht definierbar.
     c) $L_2 < L_3$ wenn $f \neq f_{RB}$

36. a) A
     b) B

37. c) A und B sind biegesteif

38. b) bewerteter Norm-Trittschallpegel

39. b) die Einzahlangabe zur Kennzeichnung des Trittschallschutzes einer Rohdecke

40. $L_{n,w}$:   Trittschalldämmung einer gebrauchsfertigen Decke
     $L_{n,w,eq}$: Trittschalldämmung einer Rohdecke unter Berücksichtigung einer Bezugsdeckenauflage

41.

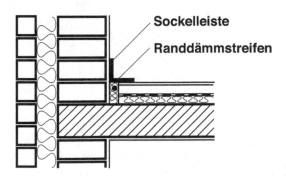

Bild B.3-1: Schematische Darstellung eines Decken-Wandanschlusses mit schalltechnisch richtiger Ausführung des Eckbereiches.

42. Eine
    b) niedrige dynamische Steifigkeit < 30 MN/m^3,

43. b) $R_A = R_B$

44. B, aufgrund der größeren äquivalenten Schallabsorptionsfläche im leisen Raum.

45. c) um 60 dB abnimmt

46. a) Umwandlung von Schwingungsenergie in Wärmeenergie

47. b) 20 % der auffallenden Schallenergie wird absorbiert

48. a) Mit größer werdendem Schallabsorptionsgrad verkürzt sich die Nachhallzeit.

49. d) Masse-Feder-Resonanz

50. Er besteht aus
    a) einem Hohlraum mit einer kreis- oder schlitzförmigen Mündung.

Lösungen zu den Aufgaben

Lösung 3.1

1. Der Schallpegel im Raum 2 errechnet sich nach der Beziehung für die Norm-Schallpegeldifferenz:

$$D_n = L_1 - L_2 + 10 \cdot \lg \frac{A_0}{A_2} \quad [dB]$$

Bei $A_0 = 10 \ m^2$ folgt:

$$L_2 = L_1 - D_n + 10 \cdot \lg \frac{10}{A_2} \quad [dB]$$

Mit

$$A_2 = 0,16 \ \frac{V}{T} = 0,16 \cdot 10 \cdot 6 \cdot 3 = 28,8 \ m^2$$

der äquivalenten Schallabsorptionsfläche im leisen Raum 2 ergibt sich:

$$L_2 = 75 - 42 + 10 \cdot \lg \frac{10}{28,8} = 28,4 \ dB$$

Aus der Beziehung

$$L_2 = 20 \cdot \lg \frac{p_2}{p_0} \quad [dB] \qquad mit \qquad p_0 = 2 \cdot 10^{-5} \ Pa$$

erhält man den Schalldruck im Raum 2:

$$p_2 = p_0 \cdot 10^{\frac{L_2}{20}} = 2 \cdot 10^{\frac{28,4}{20}} = 5,1 \cdot 10^{-4} \ Pa$$

2. Das Schalldämm-Maß der Trennwand ist definiert als:

$$R = L_1 - L_2 + 10 \cdot \lg \frac{S}{A_2} \quad [dB]$$

Mit der Fläche der Trennwand

$$S = t_R \cdot h_R = 6 \cdot 3 = 18 \ m^2 \qquad\qquad ergibt \ sich:$$

$$R = 75 - 28,4 + 10 \cdot \lg \frac{18}{28,8} = 45 \text{ dB}$$

3.   Idealfall: Schallabsorptionsgrad für alle Umschließungsflächen $\alpha = 1$

$$A_{nachher} = A_B + A_D + A_W$$

$$A_{nachher} = (2 \cdot 10 \cdot 6 + 2 \cdot 6 \cdot 3 + 2 \cdot 10 \cdot 3) \cdot \alpha = 216 \text{ m}^2$$

Die erreichbare Schallpegelminderung durch die berechnete äquivalente Schallabsorptionsfläche ist:

$$\Delta L = 10 \cdot \lg \frac{A_{vorher}}{A_{nachher}} = 10 \cdot \lg \frac{28,8}{216} = -8,8 \text{ dB}$$

D.h. eine Pegelsenkung im Raum 2 um 15 dB ist durch 100 %-ige Schallabsorption an allen Umschließungsflächen nicht möglich.

Lösung 3.2

1.   Die Norm-Schallpegeldifferenz ist definiert als:

$$D_n = D + 10 \cdot \lg \frac{A_0}{A} \quad [\text{dB}]$$

Mit

$$A_0 = 10 \text{ m}^2$$

$$A = 0,16 \cdot \frac{V}{T} = 0,16 \cdot \frac{9 \cdot 4 \cdot 3,5}{1,5} = 13,44 \text{ m}^2$$

$$D = L_2 - L_1 = 85 - 45 = 40 \text{ dB}$$

ergibt sich:

$$D_n = 40 + 10 \cdot \lg \frac{10}{13,44} = 38,7 \text{ dB}$$

Aus der allgemeinen Definition für den Schallpegel:

$$L_p = 20 \cdot \lg \frac{p}{p_0} \quad [\text{dB}] \qquad L_I = 10 \cdot \lg \frac{I}{I_0} \quad [\text{dB}] \quad [\text{dB}] \quad \text{und mit}$$

$$p_0 = 2 \cdot 10^{-5} \text{ Pa}; \qquad I_0 = 10^{-12} \text{ W/m}^2$$

berechnet sich der Schalldruck

$$p = p_0 \cdot 10^{\frac{L}{20}} = 2 \cdot 10^{-5} \cdot 10^{\frac{45}{20}} = 3{,}56 \cdot 10^{-3} \text{ Pa}$$

sowie die Schallintensität

$$I = I_0 \cdot 10^{\frac{L}{10}} = 3{,}16 \cdot 10^{-8} \text{ W/m}^2$$

2. Das Kriterium dafür, ob das Bauteil ausreichend biegeweich oder ausreichend biege-steif ist, stellt die Koinzidenzgrenzfrequenz dar. Sie berechnet sich nach der Formel:

$$f_g = 64 \cdot \frac{1}{d} \cdot \sqrt{\frac{\rho}{E}} = 64 \cdot \frac{1}{0{,}2} \cdot \sqrt{\frac{700}{2500}} = 169 \text{ Hz}$$

Die Trennwand ist ausreichend biegesteif, da $f_g < 200$ Hz ist.

3. Das bewertete Bau-Schalldämm-Maß der Trennwand kann näherungsweise nach der Gleichung

$$R'_W = 38 + 26{,}7 \cdot \lg \frac{m'}{100} \quad [\text{dB}]$$

berechnet werden. Mit der flächenbezogenen Masse der Wand

$$m' = d \cdot \rho = 0{,}2 \cdot 700 = 140 \text{ kg/m}^2 \qquad \text{ergibt sich:}$$

$$R'_W = 38 + 26{,}7 \cdot \lg 1{,}4 = 41{,}9 \text{ dB} = 42 \text{ dB}$$

D.h., dass $R'_W = 57$ mit der vorhandenen einschaligen Trennwand nicht erreicht wer-den kann.

4. Maßnahmen:
    a) Vorsatzschale z.B. auf der leisen Seite; biegeweich und schallabsorbierend; lose Fasereinlage; führt zur Reduzierung der Schallabstrahlung.

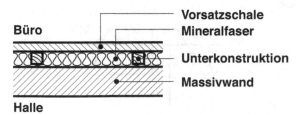

Bild B.3-2: Schematische Darstellung der Trennwand nach der Verbesserungsmaßnahme a).

b) Teppich oder anderes schallabsorbierendes Material zur Erhöhung der äquivalenten Schallabsorptionsfläche.

c) Flankenübertragung seitlich unterbinden. Längsleitung über Seitenwand unterbrechen; Fuge; elastisches dämpfendes Material zum Dichten der Fuge.

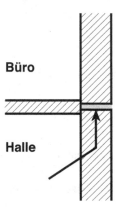

Bild B.3-3: Schematische Darstellung der Seitentrennwand nach der Verbesserungsmaßnahme c).

d) Schallübertragung über Bodenplatte unterbrechen. Schwimmender Estrich z.B. im Büroraum.

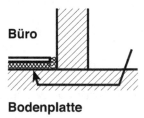

Bild B.3-4: Schematische Darstellung der Trennwand und des Bodens nach der Verbesserungsmaßnahme d).

e) abgehängte Unterdecke im Büroraum zur Reduzierung der Flankenübertragung durch die Decke

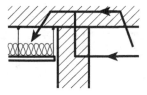

Bild B.3-5: Schematische Darstellung der Trennwand und der Decke nach der Verbesserungsmaßnahme e).

Lösung 3.3

1. a)   Erreichbare Schalldämmung mit der vorhandenen einschaligen Trennwand:

$$R = 20 \cdot \lg \frac{\pi \cdot f \cdot m' \cdot \cos\vartheta}{\rho_L \cdot c_L} \quad [dB]$$

$$m' = \Sigma\,(\rho \cdot d) = 1800 \cdot 0,24 + 2 \cdot 1400 \cdot 0,015 = 474 \text{ kg/m}^2$$

$$R = 20 \cdot \lg \left(\frac{\pi \cdot 250 \cdot 474}{1,25 \cdot 340} \cdot \frac{\sqrt{2}}{2} \right) = 55,8 \text{ dB}$$

erforderliche Schalldämmung:

$$R = L_1 - L_2 + 10 \cdot \lg \frac{S}{A} \quad [dB]$$

Mit der Fläche der Trennwand

$$S = 3 \cdot 2,5 = 7,5 \text{ m}^2$$

und der äquivalenten Schallabsorptionsfläche im Schlafzimmer

$$A = 0,16 \cdot \frac{V}{T} = 0,16 \cdot 4 \cdot 3 \cdot \frac{2,5}{0,5} = 9,6 \text{ m}^2$$

ergibt sich der Schallpegel im Schlafzimmer zu:

$$L_2 = L_1 - R + 10 \cdot \lg \frac{S}{A} = 83 - 55,8 + 10 \cdot \lg \frac{7,5}{9,6} = 83 - 55,8 - 1,1 = 26,1 \text{ dB}$$

Mit der vorhandenen Trennwandkonstruktion kann der geforderte Schallpegel im Schlafzimmer nicht eingehalten werden.

b)   Die notwendige äquivalente Schallabsorptionsfläche folgt aus der Beziehung:

$$R = L_1 - L_2 + 10 \cdot \lg \frac{S}{A} \quad [dB]$$

$$10 \cdot \lg \frac{S}{A} = R + L_2 - L_1 = 55,8 + 20 - 83 = -7,2 \text{ dB}$$

$$A = S \cdot 10^{0,72} = 7,5 \cdot 10^{0,72} = 39,4 \text{ m}^2$$

Danach wird eine äquivalente Schallabsorptionsfläche von 39,4 m² benötigt. Es ist möglich die gewünschte Schallabsorption zu erzielen, wenn z.B. alle Raumumschließungsflächen mit der Gesamtfläche

$$S_G = 2 \cdot 3 \cdot 2,5 + 2 \cdot 4 \cdot 2,5 + 2 \cdot 3 \cdot 4 = 59 \text{ m}^2$$

einen mittleren Schallabsorptionsgrad von

$$\alpha = \frac{39,4}{59} = 0,67 \quad \text{besitzen.}$$

2. a) Eigenschaften der Vorsatzschale: biegeweich und schallabsorbierend

    b) Montage auf leiser Seite ist günstiger, weil:

    - die äquivalente Schallabsorptionsfläche des Raumes erhöht wird,
    - biegeweiche Materialien geringe Schallabstrahlung haben.

    c) geeignete Materialien: lose Faserstoffe mit geringer dynamischer Steifigkeit

3. Der maximale Absorptionsgrad liegt bei der Resonanzfrequenz vor. Diese berechnet sich nach der Nährungsformel:

$$f_R = \frac{60}{\sqrt{m' \cdot d_L}} = \frac{60}{\sqrt{11,25 \cdot 0,1}} = 56,6 \text{ Hz}$$

mit der flächenbezogenen Masse

$$m' = \rho \cdot d = 900 \cdot 0,0125 = 11,25 \text{ kg/m}^2$$

Die Resonanzfrequenz liegt unter 80 Hz und ist damit bauakustisch günstig.

Lösung 3.4

1. Gesamtschallpegel:

$$L_{ges} = L_1 + \Delta L \quad [\text{dB}]$$

$$L_1 = 10 \cdot \lg \frac{I}{I_0} = 10 \cdot \lg \frac{10^{-5}}{10^{-12}} = 10 \cdot \lg 10^7 = 70 \text{ dB}; \quad I_0 = 10^{-12} \text{ W/m}^2$$

$$\Delta L = 10 \cdot \lg n = 10 \cdot \lg 8 = 9 \text{ dB}$$

$$L_{ges} = 70 \text{ dB} + 9 \text{ dB} = 79 \text{ dB}$$

2. Dicke der Trennwand:

$$d = \frac{m'}{\rho} \quad [m]$$

Die flächenbezogene Masse m' der Trennwand errechnet sich aus der Nährungsformel für das bewertete Bau-Schalldämm-Maß:

$$R'_w = 38 + 26{,}7 \cdot \lg \frac{m'}{100} = 40\,dB \quad mit$$

$$m' = 100 \cdot 10^{\frac{2}{26{,}7}} = 118{,}8\,kg/m^2$$

ergibt sich die Dicke zu:

$$d = \frac{118{,}8}{1000} = 0{,}12\,m$$

3. Unter der Annahme, dass

$$R = 20 \cdot \lg \frac{\pi \cdot f \cdot m' \cdot \cos\vartheta}{\rho_L \cdot c_L} = R'_w = 40\,dB$$

ist, gilt für die Frequenz:

$$f = \frac{\rho_L \cdot c_L}{\pi \cdot m' \cdot \cos\vartheta} \cdot 10^{\frac{R}{20}} = \frac{1{,}25 \cdot 343}{\pi \cdot 118{,}8} \cdot \sqrt{2} \cdot 10^2 = 162{,}5\,Hz$$

4. Die Schalldämmung muss die zwischen den beiden Räumen erforderliche Schallpegeldifferenz

$$D_{erf} = L_{ges} - L_{erf} = 79\,dB - 35\,dB = 44\,dB$$

gewährleisten. Aus der Formel zur Berechnung des Schalldämm-Maßes ergibt sich die vorhandene Schallpegeldifferenz:

$$D_{vorh} = R - 10 \cdot \lg \frac{S}{A} \quad [dB]$$

Mit

$$S = 3 \cdot 4 = 12\,m^2 \qquad\qquad und$$

$$A = 0{,}16 \cdot \frac{V}{T} = 0{,}16 \cdot \frac{4 \cdot 4 \cdot 3}{0{,}5} = 15{,}36\,m^2 \qquad ergibt\ sich:$$

$$D_{vorh} = 40 - 10 \cdot \lg \frac{12}{15{,}36} = 41{,}1 \text{ dB}$$

Danach ist ersichtlich, dass die vorhandene Schalldämmung nicht ausreicht, da $D_{erf} > D_{vorh}$ ist. Mit D_{erf} ergibt sich das erforderliche Schalldämm-Maß der Trennwand zu:

$$R_{erf} = D_{erf} + 10 \cdot \lg \frac{12}{15{,}36} = 44 + (-1{,}1) = 42{,}9 \text{ dB}$$

Maßnahme: z.B. Anbringen einer Vorsatzschale mit oder ohne Dämmmaterial im Zwischenraum.

Lösung 3.5

1.   Die Konstruktion ist wegen der Schalllängsleitung über den durchgehenden Estrich und über die durchgehende Decke, Flankenübertragung, in bauakustischer Hinsicht ungünstig.

2.   Ja, die Trennwandkonstruktion sollte verbessert werden!

   Maßnahmen: - Durchtrennung des Estrichs
   - Entkopplung der Decke von der Trennwand

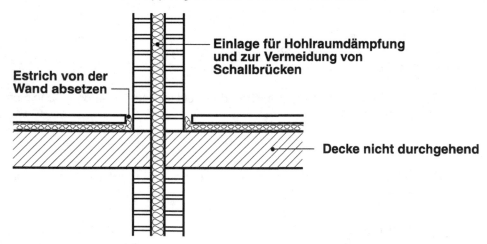

Bild B.3-6:   Schematische Darstellung der Wohnungstrennwand und des Details "Decken-Wandanschluss" mit erforderlicher Angabe der bauakustischen Verbesserungsmaßnahmen.

3.   Aus praktischen Gründen muss der Schalenabstand mindestens 3 cm betragen, damit bei der Ausführung der Konstruktion keine Körperschallbrücken entstehen können.

Lösung 3.6

1. Das bewertete Schalldämm-Maß einer einschaligen homogenen Wand kann näherungsweise wie folgt abgeschätzt werden:

$$R_W = 37,5 \cdot \lg m' - 42 \quad [dB]$$

Die flächenbezogene Masse des frisch eingebauten Mauerwerks errechnet sich aus der Masse der trockenen Mauersteine und der des sich darin befindlichen Wassers:

$$m' = m'_{Tr} + m'_W = \rho_M \cdot d_M + u_V \cdot \rho_W \cdot d_M = 800 \cdot 0,24 + 0,3 \cdot 1000 \cdot 0,24 = 264 \text{ kg/m}^2$$

Das bewertete Schalldämm-Maß der nassen Wand beträgt damit:

$$R_{W1} = 37,5 \cdot \lg 264 - 42 = 48,8 \text{ dB}$$

2. a) Die nach der Trocknung verbleibende Feuchtemasse pro m² Wandfläche ist:

$$m'_W = 0,04 \cdot \rho_W \cdot d_M = 0,04 \cdot 1000 \cdot 0,24 = 9,6 \text{ kg/m}^2$$

   b) Für die flächenbezogene Masse der Wand nach der Trocknung

$$m' = m'_{Tr} + m'_W = 800 \cdot 0,24 + 9,6 = 201,6 \text{ kg/m}^2$$

   ergibt sich das bewertete Schalldämm-Maß der trockenen Wand:

$$R_{W2} = 37,5 \cdot \lg 201,6 - 42 = 44,4 \text{ dB}$$

   Durch die Trocknung verringert sich damit das bewertete Schalldämm-Maß der Wand um:

$$\Delta R_W = R_{W1} - R_{W2} = 48,8 - 44,4 = 4,4 \text{ dB}$$

   c) Resultierendes bewertete Schalldämm-Maß der Gesamtkonstruktion:

$$R_{w,G} = R_{w2} - 10 \cdot \lg \left[1 + \frac{S_F}{S_G} \cdot \left(10^{\frac{R_{w2} - R_{w,F}}{10}} - 1 \right) \right] \quad [dB] \qquad \text{mit}$$

   $S_G = 24,5 \text{ m}^2;$ Gesamtfläche

   $S_F = 24,5 \cdot 0,4 = 9,8 \text{ m}^2;$ Fensterfläche

$$R_{W,G} = 44,4 - 10 \cdot \lg \left[1 + \frac{9,8}{24,5} \cdot \left(10^{\frac{44,4 - 40}{10}} - 1 \right) \right] = 42,1 \text{ dB}$$

3. Mögliche Verbesserungsmaßnahmen sind:

    - Vorsatzschalen vor dem Mauerwerk
    - bessere Fenster

Lösung 3.7

1. Aufgrund der Materialdaten könnten gemäß Datenblatt 2 beispielsweise die folgenden Baustoffe vorliegen:
   Schicht A: Leichtbeton, Porenbeton
   Schicht B: Faserdämmstoff

2. Die Schichtdicken errechnen sich aus der bekannten Formel für den Wärmedurchgangskoeffizienten und der Gesamtdicke des Bauteils.

   Mit:

   $$U = \left(R_{si} + \frac{d_A}{\lambda_A} + \frac{d_B}{\lambda_B} + \frac{d_A}{\lambda_A} + R_{se} \right)^{-1} = 0,41 \text{ W/m}^2\text{K} \qquad \text{bzw.}$$

   $$2 \cdot \frac{d_A}{\lambda_A} + \frac{d_B}{\lambda_B} = \frac{1}{0,41} - R_{si} - R_{se} = \frac{1}{0,41} - 0,13 - 0,04 = 2,27 \text{ m}^2\text{K/W}$$

   sowie

   $$2 \cdot d_A + d_B = 0,21 \text{ m}; \qquad \text{oder} \qquad 2 \cdot d_A = 0,21 - d_B$$

   ergibt sich:

   $$d_B = \frac{2,27 - \dfrac{0,21}{\lambda_A}}{\dfrac{1}{\lambda_B} - \dfrac{1}{\lambda_A}}$$

   und damit ist $d_A = 7,5$ cm; $d_B = 6$ cm

   Die Koinzidenzgrenzfrequenz der Wandschale A ist gegeben durch die Näherungsformel:

   $$f_{g_A} = 64 \cdot \frac{1}{d} \sqrt{\frac{\rho}{E}} = 64 \cdot \frac{1}{0,075} \sqrt{\frac{700}{3800}} = 366 \text{ Hz}$$

3. Die Schichten A sind biegesteif, aber nicht ausreichend biegesteif, weil
   $f_{g_A} = 366$ Hz > 200 Hz ist.

4. Resonanzfrequenz der Konstruktion:

   $$f_R = \frac{1}{2 \cdot \pi} \cdot \sqrt{s' \cdot \left(\frac{1}{m'_1} + \frac{1}{m'_2} \right)}$$

   Mit der dynamischen Steifigkeit der Schicht B

   $$s_B' = \frac{E}{d} = \frac{3 \cdot 10^6}{0,06} = 50 \text{ MN/m}^3$$

und der flächenbezogenen Masse der Schalen A

$$m'_1 = m'_2 = m'_A = \rho \cdot d = 700 \cdot 0,075 = 52,5 \text{ kg/m}^2$$

ergibt sich:

$$f_R = \frac{1}{2 \cdot \pi} \cdot \sqrt{50 \cdot 10^6 \cdot \frac{2}{52,5}} = 220 \text{ Hz}$$

5. Der qualitative Verlauf des Schalldämm-Maßes in Abhängigkeit von der Frequenz ist im Bild B.3-7 dargestellt.

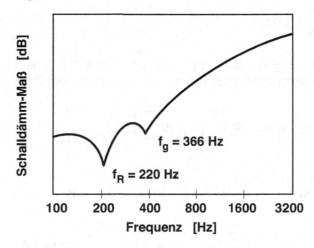

Bild B.3-7: Schematischer Verlauf des Schalldämm-Maßes der zweischaligen Konstruktion in Abhängigkeit von der Frequenz.

6. Die zweischalige Konstruktion ist bauakustisch als ungünstig zu bezeichnen, da sowohl die Resonanzfrequenz der Gesamtkonstruktion f_R als auch die Koinzidenzfrequenz der einzelnen Schalen f_{gA} in den bauakustisch interessanten Frequenzbereich fallen.

Lösung 3.8

1. Die optimale Nachhallzeit für Sprachverständlichkeit beträgt bei Raumvolumina von V ≤ 300 m³   0,5 sec.

   Hier sind

   $$V_A = 6 \cdot 4,8 \cdot 2,5 = 72 \text{ m}^3,$$

   $$V_B = 2,5 \cdot 4,8 \cdot 2,5 = 30 \text{ m}^3,$$

wesentlich kleiner als 300 m³. Deshalb sind für beide Räume Nachhallzeiten von $T_A = T_B = 0,5$ s anzustreben, um dort eine optimale Sprachverständlichkeit zu gewährleisten.

2. Erforderliche äquivalente Schallabsorptionsfläche:

$$A = 0,16 \cdot \frac{V}{T} \quad [m^2]$$

$$A_A = 0,16 \cdot \frac{72}{0,5} = 23,0 \ m^2$$

$$A_B = 0,16 \cdot \frac{30}{0,5} = 9,6 \ m^2$$

3. Die resultierende Schalldämmung einer aus Elementen unterschiedlicher Schalldämmung zusammengesetzten Fläche ergibt sich nach dem Zusammenhang:

$$R_{ges} = -10 \cdot lg \frac{1}{S_{ges}} \left(S_W \cdot 10^{-\frac{R_W}{10}} + S_T \cdot 10^{-\frac{R_T}{10}} \right) \ [dB]$$

Mit

$$S_T = 2 \cdot 1 = 2 \ m^2; \quad S_{ges} = 4,8 \cdot 2,5 = 12 \ m^2; \quad S_W = 12 - 2 = 10 \ m^2$$

folgt:

$$R_W = -10 \cdot lg \frac{1}{S_W} \left(S_{ges} \cdot 10^{-\frac{R_{ges}}{10}} - S_T \cdot 10^{-\frac{R_T}{10}} \right) = -10 \cdot lg \frac{12 \cdot 10^{-4,2} - 2 \cdot 10^{-3,7}}{10} = 44 \ dB$$

4. Aus der Gleichung zur Bestimmung des Schalldämm-Maßes

$$R_{ges} = D + 10 \cdot lg \frac{S_{ges}}{A_A} = 60 \ dB$$

ergibt sich die Schallpegeldifferenz zwischen den beiden Räumen:

$$D = L_B - L_A = R - 10 \cdot lg \frac{12,0}{23,0} = 62,8 \ dB$$

Der Schallpegel ist im lauten Raum B um 62,8 dB höher als im leisen Raum A, d.h.:

$$L_B = L_A + 62,8 \ dB = 20 + 62,8 = 82,8 \ dB$$

5. Die möglichen Schallübertragungswege sind der Skizze in Bild B.3-8 zu entnehmen.

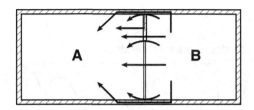

Bild B.3-8: Schematische Darstellung der Schallübertragungswege zwischen benachbarten Räumen.

Lösung 3.9

1. a) Longitudinalwellengeschwindigkeit:

$$c_L = \sqrt{\frac{E}{\rho} \cdot \frac{1-\nu}{(1+\nu)\cdot(1-2\nu)}} = \sqrt{\frac{3800\cdot10^6}{1300} \cdot \frac{1-0,25}{(1+0,25)\cdot(1-2\cdot0,25)}} = 1873 \text{ m/s}$$

Transversalwellengeschwindigkeit:

$$c_{Tr} = \sqrt{\frac{E}{\rho} \cdot \frac{1}{2\cdot(1+\nu)}} = \sqrt{\frac{3800\cdot10^6}{1300} \cdot \frac{1}{2\cdot(1+0,25)}} = 1081 \text{ m/s}$$

b) Koinzidenzgrenzfrequenz der Wand:

$$f_g = 64\cdot\frac{1}{d}\cdot\sqrt{\frac{\rho}{E}} = 64\cdot\frac{1}{0,24}\cdot\sqrt{\frac{1300}{3800}} = 156 \text{ Hz}$$

Bewertetes Schalldämm-Maß für $m' > 150$ kg/m²:

$$R_w = 37,5 \cdot \lg m' - 42 \quad \text{[dB]}$$

$$m' = \rho \cdot d = 1300 \cdot 0,24 = 312 \text{ kg/m}^2$$

$$R_w = 37,5 \cdot \lg 312 - 42 = 51,5 \text{ dB}$$

2. Resonanzfrequenz der zweischaligen Wandkonstruktion aus einer biegeweichen Vorsatzschale und einer biegesteifen Wand:

$$f_R = \frac{60}{\sqrt{m'\cdot d_L}} = \frac{60}{\sqrt{10\cdot0,02}} = 134 \text{ Hz}$$

Die Konstruktion ist als ungünstig zu beurteilen, da $f_R > 100$ Hz ist und damit die Schalldämmung des Bauteils innerhalb des bauakustischen Frequenzbereiches ein Minimum besitzt.

Lösung 3.10

1. Frequenzabhängigkeit des Schalldämm-Maßes:

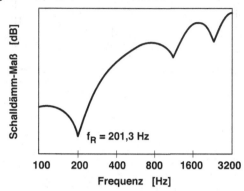

Bild B.3-9: Qualitativer Verlauf des Schalldämm-Maßes der zweischaligen Konstruktion in Abhängigkeit von der Frequenz.

Die charakteristische Frequenz der zweischaligen Konstruktion ist ihre Resonanzfrequenz. Sie berechnet sich hier nach der Formel:

$$f_R = \frac{1}{2\pi} \sqrt{s' \left(\frac{1}{m_1'} + \frac{1}{m_2'} \right)} \qquad [Hz] \qquad \text{mit}$$

$m_1' = m_2' = \rho \cdot d = 1000 \cdot 0{,}01 = 10 \text{ kg/m}^2$

$$f_R = \frac{1}{2\pi} \sqrt{8 \cdot 10^6 \cdot \left(2 \cdot \frac{1}{10} \right)} = 201{,}3 \text{ Hz}$$

2. Die Resonanzfrequenz des Bauteils liegt im bauakustischen Frequenzbereich. Daher ist das Bauteil bauakustisch ungünstig.

Lösung 3.11

1. Schalldämm-Maß der Konstruktion A:

$$R_A = 20 \cdot \lg \frac{\pi \cdot f \cdot m'}{\rho_L \cdot c_L} \cdot \cos \vartheta \quad [dB]$$

$m' = \Sigma(\rho \cdot d) = 1200 \cdot 0{,}015 + 1200 \cdot 0{,}24 + 1400 \cdot 0{,}02 = 334 \text{ kg/m}^2$

$\vartheta = 0° \rightarrow \cos\vartheta = 1$

$$R_A = 20 \cdot \lg \frac{\pi \cdot 100 \cdot 334}{1{,}25 \cdot 330} = 48 \text{ dB}$$

2. Biegewellengeschwindigkeit:

$$c_B = 4\sqrt{\frac{E \cdot d^2}{12 \cdot \rho \cdot (1-v^2)} \cdot \omega^2} = 4\sqrt{\frac{E \cdot d^3}{12 \cdot m' \cdot (1-v^2)} \cdot \omega^2} \quad [m/s]$$

$$c_B = 4\sqrt{\frac{16 \cdot 10^9 \cdot (0,275)^3}{12 \cdot 334 \cdot (1-0,3^2)} \cdot (2 \cdot \pi \cdot 100)^2} = 436\,m/s$$

3. Die dynamische Steifigkeit der Wärmedämmschicht lässt sich aus der Formel zur Bestimmung der Resonanzfrequenz der Konstruktion

$$f_R = 160 \cdot \sqrt{\frac{s'}{m'}} \qquad \text{mit}$$

$$m' = \rho \cdot d = 1100 \cdot 0,015 = 16,5 \, kg/m^2$$

bestimmen. Unter der Annahme, dass die Resonanzfrequenz einer bauakustisch guten Konstruktion 80 Hz nicht überschreiten sollte, folgt aus

$$f_R = 160 \cdot \sqrt{\frac{s'}{16,5}} \le 80\,Hz \qquad \text{die dynamische Steifigkeit:}$$

$$s' \le 16,5 \cdot \left(\frac{80}{160}\right)^2 = 4,13 \, MN/m^3$$

4. a) $R_B = R_1 + R_2 + 20 \cdot \lg\dfrac{4 \cdot \pi \cdot f \cdot \rho_L \cdot c_L}{s'} \quad [dB]$

$$R_2 = 20 \cdot \lg\frac{\pi \cdot f \cdot m'}{\rho \cdot c_L} = 20 \cdot \lg\frac{\pi \cdot 100 \cdot 16,5}{1,25 \cdot 330} = 22 \, dB$$

$$R_B = 48 + 22 + 20 \cdot \lg\frac{4 \cdot \pi \cdot 100 \cdot 1,25 \cdot 330}{4,13 \cdot 10^6} = 52 \, dB$$

b) Für den Fall, dass

$$f_R < f < \frac{c_L}{4 \cdot d_L}$$

ist, lässt sich das Schalldämm-Maß der zweischaligen Konstruktion B mit Hilfe der Nährungsformel

$$R_B = R_1 + R_2 + 20 \cdot \lg\frac{4 \cdot \pi \cdot f \cdot d_L}{c_L} \quad [dB]$$

bestimmen. Da im vorliegenden Fall

$$f_R = 80 \text{ Hz} < f = 100 \text{ Hz} < \frac{330}{4 \cdot d} = \frac{330}{4 \cdot 0,05} = 1650 \text{ Hz}$$

gilt, ist mit $R_1 = R_A = 48$ dB:

Das Schalldämm-Maß der Konstruktion B ergibt sich dann zu:

$$R_B = 48 + 22 + 20 \cdot \lg \frac{4 \cdot \pi \cdot 100 \cdot 0,05}{330} = 56 \text{ dB}$$

5. Der Fensterflächenanteil der Fassade ergibt sich aus der Formel zur Berechnung der Schalldämmung der Gesamtfassade:

$$R_G = R_B - 10 \cdot \lg \left[1 + \frac{S_F}{S_G} \cdot \left(10^{\frac{R_B - R_F}{10}} - 1 \right) \right] = 40 \text{ dB}$$

Aus

$$\frac{56 - 40}{10} = \lg \left[1 + \frac{S_F}{S_G} \cdot \left(10^{\frac{56 - 35}{10}} - 1 \right) \right]$$

folgt:

$$\frac{S_F}{S_G} = \frac{10^{1,6} - 1}{10^{2,1} - 1} = \frac{38,81}{124,89} = 0,31 = 31 \ \%$$

6. Aus der Formel zur Bestimmung der Schalldämmung der Konstruktion in Abhängigkeit von der Schallpegeldifferenz auf beiden Seiten der Fassade und der Bauteilfläche, sowie der äquivalenten Schallabsorptionsfläche des leisen Raumes

$$R_B = L_1 - L_2 + 10 \cdot \lg \frac{S}{A} = 56 \text{ dB}$$

ergibt sich:

$$\lg \frac{S}{A} = \frac{56 - 70 + 22}{10} = 0,8$$

bzw. $\frac{S}{A} = 10^{0,8}$ und $S = 6,3 \cdot A = 6,3 \cdot \alpha \cdot S$

Für den Schallabsorptionsgrad der Innenoberfläche der Konstruktion folgt damit:

$$\alpha = \frac{1}{6,3} = 0,16 \ \hat{=} \ 16 \ \%$$

Lösung 3.12

1. Kritische Frequenzen sind die Frequenzen, bei denen im Verlauf des Schalldämm-Maßes Einbrüche auftreten. Für die gegebenen Messkurven sind dies:

    a: f_k = 160 Hz und 2000 Hz

    b: f_k = 1000 Hz

2. Die stärker ansteigende Messkurve a gibt die Schalldämmung der zweischaligen Konstruktion an.

    Begründung:
    Die Bauteile haben gleiche flächenbezogene Masse, daher kann das Schalldämm-Maß der einschaligen Wand oberhalb der Resonanzfrequenz der zweischaligen Wand nicht größer sein als das der zweischaligen.

3. Die schalltechnischen Eigenschaften beider Konstruktionen sind ungünstig, da ihre Einbrüche im bauakustischen Frequenzbereich liegen.

    einschaliges Bauteil: f_g = 1000 Hz; biegesteife Platte, starke Schallabstrahlung

    zweischaliges Bauteil: f_R = 160 Hz; ungünstig

4. Der Schalenabstand ergibt sich aus der Gleichung für die Resonanzfrequenz:

$$f_R = \frac{1}{2 \cdot \pi} \cdot \sqrt{s'_L \cdot \left(\frac{1}{m'_1} + \frac{1}{m'_2} \right)} \quad \text{[Hz]}$$

Mit der dynamischen Steifigkeit der Luft

$$s'_L = \frac{\rho_L \cdot c_L^2}{d_L} = \frac{1,25 \cdot 345^2}{d_L} \quad \text{[N/m}^3\text{]}$$

lautet die Resonanzfrequenz:

$$f_R = \frac{1}{2 \cdot \pi} \cdot \sqrt{\frac{1,25 \cdot 345^2}{d_L} \cdot 2 \cdot \frac{1}{m'}} \quad \text{[Hz]}$$

bzw.

$$f_R = 86,8 \cdot \sqrt{\frac{1}{m' \cdot d_L}} = 160 \text{ Hz}$$

Daraus ergibt sich der Schalenabstand zu:

$$d_L = \left(\frac{86,8}{160} \right)^2 \cdot \frac{1}{m'} = \frac{0,294}{15} = 0,02 \text{ m}$$

5. Der Elastizitätsmodul der einschaligen Wand beeinflusst ihre Koinzidenzgrenzfrequenz. Aufgrund des Einbruchs der Schalldämmung bei 1000 Hz (Bild A.3-17) kann man annehmen, dass

$$f_g = 64 \cdot \frac{1}{d} \cdot \sqrt{\frac{\rho}{E}} = 1000 \text{ Hz}$$

ist. Mit

$$\rho = \frac{m'}{d} = \frac{30}{0{,}012} = 2500 \text{ kg/m}^3$$

ergibt sich:

$$E = \left(\frac{64}{d \cdot f_g}\right)^2 \cdot \rho = \left(\frac{64}{0{,}012 \cdot 1000}\right)^2 \cdot 2500 = 71 \cdot 10^3 \text{ MN/m}^2$$

Es kann sich dabei um den Baustoff Glas handeln.

6. Schallpegel im leisen Raum:

$$L_2 = L_1 - R + 10 \cdot \lg \frac{S}{A} \qquad \text{[dB]}$$

Mit der Trennfläche

$$S = 4 \cdot 3 = 12 \text{ m}^2$$

und dem Schalldruckpegel im lauten Raum

$$L_1 = 20 \cdot \lg \frac{p}{p_0} = 20 \cdot \lg \frac{110 \cdot 10^{-3}}{2 \cdot 10^{-5}} = 75 \text{ dB}$$

sowie dem Schalldämm-Maß der zweischaligen Wand R = 44 dB bei 1000 Hz (gemäß Diagramm im Bild A.3-18) ergibt sich der Schallpegel im leisen Raum zu:

$$L_2 = 75 - 44 + 10 \cdot \lg \frac{12}{20} = 29 \text{ dB}$$

Lösung 3.13

1. Ein bewertetes Schalldämm-Maß von R_W = 45 dB bedeutet, dass die Bezugskurve nach DIN EN 12354 um 45 – 52 = –7 dB verschoben werden muss. Bei Terzfrequenzen, bei denen das gemessene Schalldämm-Maß kleiner ist als der verschobene Sollwert, wird in der Tabelle B.3-1 die Differenz als Unterschreitung eingetragen. Ist die Summe der Unterschreitungen kleiner als 32 dB, dann ist das gegebene bewertete Schalldämm-Maß richtig. In der Tabelle B.3-1 ist die Summe der Unterschreitungen 27 dB < 32 dB. Der gegebene R_W-Wert ist richtig. Eine weitere Verschiebung der Bezugskurve um 1 dB würde zu einer höheren Summe der Unterschreitungen führen, wodurch die Normbedingung nicht erfüllt wäre.

Tabelle B.3-1   Zusammenstellung der zur Bestimmung des bewerteten Schalldämm-Maßes erforderlichen Daten und Arbeitsschritte in Abhängigkeit von der Frequenz

Frequenz [Hz]	Schalldämm-Maß [dB]	Sollwerte [dB]	Verschobene Sollwerte [dB]	Unterschreitung [dB]
100	26	33	26	-
125	25	36	29	4
160	23	39	32	9
200	31	42	35	4
250	36	45	38	2
315	42	48	41	-
400	46	51	44	-
500	49	52	45	-
630	50	53	46	-
800	51	54	47	-
1 000	51	55	48	-
1 250	45	56	49	4
1 600	45	56	49	4
2 000	53	56	49	-
2 500	56	56	49	-
3 150	57	56	49	-
				$\Sigma = 27$

2.   Der Einbruch der Schalldämmung zwischen 1250 Hz und 1600 Hz ist auf den Koinzidenzeffekt der Wandschalen

$$f_g = 64 \cdot \frac{1}{d} \cdot \sqrt{\frac{\rho}{E}} = 64 \cdot \frac{1}{0,025} \cdot \sqrt{\frac{700}{3,5 \cdot 10^3}} = 1144,9 \text{ Hz}$$

zurückzuführen. Der Einbruch der Schalldämmung erfolgt hauptsächlich oberhalb dieser Frequenz.

3. Resonanzfrequenz der zweischaligen Wand:

$$f_R = \frac{1}{2 \cdot \pi} \cdot \sqrt{s' \cdot \left(\frac{1}{m'_1} + \frac{1}{m'_2} \right)} = \frac{1}{2 \cdot \pi} \cdot \sqrt{\frac{8 \cdot 10^6 \cdot 2}{700 \cdot 0,025}} = 152,2 \text{ Hz}$$

4. Schalldämm-Maß der einschaligen homogenen Wand:

$$R = 20 \cdot \lg \frac{\pi \cdot f \cdot m' \cdot \cos \vartheta}{\rho_L \cdot c_L} \qquad [\text{dB}]$$

$$m' = 700 \cdot 0,025 \cdot 2 + 30 \cdot 0,05 = 36,5 \text{ kg/m}^2$$

$$R = 20 \cdot \lg \left(\pi \cdot \frac{250 \cdot 36,5}{1,25 \cdot 343} \cdot \frac{\sqrt{2}}{2} \right) = 33,5 \text{ dB}$$

Lösung 3.14

1. Die flächenbezogene Masse der Trennwand ergibt sich aus der Nährungsformel zur Berechnung des bewerteten Schalldämm-Maßes

$$R_w = 37,5 \cdot \lg m' - 42 \qquad [\text{dB}]$$

zu:

$$m' = 10^{\frac{R_w + 42}{37,5}} = 10^{\frac{43 + 42}{37,5}} = 185 \text{ kg/m}^2$$

2. Die Koinzidenzgrenzfrequenz der Trennwand ist gemäß Messkurve Bild A.3-21:

$$f_g = 125 \text{ Hz}$$

3. Die äquivalente Schallabsorptionsfläche lässt sich aus der Formel

$$R = L_1 - L_2 + 10 \cdot \lg \frac{S}{A} \qquad [\text{dB}]$$

errechnen.

Da bei 1000 Hz dB-Werte = dB(A)-Werte sind, folgt mit:

$R_{1000} = 40$ dB   (aus der Messkurve Bild A.3-21) sowie

$$S = 3 \cdot 4 = 12 \text{ m}^2$$

$$40 = 65 - 30 + 10 \cdot \lg \frac{12}{A}$$

bzw. $\quad \dfrac{12}{A} = 10^{0,5} \quad$ und schließlich

$$A = \frac{12}{10^{0,5}} = 3,8 \text{ m}^2$$

Damit ergibt sich die Nachhallzeit aus

$$T = 0,16 \cdot \frac{V}{A} \qquad\qquad \text{[s]}$$

mit $\ V = 7 \cdot 4 \cdot 3 = 84 \text{ m}^3 \ $ zu:

$$T = 0,16 \cdot \frac{84}{3,8} = 3,5 \ \text{s}$$

4.   Schalldämm-Maß:

$$R = 20 \cdot \lg \frac{\pi \cdot f \cdot m' \cdot \cos \vartheta}{\rho_L \cdot c_L} \qquad \text{[dB]; \quad mit } \cos \vartheta = \cos 80° = 0,17$$

$$R = 20 \cdot \lg \frac{\pi \cdot 1000 \cdot 185 \cdot 0,17}{1,25 \cdot 333} = 47,7 \text{ dB}$$

5.   a) Nein, da die Nachhallzeit T = 3,5 s bei dem vorhandenen Volumen V = 84 m³ zu groß ist. Anzustreben ist hier eine Nachhallzeit von 0,5 s.

   Maßnahme: Vergrößerung der äquivalenten Schallabsorptionsfläche des Raumes!

   b) Schallpegeldifferenz:

$$\Delta L = 10 \cdot \lg \frac{T_{nach}}{T_{vor}} = 10 \cdot \lg \frac{0,5}{3,5} = -8,5 \ \text{dB}$$

   c) äquivalente Schallabsorptionsfläche nach der Durchführung von Absorptionsmaßnahmen:

$$A = 0,16 \cdot \frac{V}{T_{nach}} = 0,16 \cdot \frac{84}{0,5} = 26,9 \text{ m}^2$$

Lösung 3.15

1.   Schalldämm-Maß der Verglasung:

$$R = 20 \cdot \lg \frac{\pi \cdot f \cdot m' \cdot \cos \vartheta}{\rho_L \cdot c_L} \quad [dB]$$

$m' = 2500 \cdot 0,008 = 20 \text{ kg/m}^2$

a)   ohne Rahmen

$$R = 20 \cdot \lg \frac{\pi \cdot 250 \cdot 20 \cdot \sqrt{2}}{1,25 \cdot 343 \cdot 2} = 28,3 \text{ dB}$$

b)   mit Rahmen:

$$R_G = R_R - 10 \cdot \lg \left[1 + \frac{S_R}{S_F} \cdot \left(10^{\frac{R_R - R_V}{10}} - 1 \right) \right] = 35 - 10 \cdot \lg \left[1 + 0,8 \cdot \left(10^{\frac{35 - 28,3}{10}} - 1 \right) \right]$$

$$= 35 - 10 \cdot \lg \left[1 + 0,8 \cdot \left(10^{0,67} - 1 \right) \right] = 29 \text{ dB}$$

2.   Unter der Voraussetzung, dass

$$R(1)_{45°} = R(2)_{75°}$$

$$20 \cdot \lg \frac{\pi \cdot f \cdot \rho \cdot d_1 \cdot \cos 45°}{\rho_L \cdot c_L} = 20 \cdot \lg \frac{\pi \cdot f \cdot \rho \cdot d_2 \cdot \cos 75°}{\rho_L \cdot c_L}$$

$$d_1 \cdot \cos 45° = d_2 \cdot \cos 75°$$

ist, ergibt sich die Dicke der Verglasung (ohne Rahmen) im 5. OG zu:

$$d_2 = d_1 \cdot \frac{\cos 45°}{\cos 75°} = 8 \cdot \frac{0,707}{0,259} = 21,9 \text{ mm}$$

3.   Schallpegel im Wintergarten:

$$L_2 = L_1 - R_G + 10 \cdot \lg \frac{S}{A} \quad [dB]$$

Mit

$$S = 4,8 \cdot 2,5 + 2 \cdot 1,2 \cdot 2,5 = 18,0 \text{ m}^2$$

$V = (4,8 \cdot 1,2 + 3,6 \cdot 1,8) \cdot 2,5 = 30,6 \text{ m}^3$

$A = 0,16 \cdot \dfrac{V}{T} = 0,16 \cdot \dfrac{30,6}{1} = 4,9 \text{ m}^2$

ergibt sich:

$L_2 = 65 - 29 + 10 \cdot \lg \dfrac{18,0}{4,9} = 41,7 \text{ dB}$

4. Schallpegelminderung:

$\Delta L = 10 \cdot \lg \dfrac{A_{nach}}{A_{vor}} \quad [\text{dB}]$

$A_{nach} \approx A_{vor} + S_{Decke} \cdot 0,8 = 4,9 + (4,8 \cdot 1,2 + 3,6 \cdot 1,8) \cdot 0,8 = 14,7 \text{ m}^2$

$\Delta L = 10 \cdot \lg \dfrac{14,7}{4,9} = 4,8 \text{ dB}$

Lösung 3.16

1. $\lambda = \dfrac{c}{f} \quad [\text{m}]$

$c_B = \sqrt[4]{(2 \cdot \pi \cdot f)^2 \cdot \left(\dfrac{E \cdot d^2}{12 \cdot \rho \cdot (1 - v^2)} \right)} = \sqrt[4]{(2 \cdot \pi \cdot 500)^2 \cdot \dfrac{4,5 \cdot 10^9 \cdot 0,0125^2}{12 \cdot 900 \cdot (1 - 0,3^2)}} = 163 \text{ m/s}$

$\lambda = \dfrac{163}{500} = 0,33 \text{ m}$

2. $R = 20 \cdot \lg \dfrac{\pi \cdot f \cdot m' \cdot \cos \vartheta}{\rho_L \cdot c_L} = 20 \cdot \lg \dfrac{\pi \cdot 500 \cdot 228}{1,25 \cdot 343,4} \cdot \dfrac{\sqrt{2}}{2} = 55,4 \text{ dB}$

$m' = 800 \cdot 0,24 + 1800 \cdot 0,02 = 228,0 \text{ kg/m}^2$

$f_R = \dfrac{1}{2 \cdot \pi} \cdot \sqrt{s' \cdot \left(\dfrac{1}{m'_1} + \dfrac{1}{m'_2} \right)} = \dfrac{1}{2 \cdot \pi} \cdot \sqrt{8 \cdot 10^6 \cdot \left(\dfrac{1}{228} + \dfrac{1}{11,3} \right)} = 137,2 \text{ Hz}$

$m_2 = 0,0125 \cdot 900 = 11,3 \text{ kg/m}^2$

3. $S_{vs} = 2,5 \cdot 2,6 = 6,5 \text{ m}^2$

$S_{Br} = 0,8 \cdot 1,6 = 1,28 \text{ m}^2$

$S_{ges} = S_{vs} + S_{Br} = 7,78 \text{ m}^2$

$$R_{res} = R_{vs} - 10 \cdot \lg\left[1 + \frac{S_{Br}}{S_{ges}} \cdot \left(10^{\frac{\Delta R}{10}} - 1\right)\right] = (55,4 + 17) - 10 \cdot \lg\left[1 + \frac{1,28}{7,78} \cdot \left(10^{1,7} - 1\right)\right]$$

$$= 62,8 \text{ dB}$$

4. $R = L_1 - L_2 + 10 \cdot \lg\frac{S}{A} \quad [\text{dB}]$

$$R_F = 75 - 40 + 10 \cdot \lg\frac{1,6 \cdot 1,7}{14,67} = 27,7 \text{ dB}$$

$$A = 0,16 \cdot \frac{V}{T} = 0,16 \cdot \frac{2,5 \cdot (1,6 + 2,6) \cdot 6}{0,7} = 15,1 \text{ m}^2$$

Lösung 3.17

1. Nein, das Schalldämm-Maß von Bauteilen hängt nicht von den Schallabsorptionsflächen der Räume ab. Besser wäre die Montage einer biegeweichen Vorsatzschale im leisen Raum.

2. a) Aus der Beziehung für die Schallpegelminderung

$$\Delta L = 10 \cdot \lg\frac{A_1}{A_2} = 20 \cdot \lg\frac{p_2}{p_1} \quad [\text{dB}]$$

ergibt sich:

$$20 \cdot \lg\frac{p_2}{p_1} = 10 \cdot \lg\frac{A_1}{A_2} \quad \text{bzw.}$$

$$\frac{p_2}{p_1} = \left(\frac{A_1}{A_2}\right)^{0,5} \quad \text{und daraus}$$

$$p_2 = p_1 \cdot \sqrt{\frac{A_1}{A_2}} \quad [\text{Pa}]$$

b) Analog zu a)

$$\Delta L = 10 \cdot \lg\frac{A_1}{A_2} = 10 \cdot \lg\frac{I_2}{I_1} \quad [\text{dB}]$$

$$10 \cdot \lg \frac{I_2}{I_1} = 10 \cdot \lg \frac{A_1}{A_2}$$

$$I_2 = I_1 \cdot \frac{A_1}{A_2} \quad [W/m^2]$$

c) Aus den Beziehungen für die Schallpegelminderung unter a) und b) erhält man mit:

$$10 \cdot \lg \frac{I_2}{I_1} = 10 \cdot \lg \left(\frac{p_2}{p_1} \right)^2$$

$$p_2 = p_1 \cdot \sqrt{\frac{I_2}{I_1}} \quad [Pa]$$

Lösung 3.18

1. Die maßgebenden raumakustischen Kenngrößen sind die Nachhallzeit und die äquivalente Schallabsorptionsfläche, die beim vorhandenen Raumvolumen von

$$V = 10 \cdot 5 \cdot 3 = 150 \, m^3 \quad < \quad 300 \, m^3$$

im Optimalfall die folgenden Werte nicht über- bzw. unterschreiten sollten:

Nachhallzeit: Musik $T = 1,0 \, s$

               Sprache $T = 0,5 \, s$

äquivalente Schallabsorptionsfläche: $A = 0,16 \cdot \dfrac{V}{T} \quad [m^2]$

               Musik $A = 0,16 \cdot \dfrac{150}{1,0} = 24,0 \, m^2$

               Sprache $A = 0,16 \cdot \dfrac{150}{0,5} = 48,0 \, m^2$

2. Durch die Umgestaltung der Räume würde sich bei Einhaltung der oben angegebenen raumakustischen Kenngrößen die Schallpegelminderung:

$$\Delta L = 10 \cdot \lg \frac{I_2}{I_0} - 10 \cdot \lg \frac{I_1}{I_0} = 10 \cdot \lg \frac{I_2}{I_1} = 10 \cdot \lg \frac{A_{vorher}}{A_{nachher}} = 10 \cdot \lg \frac{24,0}{48,0} = 10 \cdot \lg 0,5$$

ergeben, woraus sich die neue Schallintensität im Raum berechnen lässt.

$$10 \cdot \lg \frac{I_2}{I_1} = 10 \cdot \lg 0,5$$

$$I_2 = 0,5 \cdot I_1$$

Lösung 3.19

1.   Nachhallzeit:

$$T = 0{,}16 \cdot \frac{V}{A} = 0{,}16 \cdot \frac{20 \cdot 20 \cdot 5}{A} \quad [\text{s}]$$

Raum 1

$$A_1 = A + 2{,}5 \ \text{m}^2$$

$$A = \Sigma(S_i \cdot \alpha_i) = 20 \cdot 20 \cdot (0{,}09 + 0{,}04) + 4 \cdot 20 \cdot 5 \cdot 0{,}01 = 56 \ \text{m}^2$$

$$A_1 = 56 \ \text{m}^2 + 2{,}5 \ \text{m}^2 = 58{,}5 \ \text{m}^2$$

$$T_1 = 0{,}16 \cdot \frac{2000}{58{,}5} = 5{,}5 \ \text{s}$$

Raum 2

$$A_2 = A = 56 \ \text{m}^2$$

$$T_2 = 0{,}16 \cdot \frac{2000}{56} = 5{,}7 \ \text{s}$$

2.   Schallpegel:

$$L = 10 \cdot \lg \frac{I}{I_0} \quad [\text{dB}]; \quad \text{mit} \quad I_0 = 10^{-12} \ \text{W/m}^2$$

Raum 1: Mit der Gesamtschallintensität $I_g = 3 \cdot I_M \quad [\text{W/m}^2]$

ergibt sich:

$$L_1 = 10 \cdot \lg \frac{3 \cdot 3{,}2 \cdot 10^{-4}}{10^{-12}} = 90 \ \text{dB}$$

Raum 2:

$$L_2 = 10 \cdot \lg \frac{10^{-4}}{10^{-12}} = 80 \ \text{dB}$$

3.   Der lautere Raum ist der Raum 1 mit $L_1 = 90$ dB. Aus der Beziehung für die Schall-
     pegelminderung

$$\Delta L = 10 \cdot \lg \frac{A_{vor}}{A_{nach}} = -5 \ \text{dB}$$

und $A_{vor} = 58,5 \text{ m}^2$

lässt sich die neue äquivalente Schallabsorptionsfläche des Raumes berechnen:

$A_{nach} = 10^{0,5} \cdot A_{vor} = 185 \text{ m}^2$ bzw.

$A_{nach} = 20 \cdot 20 \cdot (0,09 + 0,04) + A_W + 2,5 \text{ m}^2 = 185 \text{ m}^2$

Daraus ergibt sich die äquivalente Schallabsorptionsfläche der Wand zu:

$A_W = 185 - 52 - 2,5 = 130,5 \text{ m}^2$

Ferner ist:

$A_W = \alpha_W \cdot S_W \quad [\text{m}^2]$

Mit der Fläche der Wand

$S_W = 4 \cdot 20 \cdot 5 = 400 \text{ m}^2$

erhält man schließlich den Schallabsorptionsgrad des aufzubringenden Materials:

$$\alpha_W = \frac{130,5}{400} = 0,33$$

Material: z.B. Holzverkleidung mit 15 mm breiten offenen Fugen, 20 mm Mineral-fasereinlage bei 200 mm Wandabstand, siehe Datenblatt 3.

4.   Schalldämm-Maß der Trennwand:

$$R = D + 10 \cdot \lg \frac{S}{A_2} \quad [\text{dB}]$$

Damit der Schallpegel im Raum 2 nach der Verbesserung gemäß 3. 60 dB nicht überschreitet, muss zwischen den beiden Räumen eine Schallpegeldifferenz von

$D = L_1 - L_2 = 85 - 60 = 25 \text{ dB}$

herrschen. Mit

$S = 20 \cdot 5 = 100 \text{ m}^2$

ergibt sich das Schalldämm-Maß der Trennwand zu:

$$R = 25 + 10 \cdot \lg \frac{100}{56} = 27,5 \text{ dB}$$

Lösung 3.20

1. Das schallschluckende Material sollte eine Dicke von $\lambda/4$ haben, um effektiv wirksam zu sein. Mit Hilfe der Zusammenhänge:

$$d = \frac{\lambda}{4} \quad [m]$$

$$\lambda = \frac{c}{f} \quad [m]$$

$$c_L = \sqrt{\kappa \cdot R \cdot T} = \sqrt{1{,}4 \cdot 290 \cdot (273 + 15)} = 342 \text{ m/s}$$

ergibt sich die Dicke zu:

$$d = \frac{c_L}{4 \cdot f} = \frac{342}{4 \cdot 3000} = 0{,}03 \text{ m} = 3 \text{ cm}$$

2. Nachhallzeit, wenn die Schallgeschwindigkeit bekannt ist:

$$T = \frac{24 \cdot \ln(10)}{c_L} \cdot \frac{V}{A} = 0{,}162 \, \frac{V}{A} \quad [s]$$

Für die Schallabsorptionsgrade $\alpha_{W,1} = 0{,}09$; $\alpha_{W,2} = 0{,}9$ und die äquivalenten Schallabsorptionsflächen

vorher: $\quad A_1 = 25 \cdot 0{,}09 + A_R$

nachher: $\quad A_2 = 25 \cdot 0{,}9 + A_R$

ergeben sich die Nachhallzeiten:

$$T_1 = 0{,}162 \cdot \frac{V}{2{,}25 + A_R} \quad [s]$$

$$T_2 = 0{,}162 \cdot \frac{V}{22{,}5 + A_R} \quad [s] \qquad\qquad \text{bzw.}$$

$$2{,}25 + A_R = 0{,}162 \cdot \frac{V}{T_1}$$

$$22{,}5 + A_R = 0{,}1632 \cdot \frac{V}{T_2}$$

Nach Subtraktion der beiden letzten Beziehungen erhält man:

$$2,25 - 22,5 = 0,162 \cdot V \cdot \left(\frac{1}{T_1} - \frac{1}{T_2} \right) \qquad \text{bzw.}$$

$$\frac{1}{T_1} - \frac{1}{T_2} = \frac{2,25 - 22,5}{0,162 \cdot 150} = -0,83$$

Aus der Beziehung

$$\frac{1}{T_2} = \frac{1}{T_1} + 0,83$$

lässt sich die Funktion

$$T_2 = \frac{1}{\dfrac{1}{T_1} + 0,83} \qquad [s]$$

bestimmen, die im Bild B.3-10 graphisch dargestellt ist.

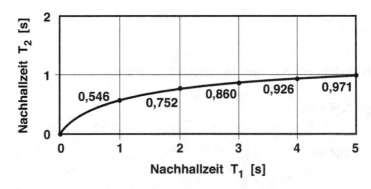

Bild B.3-10: Verlauf der durch die Schallabsorptionsmaßnahmen erzielbaren Nachhallzeit in Abhängigkeit von der ursprünglichen Nachhallzeit im Raum.

3. Die maximalen Nachhallzeiten T_{max} können im Raum erreicht werden, wenn die äquivalente Schallabsorptionsfläche der restlichen Raumumschließungsflächen $A_R = 0$ ist. Es ergibt sich dann:

$$T_{1,max} = \frac{0,162 \cdot 150}{25 \cdot 0,09} = 10,8 \text{ s}$$

$$T_{2,max} = \frac{T_{1,max}}{10} = 1,08 \text{ s}$$

Lösung 3.21

1. Äquivalente Schallabsorptionsfläche:

    mit $\quad c = \sqrt{\kappa \cdot R \cdot T} = \sqrt{1{,}4 \cdot 290 \cdot (273 + 20)} = 345 \text{ m/s}$

    $$A = \frac{24 \cdot \ln 10}{c_L} \cdot \frac{V}{T} = 0{,}16 \cdot \frac{120}{0{,}8} = 24{,}0 \text{ m}^2$$

2. Aufgrund des kleinen Raumvolumens $V = 120 \text{ m}^3 < 300 \text{ m}^3$, sollte die Nachhallzeit $T = 0{,}5$ Sekunden betragen.

3. Bei der Anordnung einer porösen Schallabsorberschicht vor einer harten Wandfläche erfolgt bei der Frequenz f die maximale Schallabsorption, wenn der gesuchte Abstand

    $$d = \frac{\lambda}{4} \quad [\text{m}] \quad \text{ist.}$$

    Nach der Formel:

    $$\lambda = \frac{c}{f} \quad [\text{m}];$$

    ergibt sich die Wellenlänge bzw. der gesuchte Wandabstand:

    $$\lambda = \frac{345}{2000} = 0{,}173 \text{ m}$$

    $$d \le \frac{0{,}173}{4} = 0{,}043 \text{m}$$

Lösung 3.22

1. $\quad L_p = 20 \lg \dfrac{p}{p_0} \quad [\text{dB}]$

    $$p = 10^{\frac{70}{20}} \cdot p_0 = 10^{3{,}5} \cdot 2 \cdot 10^{-5} = 0{,}063 \text{ Pa}$$

    $$\text{mit } A = \frac{0{,}16 \cdot V}{T} = \frac{0{,}16 \cdot 12{,}5 \cdot 7{,}5 \cdot 3{,}0}{1{,}2} = 37{,}5 \text{ m}^2$$

    $$W = \frac{p^2}{4 \cdot \rho_L \cdot c_L} \cdot A = \frac{0{,}063^2}{4 \cdot 1{,}25 \cdot 343} \cdot 37{,}5 = 8{,}68 \cdot 10^{-5} \text{W} = 86{,}8 \cdot 10^{-6} \text{W}$$

2. Im besetzten Zustand

$$\Delta L = 10 \cdot \lg \frac{T_{leer}}{T_{besetzt}} = 10 \cdot \lg \frac{1,2}{0,8} = 1,8 \text{ dB}$$

$$L_{p,besetzt} = L_p - \Delta L = 70 - 1,8 = 68,2 \text{ dB}$$

3. Im diffusen Schallfeld gilt

$$L_p = L_W - 10 \cdot \lg \frac{A}{4} \quad [\text{dB}]$$

Die Schallpegeldifferenz ist im leeren Zustand:

$$L_p - L_W = -10 \cdot \lg \frac{37,5}{4} = -9,7 \text{ dB}$$

und im besetzten Zustand mit

$$A = \frac{0,16 \cdot 12,5 \cdot 7,5 \cdot 3,0}{0,8} = 56,3 \text{ m}^2$$

$$L_p - L_W = -10 \cdot \lg \frac{56,3}{4} = -11,5 \text{ dB}$$

Die zu erwartende Schallpegelminderung in Abhängigkeit von der Entfernung der Schallquelle ist in Bild B.3-11 schematisch dargestellt.

4. Der Hallradius berechnet sich nach der Formel:

$$r_H = \sqrt{\frac{A}{50}} \quad [\text{m}]$$

Im leeren Zustand

$$r_{H,leer} = \sqrt{\frac{37,5}{50}} = 0,87 \text{ m}$$

und im besetzten Zustand

$$r_{H,besetzt} = \sqrt{\frac{56,3}{50}} = 1,06 \text{ m}$$

Der Hallradius kann grafisch in logarithmischer Darstellung als der Schnittpunkt der Geraden $L_{p,dir}$ und $L_{p,diff}$ ermittelt werden (siehe Bild B.3-11).

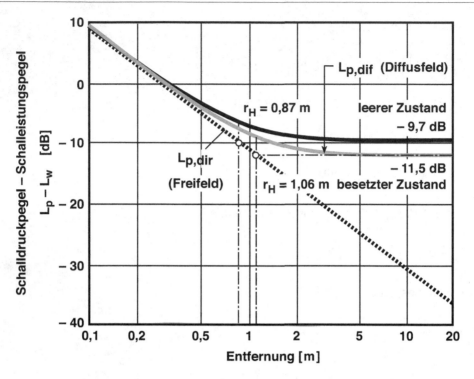

Bild B.3-11: Schallpegeldifferenz $L_p - L_W$ in Abhängigkeit von der Entfernung von der Schallquelle.

Lösung 3.23

1. Nachhallzeit:

$$T = 0,16 \cdot \frac{V}{A} \qquad [s]$$

$V = 15 \cdot 15 \cdot 4 = 900 \ m^3,$

$A = (2 \cdot l \cdot h + 2 \cdot b \cdot h) \cdot \alpha_W + l \cdot b \cdot \alpha_D + l \cdot b \cdot \alpha_B =$

$\quad = (2 \cdot 2 \cdot 15 \cdot 4) \cdot 0,01 + 15 \cdot 15 \cdot 0,09 + 15 \cdot 15 \cdot 0,04 = 31,7 \ m^2$

Raum 1 $\quad A_1 = A + 4 = 35,7 \ m^2 \qquad T_1 = 0,16 \cdot \frac{900}{35,7} = 4,0 \ s$

Raum 2 $\quad A_2 = A = 31,7 \ m^2 \qquad T_2 = 0,16 \cdot \frac{900}{31,7} = 4,5 \ s$

2. Schallintensitätspegel:

$$L = 10 \cdot \lg \frac{I}{I_0} \quad [\text{dB}]; \quad \text{mit} \quad I_0 = 10^{-12} \, \text{W/m}^2$$

Raum 1: $L_1 = 10 \cdot \lg \dfrac{2 \cdot 6{,}4 \cdot 10^{-3}}{10^{-12}} = 101 \, \text{dB}$

Raum 2: $L_2 = 10 \cdot \lg \dfrac{6{,}4 \cdot 10^{-3}}{10^{-12}} = 98 \, \text{dB}$

3. Die Differenz der Schalldruckpegel in den Räumen 1 und 2 beträgt:

$$\Delta L = L_1 - L_2 = 101 - 98 = 3 \, \text{dB}$$

Um in beiden Räumen den gleichen Schalldruckpegel zu erzielen, muss die schall-absorbierende Verkleidung der Decke im Raum 2 eine Verbesserung um 3 dB her-beiführen. Aus der Beziehung

$$\Delta L = 10 \cdot \lg \frac{A_{nach}}{A_{vor}} = 3 \, \text{dB}$$

ergibt sich nach der Verkleidung der Decke die neue äquivalente Schallabsorptions-fläche des Raumes:

$A_{nach} = 10^{0,3} \cdot A_{vor} = 10^{0,3} \cdot 35{,}7 = 71{,}2 \, \text{m}^2$ bzw.

$A_{nach} = 35{,}7 + 15 \cdot 15 \cdot (\alpha_{Dneu} - 0{,}09)$

Daraus ergibt sich der Schallabsorptionsgrad der Deckenverkleidung zu:

$$\alpha_{Dneu} = \frac{A_{nach} - 35{,}7 + 15 \cdot 15 \cdot 0{,}09}{15 \cdot 15} = \frac{71{,}2 - 35{,}7 + 15 \cdot 15 \cdot 0{,}09}{15 \cdot 15} = 0{,}25$$

Geeignet sind hierzu z.B. Holzwolle-Leichtbauplatten oder eine Holzverkleidung mit 15 mm breiten offenen Fugen und einer 20 mm dicken Mineralfaser-Auflage bei ca. 200 mm Abhängehöhe, gemäß Datenblatt 4.

Lösung 3.24

1. Die zusätzliche äquivalente Schallabsorptionsfläche berechnet sich aus der Formel für die Nachhallzeit zu:

$$\Delta A = 0{,}16 \cdot V \cdot \left(\frac{1}{T_{nach}} - \frac{1}{T_{vor}} \right) \quad [\text{m}^2]$$

$V = l \cdot b \cdot h = 10 \cdot 8 \cdot 3 = 240 \, \text{m}^3$

$$\Delta A = 0{,}16 \cdot 240 \cdot \left(\frac{1}{0{,}9} - \frac{1}{1{,}5} \right) = 17{,}1 \, \text{m}^2$$

2.   Schallpegelerhöhung:

$$\Delta L = L_A - L = 10 \cdot \lg \frac{I_A}{I_0} - 10 \cdot \lg \frac{I}{I_0} = 10 \cdot \lg \frac{I_A}{I} \qquad [dB]$$

$$I_A = 5 \cdot I$$

$$\Delta L = 10 \cdot \lg 5 = 7 \text{ dB}$$

3.   Erforderliches Schalldämm-Maß:

$$R_{erf} = L_1 - L_2 + 10 \cdot \lg \frac{S}{A_B} \qquad [dB]$$

Mit $S = b \cdot h = 8 \cdot 3 = 24 \text{ m}^2$

$$A_B = 0,16 \cdot \frac{V_B}{T_B} = 0,16 \cdot \frac{240}{0,7} = 54,9 \text{ m}^2$$

ergibt sich:

$$R_{erf} \geq 63 + 7 - 20 + 10 \cdot \lg \frac{24}{54,9} = 46,4 \text{ dB}$$

4.   Die flächenbezogene Masse berechnet sich aus der Näherungsformel für das bewertete Schalldämm-Maß

$$R_W = 37,5 \cdot \lg m' - 42 \qquad [dB]$$

zu:

$$m' = 10^{\frac{R_W + 42}{37,5}} = 10^{\frac{50+42}{37,5}} = 284 \text{ kg/m}^2$$

5.   Vorhandenes Schalldämm-Maß:

$$R_{vorh} = 20 \cdot \lg \frac{\pi \cdot f \cdot m' \cdot \cos \vartheta}{\rho_L \cdot c_L} \qquad [dB]$$

$$R_{vorh} = 20 \cdot \lg \frac{\pi \cdot 1000 \cdot 284 \cdot \cos 45}{1,25 \cdot 343} = 63 \text{ dB}$$

Es ist $R_{vorh} = 63$ dB $> R_{erf} = 46,4$ dB, d.h. die Anforderung wird erfüllt

Lösung 3.25

1. Der Schallleistungspegel errechnet sich aus dem Zusammenhang:

$$L_W = 10 \cdot \lg \frac{W}{W_0} \quad [\text{dB}] \quad \text{mit dem Bezugswert von } W_0 = 10^{-12} \text{ W}$$

$$L_W = 10 \cdot \lg \frac{0,05}{10^{-12}} = 107 \text{ dB}$$

2. Aus dem Zusammenhang zwischen der Schallleistung und dem Druckquadrat in einem geschlossenen Raum

$$W = \frac{p^2}{4 \cdot \rho_0 \cdot c_p} \cdot A \quad [\text{W}]$$

kann die äquivalente Schallabsorptionsfläche berechnet werden:

$$A = \frac{4 \cdot \rho_0 \cdot c_p}{p^2} \cdot W \quad [\text{m}^2]$$

$$L_p = 10 \cdot \lg \frac{p^2}{p_0^2} \quad \rightarrow \quad p_0 = 2 \cdot 10^{-5} \text{ Pa}$$

$$\frac{p^2}{p_0^2} = 10^{\frac{L_p}{10}} \quad \rightarrow \quad p^2 = p_0^2 \cdot 10^{\frac{L_p}{10}} = (2 \cdot 10^{-5})^2 \cdot 10^{\frac{80}{10}} = 4 \cdot 10^{-2} \text{ N/m}^2$$

$$A = \frac{4 \cdot 1,25 \cdot 343 \cdot 0,05}{4 \cdot 10^{-2}} = 2144 \text{ m}^2$$

Lösung 3.26

1. Das bewertete Schalldämm-Maß der Rohdecke:

$$R_W = 37,5 \cdot \lg m' - 42 \text{ dB}$$

$$m' = \rho \cdot d = 2400 \cdot 0,25 = 600 \text{ kg/m}^2$$

$$R_W = 37,5 \cdot \lg 600 - 42 = 62 \text{ dB}$$

2.   Koinzidenzgrenzfrequenz der Rohdecke:

$$f_g = 64 \cdot \frac{1}{d} \cdot \sqrt{\frac{\rho}{E}} = 64 \cdot \frac{1}{0,25} \cdot \sqrt{\frac{2400}{30 \cdot 10^3}} = 72 \text{ Hz}$$

3.   Nachhallzeit des Büroraumes:

$$T = 0,16 \cdot \frac{V}{A} \quad [s]$$

$$V = 3,8 \cdot 5 \cdot 8 = 152 \text{ m}^3$$

$$T = 0,16 \cdot \frac{152}{40} = 0,61 \text{ s}$$

Die optimale Klangwiedergabe erfolgt in den Räumen mit einem Volumen von $V < 300$ m³, bei einer Nachhallzeit von $T = 1$ s. Unter dieser Annahme ergibt sich die äquivalente Schallabsorptionsfläche zu:

$$A = 0,16 \cdot \frac{V}{T} = 0,16 \cdot \frac{152}{1,0} = 24,3 \text{ m}^2$$

4.   Trittschallpegel im Büroraum:

$$L_T = 20 \cdot \lg \frac{p}{p_0} \quad [dB]; \quad p_0 = 2 \cdot 10^{-5} \text{ N/m}^2$$

$$L_T = 20 \cdot \lg \frac{0,4}{2 \cdot 10^{-5}} = 86 \text{ dB}$$

Norm-Trittschallpegel:

$$L_n = L_T + 10 \cdot \lg \frac{A}{A_0} = 86 + 10 \cdot \lg \frac{40}{10} = 92 \text{ dB}$$

mit $A_0 = 10$ m²

Äquivalenter bewerteter Norm-Trittschallpegel:

$$L_{n,w,eq} = 164 - 35 \cdot \lg \frac{m'}{m'_0} \quad [dB]$$

Mit $m'_0 = 1$ kg/m² folgt:

$$L_{n,w,eq} = 164 - 35 \cdot \lg 600 = 67 \text{ dB}$$

5. Zur Verbesserung der Trittschalldämmung einer Rohdecke sind vor allem schwimmende Estriche geeignet. Beispielsweise kann ein ca. 45 mm dicker Zementestrich auf einer ca. 20 mm dicken Mineralfaser-Trittschalldämmschicht empfohlen werden.

Bewerteter Norm-Trittschallpegel der fertigen Decke:

$$L_{n,w} = L_{n,w,eq} - \Delta L = 67 - 20 = 47 \text{ dB}$$

Lösung 3.27

1. Die Frequenz, bei der die Ausbreitungsgeschwindigkeit der Biegewelle und der Luftschallwelle übereinstimmen lässt sich aus der folgenden Gleichung bestimmen:

$$c_L = \sqrt{\kappa \cdot R \cdot T} = c_B = \sqrt[4]{\omega^2 \cdot \frac{E \cdot d^2}{12 \cdot \rho \cdot (1 - v^2)}} \quad [\text{m/s}]$$

$$\omega^2 \cdot \frac{E d^2}{12 \cdot \rho \cdot (1 - v^2)} = (\kappa \cdot R \cdot T)^2$$

$$f = \frac{\kappa \cdot R \cdot T}{2 \cdot \pi \cdot d} \cdot \sqrt{\frac{12 \cdot \rho \cdot (1 - v^2)}{E}}$$

$$f = \frac{1{,}4 \cdot 290 \cdot 295}{2 \cdot \pi \cdot 0{,}16} \cdot \sqrt{\frac{12 \cdot 2400 \cdot (1 - 0{,}25^2)}{35 \cdot 10^9}} = 119137{,}4 \cdot 8{,}78 \cdot 10^{-4} = 104{,}6 \text{ Hz}$$

2. Die Biegewellenlänge ist gegeben durch:

$$\lambda_B = \frac{c_B}{f} = 2 \text{ m}$$

$$\lambda_B = \sqrt[4]{\left(\frac{2 \cdot \pi}{f}\right)^2 \cdot \frac{E \cdot d^2}{12 \cdot \rho \cdot (1 - v^2)}} = 2 \text{ m}$$

$$\left(\frac{2 \cdot \pi}{f}\right)^2 \cdot \frac{E \cdot d^2}{12 \cdot \rho \cdot (1 - v^2)} = 2^4$$

$$f = \frac{2 \cdot \pi}{4} \cdot d \cdot \sqrt{\frac{E}{12 \cdot \rho \cdot (1 - v^2)}} = \frac{2 \cdot \pi}{4} \cdot 0{,}16 \cdot \sqrt{\frac{35 \cdot 10^9}{12 \cdot 2400 \cdot (1 - 0{,}25^2)}} = 286{,}2 \text{ Hz}$$

Die Zeitverzögerung zwischen den beiden Aufnehmern beträgt:

$$T = \frac{1}{f} = \frac{1}{286,2} = 0,0035 \text{ s} = 3,5 \text{ ms}$$

3. Die Nachhallzeit kann aus der äquivalenten Schallabsorptionsfläche ermittelt werden:

$$A = \sum S_i \cdot \alpha_i$$

Decke:	$7,2 \cdot 4,8 \cdot 0,8 =$	$27,65 \text{ m}^2$
Boden:	$7,2 \cdot 4,8 \cdot 0,6 =$	$20,74 \text{ m}^2$
Wände:	$(7,2 \cdot 2,5 \cdot 2 + 4,8 \cdot 2,5 \cdot 2 - 2 - 3) \cdot 0,2 =$	$11,00 \text{ m}^2$
Tür:	$2,0 \cdot 0,05 =$	$0,10 \text{ m}^2$
Fenster:	$3,0 \cdot 0,1 =$	$0,30 \text{ m}^2$
$A =$		$59,79 \text{ m}^2$

$$T = \frac{24 \cdot \ln 10 \cdot V}{c_L \cdot A} = \frac{24 \cdot \ln 10 \cdot 7,2 \cdot 4,8 \cdot 2,5}{\sqrt{1,4 \cdot 290 \cdot 295} \cdot 59,79} = 0,16 \cdot \frac{86,4}{59,79} = 0,23 \text{ s}$$

4. Der Trittschallpegel ist der Luftschallpegel, der im Empfangsraum erzeugt wird und ist definiert:

$$L_T = 20 \cdot \lg \frac{p}{p_0}$$

$$L_T = 20 \cdot \lg \frac{2 \cdot 10^{-2}}{2 \cdot 10^{-5}} = 20 \cdot \lg 10^3 = 60 \text{ dB}$$

Der Norm-Trittschallpegel ergibt sich durch die Korrektur durch die äquivalente Schallabsorptionsfläche des Empfangsraumes:

$$L_n = L_T + 10 \cdot \lg \frac{A}{A_0} = 60 + 10 \cdot \lg \frac{59,79}{10} = 67,8 \text{ dB}$$

5. Der bewertete Norm-Trittschallpegel kann mithilfe der Tabelle B.3-2 rechnerisch nachgewiesen werden.

Tabelle B.3-2 Zusammenstellung der zur Bestimmung des bewerteten Norm-Trittschallpegels erforderlichen Daten und Arbeitsschritte in Abhängigkeit von der Frequenz.

Frequenz [Hz]	Messwert [dB]	Sollwert [dB]	verschobene Sollkurve [dB]	Überschreitung [dB]
100	55,8	62	78	–
125	59,7	62	78	–
160	60,1	62	78	–
200	62,4	62	78	–
250	61,8	62	78	–
315	64,2	62	78	–
400	63,9	61	78	–
500	65,0	60	76	–
630	64,8	59	75	–
800	66,2	58	74	–
1000	66,9	57	73	–
1250	70,0	54	70	0,0
1600	69,8	51	67	2,8
2000	70,0	48	64	6,0
2500	67,8	45	61	6,8
3150	70,0	42	58	12,0

Verschiebung = $L_{n,w} - L_{n,soll(500 Hz)}$ = 76 – 60 = 16 dB

ΣÜberschreitungen = 27,6 dB

27,6 dB < 32 dB

Bei einer Verschiebung der Sollkurve um 15 dB wäre die Summe der Überschreitun-
gen zu hoch: 32,6 dB > 32 dB.

Lösung 3.28

1. Schalldämm-Maß der Rohdecke:

$$R = 20 \cdot lg \frac{\pi \cdot f \cdot m' \cdot \cos \vartheta}{\rho_L \cdot c_L} \quad [dB]$$

$m' = m'_{Putz} + m'_{Beton} = 1600 \cdot 0,015 + 2400 \cdot 0,2 = 504 \text{ kg/m}^2$

ergibt sich:

$$R = 20 \cdot lg \frac{\pi \cdot 500 \cdot 504 \cdot \sqrt{2}}{1,25 \cdot 343 \cdot 2} = 62,3 \text{ dB}$$

2. Schallpegel in der Diskothek:

$L_1 = 80 \text{ dB} + 10 \cdot lg \, n = 80 + 10 \cdot lg \, 4 = 86 \text{ dB}$

Der Schallpegel im Sitzungsraum berechnet sich aus der Gleichung:

$$L_2 = L_1 - R + 10 \cdot lg \frac{S}{A} \quad [dB]$$

$S = 6 \cdot 10 = 60 \text{ m}^2$

$V = 60 \cdot 4 = 240 \text{ m}^3$

$$A = 0,16 \cdot \frac{V}{T} = 0,16 \cdot \frac{240}{1,5} = 25,6 \text{ m}^2$$

ergibt sich

$$L_2 = 86 - 62,3 + 10 \cdot lg \frac{60}{25,6} = 27,4 \text{ dB}$$

3. Äquivalenter bewerteter Norm-Trittschallpegel:

$$L_{n,w,eq} = 164 - 35 \cdot lg \frac{m'}{m'_0} \quad [dB];$$

mit $m'_0 = 1 \text{ kg/m}^2$

$L_{n,w,eq} = 164 - 35 \cdot lg \, 504 = 69,4 \text{ dB}$

4. Die dynamische Steifigkeit berechnet sich aus der Formel für die Resonanzfrequenz der Konstruktion

$$f_R = 160 \cdot \sqrt{\frac{s'}{m'_{Estr}}} = 85 \text{ Hz}$$

$m'_{Estr} = 2200 \cdot 0,045 = 99$ kg/m^2

$$s' = \left(\frac{85}{160}\right)^2 \cdot 99 = 27,9 \text{ MN/m}^3$$

Lösung 3.29

1. Die resultierende Schalldämmung eines Trennbauteils in einem Prüfstand mit bauähnlicher Nebenwegübertragung errechnet sich nach dem folgenden Zusammenhang:

$$R'_w = -10 \cdot \lg\left[10^{\frac{-R_w}{10}} + 10^{-\frac{D_{n,w}}{10}} + 10^{-\frac{D_{n,Pr,w}}{10}}\right] \qquad \text{[dB]}$$

Im Fall A kann daraus die Schalldämmung der Trennwand unter Laborbedingungen errechnet werden:

$$R_w = -10 \cdot \lg\left[10^{\frac{-R'_w}{10}} - 10^{-\frac{D_{n,w}}{10}} - 10^{-\frac{D_{n,Pr,w}}{10}}\right] = -10 \lg\left(10^{-5,4} - 10^{-6,1} - 10^{-8}\right)$$

$R_w = 55$ dB

2. Im Fall B ist dann ein resultierendes Schalldämm-Maß von

$$R'_w = -10 \cdot \lg\left(10^{-5,5} + 10^{-5,4} + 10^{-8}\right) = 51,5 \text{ dB}$$

zu erwarten.

3. In der Praxis:

$$R'_w = -10 \cdot \lg\left(10^{-5,5} + 4 \cdot 10^{-6,5}\right) = 53,5 \text{ dB}$$

Lösung 3.30

1. 200 – 250 Hz: Masse-Feder-Resonanz f_R

   800 Hz: Hohlraumresonanz f_λ

2. – Erhöhung der Wandmasse / Beschwerung

   – Füllung des Hohlraums mit Mineralfaser

   – Füllung des Hohlraums mit Masse. z.B. Sand, Stahlkugel, Wasser

B.4 Brandschutz, thermische und hygrische Spannungen

Antworten zu den Verständnisfragen

1. a) bauliche Maßnahmen, die die Entstehung eines Brandes verhindern sollen
   b) bauliche Maßnahmen, die die Ausbreitung eines bereits entstandenen Brandes verhindern sollen

2. a) Feuerwehr
   b) Löschanlagen

3. a) Bildung von Brandabschnitten
   b) Einbau von Rauchabzugsanlagen
   d) Bereitstellung von Fluchtwegen

4. b) Schließen aller Türen und Fenster

5. Unter normierten Randbedingungen erzeugter Brand, dessen Brandtemperatur nach ETK (Einheitstemperaturkurve) gefahren wird, um eine einheitliche Bewertung von Baustoffen und Bauprodukten zu gewährleisten.

6. International genormte Temperaturkurve zur einheitlichen Prüfung und Beurteilung des Brandverhaltens von Bauteilen.

7. Die Temperatur
   a) der Luft im Brandraum.

8. a) bei einer geringen Brandlast wird die ETK nicht erreicht
   b) auch bei einer geringen Brandlast kann die ETK kurzzeitig überschritten werden,
   e) bei einer hohen Brandlast wird die ETK zeitweise überschritten, aber der natürliche Brand klingt immer schneller ab als die ETK

9. c) 900 °C bis 1100 °C

10. b) Stahlkonstruktionen

11. b) Wärmekonvektion
    c) Wärmeleitung

12. Brandentwicklung, bei der
    a) die Raumlufttemperatur zum Feuerübersprung auf die Brandlast des Raumes ausreicht.

© Springer Fachmedien Wiesbaden GmbH, ein Teil von Springer Nature 2022
K. Gertis et al., *Bauphysikalische Aufgabensammlung mit Lösungen*,
https://doi.org/10.1007/978-3-658-35586-9_10

13. Die Wand, die
    b) in einem Gebäude einen Brandabschnitt abgrenzt.

14. Es ist
    c) die der Brandlast äquivalente Holzmenge.

15. Menge und Art brennbarer Materialien

16. Die Klasse "A 2" kennzeichnet die brandschutztechnische Klassifizierung von
    c) Baustoffen.

17. a) F 30 bzw. R 30

18. Das Bauteil erfüllt
    c) mindestens 60 Minuten lang
    die Anforderungen an den Raumabschluss und die Wärmedämmwirkung.

19. c) feuerbeständig

20. d) F 30 bzw. R 30

21. c) hochfeuerhemmend

22. e) EI 90

23. b) feuerbeständig

24. b) im Fall a war bei geringerer Brandlast die zugeführte Luftmenge größer als im
    Fall b

25. c) tragende Bauteile
    d) Brandwände
    e) nicht tragende Außenwände
    g) Feuerschutzabschlüsse

26. c) Strahlung

27. b) F 90 bzw. REI 90

28. b) Mit zunehmender Brandlast und geringerer Luftzufuhr nimmt die Branddauer zu.

29. b) Auf der brandabgekehrten Seite des Bauteils muss die Oberflächentemperatur
    180 Minuten lang die Bedingungen der Normprüfung erfüllen.

30. d)

Lösungen zu den Aufgaben

Lösung 4.1

1. Die instationäre Temperaturverteilung im Querschnitt des Bauteils wird mit Hilfe des Binder-Schmidt-Verfahrens gemäß Merkblatt 3 ermittelt.

   I. Richtpunktabstände:

   unten
   $$r_u = R_{si,u} \cdot \lambda = \frac{\lambda}{h_K + h_S} = \frac{2,1}{60} = 0,035 \text{ m}$$

   oben
   $$r_o = R_{si,o} \cdot \lambda = \frac{\lambda}{h} = \frac{2,1}{21} = 0,10 \text{ m}$$

   II. Schichtelemente:
   $$\Delta x = \frac{d}{n} = \frac{0,15}{3} = 0,05 \text{ m} = 5 \text{ cm}$$

   III. Stabilitätsbedingung:
   $$\frac{\Delta x}{2} \leq r_u, r_o \quad \text{erfüllt}$$

   IV. Zeitschrittweite:
   $$\Delta t = \frac{(\Delta x)^2}{2 \cdot a} = \frac{(0,05)^2}{2 \cdot 1,03 \cdot 10^{-6}} = 1213,6 \text{ s} \approx 20 \text{ min}$$

   mit der Temperaturleitfähigkeit
   $$a = \frac{\lambda}{\rho \cdot c_p} = \frac{2,1}{2100 \cdot 0,27 \cdot 3600} = 1,03 \cdot 10^{-6} \text{ m}^2/\text{s}$$

   Die Lufttemperaturerhöhung im Brandraum wird gemäß ETK nach der Gleichung

   $$\Delta \theta = 345 \cdot \lg (8 \cdot t + 1)$$

   bestimmt. Die berechneten Temperaturen sind in Tabelle B.4-1 zusammengestellt.

   Tabelle B.4-1: Temperaturverteilung nach ETK.

Zeit [min]	0	20	40	60	80	100	120
$\Delta \theta$ [K]	0	761	865	925	968	1002	1029

Binder-Schmidt-Diagramm:

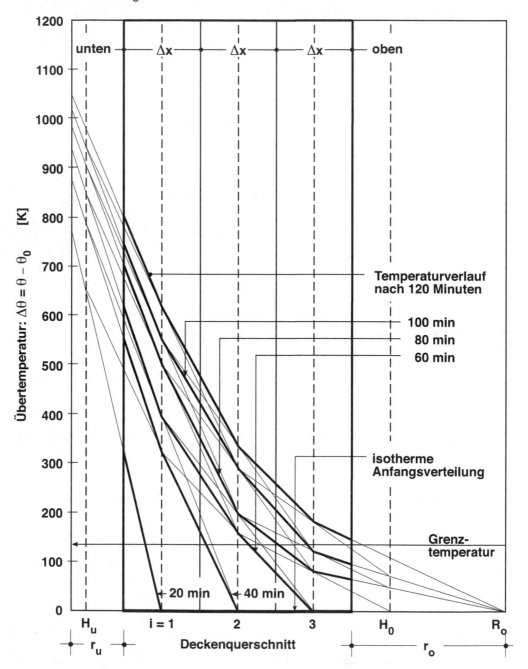

Bild B.4-1: Binder-Schmidt-Diagramm der Temperaturverteilungen im untersuchten Bauteilquer-schnitt.

2. Grenztemperaturerhöhung an der oberen Oberfläche: $\Delta\theta = 140$ K:

Nach 120 Minuten werden 140 K an der Deckenoberseite knapp überschritten.
⇒ Feuerwiderstandsklasse der Decke: F 90

3. Wärmestromdichte:

$$q_u = -\lambda \cdot \frac{d\theta}{dx} = \frac{\Delta\theta_{i,u} - \Delta\theta_{si,u}}{R_{si,u}} = (h_K + h_S) \cdot (\Delta\theta_i - \Delta\theta_{si}) = 60 \cdot (\Delta\theta_i - \Delta\theta_{si}) \quad [W/m^2]$$

Die Oberflächentemperaturen an der Brandseite der Decke $\Delta\theta_{si,u}$ werden aus dem Diagramm Bild B.4-1 abgelesen, bzw. aus der Bauteilgeometrie mithilfe des Strahlensatzes ermittelt.

Tabelle B.4-2: Temperaturverteilung an der Deckenunterseite.

Zeit [min]	0	20	40	60	80	100	120
$\Delta\theta_{i,u}$ [K]	0	761	865	925	968	1002	1029
$\Delta\theta_{si,u}$ [K]	0	317	540	607	700	730	780
q_u [kW/m²]	0	26,64	19,5	19,08	16,08	16,32	14,94

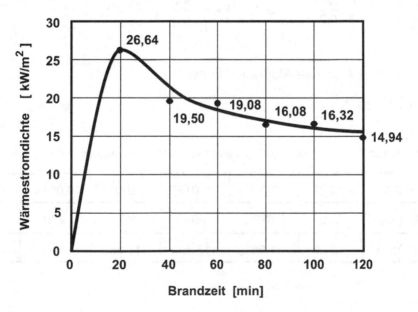

Bild B.4-2: Grafische Darstellung der Wärmestromdichte in Abhängigkeit von der Brandzeit gemäß den Daten nach Tabelle B.4-2.

4.   Wärmeeigenspannungsverteilung:

$$\sigma_z(x,t) = \frac{E \cdot \alpha_t}{1-\nu} \cdot \left(\theta_m(t) - \theta(x,t) + \frac{3 \cdot x}{2 \cdot \left(\frac{d}{2}\right)^3} \cdot \int_{-d/2}^{+d/2} \theta(x,t) \cdot x \, dx \right) \qquad [\text{N/mm}^2]$$

$$\int \theta(x,t) \cdot x \, dx \hat{=} \sum_{i=1}^{6} \theta_i \cdot x_i \cdot \Delta x$$

$$\Delta x = \frac{0{,}15}{6} = 0{,}025 \text{ m}$$

$$\sum_{i=1}^{6} \theta_i \cdot x_i \cdot \Delta x = [\, 692 \cdot (-0{,}0625) + 533 \cdot (-0{,}0375) + 395 \cdot (-0{,}0125) + 293 \cdot 0{,}0125$$
$$+ \, 220 \cdot 0{,}0375 + 162 \cdot 0{,}0625\,] \cdot 0{,}025 = -1{,}15 \text{ m}^2\text{K}$$

$$\theta_m = \frac{1}{n} \cdot \sum_i \theta_i = \frac{1}{6} \cdot (692 + 533 + 395 + 293 + 220 + 162) = 382{,}5 \text{ K}$$

$$\sigma_z(x,t) = \frac{30000 \cdot 12 \cdot 10^{-6}}{1-0{,}2} \cdot \left(382{,}5 - \theta_i + \frac{3 \cdot x_i}{2 \cdot \left(\frac{0{,}15}{2}\right)^3} \cdot (-1{,}15) \right)$$

$$= 0{,}45 \cdot (382{,}5 - \theta_i - 4088 \cdot x_i) \qquad [\text{N/mm}^2]$$

mit $\theta_i = \theta - 20 \, ^\circ\text{C}$

Tabelle B.4-3:   Zusammenstellung der Temperaturen und der Spannungen im Bauteilquerschnitt.

x_i [m]	– 0,0625	– 0,0375	– 0,0125	0,0125	0,0375	0,0625
θ_i [°C]	692	533	395	293	220	162
σ [N/mm²]	– 24,3	1,26	17,37	17,28	4,14	– 15,75

5.

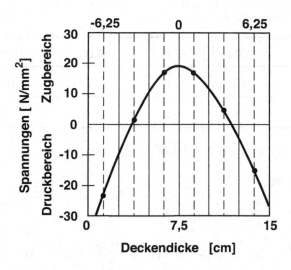

Bild B.4-3: Verlauf der Spannungen im untersuchten Bauteilquerschnitt in Abhängigkeit von der Bauteildicke.

Lösung 4.2

1. Die instationäre Temperaturverteilung im Querschnitt des Bauteils wird mit Hilfe des
    Binder-Schmidt-Verfahrens gemäß Merkblatt 3 ermittelt.

    I. Richtpunktabstände:

    innen $\qquad r_i = R_{si} \cdot \lambda = 0{,}13 \cdot 1{,}2 = 0{,}16 \text{ m}$

    außen im Luftspalt $\qquad r_e = R_{se} \cdot \lambda = 0{,}08 \cdot 1{,}2 = 0{,}10 \text{ m}$

    II. Schichtelemente: $\qquad \Delta x = \dfrac{d}{n} = \dfrac{0{,}15}{3} = 0{,}05 \text{ m}$

    III. Stabilitätsbedingung: $\qquad \dfrac{\Delta x}{2} < r_i, r_e \text{ erfüllt}$

    IV. Zeitschrittweite: $\qquad \Delta t = \dfrac{(\Delta x)^2}{2 \cdot a} = \dfrac{(0{,}05)^2}{2 \cdot 2{,}5 \cdot 10^{-3}} = 0{,}5 \text{ h}$

    mit der Temperaturleitfähigkeit $\quad a = \dfrac{\lambda}{\rho \cdot c_p} = \dfrac{1{,}2}{2000 \cdot 0{,}24} = 2{,}5 \cdot 10^{-3} \text{ m}^2/\text{h}$

Tabelle B.4-4: Zusammenstellung der Innen- und Außenlufttemperaturen (im Luftspalt) in Abhängigkeit von der Zeit.

Zeit [h]	8.00	8.30	9.00	9.30	10.00
θ_i [°C]	10	11	12	12	12
θ_e [°C]	– 5	– 5	– 3	– 1	+ 1

Temperaturverteilung siehe Bild B.4-5.

2.   Wärmestromdichten:

8 Uhr (stationärer Zustand)

a) $q_i = \dfrac{\theta_i - \theta_{si}}{R_{si}} = q = U \cdot (\theta_i - \theta_e) = \left(0{,}13 + \dfrac{0{,}15}{1{,}2} + 0{,}08\right)^{-1} \cdot (10 - (-5)) = 44{,}8$ W/m²

b) $q_e = \dfrac{\theta_{se} - \theta_e}{R_{se}} = U \cdot (\theta_i - \theta_e) = 44{,}8$ W/m²

10 Uhr

a) $q_i = \dfrac{1}{0{,}13} \cdot (12 - 5{,}2) = 52{,}3$ W/m²

b) $q_e = \dfrac{1}{0{,}08} \cdot (0{,}9 - 1) = -1{,}25$ W/m²

3.   Spannungsverteilung:

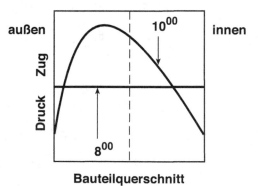

Bild B.4-4: Qualitativer Verlauf der Spannungen im untersuchten Bauteilquerschnitt.

Binder-Schmidt-Diagramm:

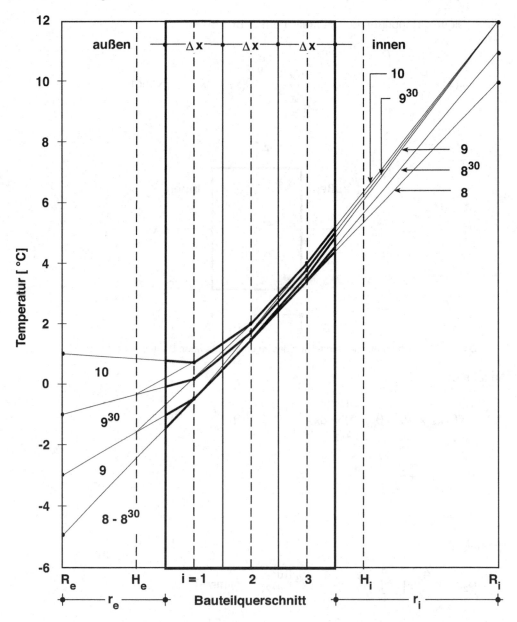

Bild B.4-5: Binder-Schmidt-Diagramm der Temperaturverteilungen im untersuchten Bauteilquerschnitt.

Lösung 4.3

Wärmeeigenspannungen des Bauteils gemäß Bild B.4-6:

$$\sigma_z(x) = \frac{E \cdot \alpha_t}{1-\nu} \cdot \left(\theta_m - \theta(x) + \frac{3 \cdot x}{2 \cdot \left(\dfrac{d}{2}\right)^3} \cdot \int\limits_{-d/2}^{+d/2} \theta(x) \cdot x \, dx \right) \quad [\text{N/mm}^2]$$

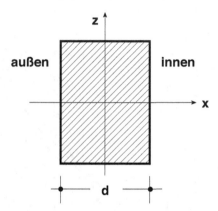

Bild B.4-6: Schematische Darstellung des zu untersuchenden Bauteilquerschnitts.

Annahme:

$$\int\limits_{-d/2}^{+d/2} \theta(x) \cdot x \;\; dx = \theta_m \cdot \int\limits_{-d/2}^{+d/2} x \;\; dx + \frac{\Delta\theta}{d} \cdot \int\limits_{-d/2}^{+d/2} x^2 \;\; dx$$

$$\theta(x) = \theta_m + \frac{\Delta\theta}{d} \cdot x$$

$$\Delta\theta = \theta_{si} - \theta_{se}$$

Nachweis:

$$\sigma_z(x) = \frac{\theta_m}{2} \cdot \left[x^2 \right]_{-d/2}^{+d/2} + \frac{\Delta\theta}{3 \cdot d} \cdot \left[x^3 \right]_{-d/2}^{+d/2} \quad [\text{N/mm}^2]$$

$$= \frac{\theta_m}{2} \cdot \left[\left(\frac{d}{2}\right)^2 - \left(\frac{d}{2}\right)^2 \right] + \frac{\Delta\theta}{3 \cdot d} \cdot \left[\left(\frac{d}{2}\right)^3 + \left(\frac{d}{2}\right)^3 \right] = \frac{2}{3} \cdot \frac{\Delta\theta}{d} \cdot \left(\frac{d}{2}\right)^3 \quad [\text{N/mm}^2]$$

$$\sigma_z(x) = \frac{E \cdot \alpha_t}{1-\nu} \cdot \left(\theta_m - \left(\theta_m + \frac{\Delta\theta}{d} \cdot x \right) + \frac{3 \cdot x}{2 \cdot \left(\frac{d}{2}\right)^3} \cdot \frac{2}{3} \cdot \frac{\Delta\theta}{d} \cdot \left(\frac{d}{2}\right)^3 \right) \qquad [\text{N/mm}^2]$$

$$\sigma_z(x) = \frac{E \cdot \alpha_t}{1-\nu} \cdot \left(\theta_m - \theta_m - \frac{\Delta\theta}{d} \cdot x + \frac{\Delta\theta}{d} \cdot x \right) = 0$$

Lösung 4.4

1. Eigenspannung:

$$\varepsilon_{ges} = \varepsilon_T + \varepsilon_K = \alpha_t \cdot \Delta\theta + \frac{\sigma}{E} = \frac{\Delta l}{l} = 0$$

$$\sigma = -\alpha_t \cdot \Delta\theta \cdot E = -60 \cdot 10^{-4} \cdot (-10 - 20) \cdot 15 = 2{,}7 \text{ MN/m}^2 \qquad \text{(Zugspannung)}$$

2. Längskraft:

$$F = \sigma \cdot A = 2{,}7 \text{ MN} \cdot 0{,}02 \cdot 0{,}5 = 27 \text{ kN} \qquad \text{(Zugkraft)}$$

3. Haftfestigkeit $= \sigma_{max} = \sigma = 2{,}7 \text{ MN/m}^2$

$$\text{Reißsicherheit} = \frac{\text{Zugfestigkeit}}{\sigma_{max}} = \frac{5}{2{,}7} = 1{,}85$$

Lösung 4.5

Die im Putz auftretende maximale thermische Spannung setzt sich aus der Putzzwäng-spannung, aus dem Anteil aus Rissüberbrückung und einer nicht linearen Abminderung zusammen. Sie errechnet sich näherungsweise wie folgt:

$$\sigma = \sigma_1 + \sigma_2 - \sigma_3$$

$$\sigma_1 = \Delta\theta_{se} \cdot \frac{1}{1-\nu_P} \cdot E_p \cdot \alpha_{t,P} = 60 \cdot \frac{1}{1-0{,}3} \cdot 3 \cdot 10^3 \cdot 8 \cdot 10^{-6} = 2{,}06 \text{ MN/m}^2$$

$$\sigma_2 = \Delta\theta_{se} \cdot \frac{d_D}{d_P} \cdot E_D \cdot \alpha_{t,D} = 60 \cdot \frac{0{,}08}{0{,}02} \cdot 10 \cdot 40 \cdot 10^{-6} = 0{,}1 \text{ MN/m}^2$$

$$\sigma_3 = \Delta\theta_{se} \cdot 10^4 \cdot \left(\frac{d_D}{d_P} \cdot E_D \cdot \alpha_{t,D} \right)^2 \cdot \frac{1}{E_P + 10^4 \cdot \frac{d_D}{d_P} \cdot E_D \cdot \alpha_{t,D}} =$$

$$= 60 \cdot 10^4 \cdot (1{,}6 \cdot 10^{-3})^2 \cdot \frac{1}{3 \cdot 10^3 + 10^4 \cdot 1{,}6 \cdot 10^{-3}} = 5{,}09 \cdot 10^{-4} \ \text{MN/m}^2$$

Dabei ist

$$\frac{d_D}{d_P} \cdot E_D \cdot \alpha_{t,D} = \frac{0{,}08}{0{,}02} \cdot 10 \cdot 40 \cdot 10^{-6} = 1{,}6 \cdot 10^{-3}$$

$$\sigma = \sigma_1 + \sigma_2 - \sigma_3 = 2{,}06 + 0{,}1 - 0{,}0005 = 2{,}16 \ \text{MN/m}^2$$

Lösung 4.6

Wenn die Dachhaut unmittelbar nach der Fertigstellung der Stahlbetonplatte angebracht wurde, kann davon ausgegangen werden, dass eine Austrocknung im Sommer nur nach innen erfolgen kann. Im darauf folgenden Winter ist damit zu rechnen, dass auf der Innenseite des Dachs durch die höhere Temperatur und relative Luftfeuchte eine Dampfdiffusion nach außen einsetzt und dadurch eine Befeuchtung des Bauteils stattfindet.

Durch die einseitige Austrocknung der Stahlbetonplatte tritt im Sommer auf der Innenseite Zugspannung und auf der Außenseite Druckspannung auf. Im darauf folgenden Winter gleichen sich die Spannungen langsam aus.

Der qualitative Verlauf der Feuchte- und Spannungsverteilungen im Plattenquerschnitt sind im Bild B.4-7 schematisch dargestellt.

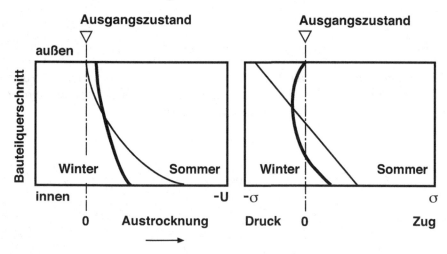

Bild B.4-7: Schematische Darstellung der Verteilung der Baufeuchte (links) und der hygrischen Eigenspannungen (rechts) im Plattenquerschnitt.

Lösung 4.7

1. Die thermische Spannung in einem homogenen Querschnitt lässt sich mithilfe der folgenden Gleichung beschreiben:

$$\sigma_z = \frac{E \cdot \alpha_t}{1 - \nu} \cdot \left(\theta_m - \theta(x) + \frac{3 \cdot x}{2 \cdot X^3} \cdot \int_{-X}^{X} \theta(x)\, x\, dx \right)$$

Dabei sind X und −X die Bauteilkoordinaten und die mittlere Temperatur beträgt

$$\theta_m = 233\,°C$$

Die Integration des parabolischen Ansatzes lautet:

$$\int (x - 0{,}1)^2 \cdot x\, dx = \frac{(x - 0{,}1)^4}{4} + 0{,}1 \frac{(x - 0{,}1)^3}{3} + C$$

Durch die Lösung des bestimmten Integrals

$$\int_{-X}^{X} \theta(x) \cdot x\, dx = \left[\left(\frac{(0{,}1 - 0{,}1)^4}{4} + 0{,}1 \cdot \frac{(0{,}1 - 0{,}1)^3}{3} \right) - \left(\frac{(-0{,}1 - 0{,}1)^4}{4} + 0{,}1 \cdot \frac{(-0{,}1 - 0{,}1)^3}{3} \right) \right]$$

$$= \left[\frac{(-0{,}2)^4}{4} + 0{,}1 \cdot \frac{(-0{,}2)^3}{3} \right] = - \left(\frac{16 \cdot 10^{-4}}{4} + 0{,}1 \cdot \frac{-8 \cdot 10^{-3}}{3} \right)$$

$$= \left(4 \cdot 10^{-4} - \frac{8}{3} \cdot 10^{-4} \right) = -\frac{4}{3} \cdot 10^{-4}$$

$$\frac{3}{2} \cdot \frac{x}{0{,}1^3} \cdot \int_{-X}^{X} \theta_{(x)} \cdot x\, dx = \frac{3}{2} \cdot 10^3 \cdot 17500 \cdot \left(-\frac{4}{3} \cdot 10^{-4} \right) \cdot x = -3500 \cdot x$$

$$\sigma_z = \frac{E \cdot \alpha_t}{1 - \nu} \cdot \left(233 - 17500 \cdot (x - 0{,}1)^2 - 3500 \cdot x \right) = \frac{E \cdot \alpha_t}{1 - \nu} \cdot \left(-17500 \cdot x^2 + 58 \right)$$

$$= \frac{32 \cdot 10^3 \cdot 10 \cdot 10^{-6}}{1 - 0{,}25} \cdot \left(-17500 \cdot x^2 + 58 \right)$$

lässt sich die folgende quadratische Gleichung für die Spannung herleiten:

$$\sigma_z = -7467 \cdot x^2 + 24{,}8$$

2. Die thermische Spannung an den Oberflächen des Bauteils ist innen und außen gleich:

$$\sigma\,(x = -\,0{,}1) = -7467 \cdot (-10^{-1})^2 + 24{,}8 = -\,49{,}9 \text{ N/mm}^2$$

$$\sigma\,(x = 0{,}1) = -\,49{,}9 \text{ N/mm}^2$$

und in der Mitte des Querschnittes beträgt:

$$\sigma\,(x = 0) = 24{,}8 \text{ N/mm}^2$$

3.

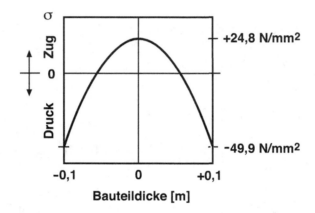

Bild B.4-8: Schematische Darstellung der Verteilung der thermischen Eigenspannungen im Bauteilquerschnitt.

Lösung 4.8

Nach einer längeren Lagerungszeit des Holzbalkens ist sowohl die Temperatur- als auch die Feuchteverteilung im Querschnitt gleichmäßig (Zustand A – obere Diagramme im Bild B.4-9). Der Querschnitt ist spannungslos (Zustand A – untere Diagramme im Bild B.4-9).

Den stationären Temperaturen innen und außen entspricht eine lineare Temperaturverteilung im Bauteilquerschnitt. Durch den Regen ergibt sich eine nicht lineare Feuchteverteilung. (Zustand B – obere Diagramme). Thermisch bleibt das Bauteil spannungslos. Durch die außenseitige Befeuchtung entsteht außen Druckspannung (untere Diagramme).

In der Sommerperiode wird die Außenoberfläche durch die Sonneneinstrahlung erwärmt und sie trocknet aus (Zustand C – obere Diagramme). An den Oberflächen entstehen Zug- und im Inneren des Bauteils Druckspannungen (Zustand C – untere Diagramme).

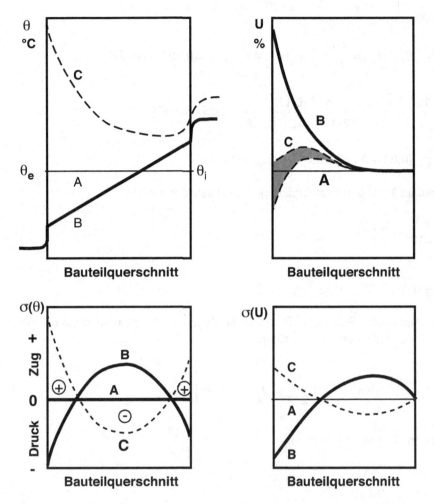

Bild B.4-9:   Schematische Darstellung der Temperaturverteilung (oben links), der Feuchteverteilung (oben rechts) sowie der Spannungsverteilung infolge Wärme- und Feuchteeinwirkungen (unten links bzw. rechts) im Bauteilquerschnitt

Lösung 4.9

Die im Putz auftretende maximale thermische Spannung errechnet sich näherungsweise
wie folgt:

$$\sigma = \Delta\theta_{se} \cdot (M_P + M_D - M_A)$$

$$M_P = \frac{1}{1-\nu_P} \cdot E_P \cdot \alpha_{t,P} = \frac{1}{0,65} \cdot 2 \cdot 10^3 \cdot 10 \cdot 10^{-6} = 0,03 \text{ MN/m}^2\text{K}$$

$$M_D = \frac{d_D}{d_P} \cdot E_D \cdot \alpha_{t,D} = \frac{80}{20} \cdot 0,8 \cdot 10^3 \cdot 40 \cdot 10^{-6} = 0,128 \text{ MN/m}^2\text{K}$$

$$M_A = \frac{10^4 \cdot M_D^2}{E_p + 10^4 \cdot M_D} = \frac{10^4 \cdot 0,128^2}{2 \cdot 10^3 + 10^4 \cdot 0,128} = 0,05 \text{ MN/m}^2\text{K}$$

$$s = \Delta\theta_{se} \cdot (0,03 + 0,128 - 0,05) = \Delta\theta_{se} \cdot 0,108$$

Die maximale Temperaturschwankung ohne Rissbildung ist

$$\Delta\theta_{se} = \frac{8}{0,108} = 74 \text{ °C}$$

Lösung 4.10

1. Die thermische Spannung in einem homogenen Querschnitt lässt sich mithilfe der folgenden Gleichung beschreiben:

$$\sigma_z = \frac{E \cdot \alpha_t}{1-\nu} \cdot \left(\theta_m - \theta(x) + \frac{3 \cdot x}{2 \cdot X^3} \cdot \int_{-X}^{X} \theta(x) \cdot x \, dx \right)$$

Mit dem Temperaturmoment

$$\frac{3 \cdot x}{2 \cdot X^3} \cdot \int_{-X}^{X} \frac{80}{10x+3} x \, dx = -95,3$$

hat die Eigenspannungsfunktion die allgemeine Form:

$$\sigma_z = \frac{E \cdot \alpha_t}{1-\nu} \cdot \left(\theta_m - \theta(x) - 95,3 \cdot x \right)$$

2. Die Spannungen an der Außenoberfläche und in der Querschnittmitte betragen

$$\sigma_z(-0,1) = \frac{4 \cdot 10^3 \cdot 8 \cdot 10^{-6}}{0,7} \cdot (27,7 - 40 + 9,53) = -0,127 \text{ MN/m}^2$$

$$\sigma_z(0) = 45,71 \cdot 10^{-3} \cdot (27,7 - 26,7 + 0) = 0,045 \text{ MN/m}^2$$

B.5 Tageslicht und Raumbeleuchtung

Antworten zu den Verständnisfragen

1. Lichtwellen: elektromagnetische Wellen
   Schallwellen: mechanische Schwingungen (Teilchenschwingung)

2. a) Wellenlänge: Das Tageslichtspektrum (0,38 µm bis 0,78 µm) ist ein begrenzter Teil des Spektrums der Sonnenstrahlung (ultraviolett bis infrarot).

3. b) langwelliger als sichtbares Licht

4. b) Reflexionsgrad

5. c) Wellenlänge

6. c) $\lambda = 555$ nm

7. a) tagsüber größer als nachts

8. a) Kontrast
   b) Verweilzeit
   d) Mindestgröße
   e) Mindestleuchtdichte
   g) Adaption

9. b) $\Phi = E \cdot A = 200 \text{ lx} \cdot 3 \text{ m}^2 = 600$ lm

10. b) 1,0 lx

11. b) senkrecht auf eine horizontale Fläche treffender Lichtstrom

12. b) den Quotienten aus dem von einer punktförmigen Lichtquelle ausgesandten Lichtstrom und dem durchstrahlten Raumwinkel

13. a) Leuchtdichteunterschied zweier Punkte
    c) Farbunterschied zweier Punkte

14. a) tageslichttechnische Verhältnisse in einem Raum

15. a) 1 %

© Springer Fachmedien Wiesbaden GmbH, ein Teil von Springer Nature 2022
K. Gertis et al., *Bauphysikalische Aufgabensammlung mit Lösungen*,
https://doi.org/10.1007/978-3-658-35586-9_11

16.

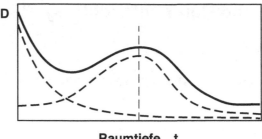

Raumtiefe t

Bild B.5-1:   Schematischer Verlauf des Tageslichtquotienten in Abhängigkeit von der Raumtiefe.

17. b) Erhöhung des Strahlungsreflexionsgrades der inneren Raumumschließungsflächen

18. c) $g > \tau$

19. d) Maß für das abgestrahlte Licht einer Quelle

20.

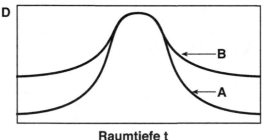

Raumtiefe t

Bild B.5-2:   Schematischer Verlauf des Tageslichtquotienten in Abhängigkeit von der Raumtiefe.

21. Lichtdurchlässigkeit von A und B ist gleich, da $\tau_A = \tau_B$. Im Raum wird es mit Verglasung B wärmer, da $\alpha_B > \alpha_A$.

22.

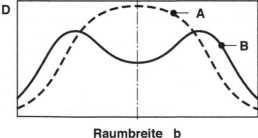

Raumbreite b

Bild B.5-3:   Schematischer Verlauf des Tageslichtquotienten in Abhängigkeit von der Raumbreite.

23.

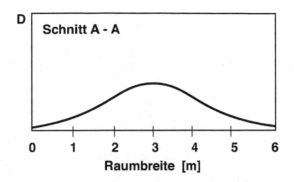

Bild B.5-4: Schematischer Verlauf des Tageslichtquotienten in Abhängigkeit von der Raumbreite.

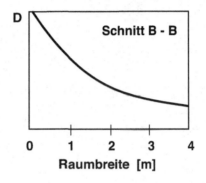

Bild B.5-5: Schematischer Verlauf des Tageslichtquotienten in Abhängigkeit von der Raumtiefe.

24. c) vormittags um 8 Uhr kleiner als mittags um 12 Uhr

25. b) Lichtstärke [cd]

26. c) Transmissionsgrad

27. a) linear proportional zum Lichtstrom

28. b) blau

29. a) Vergrößerung der Fensterbreite
    d) Anbringung eines kurzwellig reflektierenden Anstrichs auf der dem Fenster gegenüberliegenden Fassade

30. c) $100 \cdot 10^3$ lx

Lösungen zu den Aufgaben

Lösung 5.1

1. Fensterfläche:

    $$A_F = A_{Nord} \cdot f = 8 \cdot 3,0 \cdot 0,3 = 7,2 \; m^2$$

    vorhandene Fensterbreite:

    $$b_F = \frac{A_F}{h_F} = \frac{7,2}{1,85} = 3,89 \; m$$

    Die notwendige Fensterbreite lässt sich aus Datenblatt 5 ablesen:

    Danach ist $b_F = 5,52$ m erforderlich; d.h. die vorhandene Fensterfläche ist für Tageslichtbeleuchtung nicht ausreichend.

2. Nein, es tritt keine Blendung auf, da das Fenster Nordorientierung besitzt und damit keiner direkten Sonneneinstrahlung ausgesetzt ist (nur diffus).

Lösung 5.2

1. Der Tageslichtquotient sollte mindestens 1 % betragen, damit der Raum ausreichend mit Tageslicht versorgt wird.

2. Horizontalbeleuchtungsstärke:

    $$E_p = D \cdot E_e \quad [lx]$$

    mit D = 1 % folgt:

    $$E_p = 0,01 \cdot E_e = 0,01 \cdot 25000 = 250 \; lx$$

3. Das Verbauungsverhältnis entspricht einem Verbauungswinkel von

    $$\alpha = \arctan \frac{1}{3} = 18,4 \; °$$

    Bei einem Verbauungswinkel zwischen 0 ° und 20 ° beträgt die erforderliche Fensterbreite 2,63 m. Die vorgesehene Fensterbreite reicht also aus, um den Raum ausreichend mit Tageslicht zu versorgen.

4. Fensterflächenanteil:

$$\eta = \frac{A_F}{A}$$

$$A_F = b_F \cdot h_F \quad [m^2]$$

$$A = 4 \cdot 2,4 = 9,6 \ m^2$$

$$A_F = 2,64 \cdot 1,35 = 3,56 \ m^2$$

$$\eta = \frac{3,56}{9,6} = 0,37 \ \hat{=} \ 37 \ \%$$

Lösung 5.3

1. Der Raum wird ausreichend mit Tageslicht versorgt, wenn dort ein Tageslichtquotient von mindestens 1% gewährleistet ist. Daher ist es zu überprüfen, ob die vorhandene Fensterfläche diese Bedingung erfüllt.

$$A_W = b \cdot h = 4 \cdot 2,4 = 9,6 \ m^2$$

Bei einem Fensterflächenanteil von 40 % beträgt die Fensterfläche:

$$A_F = 9,6 \cdot 0,4 = 3,84 \ m^2$$

und die Fensterbreite: $\quad b_F = \dfrac{3,84}{1,35} = 2,84 \ m$

Die errechnete Fensterbreite entspricht der erforderlichen Fensterbreite bei einem Verbauungswinkel von 20 °. Der vorhandene Fensterflächenanteil von 40 % gewährleistet also eine ausreichende Tageslichtversorgung nur dann, wenn der Verbauungswinkel kleiner als ca. 20 ° ist. Dies entspricht einem Verbauungsverhältnis von

$$h_V \ / \ t_V = \tan 20 = 0,36 = 1 \ / \ 2,7$$

2. a) Horizontalbeleuchtungsstärke:

$$E_p = D \cdot E_e \quad [lx]$$

Mit dem Mindesttageslichtquotienten $D = 0,01 = 1 \ \%$ und $E_e = 10000 \ lx$ ergibt sich:

$$E_P = 0,01 \cdot 10000 = 100 \ lx$$

b) E_P reicht zur Durchführung von Schreibarbeiten nicht aus, da hierzu eine Beleuchtungsstärke von ca. 500 lx erforderlich ist.

3. a) Lichtstärke: $I = \dfrac{\Phi}{\omega}$ [cd]

Mit dem Lichtstrom $\Phi = \eta \cdot P = 15{,}8 \cdot 200 = 3160$ lm

$I = \dfrac{3160}{0{,}5 \cdot \pi} = 2011{,}72$ cd

b) Beleuchtungsstärke:

$E = \dfrac{\Phi}{A}$ [lx]

$A = \omega \cdot r^2$ [m²], $r = \dfrac{2}{3} \cdot h$ [m]

$A = 0{,}5 \cdot \pi \cdot \left(\dfrac{2}{3} \cdot h \right)^2$ [m²]

$A = 0{,}5 \cdot \pi \cdot \left(\dfrac{2}{3} \cdot 2{,}4 \right)^2 = 4{,}02$ m²

$E = \dfrac{\Phi}{A} = \dfrac{3160}{4{,}02} = 786{,}07$ lx

c) Benötigte Mindestleistung:

$W_{min} = \dfrac{\Phi_{min}}{\text{Lichtausbeute}}$ [W]

$\Phi_{min} = E_{min} \cdot A = 500 \cdot 4{,}02 = 2010$ lm

$W_{min} = \dfrac{2010}{15{,}8} = 127{,}2$ W ≈ 130 W

Lösung 5.4

1. Der Wärmedurchgangskoeffizient des Mauerwerks:

$U_{MW} = \left(R_{si} + R_{MW} + R_{se} \right)^{-1} = \left(0{,}13 + 0{,}55 + 0{,}04 \right)^{-1} = 1{,}39$ W/m²K

2. Wärmeverlust des Raumes:

$$\Phi = \Phi_W + \Phi_F + \Phi_L$$

$$= (U_W \cdot A_W + U_F \cdot A_F + \rho_L \cdot c_{pL} \cdot V_R \cdot n) \cdot (\theta_i - \theta_e) \qquad [W]$$

$$A_F = b_F \cdot h_F \qquad [m^2]$$

Der Verbauungswinkel beträgt

$$\alpha = \arctan \frac{7}{10} = 35\,°$$

die erforderliche Fensterbreite ist aus Datenblatt 5:

$$b_F = 5,67\ m$$

Mit:

$$A_F = 5,67 \cdot 1,35 = 7,65\ m^2$$

$$A = 6 \cdot 2,4 = 14,4\ m^2$$

$$A_W = A - A_F = 14,4 - 7,65 = 6,75\ m^2$$

folgt:

$$\Phi = (1,39 \cdot 6,75 + 3 \cdot 7,65 + 0,28 \cdot 1,25 \cdot 86,4 \cdot 0,5) \cdot (20 - \theta_e) \qquad [W]$$

$$\Phi = 47,45 \cdot (20 - \theta_e) \qquad [W]$$

3. Tageslichtquotient:

$$D = \frac{E_P}{E_a} = \frac{1000}{3000} = 0,33 = 33\ \%$$

4. Ergänzende Beleuchtungsstärke:

$$E_{erf} = 1000\ lx$$

mit

$$E_{vorh} = 0,01 \cdot 3000\ lx = 30\ lx$$

$$\Delta E = E_{erf} - E_{vorh} = 1000\ lx - 30\ lx = 970\ lx$$

Lösung 5.5

1. Der Tageslichtquotient soll mindestens 1 % betragen. Mit den Randbedingungen

$$h_V / t_V = 10 / 14 \qquad \text{entspricht } \alpha = \arctan \frac{10}{14} = 35\,° \qquad \text{und } h_F = 1,35 \text{ m}$$

kann die maximale Raumtiefe aus der Tabelle im Datenblatt 5 abgeschätzt werden:

Bei einer Raumbreite zwischen 4 m und 6 m können Räume höchstens bis zu einer Tiefe von 6 m ausreichend beleuchtet werden. Dazu ist eine Fensterbreite zwischen 3,97 m und 5,67 m erforderlich. Durch eine lineare Interpolation ergibt sich die Fensterbreite für den 5 m breiten Raum zu:

$$b_F = (3,97 + 5,67) / 2 = 4,82 \text{ m}$$

2. Die Abhängigkeit der Fensterbreite von der Raumtiefe kann entsprechend Bild B.5-6 grafisch dargestellt werden:

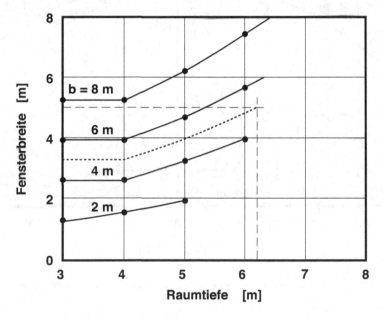

Bild B.5-6   Erforderliche Fensterbreiten in Abhängigkeit von der Raumtiefe. Als Parameter ist die Raumbreite aufgetragen.

Für den 5 m breiten Raum verläuft die Kurve, die die erforderliche Fensterbreite darstellt, zwischen den Kurven für b = 4 m und b = 6 m (gestrichelte Kurve). Bei einer Fensterbreite von ebenfalls 5 m ist die maximale Raumtiefe auf ca. 6,2 m begrenzt (Schnittpunkt mit der horizontalen Linie für 5 m Fensterbreite).

Lösung 5.6

1. $D = D_H + D_V + D_R \qquad D_R \equiv 0$

ohne Lärmschutzwand: $D = D_H = A_{NF} \cdot 0{,}1 \% = 95{,}5 \cdot 0{,}1 = 9{,}55 \%$

mit Lärmschutzwand:

$D_H = (A_{NF} - A_{NV}) \cdot 0{,}1\% = (95{,}5 - 11{,}9) \cdot 0{,}1 = 8{,}36 \%$

$D_V = A_{NV} \cdot 0{,}1 \% = 11{,}9 \cdot 0{,}15 \cdot 0{,}1 = 0{,}18 \%$

$D = D_H + D_V = 8{,}36 + 0{,}18 = 8{,}54 \%$

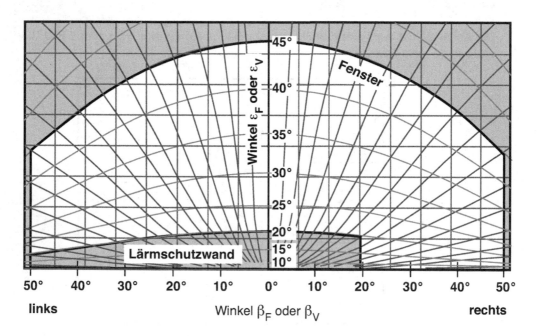

Bild B.5-7   Himmelslichtdiagramm des untersuchten Raumes mit Lärmschutzwand (Ausschnitt).

Änderung: $\dfrac{9{,}55 - 8{,}54}{9{,}55} = 0{,}10 \rightarrow 10 \%$ Verschlechterung

Lösung 5.7

1. $h = \tan 30 \cdot 8 = 4{,}6$ m $b = \tan 40 \cdot 8 = 6{,}7$ m

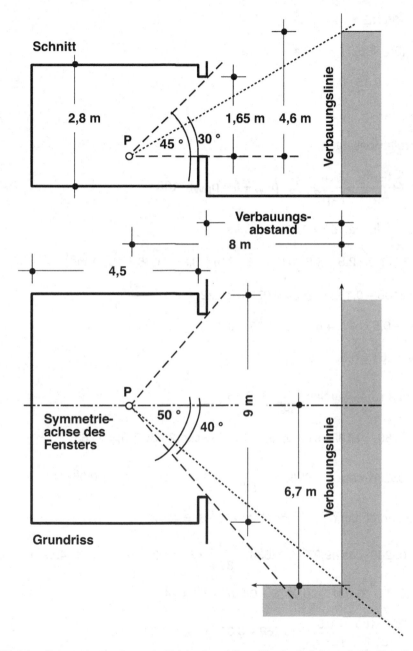

Bild B.5-8 Schematischer Querschnitt (oben) und Grundriss (unten) des untersuchten Raumes und der Lage der Verbauung.

2. $D = D_H + D_V + D_R$

$A_{NF} = 99 \text{ NE}$

$A_{NV} = 35 \text{ NE}$

$D_H = (99 - 35) \cdot 0,1 = 6,4 \%$

$D_V = 35 \cdot 0,15 \cdot 0,1 = 0,5 \%$

$D = 6,9 \%$

3. Innenreflexionsanteil:

$$D_R = \frac{\sum b_F \cdot h_F}{A_R} \cdot \frac{\overline{\rho}}{1 - \overline{\rho}^2} \cdot (f_o \cdot \rho_{BW} + f_u \cdot \rho_{DW}) \cdot 100 \qquad [\%]$$

$b_F = 2 \cdot 1,65 \cdot \tan 50 = 3,93 \text{ m}$

$A_R = 2 \cdot (4, 5 \cdot 2,8 + 4,5 \cdot 9,0 + 2,8 \cdot 9,0) - 3,93 \cdot 1,65 = 150,1 \text{ m}^2$

$f_o = 0,3188 - 0,182 \cdot \sin\alpha + 0,0773 \cdot \cos(2 \cdot \alpha) \qquad [-]$

$h_V = h - 0,5 \cdot h_F = 4,6 - 0,5 \cdot 1,65 = 3,78 \text{ m}$

$t_V = 8 - 1,65 = 6,35 \text{ m}$

$\alpha = \arctan \dfrac{h_V}{t_V} = \arctan \dfrac{3,78}{6,35} = 30,76 °$

$f_o = 0,3188 - 0,182 \cdot \sin(30,76) + 0,0773 \cdot \cos(2 \cdot 30,76) = 0,263$

$f_u = 0,03286 \cdot \cos\alpha' - 0,03638 \cdot \dfrac{\alpha'}{\text{rad}} + 0,01819 \cdot \sin(2 \cdot \alpha') + 0,06714 \qquad [-]$

$\alpha' = \arctan (2 \cdot \tan \alpha) = \arctan (2 \cdot \tan 30,76) = 49,97 °$

$f_u = 0,03286 \cdot \cos 49,97 - 0,03638 \cdot \dfrac{49,97}{360} \cdot 2 \cdot \pi + 0,01819 \cdot \sin(2 \cdot 49,97) + 0,06714$

$f_u = 0,0211 - 0,0317 + 0,0179 + 0,06714 = 0,074$

$D_R = \dfrac{3,93 \cdot 1,65}{150,1} \cdot \dfrac{0,5}{1 - 0,5^2} \cdot (0,263 + 0,074) \cdot 0,5 \cdot 100 = 0,49 \%$

Lösung 5.8

1. Winkelbereiche:

$$\beta_F = \text{arctan } \frac{12,5 - 1,0}{3,75} = 71,9°$$

$$\varepsilon_F = \text{arctan } \frac{3,0 - 0,85}{3,75} = 29,8°$$

$$\varepsilon_V = \text{arctan } \frac{3,0 - 0,85}{3,95 + 1,0} = 23,5°$$

2. Himmelslicht- und Außenreflexionsanteile:

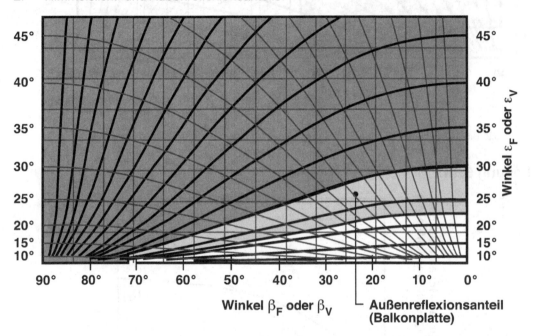

Bild B.5-9   Himmelslichtdiagramm des untersuchten Raumes mit Balkon (Ausschnitt).

Lösung 5.9

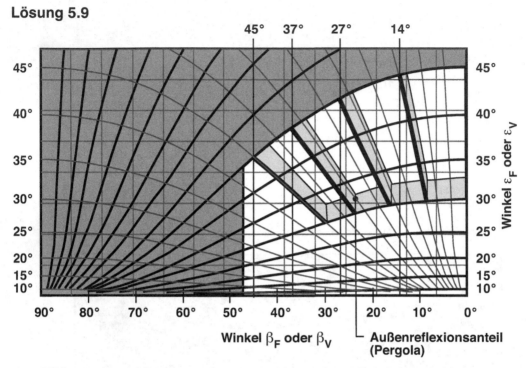

Bild B.5-10 Himmelslichtdiagramm des untersuchten Raumes mit Pergola (Ausschnitt).

Lösung 5.10

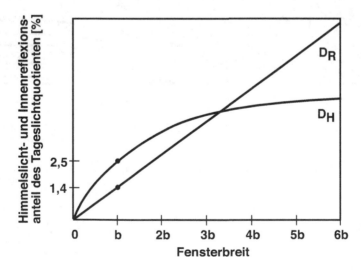

Bild B.5-11 Schematischer Verlauf der Himmelslicht- und der Innenreflexionsanteile des Tageslichtquotienten in Abhängigkeit von der Fensterbreite.

B.6 Stadtbauphysik und Lärmbekämpfung

Antworten zu den Verständnisfragen

1. Schall entsteht durch mechanische Schwingungen in verschiedenen Medien. Er ist für den Menschen nur teilweise hörbar.
   Lärm ist Schall, der als unangenehm empfunden wird, stört und sogar krank machen kann.

2. a) bei starker Windanströmung: Ecken und Kanten (Windlast)
   b) bei Schwachwindzuständen: Fenster, Schornsteine, Müllplätze etc. (Immissionen)

3. Wetterlage, bei der die Lufttemperatur mit zunehmender Höhe
   c) zunimmt.

4. Zunahme
   b) der Lufttemperatur ab einer bestimmten Höhe,
   d) der Windgeschwindigkeit ab einer bestimmten Höhe über dem Boden.

5. a) Die Lärmbelastung wird in größeren Entfernungen von der Schallquelle verstärkt,
   d) die Ausbreitung von Abgasen wird in größeren Entfernungen von der Emissionsquelle begünstigt, weil die Windgeschwindigkeit ansteigt.

6. c) helle Wandoberflächen
   d) begrünte Dächer und Fassaden
   e) Springbrunnen
   g) Wasserbecken

7. b) Sonnenschutz
   d) Wärmespeicherung
   e) Lüftung

8. b) Sonnenschutz
   c) Lüftung
   d) Regenschutz
   f) Feuchteschutz

© Springer Fachmedien Wiesbaden GmbH, ein Teil von Springer Nature 2022
K. Gertis et al., *Bauphysikalische Aufgabensammlung mit Lösungen*,
https://doi.org/10.1007/978-3-658-35586-9_12

9. b) parallel zur Windrichtung angeordnete Häuserzeilen
    c) Lücken in versetzten Häuserzeilen, die parallel zur Windrichtung angeordnet sind
    d) lockere Hochhausbebauung

10. b) Absenkung

11. c) proportional der kurzwelligen Sonneneinstrahlung und der Albedo der Flächen

12. a) CO_2 zugenommen
    b) SO_2 abgenommen
    c) NO_2 zugenommen
    d) O_3 zugenommen
    e) FCKW   zugenommen

13. c) 90 dB

14. B)

15. c) Im mittleren Bereich der Fassade herrscht ein Überdruck, im oberen und im unteren ein Unterdruck.

16. b) sie kann die natürliche Windgeschwindigkeit um das 3-fache überschreiten
    c) sie kann die natürliche Windgeschwindigkeit um das 0,3-fache unterschreiten

17. e) West

18. a) CO_2
    b) CO
    d) NO_2
    e) O_3
    f) FCKW

19. a) Speichernde Bauteile
    d) kleine Lüftungsquerschnitte nach außen

20. d) Gebäudezeilen parallel zur Strömungsrichtung
    e) lockere Bebauung.

Lösungen zu den Aufgaben

Lösung 6.1

1. Die Wellenlänge des Luftschalls ist definiert durch:

$$\lambda = \frac{c_L}{f} \quad [m]$$

Dabei ist die Schallausbreitungsgeschwindigkeit in der Luft:

$$c_L = \sqrt{\kappa \cdot R \cdot T} = \sqrt{1{,}4 \cdot 290 \cdot (22 + 273)} = 346 \; m/s$$

Folglich ergibt sich:

$$\lambda = \frac{346}{1250} = 0{,}28 \; m = 28 \; cm$$

2. Das vom Einfallswinkel abhängende Schalldämm-Maß der Wand berechnet sich nach der Gleichung

$$R_W = 20 \cdot \lg \frac{\pi \cdot f \cdot m' \cdot \cos \vartheta}{\rho_L \cdot c_L} \quad [dB]$$

mit der flächenbezogenen Masse der Wand:

$$m' = \rho \cdot d = 1000 \cdot 0{,}12 = 120 \; kg/m^2$$

zu:

$$R_W = 20 \cdot \lg \frac{\pi \cdot 1250 \cdot 120 \cdot 0{,}5}{1{,}25 \cdot 346} = 54{,}7 dB \approx 55 \; dB$$

3. Zur Bestimmung des Fensterflächenanteils wird die Gleichung für das Gesamt-schalldämm-Maß der Außenfassade herangezogen:

$$R_G = R_W - 10 \cdot \lg \left[1 + \frac{S_F}{S_G} \cdot \left(10^{\frac{R_W - R_F}{10}} - 1 \right) \right] \quad [dB]$$

Daraus ergibt sich:

$$\frac{S_F}{S_G} = \frac{10^{\frac{R_W - R_G}{10}} - 1}{10^{\frac{R_W - R_F}{10}} - 1} = \frac{10^{\frac{55-45}{10}} - 1}{10^{\frac{55-40}{10}} - 1} = \frac{10 - 1}{10^{1,5} - 1} = 0,29 \hat{=} 29\,\%$$

4. Schallpegel im Raum:

$$L_2 = L_1 - R + 10 \cdot \lg \frac{S}{A_2} \quad [dB]$$

Mit

$$S = 4 \cdot 2,5 = 10 \text{ m}^2$$

$$A_2 = 0,16 \cdot \frac{V}{T} \quad [m^2]$$

$$V = l \cdot b \cdot h = 4 \cdot 3,2 \cdot 2,5 = 32 \text{ m}^3$$

$$A_2 = 0,16 \cdot \frac{32}{0,5} = 10,2 \text{ m}^2$$

ist der Schallpegel:

$$L_2 = 77 - 45 + 10 \cdot \lg \frac{10}{10,2} = 31,9 \text{ dB}$$

5. Der Abstand r zwischen dem Krankenhaus und der Fahrbahnmitte berechnet sich aus dem Zusammenhang für den Mittelungspegel:

$$L_m = L_0 + 10 \cdot \lg M - 10 \cdot \lg \frac{r}{r_0} - \Delta L_z - \Delta L_z' = 77 \text{ dB(A)}$$

$\Delta L_z = 0$ dB(A);   keine Abschirmung

$\Delta L_z' = 0$ dB(A);   Immissionspunkt vor dem Haus

$$10 \cdot \lg \frac{r}{r_0} = L_0 + 10 \cdot \lg M - 77 = 48 + 10 \cdot \lg 2000 - 77 = 4 \text{ dB(A)}$$

$$r = r_0 \cdot 10^{0,4} = 25 \cdot 10^{\underline{0,4}} \quad 62,8 \text{ m}$$

6.   Die geometrische Anordnung der Lärmschutzwand ist Bild B.6-1 zu entnehmen:

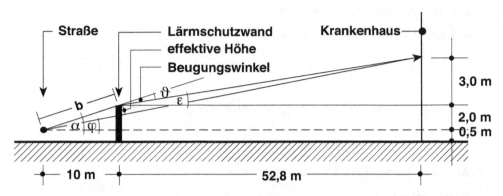

Bild B.6-1:   Schematische Darstellung der Anordnung der Lärmschutzwand.

Der Beugungswinkel ist:

$$\delta = \alpha - \varepsilon = \arctan\frac{2,0}{10,0} - \arctan\frac{3,0}{52,8} = 11,3 - 3,3 = 8\,^{\circ}$$

Die effektive Höhe errechnet sich wie folgt:

$$h_{eff} = b \cdot \sin(\alpha - \varphi) = \sqrt{2,0^2 + 10,0^2} \cdot \sin\left(\arctan\frac{2,0}{10,0} - \arctan\frac{5,0}{62,8}\right)$$

$$h_{eff} = 10,2 \cdot \sin(11,3 - 4,6) = 10,2 \cdot 0,117 = 1,19\,m$$

$$\frac{h_{eff}}{\lambda} = \frac{1,19}{0,28} = 4,25$$

Dem Diagramm im Merkblatt 9 kann für das h_{eff}/λ - Verhältnis von 4,25 und für den Beugungswinkel von 8° ein Abschirmmaß von ca. 12 dB entnommen werden.

Lösung 6.2

1.   Schallausbreitungsgeschwindigkeit in der Luft:

$$c_L = \sqrt{\kappa \cdot R \cdot T} = \sqrt{1,4 \cdot 290 \cdot (25 + 273)} = 348\,m/s$$

2. Da sich der Schallpegel vor dem Sanatorium nach dem Aufstellungen der Lärm-schutzwand nicht ändern darf, gilt:

L_{m1} (ohne Wand) = L_{m2} (mit Wand)

$$L_{m1} = L_0 + 10 \cdot \lg M - 10 \cdot \lg \frac{r}{r_0} - \Delta L_{z1} - \Delta L_z' \qquad [dB(A)]$$

$$L_{m2} = L_0 + 10 \cdot \lg (15\,M) - 10 \cdot \lg \frac{r}{r_0} - \Delta L_{z2} - \Delta L_z' \qquad [dB(A)]$$

$\Delta L_z' = 0$; Straßenzugewandte Seite der Fassade

$\Delta L_{z1} = 0$; keine Abschirmwand vorhanden.

Somit ergibt sich:

$$10 \cdot \lg M = 10 \lg (15 \cdot M) - \Delta L_{z2}$$

$$\Delta L_{z2} = 10 \cdot \lg 15 = 11{,}8 \; dB(A)$$

3. Für das Abschirmmaß der Wand folgt aus dem Diagramm im Merkblatt 9:

$$\Delta L_z = 11{,}8 \; dB(A)$$

EG: $\qquad \dfrac{h_{eff}}{\lambda_1} = 1 \quad \Rightarrow \quad \lambda_1 = h_{eff} = 2{,}5 \; m$

2. OG: $\qquad \dfrac{h_{eff}}{\lambda_2} = 3 \quad \Rightarrow \quad \lambda_2 = \dfrac{h_{eff}}{3} = \dfrac{1}{3} = 0{,}33 \; m$

Nach der Definition

$$c_L = \lambda \cdot f \quad [m/s]$$

sind die Frequenzen:

$$f_1 = \frac{c_L}{\lambda_1} = \frac{348}{2{,}5} = 139 \; Hz$$

$$f_2 = \frac{c_L}{\lambda_2} = \frac{348}{0{,}33} = 1055 \; Hz$$

4. Das bewertete Schalldämmaß der Fenster lässt sich aus der Gleichung

$$R_{ges} = -10 \cdot \lg \frac{1}{S_{ges}} \left(S_W \cdot 10^{-\frac{R_W}{10}} + S_F \cdot 10^{-\frac{R_F}{10}} \right) \quad [dB]$$

errechnen.

Mit

$$S_F = S_W = 0,5 \cdot S_{ges}$$

folgt:

$$R_F = -10 \cdot lg \frac{1}{S_F} \left(S_{ges} \cdot 10^{-\frac{R_{ges}}{10}} - S_F \cdot 10^{-\frac{R_F}{10}} \right) = R_F = -10 \cdot lg 2 \left(10^{-\frac{R_{ges}}{10}} - 0,5 \cdot 10^{-\frac{R_F}{10}} \right)$$

$$R_F = -10 \cdot lg 2 \left(10^{-4,5} - 0,5 \cdot 10^{-5,9} \right) = 42,1 \text{ dB}$$

Lösung 6.3

1. Mittelungspegel vor der Fassade:

$$L_m = L_0 + 10 \cdot lg\, n - 10 \cdot lg \frac{r}{r_0} - \Delta L_z - \Delta L_z' \qquad [\text{dB(A)}]$$

$\Delta L_z = \Delta L_z' = 0$,   keine Abschirmung

Mit

$L_0 + 10 \cdot lg\, M = 85 \text{ dB(A)}$ ergibt sich:

$$L_m = 85 - 10 \cdot lg \frac{250}{25} = 75 \text{ dB(A)}$$

2. Schalldämm-Maß der Außenwand:

$$R = L_1 - L_2 + 10 \cdot lg \frac{S}{A} \qquad [\text{dB}]$$

mit $S = 6,0 \cdot 3,0 = 18 \text{ m}^2$ (keine Fenster an dieser Wand)

$$A = 0,16 \cdot \frac{V}{T} \qquad [\text{m}^2]$$

$V = 6,0 \cdot 4,5 \cdot 3,0 = 81 \text{ m}^3$

$$A = 0,16 \cdot \frac{81}{0,6} = 21,6 \text{ m}^2$$

Da bei 1000 Hz die dB(A)-Werte gleich den dB-Werten sind, ergibt sich:

$$R = 85 - 30 + 10 \cdot lg \frac{18}{21,6} = 55 - 0,8 = 54,2 \text{ dB}$$

3. Die Überprüfung der Konstruktion erfolgt anhand ihrer Resonanzfrequenz. Die Konstruktion trägt zur Verbesserung der Schalldämmung bei, wenn ihre Resonanzfrequenz 80 Hz nicht überschreitet.

$$f_R = 160 \cdot \sqrt{\frac{s'}{m'}} = 160 \cdot \sqrt{\frac{60}{7,8}} = 443,8 \text{ Hz}$$

Die Resonanzfrequenz der untersuchten Konstruktion ist größer als 80 Hz. Die Vorsatzschale ist also ungeeignet, da ihre Resonanzfrequenz im bauakustischen Frequenzbereich und weit oberhalb von 80 Hz liegt.

4. Koinzidenzgrenzfrequenz der Vorsatzschale:

$$f_g = 64 \cdot \frac{1}{d} \cdot \sqrt{\frac{\rho}{E}} \quad [\text{Hz}]$$

$$f_g = \frac{64}{10^{-3}} \cdot \sqrt{\frac{7800}{2 \cdot 10^5}} = 64 \cdot 10^2 \cdot \sqrt{\frac{7,8}{2}} = 12,6 \text{ kHz} > 3,15 \text{ kHz}$$

$$\rho = \frac{m'}{d} = \frac{7,8}{10^{-3}} = 7800 \text{ kg/m}^3$$

Die Vorsatzschale ist biegeweich!

5.

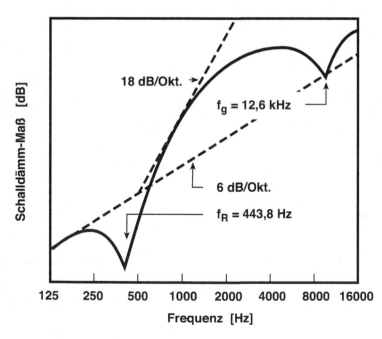

Bild B.6-2: Schematische Darstellung des Schalldämm-Maßes der untersuchten Wandkonstruktion in Abhängigkeit von der Frequenz.

Lösung 6.4

1. Maßnahmen: Lärmschutzwand, Lärmschutzwall, Schallschutzfenster, Vorsatzschale vor oder hinter der Außenfassade, Straßenüberbauung, Wintergarten.

2. Schallgeschwindigkeit in der Luft:

$$c_L = \sqrt{\kappa \cdot R \cdot T} = \sqrt{1{,}4 \cdot 290 \cdot (273 + 22)} = 346 \text{ m/s}.$$

3. $L_m = L_0 + 10 \cdot \lg M - 10 \cdot \lg \dfrac{r}{r_0} - \Delta L_z - \Delta L_z' \quad [\text{dB(A)}]$

$\Delta L_z = \Delta L_z' = 0$; keine Abschirmung

$$L_m = 50 + 10 \cdot \lg 700 - 10 \cdot \lg \frac{40}{25} = 76{,}4 \text{ dB(A)}.$$

4. Schalldämmung der Fassade:

$$R = L_a - L_i + 10 \cdot \lg \frac{S}{A} \quad [\text{dB}]$$

Da bei 1000 Hz der Schallpegel in dB(A) gleich dem Schallpegel in dB ist folgt:

$$R = 76{,}4 - 35 + 10 \cdot \lg \frac{100}{30} = 46{,}6 \text{ dB}.$$

5. Das Schalldämm-Maß des Fensters errechnet sich aus der Gleichung

$$R_G = R_W - 10 \cdot \lg \left[1 + \frac{S_F}{S_W + S_F} \cdot \left(10^{\frac{R_W - R_F}{10}} - 1 \right) \right] [\text{dB}] \qquad \text{zu:}$$

$$R_F = R_W - 10 \cdot \lg \left[1 + \frac{S_W + S_F}{S_F} \cdot \left(10^{\frac{R_W - R_G}{10}} - 1 \right) \right] [\text{dB}]$$

$$R_F = 50 - 10 \cdot \lg \left[1 + \frac{1}{0{,}4} \cdot \left(10^{\frac{50 - 46{,}6}{10}} - 1 \right) \right] = 44 \text{ dB}$$

Lösung 6.5

1. Schalldämm-Maß der Fassade:

$$R_G = R_W - 10 \cdot \lg \left[1 + \frac{S_F}{S_W + S_F} \cdot \left(10^{\frac{R_W - R_F}{10}} - 1 \right) \right] \qquad [\text{dB}]$$

$$R_G = 40 - 10 \cdot \lg \left[1 + \frac{30}{100} \cdot \left(10^{\frac{40-30}{10}} - 1 \right) \right] = 34 \text{ dB}$$

2. Mittelungspegel:

$$L_m = L_0 + 10 \cdot \lg M - 10 \cdot \lg \frac{r}{r_0} - \Delta L_z - \Delta L_z' \qquad [\text{dB(A)}]$$

$\Delta L_z = \Delta L_z' = 0$; keine Abschirmung

$$L_m = 38 + 10 \cdot \lg 600 - 10 \cdot \lg \frac{10}{25} = 70 \text{ dB(A)}$$

3. Schallpegel im Raum:

$$L_i = L_a - R + 10 \cdot \lg \frac{S}{A} \qquad [\text{dB}]$$

Mit $S = 3,6 \cdot 2,5 = 9,0 \text{ m}^2$

$L_a = L_m = 70 \text{ dB(A)} = 70 \text{ dB}; \ (f = 1000 \text{ Hz})$

ergibt sich:

$$L_i = L_a + 10 \cdot \lg \frac{S}{A} - R = 70 + 10 \cdot \lg \frac{9}{6} - 34 = 38 \text{ dB}$$

4. Mögliche Maßnahmen zur Reduzierung des Schallpegels im Raum:
    – Einsatz besserer Fenster
    – Verbesserung der Schalldämmung der Wand, z.B. durch eine Vorsatzschale
    – Einbringen zusätzlicher äquivalenter Schallabsorptionsflächen in den Raum
    – Lärmschutzwand zwischen Haus und Straße

5. Durch die zusätzliche äquivalente Schallabsorptionsfläche soll der Lärmpegel um

$$\Delta L = 38 - 35 = 3 \text{ dB}$$

reduziert werden. Aus der Beziehung

$$\Delta L = 10 \cdot \lg \frac{A_{nach}}{A_{vor}} \qquad [\text{dB}]$$

ergibt sich:

$$A_{nach} = 10^{0,3} \cdot A_{vor} \qquad [\text{m}^2]$$

$$A_{nach} = 10^{0,3} \cdot 6 = 12 \text{ m}^2 \qquad \text{und damit}$$

$$A_{zus} = 12 - 6 = 6 \text{ m}^2$$

Lösung 6.6

1. $\lambda = \dfrac{c_L}{f}$ [m]

    $c_L = \sqrt{\kappa \cdot R \cdot T} = \sqrt{1{,}4 \cdot 290 \cdot (20 + 273)} = 345$ m/s

    $\lambda = \dfrac{345}{250} = 1{,}38$ m $= 138$ cm

2. $\tan \vartheta = \dfrac{17}{54} = 0{,}315$

    $\vartheta = \arctan 0{,}315 = 17{,}5°$

3. $L_{Ref} = L_0 + 10 \cdot \lg M - 10 \cdot \lg \dfrac{r}{r_0} - \Delta L_z - \Delta L_z'$ [dB]

    $\Delta L_z = 10$ dB   Abschirmung durch die Brücke

    $\Delta L_z' = 0$

    $r = \sqrt{(54 + 6)^2 + 17^2} = \sqrt{3889} = 62{,}4$ m

    $L_{Ref} = 48 + 10 \cdot \lg 4000 - 10 \cdot \lg \dfrac{62{,}4}{6} - 10 = 64$ dB

4. $R = 20 \cdot \lg \dfrac{\pi \cdot f \cdot m' \cdot \cos \vartheta}{\rho_L \cdot c_L}$ [dB]

    $R = 20 \cdot \lg \dfrac{\pi \cdot 250 \cdot 240 \cdot 0{,}95}{1{,}25 \cdot 345} = 52{,}4$ dB

    $m' = \rho \cdot d = 2000 \cdot 0{,}12 = 240$ kg/m^2

    $\cos \vartheta = \cos 17{,}5° = 0{,}95$

5. Die Pegelminderung ist größer, weil die effektive Höhe und der Beugungswinkel größer werden.

Lösung 6.7

1. Die Schallgeschwindigkeit lässt sich wie folgt berechnen:

    $c_L = \sqrt{\kappa \cdot R \cdot T} = \sqrt{1{,}4 \cdot 376 \cdot (273 + 28)} = 398$ m/s

Aus dem Zusammenhang

$$c_L = \lambda \cdot f \quad \text{[m/s]} \qquad \text{oder} \qquad \lambda = \frac{c_L}{f} \quad \text{[m]}$$

ergibt sich die Wellenlänge zu

$$\lambda = \frac{398}{500} = 0,796 \text{ m}$$

2. Aufgrund der geometrischen Verhältnisse kann der Beugungswinkel nach Bild B.6-3 ermittelt werden.

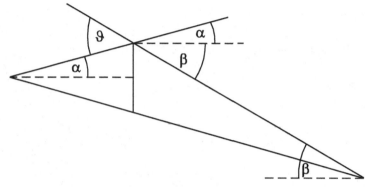

Bild B.6-3: Schematische Darstellung der geometrischen Verhältnisse zwischen der Schallquelle, der Lärmschutzwand und dem Beobachtungspunkt.

$$\vartheta = \alpha + \beta$$

$$\alpha = \arctan \frac{1}{15} = 3,81° \qquad\qquad \beta = \arctan \frac{17}{60} = 15,82°$$

Der Beugungswinkel beträgt

$$\vartheta = 19,63° \approx 20°$$

Aus dem Diagramm im Bild M-7 gemäß Merkblatt 9:

$$\frac{h_{eff}}{\lambda} \approx 1,5 \qquad \text{wenn Abschirmmaß = 12 dB bei } \vartheta = 20°$$

$$h_{eff} = 1,5 \cdot 0,796 = 1,19 \text{ m}$$

3. Der Mittelungspegel in 60 m Entfernung von der Schallquelle beträgt:

$$L_m = L_{15} - 10 \cdot \lg \frac{r}{r_0} = 70 - 10 \cdot \lg \frac{60}{15} = 70 - 6 = 64 \text{ dB}$$

4. Die Entfernung zwischen der Schallquelle und des Beobachtungspunktes lässt sich, eine ungehinderte Schallausbreitung vorausgesetzt, gemäß Bild B.6-4 ermitteln.

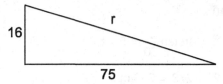

Bild B.6-4:   Schematische Darstellung der geometrischen Verhältnisse zwischen der Schallquelle und dem Beobachtungspunkt.

$$r = \sqrt{75^2 + 16^2} = 76{,}7 \text{ m}$$

$$L_{(76,7)} = L_{15} - 10 \cdot \lg \frac{76{,}7}{15} - 12 = 70 - 7{,}1 - 12 = 50{,}9 \text{ dB}$$

$$L = 20 \cdot \lg \frac{p}{p_0} \qquad p_0 = 2 \cdot 10^{-5} \text{ Pa}$$

$$p = p_0 \cdot 10^{\frac{L}{20}} = 2 \cdot 10^{-5} \cdot 10^{\frac{50,9}{20}} = 7{,}02 \cdot 10^{-3} \text{ Pa}$$

5. Das Schalldämm-Maß eines einschaligen Bautells errechnet sich beim senkrechten Schalleinfallswinkel nach dem folgenden Zusammenhang:

$$R = 20 \cdot \lg \frac{\pi \cdot f \cdot m'}{\rho_L \cdot c_L}$$

$$R_{Holz} = 20 \cdot \lg \frac{\pi \cdot 500 \cdot 800 \cdot 0{,}024}{1{,}2 \cdot 398} = 36{,}0 \text{ dB}$$

$$R_{Stein} = 20 \cdot \lg \frac{\pi \cdot 500 \cdot 1600 \cdot 0{,}12}{1{,}2 \cdot 398} = 56{,}0 \text{ dB}$$

Das resultierende Schalldämm-Maß der Lärmschutzwand ist:

$$R_{res} = -10 \cdot \lg\left(0{,}6 \cdot 10^{\frac{-56}{10}} + 0{,}4 \cdot 10^{\frac{-36}{10}}\right) = -10 \cdot \lg\left(1{,}8 \cdot 10^{-6} + 1{,}2 \cdot 10^{-4}\right) = 39{,}9 \text{ dB}$$

Lösung 6.8

1. $$L_m = L_0 + 10 \cdot \lg M - 10 \cdot \lg \frac{r}{r_0} - \Delta L_z - \Delta L_z' \qquad [dB]$$

$$\Delta L_z = \Delta L_z' = 0$$

$$L_m = 45 + 10 \cdot \lg 4000 - 10 \cdot \lg \frac{50}{25} = 45 + 36 - 3 = 78 \text{ dB}$$

2. $R = 20 \cdot \lg \dfrac{\pi \cdot f \cdot m' \cdot \cos \vartheta}{\rho_L \cdot c_L}$ [dB]

$m' = 0{,}24 \cdot 1000 = 240 \text{ kg/m}^2$

$\tan \vartheta = \dfrac{5}{50}$ $\vartheta = \arctan \dfrac{5}{50} = 5{,}7\,°$

$c_L = \sqrt{\kappa \cdot R \cdot T} = \sqrt{1{,}4 \cdot 290 \cdot 273} = 333 \text{ m/s}$

$R = 20 \cdot \lg \dfrac{\pi \cdot 500 \cdot 240 \cdot 0{,}995}{1{,}25 \cdot 333} = 59 \text{ dB}$

3. $R = L_1 - L_2 + 10 \cdot \lg \dfrac{S}{A}$ [dB] $L_2 = L_1 - R + 10 \cdot \lg \dfrac{S}{A}$ [dB]

$S = 7 \cdot 35 = 245 \text{ m}^2$

$A = 0{,}16 \cdot \dfrac{V}{T} = \dfrac{0{,}16 \cdot 245 \cdot 21}{1{,}2} = 686{,}0 \text{ m}^2$

Fall (1) Außenwand:

$L_2(1) = 78 - 59 + 10 \cdot \lg \dfrac{245}{686} = 78 - 59 - 4{,}5 = 14{,}5 \text{ dB}$

Fall (2) Dach:

$L_2(2) = L_{1D} - R_D + 10 \cdot \lg \dfrac{S_D}{A}$ [dB]

$L_{1D} = 78 - 5 = 73 \text{ dB}$

$S_D = 21 \cdot 35 = 735 \text{ m}^2$

$L_2(2) = 73 - 38 + 10 \cdot \lg \dfrac{735}{686} = 35{,}3 \text{ dB}$

$\Sigma L = 10 \cdot \lg \left(10^{\frac{L_1}{10}} + 10^{\frac{L_2}{10}} \right) = 35{,}3 \text{ dB}$

4. $T = \dfrac{0{,}16 \cdot V}{A_0 + A} = \dfrac{0{,}16 \cdot 7 \cdot 35 \cdot 21}{686 + 60 \cdot 0{,}9} = 1{,}11 \text{ s}$

5. $\Delta L = \left| 10 \cdot \lg \dfrac{A_0 + A}{A_0} \right| = \left| 10 \cdot \lg \dfrac{T_{neu}}{T_{alt}} \right| = \left| 10 \cdot \lg \dfrac{1{,}11}{1{,}2} \right| = 0{,}34 \text{ dB}$

Der Schallpegel wird um 0,3 dB reduziert.

Lösung 6.9

1. $\lambda = \dfrac{c_L}{f}$ [m]

   $c_L = \sqrt{\kappa \cdot R \cdot T}$ [m/s]

   $\lambda = \dfrac{\sqrt{1{,}4 \cdot 290 \cdot 293}}{500} = 0{,}69$ m

2. Die effektive Höhe der Lärmschutzwand lässt sich gemäß Bild A.6-9 ermitteln:

   $h_{eff} = \sqrt{5{,}7^2 - 4{,}5^2} = 3{,}5$ m

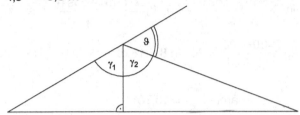

Bild B.6-5: Schematische Darstellung der geometrischen Verhältnisse zwischen der Schallquelle und dem Beobachtungspunkt.

$\vartheta = 180 - (\gamma_1 + \gamma_2) = 180 - (52{,}1 + 73{,}5) = 54{,}4°$

$\gamma_1 = \arcsin \dfrac{4{,}5}{5{,}7} = 52{,}1°$

$\gamma_2 = \arcsin \dfrac{11{,}7}{12{,}2} = 73{,}5°$

3. $\dfrac{h_{eff}}{\lambda} = \dfrac{3{,}5}{0{,}69} = 5{,}07$

   Abschirmmaß für $\vartheta \approx 50°$: 20 dB aus dem Diagramm im Bild M-6 im Merkblatt 9:

   $\Delta L = 10 \cdot \lg \dfrac{r_2}{r_1} = 10 \cdot \lg \dfrac{200}{16} = 11$ dB

4. $f_R = \dfrac{85}{\sqrt{m' \cdot d}} = \dfrac{85}{\sqrt{19{,}2 \cdot 0{,}04}} = 97$ Hz

   $m_1' = \rho \cdot h_1 = 800 \cdot 0{,}024 = 19{,}2$ kg/m^2 $\qquad\qquad$ $m_1' = m_2' = m'$

Lösung 6.10

1.　$c_B = \sqrt[4]{\omega^2 \cdot \dfrac{E_B \cdot d^2}{12 \cdot \rho_B \cdot (1 - \nu^2)}}$　[m/s]

$\dfrac{c_B}{c_H} = \sqrt[4]{\dfrac{E_B \cdot d_B^2 \cdot \rho_H}{E_H \cdot d_H^2 \cdot \rho_B}} = \sqrt[4]{\dfrac{40}{0,1} \cdot \left(\dfrac{0,08}{0,04}\right)^2 \cdot \dfrac{600}{2400}} = \sqrt[4]{400 \cdot 4 \cdot 0,25} = 4,47$

$\dfrac{c_B}{c_H} = \dfrac{\lambda_B}{\lambda_H} = 4,47$

2.　$R_B - R_H = 20 \cdot \lg \dfrac{\pi \cdot f \cdot m'_B \cdot \cos\vartheta}{\rho_L \cdot c_L} - 20 \cdot \lg \dfrac{\pi \cdot f \cdot m'_H \cdot \cos\vartheta}{\rho_L \cdot c_L} = 20 \cdot \lg \dfrac{m'_B}{m'_H}$

$= 20 \cdot \lg \dfrac{2400 \cdot 0,08}{600 \cdot 0,04} = 20 \cdot \lg 8 = 18 \text{ dB}$

3.　$\tan\alpha = \dfrac{1,7}{5}$　　　$\alpha = \arctan\dfrac{1,7}{5} = 18,78°$

$\tan\beta = \dfrac{1,7}{10}$　　　$\beta = \arctan\dfrac{1,7}{10} = 9,65°$

$\vartheta = \alpha + \beta = 18,78 + 9,65 = 28,43° \approx 30°$

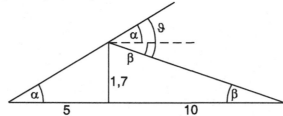

Bild B.6-6:　Schematische Darstellung der geometrischen Verhältnisse zwischen der Schallquelle und dem Beobachtungspunkt.

$\lambda = \dfrac{c_L}{f} = \dfrac{343}{2000} = 0,17 \text{ m}$

$\dfrac{h_{eff}}{\lambda} = \dfrac{1,7}{0,17} = 10$　　　aus dem Diagramm im Bild M-6 im Merkblatt 9: $\Delta L_z \approx 21$ dB

4.　$R = 10 \cdot \lg \dfrac{1}{\tau} = -10 \cdot \lg\tau = 8 \text{ dB}$

$\tau = 10^{-\frac{R}{10}} = 0,16$　　durchgelassen: $\dfrac{W_{durchgelassen}}{W_{einfallend}} = 0,16 \rightarrow$　　16 %

Teil C
Anhang

C.1 Arbeits-, Daten- und Merkblätter

Arbeitsblatt A.1-1 zu Aufgabe 1.7

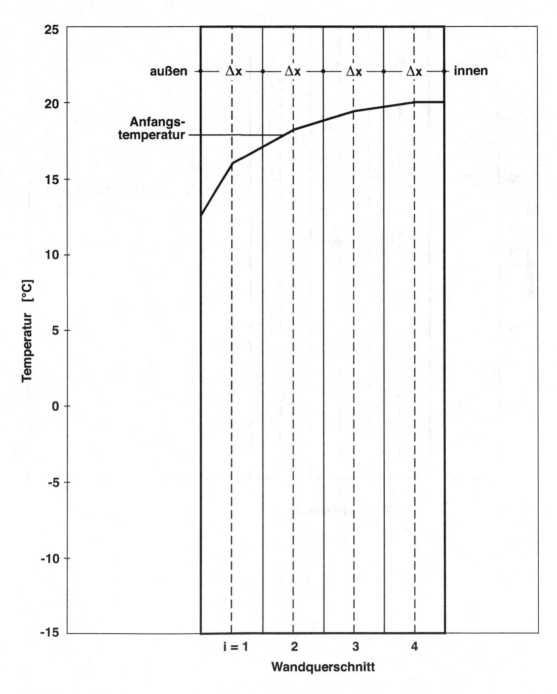

© Springer Fachmedien Wiesbaden GmbH, ein Teil von Springer Nature 2022
K. Gertis et al., *Bauphysikalische Aufgabensammlung mit Lösungen,*
https://doi.org/10.1007/978-3-658-35586-9

Arbeitsblatt A.1-2 zu Aufgabe 1.15

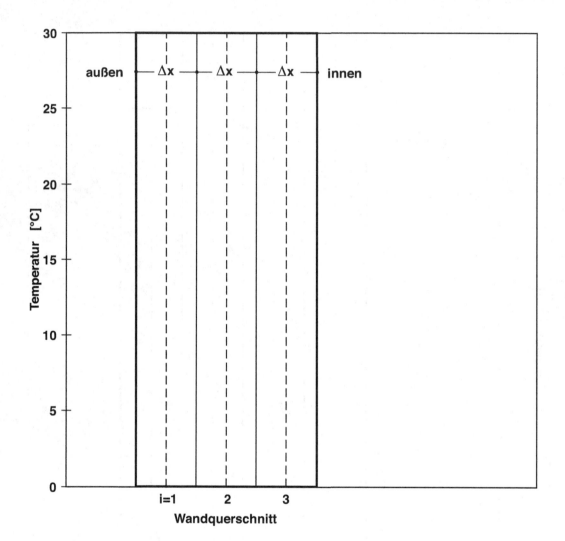

Arbeitsblatt A.1-3 zu Aufgabe 1.16

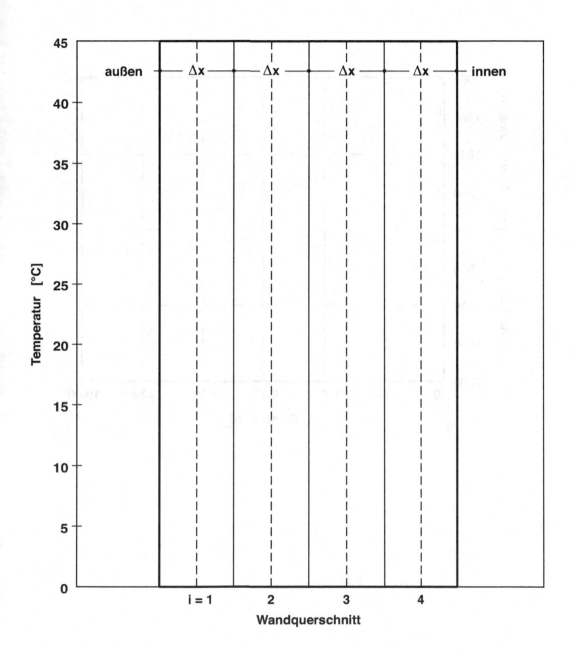

Arbeitsblatt A.1-4 zu Aufgabe 1.16

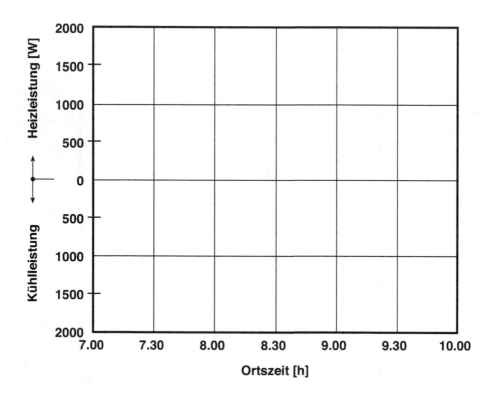

Arbeitsblatt A.1-5 zu Aufgabe 1.23

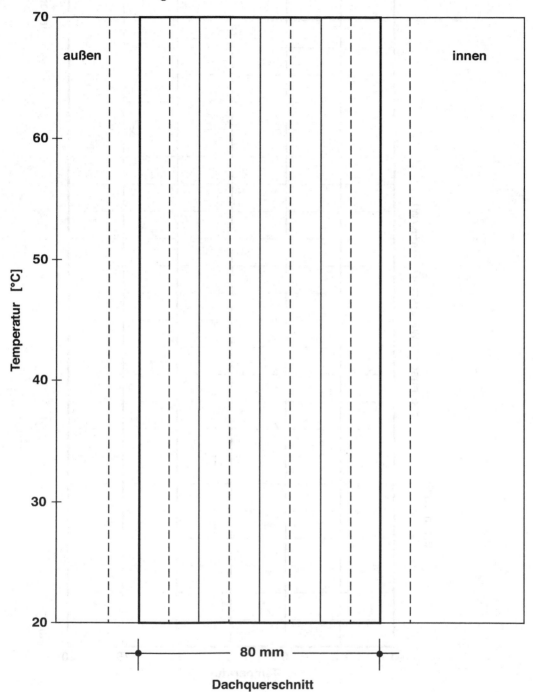

außen

innen

Temperatur [°C]

80 mm

Dachquerschnitt

Arbeitsblatt A.1-6 zu Aufgabe 1.26

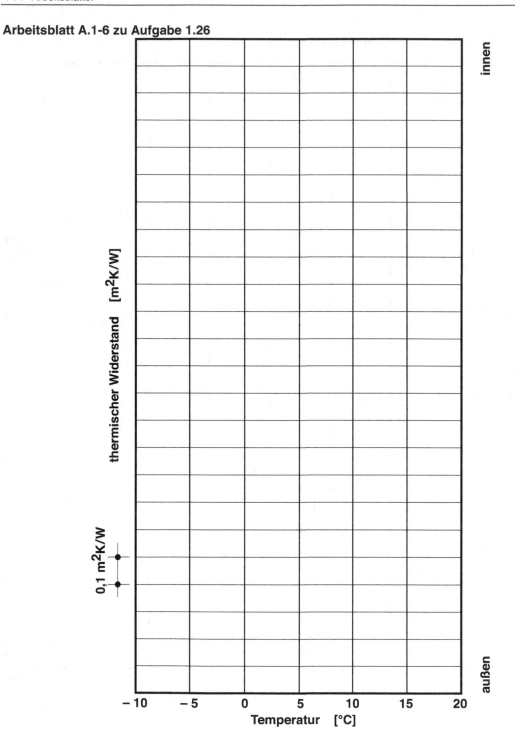

Arbeitsblatt A.1-7 zu Aufgabe 1.28

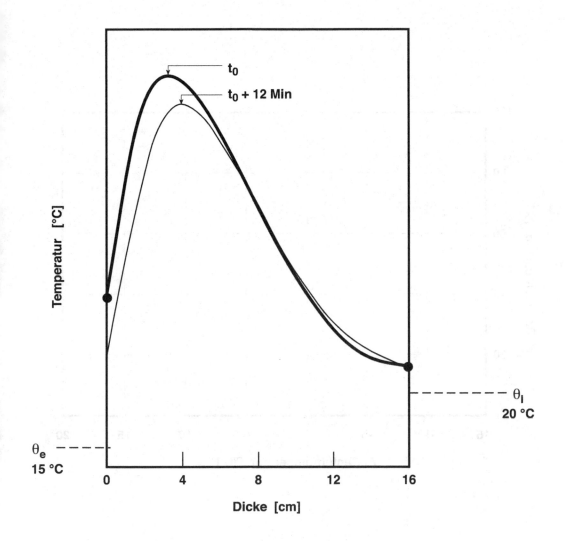

Arbeitsblatt A.2-1 zu Aufgabe 2.10

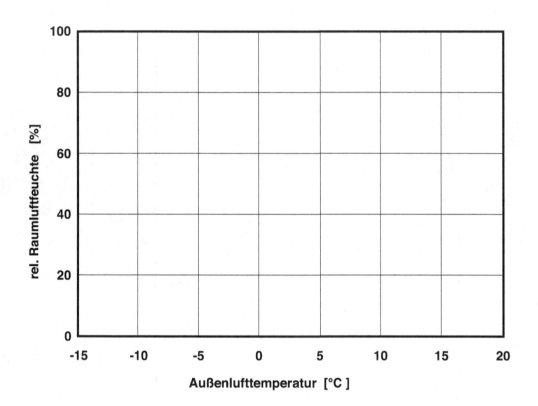

Arbeitsblatt A.2-2 zu Aufgabe 2.10

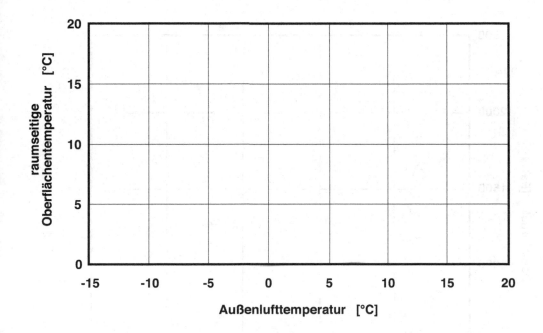

Arbeitsblatt A.2-3 zu Aufgabe 2.13

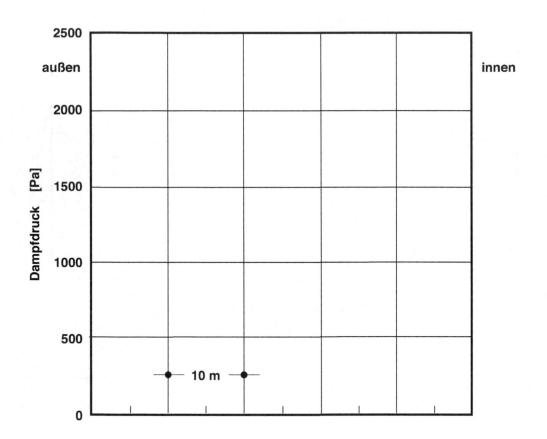

wasserdampfdiffusionsäquivalente
Luftschichtdicke [m]

Arbeitsblatt A.2-4 zu Aufgabe 2.16

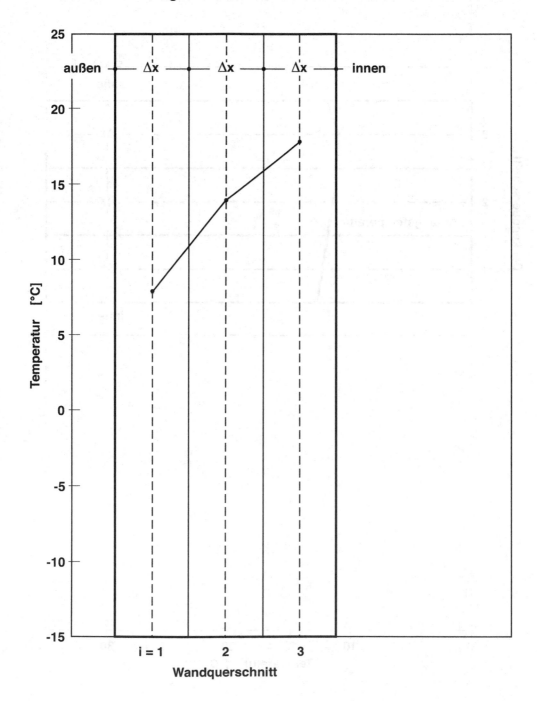

Arbeitsblatt A.2-5 zu Aufgabe 2.17

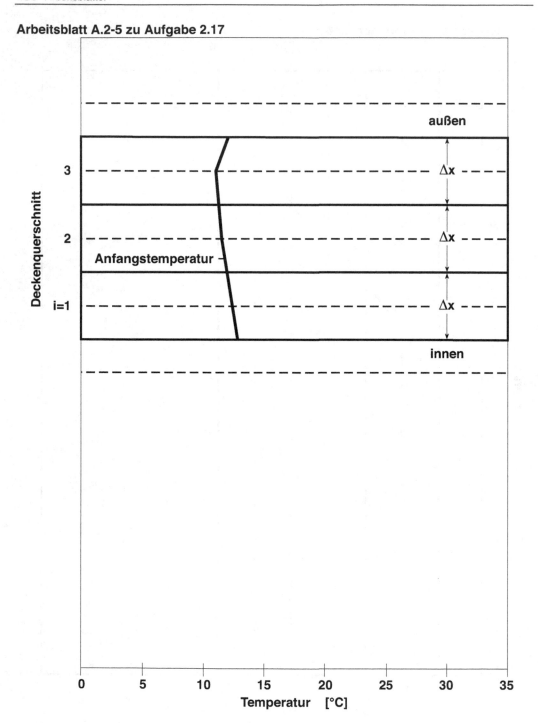

Arbeitsblatt A.2-6 zu Aufgabe 2.18

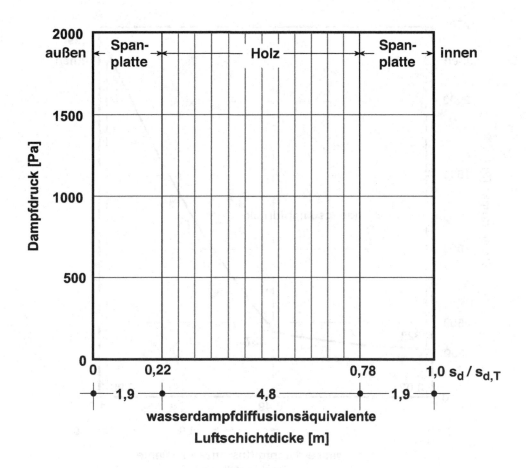

Arbeitsblatt A.2-7 zu Aufgabe 2.20

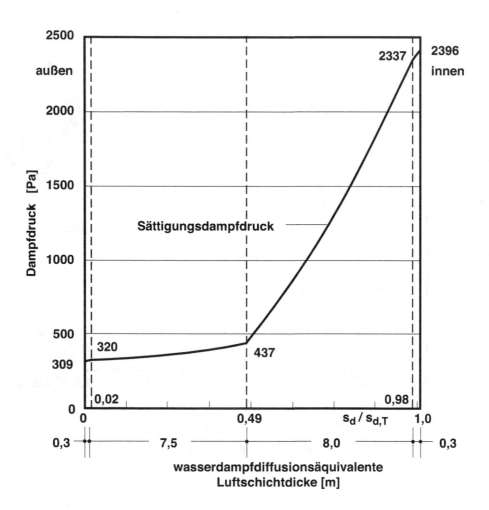

Arbeitsblatt A.2-8 zu Aufgabe 2.24

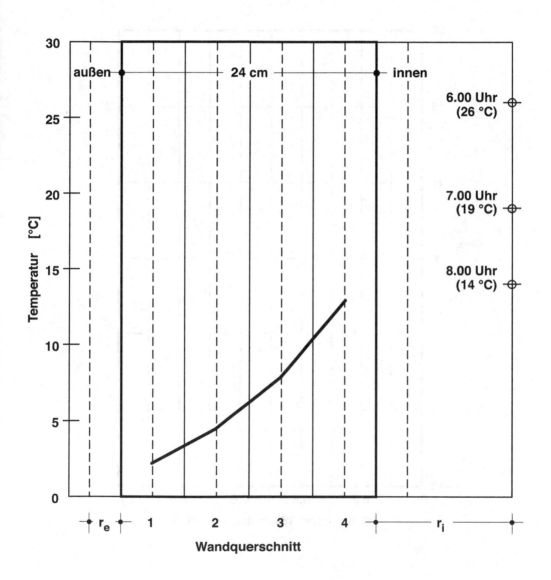

Arbeitsblatt A.2-9 zu Aufgabe 2.26

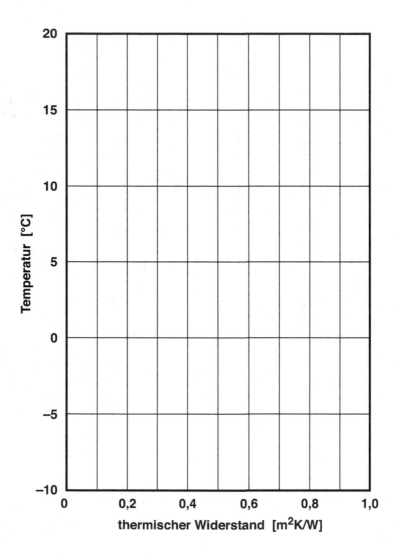

Arbeitsblatt A.2-10 zu Aufgabe 2.30

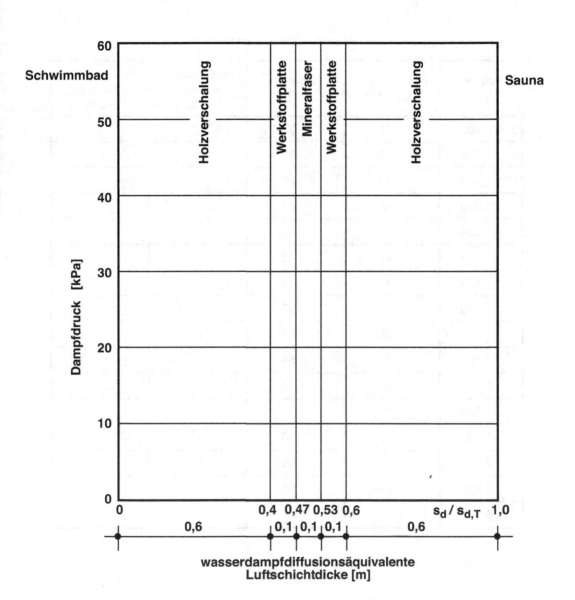

Arbeitsblatt A.3-1 zu Aufgabe 3.13

Frequenzabhängige Mess- und Bezugswerte des Schalldämm-Maßes.

Frequenz [Hz]	Schalldämm-Maß [dB]	Sollwerte [dB]	Verschobene Sollwerte [dB]	Unter-schreitung [dB]
100	26	33		
125	25	36		
160	23	39		
200	31	42		
250	36	45		
315	42	48		
400	46	51		
500	49	52		
630	50	53		
800	51	54		
1 000	51	55		
1 250	45	56		
1 600	45	56		
2 000	53	56		
2 500	56	56		
3 150	57	56		

Arbeitsblatt A.3-2 zu Aufgabe 3.22

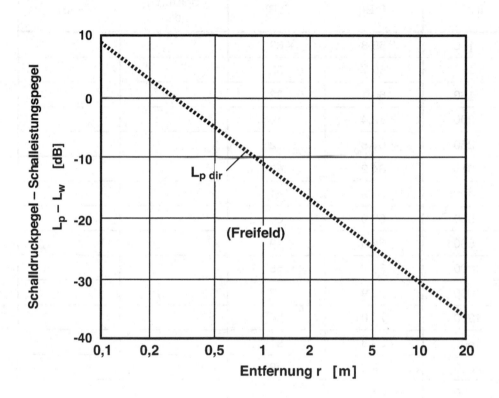

Arbeitsblatt A.3-3 zu Aufgabe 3.27

Frequenzabhängige Soll- und Messwerte des Norm-Trittschallpegels.

Frequenz [Hz]	Messwert [dB]	Sollwert [dB]	verschobene Sollkurve [dB]	Überschreitung [dB]
100	55,8	62		
125	59,7	62		
160	60,1	62		
200	62,4	62		
250	61,8	62		
315	64,2	62		
400	63,9	61		
500	65,0	60		
630	64,8	59		
800	66,2	58		
1000	66,9	57		
1250	70,0	54		
1600	69,8	51		
2000	70,0	48		
2500	67,8	45		
3150	70,0	42		

Arbeitsblatt A.4-1 zu Aufgabe 4.1

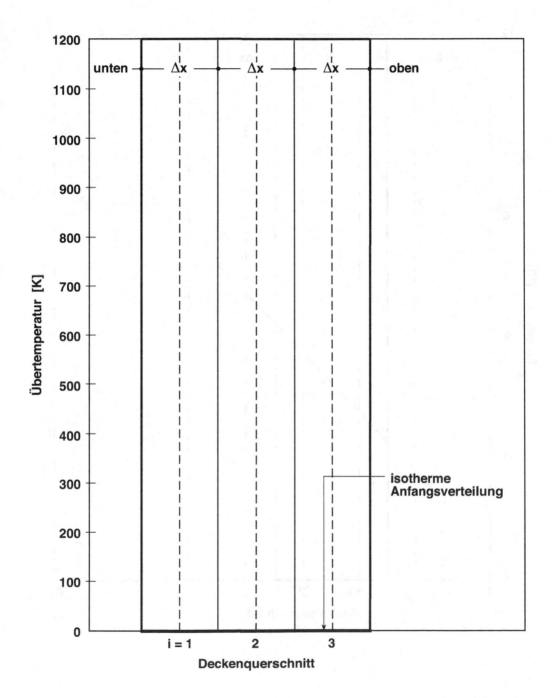

Arbeitsblatt A.4-2 zu Aufgabe 4.2

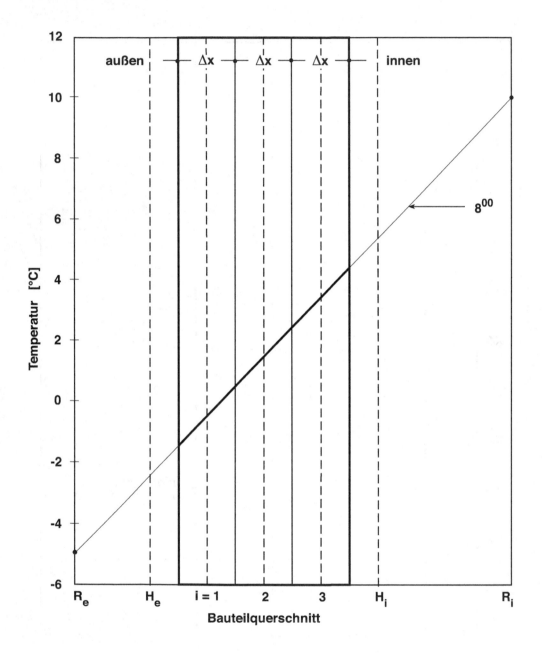

Datenblatt 1: Wärmeübergangswiderstände und Wärmeübergangskoeffizienten

$$R_s = \frac{1}{h_c + h_r} \qquad [m^2K/W]$$

Dabei sind

h_c konvektiver Wärmeübergangskoeffizient $[W/m^2K]$

h_r strahlungsbedingter Wärmeübergangskoeffizient $[W/m^2K]$

Tabelle D1:   Zusammenstellung der Wärmeübergangswiderstände in Abhängigkeit von der Richtung des Wärmestroms (nach DIN EN ISO 6946). Den angegebenen Werten liegen Emissionsgrade der Oberflächen innen und außen von ε = 0,9 sowie eine Windgeschwindigkeit außen von v = 4 m/s zugrunde.

Formelzeichen	Wärmeübergangswiderstand $[m^2K/W]$		
	Richtung des Wärmestroms		
	aufwärts	horizontal	abwärts
R_{si}	0,10	0,13	0,17
R_{se}	0,04	0,04	0,04

Tabelle D2:   Zusammenstellung von außenseitigen Wärmeübergangswiderständen R_{se} in Abhängigkeit von der Windgeschwindigkeit (nach DIN EN ISO 6946).

Windgeschwindigkeit [m/s]	1	2	3	4	5	7	10
R_{se} $[m^2K/W]$	0,08	0,06	0,05	0,04	0,04	0,03	0,02

Datenblatt 2: Stoffgrößen ausgewählter Baustoffe nach DIN 4108, Teil 4.

Material	Trockenroh-dichte [kg/m^3]	Wärmeleit-fähigkeit [W/mK]	Wasserdampf-diffusionswider-standszahl [-]
Kalkmörtel, Kalkzementmörtel	1800	0,87	15 - 35
Putz	1200 - 1800	0,35 - 0,87	10 - 35
Zementstrich	2000	1,4	15 - 35
Normalbeton (auch bewehrt)	2400	2,1	70 - 150
Leichtbeton (nichtporiger Zuschlag)	1600 - 2000	0,81 - 1,4	3 - 10
Leichtbeton (poriger Zuschlag)	600 - 2000	0,22 - 1,2	5 - 15
Porenbeton	500 - 800	0,19 - 0,29	5 - 10
Gipskartonplatte	900	0,21	8
Faserzementplatte	2000	0,58	20 - 50
Mauerwerk Ziegel	700 - 2000	0,30 - 0,96	5 - 10
Mauerwerk Kalksandstein	1000 - 2200	0,5 - 1,3	5 - 25
Mauerwerk Leichtbetonsteine	500 - 2000	0,29 - 0,99	5 - 15
Mauerwerk Porenbeton	500 - 800	0,22 - 0,29	5 - 10
Faserdämmstoffe	8 - 500	0,035 - 0,05	1
Korkstoffe	80 - 500	0,045 - 0,055	5 - 10
PS-Hartschaum	≥ 15	0,025 - 0,040	20 - 300
PU-Hartschaum	≥ 30	0,020 - 0,035	30 - 100
PF-Hartschaum	≥ 30	0,030 - 0,045	30 - 50
Naturholz	600 - 800	0,13 - 0,20	40
Sperrholz	800	0,15	50 - 400
Holzspanplatten	700	0,13 - 0,20	20 - 100
Holzwolle-Leichtbauplatten	360 - 570	0,093 - 0,15	2 - 5
Asphalt	2000	0,7	-
Bitumen, Dachpappe	1200	0,17	-
Fliesen	2000	1,0	-
Glas	2500	0,80	-
Stahl	7800	60	-
Kupfer	8300	380	-
Aluminium	2700	200	-

Datenblatt 3:   Wärmedurchlasswiderstand von ruhenden Luftschichten – Oberflächen mit hohem Emissionsgrad nach DIN EN ISO 6946.

Dicke der Luftschicht [mm]	Richtung des Wärmestromes		
	Aufwärts	Horizontal	Abwärts
0	0,00	0,00	0,00
5	0,11	0,11	0,11
7	0,13	0,13	0,13
10	0,15	0,15	0,15
15	0,16	0,17	0,17
25	0,16	0,18	0,19
50	0,16	0,18	0,21
100	0,16	0,18	0,22
300	0,16	0,18	0,23

Datenblatt 4: Schallabsorptionsgrade verschiedener Materialien und Konstruktionen in Abhängigkeit von der Frequenz.

lfd. Nr.	Material / Konstruktion	Schallabsorptionsgrad bei den Frequenzen					
		125 Hz	250 Hz	500 Hz	1000 Hz	2000 Hz	4000 Hz
1	25 mm Faserspritzputz	0,2	0,3	0,5	0,6	0,75	0,7
2	25 mm Zementspritzputz mit Vermiculitezusatz	0,05	0,1	0,2	0,55	0,6	0,55
3	8 mm Schaumstoff-Tapete	0,03	0,1	0,25	0,5	0,7	0,9
4	Bimsbeton, unverputzt	0,15	0,4	0,6	0,6	0,6	0,6
5	115 mm Hochlochziegel, unverputzt, Löcher zum Raum offen, Mineralwolle im 60 mm Hohlraum hinter Ziegeln	0,15	0,65	0,45	0,45	0,4	0,7
6	25 mm Holzwolle-Leichtbauplatten, unverputzt, unmittelbar an der Wand	0,05	0,1	0,5	0,75	0,6	0,7
	24 mm vor Wand, im Hohlraum Mineralwolle	0,15	0,7	0,65	0,5	0,75	0,7
7	50 mm Mineralfaserplatten (100 kg/m^3)	0,3	0,6	1,0	1,0	1,0	1,0
8	20 mm Mineralfaserplatten mit Farbe in Flockenstruktur an Oberfläche	0,02	0,15	0,5	0,85	1,0	0,95
9	16 mm Mineralfaserplatten, 375 kg/m^3, raumseitig mit Farbschicht, Oberfläche mit feinen Öffnungen versehen, 200 mm Deckenabstand	0,4	0,45	0,6	0,65	0,85	0,85
10	Blechkassetten, gelocht, mit 20 mm Mineralfaserfilz, aufgelegt, 300 mm Deckenabstand	0,3	0,7	0,7	0,9	0,95	0,95
11	Gipskartonplatten, gelocht, Mineralfaser-Auflage, 100 mm Deckenabstand	0,3	0,7	1,0	0,8	0,65	0,6
12	Holzverkleidung mit 15 mm breiten, offenen Fugen, 20 mm Mineralfaser-Auflage bei 30 mm Deckenabstand	0,1	0,25	0,8	0,7	0,3	0,4
	bei 200 mm Deckenabstand	0,4	0,7	0,5	0,4	0,35	0,3
13	Plüschbespannung, gefaltet, 0,42 kg/m^3 50 mm Abstand von der Wand	0,15	0,45	0,95	0,9	1,0	1,0
14	7 mm Teppichboden	0	0,05	0,1	0,3	0,5	0,6

Datenblatt 5: Vereinfachtes Verfahren zur Bestimmung von Mindestfenstergrößen für Wohnräume zur Gewährleistung eines Mindesttageslichtquotienten von 1 % in Anlehnung an die DIN 5043 Teil 4 (Auszugsweise).

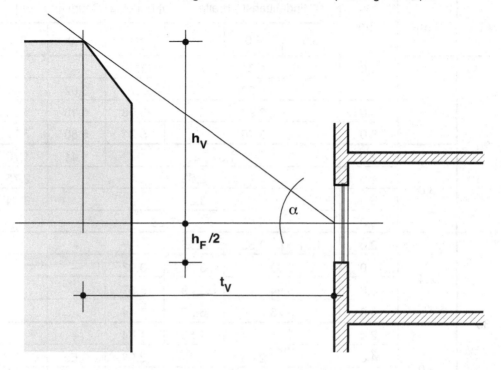

Bild D-1:   Schematische Darstellung zur Erläuterung von Verbauungswinkel α

α [°]	h [m]	b [m]	Mindestfensterbreite b_F [m] bei einer Raumtiefe t [m]					
			3,0	4,0	5,0	6,0	7,0	8,0
0	2,4	2,0	1,31					
		4,0	2,63					
		6,0	3,94					
		8,0	5,26					
	3,0	2,0	1,31					
		4,0	2,63					
		6,0	3,94					
		8,0	5,26					

Fortsetzung Tabelle

α [°]	h [m]	b [m]	Mindestfensterbreite b_F [m] bei einer Raumtiefe t [m]					
			3,0	4,0	5,0	6,0	7,0	8,0
20	2,4	2,0	1,31			1,69	–	–
		4,0	2,63			2,78	3,62	–
		6,0	3,94			3,98	5,18	5,93
		8,0	5,26			5,31	6,80	7,77
	3,0	2,0	1,31				1,41	1,76
		4,0	2,63					2,75
		6,0	3,94					3,94
		8,0	5,26					
35	2,4	2,0	1,31	1,53	1,95	–	–	–
		4,0	2,63		3,26	3,97	–	–
		6,0	3,94		4,69	5,67	–	–
		8,0	5,26		6,22	7,44	–	–
	3,0	2,0	1,31		1,50	1,84	–	–
		4,0	2,63			2,96	3,50	–
		6,0	3,94			4,18	4,91	5,67
		8,0	5,26			5,52	6,41	7,36
50	2,4	2,0	1,31	–	–	–	–	–
		4,0	2,63	3,45	–	–	–	–
		6,0	3,94	5,00	–	–	–	–
		8,0	5,26	6,66	–	–	–	–
	3,0	2,0	1,31	1,57	–	–	–	–
		4,0	2,63	2,63	3,23	–	–	–
		6,0	3,94		4,60	5,64	–	–
		8,0	5,26		6,12	7,36	–	–

Merkblatt 1: Wärmedurchgangswiderstand von Bauteilkomponenten aus homogenen und inhomogenen Schichten

Der Wärmedurchgangswiderstand R_T eines Bauteils aus thermisch homogenen und inhomogenen Schichten parallel zur Bauteiloberfläche wird als arithmetischer Mittelwert der oberen und unteren Grenzwerte des Wärmedurchgangswiderstandes berechnet:

$$R_T = \frac{R'_T + R''_T}{2} \qquad [\text{m}^2\text{K/W}]$$

Dabei ist

R'_T der obere Grenzwert des Wärmedurchgangswiderstandes [m²K/W]

R''_T der untere Grenzwert des Wärmedurchgangswiderstandes [m²K/W]

Die Berechnung des oberen und unteren Grenzwertes muss durch Aufteilung des Bauteils in Abschnitte und Schichten nach Bild M-1 derart ausgeführt werden, dass das Bauteil in m (a,b,c,...) Abschnitten und j (1,2,3,...) Schichten zerlegt ist, die selbst jeweils thermisch homogen sind. Es wird vorausgesetzt, dass ein Wärmestrom senkrecht durch die Schichten 1, 2, 3 ... j fließt.

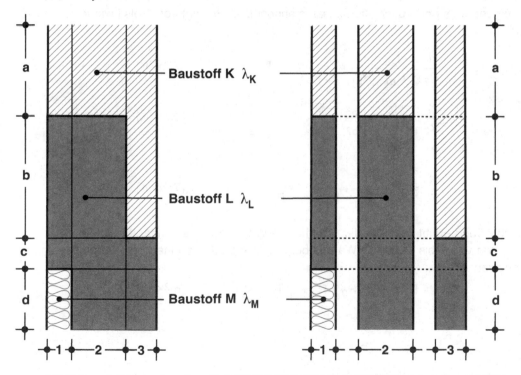

Bild M-1: Aufteilung eines thermisch inhomogenen Bauteils in Abschnitte a, b, c, d, ...m und in Schichten 1, 2, 3, ... j.

Der obere Grenzwert des Wärmedurchgangswiderstandes R'_T wird unter der Annahme eines eindimensionalen Wärmestromes senkrecht zu den Oberflächen der Bauteilschichten bestimmt.

$$\frac{1}{R'_T} = \frac{f_a}{R_{Ta}} + \frac{f_b}{R_{Tb}} + \frac{f_c}{R_{Tc}} + ... + \frac{f_m}{R_{Tm}} \qquad [W/m^2K]$$

Dabei sind:

$f_a ... f_m$ Flächenanteile der einzelnen Abschnitte von a bis m

$R_{Ta} ... R_{Tm}$ Wärmedurchgangswiderstände der einzelnen Abschnitte von a bis m, die jeweils aus j Schichten bestehen:

$$R_{Ta} = R_{si} + R_{1,a} + R_{2,a} + R_{3,a} + ... R_{j,a} + R_{se} \qquad [m^2K/W]$$

$$R_{Tb} = R_{si} + R_{1,b} + R_{2,b} + R_{3,b} + ... R_{j,b} + R_{se} \qquad [m^2K/W]$$

... usw. bis R_{Tm}

Der untere Grenzwert des Wärmedurchgangswiderstandes R''_T wird unter der Annahme bestimmt, dass alle Ebenen parallel zu den Oberflächen der Bauteilschichten isotherm sind. Es wird zunächst ein mittlerer Wärmedurchlasswiderstand R_j für jede thermisch inhomogene (aus den Abschnitten zusammengesetzte) Schicht von 1 bis j wie folgt berechnet:

$$\frac{1}{R_1} = \frac{f_a}{R_{a1}} + \frac{f_b}{R_{b1}} + \frac{f_c}{R_{c1}} + ... + \frac{f_m}{R_{m1}} \qquad [W/m^2K]$$

$$\frac{1}{R_2} = \frac{f_a}{R_{a2}} + \frac{f_b}{R_{b2}} + \frac{f_c}{R_{c2}} + ... + \frac{f_m}{R_{m2}} \qquad [W/m^2K]$$

...

$$\frac{1}{R_j} = \frac{f_a}{R_{aj}} + \frac{f_b}{R_{bj}} + \frac{f_c}{R_{cj}} + ... + \frac{f_m}{R_{mj}} \qquad [W/m^2K]$$

Anschließend ergibt sich aus der Summe der Wärmedurchlasswiderstände der einzelnen Schichten von 1 bis j und der Wärmeübergangswiderstände innen und außen der untere Grenzwert R''_T zu:

$$R''_T = R_{si} + R_1 + R_2 + R_3 + ... R_j + R_{se} \qquad [m^2K/W]$$

Merkblatt 2: Fiktive Außenlufttemperatur

Die fiktive Außenlufttemperatur Θ berücksichtigt den Einfluss der vom Bauteil absorbierten Sonnenstrahlung auf die Erwärmung der Bauteiloberfläche.

$$\Theta = \theta_e + R_{se} \, (\alpha \cdot I) - K \qquad\qquad [^\circ C]$$

θ_e tatsächliche Temperatur der Außenluft [°C]

I   Intensität der Sonneneinstrahlung [W/m²]

α Absorptionsgrad für Sonnenstrahlung [-]

R_{se} Wärmeübergangswiderstand außen [m²K/W]

K   Korrekturglied [K]   (für näherungsweise Berücksichtigung der langwelligen Abstrahlung der Bauteiloberfläche)

Ist die betrachtete Bauteiloberfläche

a)   keiner direkten Sonneneinstrahlung ausgesetzt:
      (z.B. nachts oder Westwand am Morgen)
      K = 3 Kelvin   für vertikale Flächen
      K = 5 Kelvin   für horizontale Flächen

b)   direkter Sonneneinstrahlung ausgesetzt:
      K = 0

Bei der Verwendung der fiktiven Außenlufttemperatur (auch modifizierte Sonnenlufttemperatur) Θ braucht die Wärmequelle an der Bauteiloberfläche aufgrund der Sonneneinstrahlung nicht mehr explizit in der Energiebilanz berücksichtigt zu werden. Dabei werden die absorbierte Sonneneinstrahlung und die Außenlufttemperatur als äußere thermische Randbedingungen in Θ erfasst. Für den äußeren Wärmeübergang zwischen Umgebung und Oberfläche gilt damit:

$$q_e = \frac{\Theta - \theta_{se}}{R_{se}} \quad [W/m^2]$$

Merkblatt 3:   Arbeitsschritte zur Durchführung des Binder-Schmidt-Verfahrens

Mit Hilfe des Binder-Schmidt-Verfahrens wird die instationäre Temperaturverteilung im Querschnitt eines homogenen einschichtigen Bauteils graphisch ermittelt. Dazu sind die folgenden Arbeitsschritte notwendig:

1.   Bestimmung der Richtpunktabstände innen r_i und außen r_e

$$r_i = R_{si} \cdot \lambda \qquad [m]$$

$$r_e = R_{se} \cdot \lambda \qquad [m]$$

Die Abstände d_i und d_e der Richtpunkte R_i und R_e von der Innen- bzw. Außenoberfläche des Bauteils stellen jeweils den geometrischen Ort für die zeitlich veränderlichen Temperaturrandbedingungen (θ oder Θ) innen- bzw. außenseitig dar.

2.   Unterteilung des Bauteils der Dicke d in Schichtelemente der Dicke Δx

$$\Delta x = \frac{d}{n} \qquad [m]$$

n   Anzahl der Elemente

Dabei muss folgende Stabilitätsbedingung erfüllt sein:

$$\frac{\Delta x}{2} \leq r_i \text{ und } r_e$$

Falls nicht, ist die Anzahl der Schichtelemente zu erhöhen. Bei symmetrischen thermischen Verhältnissen kann n geradzahlig gewählt werden, das Verfahren braucht dann nur für eine Bauteilhälfte durchgeführt zu werden.

3.   Bestimmung der Zeitschrittweite Δt

Aus der Bedingung für graphisches Verfahren:

$$\frac{a \cdot \Delta t}{(\Delta x)^2} = \frac{1}{2} \qquad [-]$$

ergibt sich:

$$\Delta t = \frac{(\Delta x)^2}{2 \cdot a} \qquad [h]$$

Mit der Temperaturleitfähigkeit:

$$a = \frac{\lambda}{\rho \cdot c_p} \qquad [m^2/h]$$

λ Wärmeleitfähigkeit [W/mK]
ρ Rohdichte [kg/m^3]
c_p spezifische Wärmekapazität [Wh/kgK]

4.   Einzeichnen der Hilfsschichten H_i und H_e

Für die graphische Ermittlung der instationären Temperaturverteilungen ist vor beiden Bauteiloberflächen jeweils eine fiktive Hilfsschicht H_i bzw. H_e mit gleicher
Schichtdicke von $\Delta x/2$ einzuzeichnen.

5.   Temperaturzuordnung

Die Temperatur einer Bauteilschicht, auch die der Hilfsschichten, ist die Temperatur
der jeweiligen Schichtmitte (Temperaturstützpunkte). Oberflächentemperaturen ergeben sich als Mittelwert zwischen der Hilfsschichttemperatur und der Temperatur der
jeweils der Oberfläche angrenzenden Schicht des Bauteils.

6.   Anfangstemperaturverteilung

Zu Beginn des Verfahrens (t = 0) müssen die Temperaturen aller Stützpunkte (Bauteil und Hilfsschichten) und der beiden Richtpunkte (Randbedingungen) bekannt sein.
Damit ist die Anfangstemperaturverteilung einzuzeichnen. Die fiktiven Temperaturen
beider Hilfsschichten zum Zeitpunkt t = 0 ergeben sich durch Verbinden der Temperaturen in den Stützpunkten i = 1 bzw. i = n mit den jeweiligen Richtpunkten.

7.   Ermittlung der neuen Temperaturverteilung

Die zeichnerische Bestimmung der neuen instationären Temperaturverteilung nach
jedem Zeitschritt Δt (jeweils für alle Stützpunkte i = 1...n) erfolgt durch "Ecken-
abschneiden". Dabei werden die bekannten Temperaturen $\theta_{i-1,k}$ und $\theta_{i+1,k}$ für den
bekannten Zeitpunkt t_k (t_k = k $\cdot$ Δt mit k = 0...m) miteinander geradlinig verbunden.

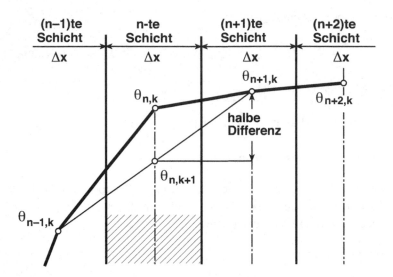

Bild M-2: Schematische Darstellung der Temperaturermittlung bei der Durchführung des Binder-Schmidtschen Differenzverfahrens zur grafischen Lösung instationärer Wärmeleitprobleme.

Der Schnittpunkt der Verbindungsgeraden mit der Mittelachse des Schichtelementes i ergibt die neue Temperatur $\theta_{i,k+1}$. Dies ist für jeden Bauteilstützpunkt i durchzuführen, wobei für i = 1 und i = n die Hilfsschichten mit einbezogen werden. Die neuen Oberflächentemperaturen des Bauteils werden jeweils durch das Verbinden von $\theta_{1,k+1}$ bzw. $\theta_{n,k+1}$ mit dem entsprechenden neuen Richtpunkt (z.B. θ zum Zeitpunkt t_{k+1}) ermittelt. Das Verfahren wird fortgesetzt bis die Zeit $t_{end} = m \cdot \Delta t$ erreicht ist.

Merkblatt 4: Sättigungsdampfdruck und Taupunkttemperatur

Der Sättigungsdampfdruck p_S ist der maximal mögliche Wasserdampfpartialdruck, der in Luft bei einer bestimmten Temperatur erreicht werden kann. p_S kann in Abhängigkeit von der Temperatur θ mit Hilfe der folgenden Näherungsformel (Magnus-Formel) nach DIN 4108 Teil 3 [2] berechnet werden:

$$p_S = C_1 \cdot \exp\left[\frac{C_2 \cdot \theta}{C_3 + \theta}\right] \qquad \text{[Pa]}$$

Konstante	Temperaturbereich	
	$\theta \geq 0$ über Wasser	$\theta < 0$ über Eis
C_1	610,5	610,5
C_2	17,269	21,875
C_3	237,3	265,5

Die Sättigungsdampfdrücke nach der Magnus-Formel sind für die Temperaturbereiche – 50 °C bis 0 °C und 0 °C bis 50 °C in den Tabellen auf Seiten 474 und 475 zusammengestellt.

Die Taupunkttemperatur θ_S ist diejenige Temperatur, bei der ein gegebener Dampfdruck, z.B. bei Temperatursenkung, den Sättigungszustand erreicht und Tauwasserbildung einsetzt. Sie wird praktisch auch als Maßstab für die absolute Luftfeuchte herangezogen und lässt sich für einen bestimmten Dampfdruck p aus den oben angegebenen Näherungsformeln ermitteln. Für einen gegebenen Dampfdruck

$$p = \varphi \cdot p_S \qquad \text{[Pa]}$$

φ relative Luftfeuchte [-]

ergibt sich die Taupunkttemperatur nach der Magnus-Formel (DIN 4108 Teil 3 [2]) zu:

$$\theta_S = \frac{C_3 \cdot \ln\dfrac{\varphi \cdot p_S}{C_1}}{C_2 - \ln\dfrac{\varphi \cdot p_S}{C_1}} \qquad \text{[°C]}$$

θ_S kann auch aus den beiden Tabellen auf Seite 474 bzw. 475 abgelesen werden, wenn der Dampfdruck p dem Sättigungsdampfdruck gleichgesetzt wird.

Sättigungsdampfdruck über Wasser als Funktion der Temperatur (nach Magnus-Formel).

θ	Sättigungsdampfdruck [Pa]									
[°C]	,0	,1	,2	,3	,4	,5	,6	,7	,8	,9
0	611	615	619	624	629	633	638	642	647	652
1	656	661	666	671	676	680	685	690	695	700
2	705	710	715	721	726	731	736	741	747	752
3	757	763	768	774	779	785	790	796	801	807
4	813	819	824	830	836	842	848	854	860	866
5	872	878	884	890	897	903	909	915	922	928
6	935	941	948	954	961	967	974	981	988	994
7	1001	1008	1015	1022	1029	1036	1043	1050	1058	1065
8	1072	1080	1087	1094	1102	1109	1117	1124	1132	1140
9	1147	1155	1163	1171	1179	1187	1195	1203	1211	1219
10	1227	1236	1244	1252	1261	1269	1278	1286	1295	1303
11	1312	1321	1330	1338	1347	1356	1365	1374	1383	1393
12	1402	1411	1420	1430	1439	1449	1458	1468	1477	1487
13	1497	1507	1517	1527	1537	1547	1557	1567	1577	1587
14	1598	1608	1619	1629	1640	1650	1661	1672	1683	1693
15	1704	1715	1726	1738	1749	1760	1771	1783	1794	1806
16	1817	1829	1841	1852	1864	1876	1888	1900	1912	1924
17	1937	1949	1961	1974	1986	1999	2012	2024	2037	2050
18	2063	2076	2089	2102	2115	2129	2142	2155	2169	2182
19	2196	2210	2224	2238	2252	2266	2280	2294	2308	2323
20	2337	2351	2366	2381	2395	2410	2425	2440	2455	2470
21	2486	2501	2516	2532	2547	2563	2579	2594	2610	2626
22	2642	2659	2675	2691	2708	2724	2741	2757	2774	2791
23	2808	2825	2842	2859	2876	2894	2911	2929	2947	2964
24	2982	3000	3018	3036	3055	3073	3091	3110	3128	3147
25	3166	3185	3204	3223	3242	3261	3281	3300	3320	3340
26	3359	3379	3399	3419	3440	3460	3480	3501	3522	3542
27	3563	3584	3605	3626	3648	3669	3691	3712	3734	3756
28	3778	3800	3822	3844	3867	3889	3912	3934	3957	3980
29	4003	4026	4050	4073	4097	4120	4144	4168	4192	4216
30	4241	4265	4289	4314	4339	4364	4389	4414	4439	4464
31	4490	4515	4541	4567	4593	4619	4646	4672	4698	4725
32	4752	4779	4806	4833	4860	4888	4915	4943	4971	4999
33	5027	5055	5084	5112	5141	5170	5199	5228	5257	5286
34	5316	5346	5375	5405	5436	5466	5496	5527	5557	5588
35	5619	5650	5682	5713	5745	5776	5808	5840	5872	5905
36	5937	5970	6003	6036	6069	6102	6136	6169	6203	6237
37	6271	6305	6340	6374	6409	6444	6479	6514	6549	6585
38	6621	6656	6693	6729	6765	6802	6838	6875	6912	6950
39	6987	7025	7062	7100	7138	7177	7215	7254	7293	7332
40	7371	7410	7450	7490	7530	7570	7610	7650	7691	7732
41	7773	7814	7856	7897	7939	7981	8023	8065	8108	8151
42	8194	8237	8280	8324	8367	8411	8455	8500	8544	8589
43	8634	8679	8724	8770	8816	8862	8908	8954	9001	9048
44	9095	9142	9189	9237	9285	9333	9381	9430	9478	9527
45	9576	9626	9675	9725	9775	9825	9876	9926	9977	10028
46	10080	10131	10183	10235	10287	10340	10393	10446	10499	10552
47	10606	10660	10714	10768	10823	10878	10933	10988	11044	11099
48	11155	11212	11268	11325	11382	11439	11497	11555	11613	11671
49	11729	11788	11847	11906	11966	12026	12086	12146	12207	12267
50	12329	12390	12451	12513	12575	12638	12701	12763	12827	12890

Sättigungsdampfdruck über Eis als Funktion der Temperatur (nach Magnus-Formel).

θ [°C]	Sättigungsdampfdruck [Pa]									
	,0	,1	,2	,3	,4	,5	,6	,7	,8	,9
-50	4	4	4	4	4	4	4	3	3	3
-49	4	4	4	4	4	4	4	4	4	4
-48	5	5	5	5	5	5	5	4	4	4
-47	6	5	5	5	5	5	5	5	5	5
-46	6	6	6	6	6	6	6	6	6	6
-45	7	7	7	7	7	7	7	6	6	6
-44	8	8	8	8	8	7	7	7	7	7
-43	9	9	9	9	8	8	8	8	8	8
-42	10	10	10	10	10	9	9	9	9	9
-41	11	11	11	11	11	11	10	10	10	10
-40	13	12	12	12	12	12	12	12	11	11
-39	14	14	14	14	13	13	13	13	13	13
-38	16	16	15	15	15	15	15	15	14	14
-37	18	17	17	17	17	17	17	16	16	16
-36	20	20	19	19	19	19	18	18	18	18
-35	22	22	22	21	21	21	21	20	20	20
-34	25	24	24	24	24	23	23	23	23	22
-33	27	27	27	27	26	26	26	25	25	25
-32	30	30	30	30	29	29	29	28	28	28
-31	34	34	33	33	32	32	32	31	31	31
-30	38	37	37	36	36	36	35	35	35	34
-29	42	41	41	40	40	40	39	39	38	38
-28	46	46	45	45	44	44	44	43	43	42
-27	51	51	50	50	49	49	48	48	47	47
-26	57	56	56	55	55	54	53	53	52	52
-25	63	62	62	61	60	60	59	59	58	57
-24	69	69	68	67	67	66	65	65	64	63
-23	77	76	75	74	74	73	72	72	71	70
-22	85	84	83	82	81	81	80	79	78	77
-21	93	92	91	91	90	89	88	87	86	85
-20	103	102	101	100	99	98	97	96	95	94
-19	113	112	111	110	109	108	107	106	105	104
-18	124	123	122	121	120	119	117	116	115	114
-17	137	135	134	133	132	130	129	128	127	126
-16	150	149	147	146	145	143	142	141	139	138
-15	165	163	162	160	159	157	156	154	153	152
-14	181	179	177	176	174	173	171	169	168	166
-13	198	196	194	193	191	189	187	186	184	182
-12	217	215	213	211	209	207	205	203	202	200
-11	237	235	233	231	229	227	225	223	221	219
-10	259	257	255	252	250	248	246	244	241	239
-9	283	281	278	276	274	271	269	266	264	262
-8	309	307	304	301	299	296	294	291	288	286
-7	338	335	332	329	326	323	320	318	315	312
-6	368	365	362	359	356	353	350	347	344	341
-5	401	398	394	391	388	384	381	378	375	371
-4	437	433	430	426	422	419	415	412	408	405
-3	475	471	468	464	460	456	452	448	444	441
-2	517	513	509	504	500	496	492	488	484	479
-1	562	557	553	548	544	539	535	530	526	521
0	611	605	601	596	591	586	581	576	571	567

Merkblatt 5:   Arbeitsschritte zur Durchführung des Glaser-Verfahrens

Mit Hilfe des Glaser-Verfahrens wird das Wasserdampfdiffusionsverhalten von ein- und mehrschichtigen Bauteilen untersucht, um eventuelle Tauwasserbildungen im Bauteilinneren festzustellen. Das Verfahren dient nur der praktischen Beurteilung von Bauteilen hinsichtlich eines Feuchterisikos mit definierten Normrandbedingungen (Block-Klimarandbedingungen). Zur Durchführung dieses Verfahrens sind die folgenden Arbeitsschritte notwendig:

1.   Zusammenstellung der Schichtdicken, λ-Werte, μ-Werte der einzelnen Schichten des zu untersuchenden Bauteils.

2.   Klimatische Randbedingungen nach DIN 4108, Teil 3. Danach gilt für nicht klimatisierte Wohn- und Bürogebäude:

    a)   Tauperiode:

Außenklima:	$\theta_e = -5\,°C$;	$\varphi_e = 80\,\%$	
Innenklima:	$\theta_i = +20\,°C$;	$\varphi_i = 50\,\%$	
Dauer:	$t_c = 2160$ Stunden (90 Tage) $= 7776 \cdot 10^3$ s		

    b)   Verdunstungsperiode:

       1. Wandbauteile und Decken unter nicht ausgebauten Dachräumen

Außenklima:	$p_e = 1200$ Pa
Innenklima:	$p_i = 1200$ Pa
Tauwasserbereich:	$p_S = 1700$ Pa
Dauer:	$t_{ev} = 2160$ Stunden (90 Tage) $= 7776 \cdot 10^3$ s

       2. Dächer, die Aufenthaltsräume gegen die Außenluft abschließen

Außenklima:	$p_e = 1200$ Pa
Innenklima:	$p_i = 1200$ Pa
Tauwasserbereich:	$p_S = 2000$ Pa
Dauer:	$t_{ev} = 2160$ Stunden (90 Tage) $= 7776 \cdot 10^3$ s.

Bei schärferen klimatischen Randbedingungen, wie sie zum Beispiel in Schwimmbädern oder klimatisierten Räumen auftreten können, dürfen die Vereinfachungen nach DIN 4108 nicht vorgenommen werden. Das Berechnungsverfahren muss dann unter Berücksichtigung der tatsächlichen innenklimatischen Verhältnisse und des am Standort des Gebäudes herrschenden Außenklimas mit dessen zeitlichen Verläufen vorgenommen werden.

3. Bestimmung der Wärme- und Diffusionsdurchlasswiderstände der Einzelschichten und des Bauteils

a) Wärmedurchlasswiderstände

für die Einzelschichten: $\left(\dfrac{d}{\lambda}\right)_i$ [m²K/W]

für das Bauteil: $R = \displaystyle\sum_{i=1}^{n}\left(\dfrac{d}{\lambda}\right)_i$ [m²K/W]

Wärmeübergangswiderstände:

$R_{si} = 0{,}25 \ \text{m}^2\text{K/W}$ (unabhängig von der Wärmestromrichtung)
$R_{se} = 0{,}04 \ \text{m}^2\text{K/W}$

b) Diffusionsdurchlasswiderstände

für die Einzelschichten: $Z_i = 5 \cdot 10^9 \cdot (\mu \cdot d)_i$ [m²sPa/kg]
für das Bauteil: $Z = 5 \cdot 10^9 \cdot \displaystyle\sum_i (\mu \cdot d)_i$ [m²sPa/kg]

Die Stoffübergangswiderstände $1/\beta$ sind zu vernachlässigen.

4. Bestimmung der Temperaturverteilung über den Bauteilquerschnitt für die Tauperiode (Winter) und der davon abhängigen Verteilung des Sättigungsdampfdruckes z.B. mit Hilfe des Merkblattes 4. Die Werte sind für die Oberflächen und Schichtgrenzen zu ermitteln, bei Schichten mit deutlichem Temperaturgefälle und größerem Diffusionswiderstand ($\mu \cdot d = s_d$ - Wert) auch in Schichtmitte oder an mehreren Stützstellen innerhalb der Einzelschicht (wegen Krümmung der p_S - Kurve).

5. Erstellung des Diffusionsdiagrammes $p = f(\mu \cdot d)$ für den Bauteilquerschnitt und Einzeichnen der Sättigungs- sowie der Dampfdruckverteilung (entsprechend Randbedingungen für die Tauperiode) nach der Methode des "gespannten Seiles" (ggfs. Tangentenbildung für Dampfdruckverteilung p an die p_S - Kurve).

6. Überprüfung auf Tauwasserbildung

a) Keine Berührung zwischen p- und p_S-Kurve: keine Tauwasserbildung; die Konstruktion ist zulässig und das Nachweisverfahren abgeschlossen.

b) Berührung zwischen p- und p_S-Kurve: Tauwasserbildung im Querschnitt (punktuell oder Bereich); in diesem Fall ist folgendes zu berechnen:

1) Tauwassermenge gemäß Diffusionsdiagramm für Tauperiode ("Winter")

$$m_c = g_c \cdot t_c \qquad [kg/m^2]$$

mit

$$g_c = \frac{p_i - p_S}{Z_i} - \frac{p_S - p_e}{Z_e} \qquad [kg/m^2s]$$

2) Verdunstungsmenge gemäß analog zu erstellendem Diffusionsdiagramm mit Randbedingungen für Verdunstungsperiode ("Sommer")

$$m_{ev} = g_{ev} \cdot t_{ev} \qquad [kg/m^2]$$

mit

$$g_{ev} = \frac{p_S - p_i}{Z_i} + \frac{p_S - p_e}{Z_e} \qquad [kg/m^2s]$$

Einzelheiten dazu sind DIN 4108, Teil 3 [2], zu entnehmen.

7. Beurteilung der Konstruktion bei Tauwasserbildung

Nach DIN 4108 ist eine Tauwasserbildung in Bauteilen unschädlich, wenn durch zeitlich begrenzte Erhöhung des Feuchtegehaltes der Bau- und Dämmstoffe der Wärmeschutz und die Standsicherheit der Bauteile nicht gefährdet werden. Diese Voraussetzungen sind gewährleistet, wenn folgende Bedingungen erfüllt sind:

a) Das während der Tauperiode durch Tauwasserbildung im Inneren des Bauteils anfallende Wasser muss während der Verdunstungsperiode wieder an die Umgebung abgegeben werden können, d.h.

$$m_c \leq m_{ev}$$

b) Die Baustoffe, die mit dem ausfallenden Tauwasser in Berührung kommen, dürfen dadurch nicht geschädigt werden (z.B. durch Korrosion, Pilzbefall).

c) An Grenzflächen von kapillar nicht wasseraufnahmefähigen Schichten (z.B. Luftschichten, Faserdämmstoffe, Dampfsperren) darf die flächenbezogene Tauwassermenge 0,5 kg/m^2, in allen anderen Fällen 1,0 kg/m^2 nicht überschritten werden.

d) Bei Holz ist eine Erhöhung des massebezogenen Feuchtegehaltes durch das ausfallende Tauwasser um mehr als 5 %, bei Holzwerkstoffen um mehr als 3 % unzulässig (Holzwolle-Leichtbauplatten und Mehrschicht-Leichtbauplatten nach DIN 1101 sind hiervon ausgenommen).

Merkblatt 6:   Verwendete Formeln der Akustik

I.   Schallgeschwindigkeit und Schallausbreitung

a)   Gase:

$$c = \sqrt{\kappa \cdot R \cdot T} \qquad \text{[m/s]}$$

b)   unendliche elastische Festkörper:

- Longitudinalwelle:

$$c_l = \sqrt{\frac{E(1-\nu)}{\rho\,(1+\nu)(1-2\nu)}} \qquad \text{[m/s]}$$

- Transversalwelle:

$$c_{tr} = \sqrt{\frac{E}{2\,\rho\,(1+\nu)}} \qquad \text{[m/s]}$$

c)   Stäbe

- Longitudinalwelle:

$$c_l = \sqrt{\frac{E}{\rho}} \qquad \text{[m/s]}$$

- Biegewelle:

$$c_B = \sqrt[4]{\omega^2 \cdot \frac{E \cdot d^2}{12 \cdot \rho}} \qquad \text{[m/s]}$$

d)   Platten, Biegewelle:

$$c_B = \sqrt[4]{\omega^2 \cdot \frac{E \cdot d^2}{12 \cdot \rho \cdot \left(1-\nu^2\right)}} \qquad \text{[m/s]}$$

d	Dicke [m]
E	Elastizitätsmodul [N/m²]
R	Gaskonstante [J/kgK]
T	Absoluttemperatur [K]
κ	Adiabatenexponent [-]
ρ	Rohdichte [kg/m³]
ν	Querkontraktionszahl (Poissonzahl) [-]
ω	$= 2\,\pi\,f$ Kreisfrequenz [Hz]

e)   Ungehinderte Schallausbreitung

Zwischen dem Quadrat des Schalldruckes auf der Hüllfläche S und der Schallintensität I bzw. der Schalleistung W einer Schallquelle besteht der Zusammenhang:

$$p^2 = I \cdot c_L \cdot \rho_L = \frac{W \cdot c_L \cdot \rho_L}{S} \qquad [Pa^2]$$

c_L Schallgeschwindigkeit in der Luft [m/s]
ρ_L Dichte der Luft [kg/m^3]

Für kugelförmig strahlende Schallquellen ergibt der Schalldruckpegel im Abstand r von der Mitte der Schallquelle

$$L_p = L_W - 11 - 20 \cdot \lg \frac{r}{r_0} \qquad [dB]$$

Bei halbkugelförmig strahlenden Schallquellen, bei denen sich die Schallleistung auf die Hälfte der Hüllfläche verteilt, ist der Schalldruckpegel bei gleichem Abstand r um 3 dB größer:

$$L_p = L_W - 8 - 20 \cdot \lg \frac{r}{r_0} \qquad [dB]$$

L_W Schallleistungspegel [dB]
r_0 Bezugsabstand 1 m

II.   Bauakustik

1)   Einschalige Bauteile

Schalldämm-Maß (Bergersches Massegesetz):

$$R = 20 \cdot \lg \frac{\pi \cdot f \cdot m' \cdot \cos\vartheta}{\rho_L \cdot c_L} \qquad [dB]$$

mit
f   Frequenz [Hz]
m'   flächenbezogene Masse des Bauteils [kg/m^2]
ϑ Schalleinfallswinkel [°]
ρ_L Dichte der Luft [kg/m^3]
c_L Schallgeschwindigkeit in der Luft [m/s]

Koinzidenzgrenzfrequenz:

$$f_g = \frac{c_L^2}{2\pi} \cdot \sqrt{12 \cdot (1-\nu^2)}\, \frac{1}{d}\sqrt{\frac{\rho}{E}} \qquad \text{[Hz]}$$

Dabei sind:

c_L Schallgeschwindigkeit in Luft [m/s]

d   Bauteildicke [m]

E   Elastizitätsmodul des Materials [N/m²]

ρ Rohdichte des Materials [kg/m³]

ν Querkontraktionszahl (Poissonzahl) [-]

Für übliche Baumaterialien gilt in einem Temperaturbereich von 0 °C < θ < 30 °C – unter Beachtung der Angaben des E-Moduls in der Praxis in MN/m² – näherungsweise der folgende Zusammenhang:

$$f_g = 64 \cdot \frac{1}{d}\sqrt{\frac{\rho}{E}} \qquad \text{[Hz]}$$

d   Bauteildicke [m]

E   Elastizitätsmodul des Materials [MN/m²]

ρ Rohdichte des Materials [kg/m³]

– ausreichend biegeweiche Schalen oder Platten: f_g > 1600 Hz
– ausreichend biegesteife Schalen oder Platten: f_g < 200 Hz

Bewertetes Schalldämm-Maß:

$$R_w = 37,5 \cdot \lg m' - 42 \qquad \text{[dB]}$$

Bewertetes Bau-Schalldämm-Maß:

$$R'_w = 38 + 26,7 \cdot \lg \frac{m'}{100} \qquad \text{[dB]}$$

2) Schalldämm-Maß zweischaliger Bauteile beim senkrechten Schalleinfall:

für $f_R < f < \dfrac{c_L}{4 \cdot d}$

$$R = R_1 + R_2 + 20 \cdot \lg \frac{4 \cdot \pi \cdot f \cdot d}{c_L} \qquad \text{[dB]}$$

für $f > \dfrac{c_L}{4 \cdot d}$

$$R = R_1 + R_2 + 6 \qquad \text{[dB]}$$

für leichte Vorsatzschalen mit einer schallabsorbierenden Füllung des Hohlraumes:

$$R = R_1 + R_2 + 20 \cdot \lg \frac{4 \cdot \pi \cdot f \cdot \rho_L \cdot c_L}{s'} \qquad \text{[dB]}$$

f_R Resonanzfrequenz der Konstruktion [Hz]
R_1 Schalldämm-Maß der ersten Schale [dB]
R_2 Schalldämm-Maß der zweiten Schale [dB]
c_L Schallgeschwindigkeit in der Luft [m/s]
d Schalenabstand [m]
f Frequenz [Hz]
s' dynamische Steifigkeit des Füllmaterials zwischen den Schalen [N/m^3]

Resonanzfrequenz:

$$f_R = \frac{1}{2 \cdot \pi} \cdot \sqrt{s' \cdot \left(\frac{1}{m'_1} + \frac{1}{m'_2} \right)} \qquad \text{[Hz]}$$

m'_1 flächenbezogene Masse der Schale 1 [kg/m^2]
m'_2 flächenbezogene Masse der Schale 2 [kg/m^2]
s' dynamische Steifigkeit des Füllmaterials zwischen den Schalen [N/m^3]

Bei Vorsatzschalen vor den massiven Trennbauteilen gilt:

$$f_R = \frac{1}{2 \cdot \pi} \cdot \sqrt{\frac{s'}{m'}} \qquad \text{[Hz]}$$

m' flächenbezogene Masse der Vorsatzschale [kg/m^2]
s' dynamische Steifigkeit des Füllmaterials zwischen Schalen [N/m^3]

Bei Luftgefüllten Konstruktionen wird für s' die dynamische Steifigkeit der Luftschicht s'_L eingesetzt:

$$s'_L = \frac{\rho_L \cdot c_L^2}{d_L} \cdot \qquad \text{[Hz]}$$

ρ_L Dichte der Luft [kg/m³]
c_L Schallgeschwindigkeit in der Luft [m/s]
d_L Schalenabstand [m]

Näherungsweise kann die Resonanzfrequenz zweischaliger Konstruktionen auch mit Hilfe der unten aufgeführten Formeln berechnet werden. Dabei wird die dynamische Steifigkeit der als Feder wirkenden Materialien praxisüblich in MN/m³ eingesetzt.

Zwischenraum	zwei biegeweiche Schalen	biegeweiche Vorsatzschale vor biegesteifer Wand
lose schallschluckende Einlage oder Luft	$f_R = \dfrac{85}{\sqrt{m' \cdot d_L}}$ [Hz]	$f_R = \dfrac{60}{\sqrt{m' \cdot d_L}}$ [Hz]
Dämmschicht mit beiden Schalen vollflächig verbunden	$f_R = 225 \cdot \sqrt{\dfrac{s'}{m'}}$ [Hz]	$f_R = 160 \cdot \sqrt{\dfrac{s'}{m'}}$ [Hz]

m' flächenbezogene Masse der Vorsatzschale [kg/m²]
s' dynamische Steifigkeit des Füllmaterials zwischen Schalen [MN/m³]
d_L Schalenabstand bei Luftfüllung [m]

3) Baulicher Schallschutz

Schallpegeldifferenz:

$$D = L_1 - L_2 \qquad \text{[dB]}$$

Norm-Schallpegeldifferenz:

$$D_n = \Delta L - 10 \cdot \lg \frac{A_2}{A_0} \qquad \text{[dB]}$$

Schalldämm-Maß:

$$R = \Delta L + 10 \cdot \lg \frac{S}{A_2} \qquad \text{[dB]}$$

L_1 Schallpegel im lauten Raum [dB]
L_2 Schallpegel im leisen Raum [dB]
A_2 äquivalente Schallabsorptionsfläche des leisen Raumes [m²]
A_0 Bezugsabsorptionsfläche = 10 m²
R   Schalldämm-Maß des Trennbauteils [dB]
S   Fläche des Trennbauteils [m²]

Norm-Trittschallpegel:

$$L_n = L_T + 10 \cdot \lg \frac{A_2}{A_0} \qquad \text{[dB]}$$

L_T Trittschallpegel [dB]
A_2 äquivalente Schallabsorptionsfläche des leisen Raums [m²]
A_0 Bezugsabsorptionsfläche = 10 m²

Äquivalenter bewerteter Norm-Trittschallpegel:

$$L_{n,w,eq} = L_{n,w} + \Delta L_w \qquad \text{[dB]}$$

$$L_{n,w,eq} = 164 - 35 \cdot \lg \frac{m'}{m'_0} \qquad \text{[dB]}$$

ΔL_w bewertete Trittschallminderung [dB]
m' flächenbezogene Masse [kg/m²]
m'_0 Bezugswert für die flächenbezogene Masse = 1 kg/m²

4) Flächig zusammengesetzte Bauteile

Besteht ein Bauteil flächenanteilig aus mehreren unterschiedlichen Elementen, so berechnet sich das Gesamt-Schalldämm-Maß R_{ges} des Bauteils zu:

$$R_{ges} = -10 \cdot \lg \frac{1}{\sum S_i} \cdot \sum S_i \cdot 10^{-R_i/10} \qquad \text{[dB]}$$

S_i Fläche des Bauteils i   [m²]
R_i Schalldämm-Maß des Bauteils i   [dB]

Besteht das Bauteil z.B. aus eines Wand und einem Fenster, so kann das Gesamt-Schalldämm-Maß auch wie folgt berechnet werden:

$$R_{ges} = R_W - 10 \cdot \lg \left[1 + \frac{S_F}{S_{W+F}} \left(10^{\frac{R_W - R_F}{10}} - 1 \right) \right] \qquad \text{[dB]}$$

S_F Fensterfläche   [m²]
S_{W+F} Fläche von Wand und Fenster   [m²]
R_F Schalldämm-Maß des Fensters   [dB]
R_W Schalldämm-Maß der Wand   [dB]

5) Berechnung des resultierenden Schalldämm-Maßes R'_W eines Trennbauteils unter Berücksichtigung der Norm-Schallpegeldifferenz eines flankierenden Bauteils:

$$R'_W = -10 \lg \left[10^{-\frac{R_W}{10}} + 10^{-\frac{D_{n,w}}{10}} + 10^{-\frac{D_{n,Pr,w}}{10}} \right] \qquad \text{[dB]}$$

Darin sind

R_W bewertetes Schalldämm-Maß des Bauteils, gemessen im Laboratorium mit unterdrückter Flankenübertragung [dB]

$D_{n,w}$ bewertete Norm-Schallpegeldifferenz eines Flankenbauteils [dB]

$D_{n,Pr,w}$ bewertete Norm-Schallpegeldifferenz des Prüfstandes mit bauähnlicher Nebenwegübertragung (Grenzdämmung des Prüfstandes) [dB]

III. Raumakustik

1. Äquivalente Schallabsorptionsfläche:

$$A = \Sigma \; \alpha_i \cdot S_i \qquad\qquad [m^2]$$

α_i Schallabsorptionsgrad der Umschließungsfläche i [-]

S_i Fläche der Umschließungsfläche i [m²]

2. Nachhallzeit:

$$T = \frac{24 \cdot \ln 10}{c_L} \cdot \frac{V}{A} \qquad\qquad [s]$$

V   Volumen [m³]

c_L Schallgeschwindigkeit in der Luft [m/s]

A   äquivalente Schallabsorptionsfläche [m²]

In einem Temperaturbereich von 15 °C < θ < 25 °C kann die Nachhallzeit wie folgt ermittelt werden:

$$T = 0,16 \cdot \frac{V}{A} \qquad\qquad [s]$$

Richtwerte für die Nachhallzeiten vom Räumen bei Übertragung von Sprache oder Musik

Raumvolumen [m³]	Nachhallzeit [s]	
	Sprache	Musik
bis 300	0,5	1
bis 1 000	0,7	1,3
bis 5 000	1,0	1,6

3. Schallpegelminderung durch Schallabsorption:

$$\Delta L = 10 \cdot \lg \frac{T_{vor}}{T_{nach}} = 10 \cdot \lg \frac{A_{nach}}{A_{vor}} \qquad\qquad [dB]$$

A   äquivalente Schallabsorptionsfläche [m²]

T   Nachhallzeit [s]

V   Volumen [m³]

Index vor: vor der Anbringung des schallabsorbierenden Materials

Index nach: nach der Anbringung des schallabsorbierenden Materials

4. Schalldruckpegelverteilung in kubischen Räumen

Wenn alle Raumbegrenzungsflächen eines annähernd kubischen Raumes (Raumhöhe größer als ein Drittel von der Raumlänge bzw. Raumbreite, maximales Volumen etwa 5000 m³) weitgehend reflektierend oder die schallabsorbierenden Flächen gleichmäßig verteilt sind, lässt sich die Schalldruckpegelabnahme im Raum wie im Bild M-3 wiedergegeben, darstellen. In größerem Abstand von der Schallquelle stellt sich ein konstanter Schalldruckpegel $L_{p,diff}$ (diffuses Schallfeld) ein. Er ist bei einem Schallleistungspegel L_W der Schallquelle

$$L_{p,diff} = L_W - 10 \cdot \lg \frac{A}{4} \qquad \text{[dB]}$$

und umso niedriger, je größer die äquivalente Schallabsorptionsfläche A [m²] des Raumes ist. Der Abstand von der Schallquelle, in dem der Schalldruckpegel im diffusen Schallfeld genauso groß ist wie der durch den Direktschallanteil verursachte Pegel, wird als Hallradius bezeichnet

$$r_H = \sqrt{\frac{A}{50}} = 0,14 \cdot \sqrt{A} \qquad \text{[m]}$$

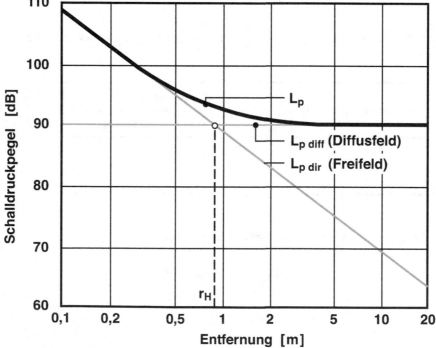

Bild M-3:   Schalldruckpegelabnahme im diffusen Schallfeld bei verschiedenen äquivalenten Schallabsorptionsflächen. L_W = 100 dB, kugelförmige Abstrahlung

Merkblatt 7: Thermische Spannungen in Wärmedämmverbundsystemen

Im Putz auftretende maximale Längszugspannungen:

$$\max\sigma_{x,P} = \sigma_I + \sigma_{II} - \sigma_{III} \qquad [MN/m^2]$$

σ_I Putzzwangsspannung, die linear von den mechanischen Eigenschaften des Putzes selbst abhängt [MN/m²]

σ_{II} Anteil aus "Rissüberbrückung", der aus den mechanischen Daten der Dämmplatten sowie den Dicken von Putz und Dämmschicht gebildet wird [MN/m²]

σ_{III} nicht lineare Abminderung, die sich aus dem unterschiedlichen Verformungsverhalten für verschieden harte und dicke Beschichtungen ergibt [MN/m²]

$$\sigma_I = \Delta\theta_{se} \cdot \frac{1}{1-\nu_P} \cdot E_P \cdot \alpha_{t,P} \qquad [MN/m^2]$$

$$= \Delta\theta_{se} \cdot M_P \qquad [MN/m^2]$$

$$\sigma_{II} = \Delta\theta_{se} \cdot \frac{d_D}{d_P} \cdot E_D \cdot \alpha_{t,D} \qquad [MN/m^2]$$

$$= \Delta\theta_{se} \cdot M_D \qquad [MN/m^2]$$

$$\sigma_{III} = \Delta\theta_{se} \cdot \frac{10^4 \cdot M_D^2}{E_P + 10^4 \cdot M_D} \qquad [MN/m^2]$$

Insgesamt:

$$\max\sigma_{x,P} = \Delta\theta_{se} \cdot \left(M_P + M_D - \frac{10^4 \cdot M_D^2}{E_P + 10^4 \cdot M_D} \right) \qquad [MN/m^2]$$

Darin sind:

E   Elastizitätsmodul [MN/m²]
ν_P Querkontraktion des Putzes [-]
α_t Wärmedehnkoeffizient [1/K]
d   Dicke [m]

Merkblatt 8: Tageslicht

Tageslichtquotient

$$D = \frac{E_p}{E_e} \cdot 100 \qquad\qquad [\%]$$

E_p Beleuchtungsstärke im Bezugspunkt P [lx]
E_e horizontale Außenbeleuchtungsstärke bei bedecktem Himmel (ohne Verbauung) [lx]

$$D = D_H + D_V + D_R \qquad\qquad [\%]$$

D_H Himmelslichtanteil [%]
D_V Außenreflexionsanteil [%]
D_R Innenreflexionsanteil [%]

Räume mit Seitenlicht (Fenster)

Himmelslichtanteil:

$$D_H = \frac{3}{7 \cdot \pi} \int_{\beta_{Fl}}^{\beta_{Fr}} \left[\frac{2}{3} \cdot \left(\sin^3 \gamma_F - \sin^3 \gamma_V \right) + \frac{1}{2} \cdot \left(\sin^2 \gamma_F - \sin^2 \gamma_V \right) \right] d\beta \cdot 100 \qquad\qquad [\%]$$

$$\gamma_F = \arctan (\tan \varepsilon_F \cdot \cos \beta) \qquad\qquad [°]$$

$$\gamma_V = \arctan (\tan \varepsilon_V (\beta)) \qquad\qquad [°]$$

β Breitenwinkel [°]
ε_F Fensterhöhenwinkel [°]
$\varepsilon_V(\beta)$ Verbauungshöhenwinkel in Abhängigkeit von β [°]

oder D_H aus Himmelslichtdiagramm gemäß Bild M-4 und M-5

$$D_H = (A_{NF} - A_{NV}) \cdot 0,1 \qquad\qquad [\%]$$

A_{NF} umschlossene Netzeinheiten des Fensters [NE]
A_{NV} umschlossene Netzeinheiten der Bebauung [NE]
     1 NE = 1 cm² (Netzeinheit)

Außenreflexionsanteil:

$$D_V = c \; \frac{3}{7 \cdot \pi} \int_{\beta_{Vl}}^{\beta_{Vr}} \left[\frac{2}{3} \cdot \sin^3 \gamma_V + \frac{1}{2} \cdot \sin^2 \gamma_V \right] d\beta \cdot 100 \quad [\%]$$

$$c = 0,75 \cdot \rho_V \qquad\qquad\qquad\qquad [-]$$

$$\gamma_V = \arctan (\tan \varepsilon_V (\beta)) \qquad\qquad [°]$$

ρ_V Reflexionsgrad der Verbauung [-]

$\varepsilon_V (\beta)$ Verbauungshöhenwinkel in Abhängigkeit von β [°]

oder D_V aus Himmelslichtdiagramm gemäß Bild M-4 und M-5

$$D_V = A_{NV} \cdot 0,2 \cdot 0,1 \qquad\qquad\qquad [\%]$$

Anmerkung: Es wird angenommen, dass die Leuchtdichte der Verbauung 15 % der durch die Verbauung verdeckten Himmelsleuchtdichte beträgt. Dies entspricht einem Reflexionsgrad der Verbauung von 0,2.

Innenreflexionsanteil:

$$D_R = \frac{\sum b_F \cdot h_F}{A_R} \cdot \frac{\overline{\rho}}{1 - \overline{\rho}^2} \cdot (f_o \cdot \rho_{BW} + f_u \cdot \rho_{DW}) \cdot 100 \quad [\%]$$

b_F Fensterbreite (Rohbaumaß)   [m]

h_F Fensterhöhe (Rohbaumaß)   [m]

A_R Summe der Raumbegrenzungsflächen   [m²]

$\overline{\rho}$ mittlerer Reflexionsgrad der Raumoberfläche   [-]

ρ_{BW} mittlerer Reflexionsgrad von Fußboden und Wandunterteil ohne Fensterwände [-]

ρ_{DW} mittlerer Reflexionsgrad von Decke und Wandoberteile ohne Fensterwände   [-]

f Fensterfaktor, abhängig vom Verbauungsabstandswinkel α [-]

f_o bestimmt durch den aus dem oberen Halbraum außen auf das Fenster fallenden Lichtstrom   [-]

$$f_o = 0,3188 - 0,182 \cdot \sin\alpha + 0,0773 \cdot \cos 2\alpha \qquad [-]$$

f_u bestimmt durch den aus dem unteren Halbraum außen auf das Fenster fallenden Lichtstrom   [-]

$$f_u = 0,03286 \cdot \cos\alpha' - 0,03638 \cdot \frac{\alpha'}{rad} + 0,01819 \cdot \sin(2\alpha') + 0,06714 \quad [-]$$

$$\alpha' = \arctan (2 \cdot \tan \alpha) \qquad\qquad\qquad\qquad [°]$$

links

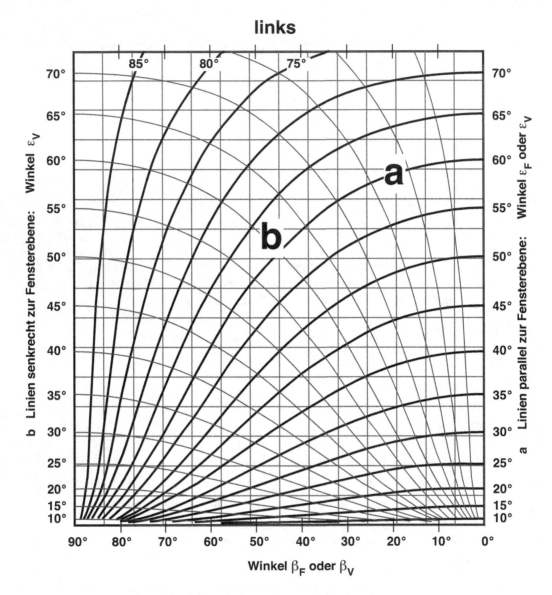

Bild M-4: Himmelslichtdiagramm zur grafischen Abschätzung des Himmelslicht- und Verbauungs-anteils des Tageslichtquotienten für die Raumhälfte links vom Beobachtungspunkt.

rechts

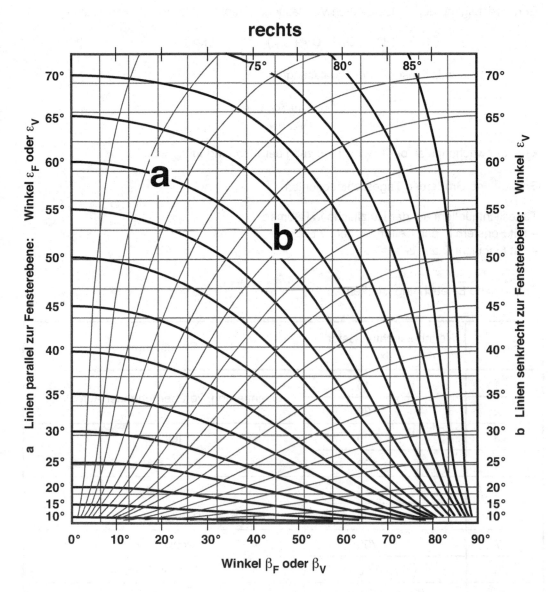

Bild M-5:   Himmelslichtdiagramm zur grafischen Abschätzung des Himmelslicht- und Verbauungsanteils des Tageslichtquotienten für die Raumhälfte rechts vom Beobachtungspunkt.

Berücksichtigung der Verluste durch Verglasung, Versprossung und Verschmutzung

$$D = (D_H + D_V + D_R) \cdot \tau \cdot k_1 \cdot k_2 \qquad [\%]$$

τ Lichttransmissionsgrad der Verglasung

$$k_1 = 1 - \frac{A_{Konstruktionsteile}}{A_{Fenster}} \qquad [-]$$

k_2 Schwächungsfaktor für Verschmutzung bei Wohnungen $k_2 \approx 0{,}9$

Empfohlene Größe des Tageslichtquotienten

Tageslichtquotient auf der Nutzfläche in Räumen.
– mit Fenstern in den Seitenwänden $D \geq 1\ \%$
– mit Oberlicht $D \geq 4\ \%$

Empfohlene Beleuchtungsstärken

Stufe	Nennbeleuchtungsstärke [lx]	Sehaufgabe
1	15	Orientierung, vorübergehender Aufenthalt
2	30	
3	60	leichte
4	120	Sehaufgaben
5	250	normale
6	500	Sehaufgaben
7	750	schwierige
8	1000	Sehaufgaben
9	1500	sehr schwierige
10	2000	Sehaufgaben
11	3000	Sonderfälle -
12	5000 und mehr	Operationsfeld

Merkblatt 9: Lärmausbreitung

Als maßgebende Kenngröße zur Beurteilung des Straßenverkehrslärms dient der Mittelungspegel L_m [dB(A)] nach DIN 45641. Er gibt denjenigen Schallpegel an, der für einen betrachteten Zeitraum dieselbe Schallenergie beinhaltet wie das zu beurteilende zeitlich schwankende Straßenverkehrsgeräusch. Für Immissionsorte (Gebäude) in der Nähe von geraden und langen Straßen lässt sich der Mittelungspegel näherungsweise berechnen:

$$L_m = L_0 + 10 \cdot \lg M - 10 \cdot \lg \frac{r}{r_0} - \Delta L_z - \Delta L'_z \qquad [dB(A)]$$

L_0 Mittelungspegel eines Fahrzeuges pro Stunde in der Referenzentfernung von der Straße [dB(A)]

M   Verkehrsstärke; Anzahl der Fahrzeuge pro Stunde in beiden Fahrtrichtungen [Kfz/h]

r   Entfernung des Immissionsortes von der Straße [m]

r_0 Referenzentfernung; in der Regel 25 m

ΔL_z Abschirmmaß von Hindernissen zwischen der Straße und dem Immissionsort [dB(A)]

$\Delta L'_z$ Abschirmmaß von Gebäuden am Immissionsort, bedingt durch die Orientierung des Gebäudes zur Straße, in der Praxis 15 dB(A) bis 20 dB(A)

Das Abschirmmaß ΔL_z von Hindernissen, z.B. von dünnen Lärmschutzwänden, entsprechend der unten dargestellten Straßenverkehrslärmsituation kann in Abhängigkeit vom Verhältnis der effektiven Höhe h_{eff} der Wand zur Schallwellenlänge λ für beliebige Schallbeugungswinkel z.B. anhand des auf der nächsten Seite abgebildeten Diagramms ermittelt werden.

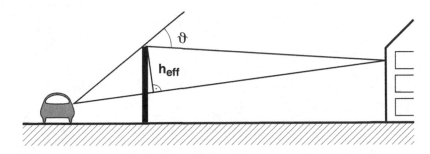

Bild M-6:   Schematische Darstellung einer Straßenverkehrslärmsituation.

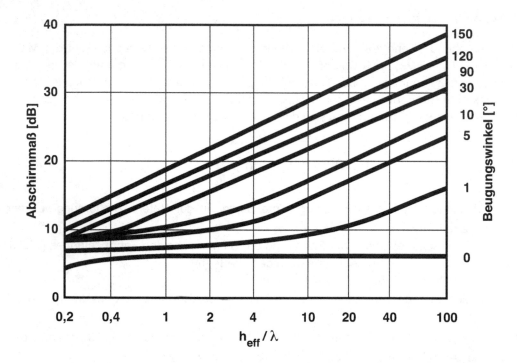

Bild M-7: Abschirmmaß dünner Lärmschutzwände in Abhängigkeit vom Verhältnis der effektiven Höhe der Lärmschutzwand zur Schallwellenlänge für beliebige Schallbeugungswinkel.

C.2 Bauphysikalische Literatur

I. Monographien

[1] Ackermann, T., Kießl, K., Steinbach, S. und Feldmeier, F.: Mindestanforderungen an den baulichen Wärmeschutz. Kommentar zu DIN 4108 – 2: 2013 –02. Beuth Verlag, Berlin (2015).

[2] Ackermann, T. und Kießl, K.: Klimabedingter Feuchteschutz von Außenbauteilen. Kommentar zu DIN 4108 – 3: 2014 – 11. Beuth Verlag, Berlin (2016).

[3] Aigner, H und Gertis, K. et al.: Baugestaltung und Bauphysik. Verein der österreichischen Zementfabrikanten, Wien (1979).

[4] Berber, J.: Bauphysik. Wärmetransport - Feuchtigkeit - Schall. 4. Auflage, Voigt-Verlag, Hamburg (1994).

[5] Beyer, E. (Hrsg.): Konstruktiver Lärmschutz. Bauforschung und Praxis für Verkehrsbauten. Verlag Bau + Technik, Düsseldorf (1987).

[6] Bläsi, W.: Bauphysik. 10. Auflage, Europa-Lehrmittel Verlag, Haan-Gruiten (2016).

[7] Bock H. M. und Klement E.: Brandschutz-Praxis für Architekten und Ingenieure. 4. Auflage, Beuth Verlag, Berlin (2016).

[8] Bobran, H. W. und Bobran-Wittfoht, I.: Handbuch der Bauphysik. Schallschutz, Raumakustik, Wärmeschutz und Feuchteschutz. 8. Auflage, Rudolf Müller, Köln (2010).

[9] Bohny, H. u.a.: Lärmschutz in der Praxis. 3. Auflage, Oldenbourg, München (2002).

[10] Bounin, K., Graf. W. und Schulz, P.: Schallschutz, Wärmeschutz, Feuchteschutz, Brandschutz: Handbuch Bauphysik. 9. Auflage, Deutsche Verlags-Anstalt, Stuttgart (2010).

[11] Brandt, J. und Moritz, H.: Bauphysik nach Maß. VbT Verlag Bau + Technik, Düsseldorf (2003).

[12] Bruckmayer, F.: Handbuch der Schalltechnik im Hochbau. Schall-, Lärm-, Erschütterungsschutz, Raumakustik. Deuticke, Wien (1962).

[13] Cremer, L. und Müller, H.: Die wissenschaftlichen Grundlagen der Raumakustik. Bd. 1, 2. Auflage, Hirzel, Stuttgart (1978).

[14] Cremer, L. und Müller, H.: Principles and applications of room acoustics. Vol. 1. Peninsula Publishing, Los Altos Hills (2016).

[15] Cziesielski, E. und Gertis, K. et al.: Bauphysik. In Hütte: Taschenbücher der Technik, 29. Auflage, Bautechnik Bd. V, Konstruktiver Ingenieurbau 2. Springer, Berlin (1988).

© Springer Fachmedien Wiesbaden GmbH, ein Teil von Springer Nature 2022
K. Gertis et al., *Bauphysikalische Aufgabensammlung mit Lösungen*,
https://doi.org/10.1007/978-3-658-35586-9

[16] David, R., de Boer, J., et al.: Heizen, Kühlen, Belüften & Beleuchten – Bilanzierungs-grundlagen nach DIN V 18599. Fraunhofer IRB Verlag, Stuttgart (2009)

[17] Deutscher Normenausschuss (DNA) Hrsg.: Schallabsorptionsgrad-Tabelle. Beuth-Verlag, Berlin (1968).

[18] Diamant, R. M. E.: Thermal and acoustic insulation. Butterworths, London (2014).

[19] Deutsches Institut für Normung e.V. Hrsg.: DIN-Taschenbuch 35/1 Schallschutz 1 – Anforderungen, Nachweise, Berechnungsverfahren,16. Auflage, Beuth-Verlag, Berlin (2021).

[20] Fasold, W. (Hrsg.): Taschenbuch Akustik. Teil 1 und 2, VEB Verlag Technik, Berlin (1984).

[21] Fasold, W. und Veres, E.: Schallschutz und Raumakustik. Planungsbeispiele und konstruktive Lösungen. 2. Auflage. Huss-Medien, Berlin (2003).

[22] Fasold, W., Winkler, H. und Sonntag, E.: Bau- und Raumakustik. Rudolf Müller, Köln-Braunsfeld (1987).

[23] Fleischer, G.: Lärm – der tägliche Terror. Verstehen, Bewerten, Bekämpfen. TRIAS - Thieme Hippokrates Enke, Stuttgart (1990).

[24] Fricke, J.: Schall und Schallschutz. Grundlagen und Anwendungen. Willey VCH-Verlag, Weinheim (1996).

[25] Fischer, H.-M. et. al.: Lehrbuch der Bauphysik. Schall, Wärme, Feuchte, Licht, Brand, Klima. 6. Auflage, Vieweg + Teubner Verlag, GWV Fachverlage, Wiesbaden (2008).

[26] Fouad, N.A. (Hrsg.): Bauphysik-Kalender 2010 – Energetische Sanierung von Ge-bäuden. 10. Jahrgang, Ernst & Sohn, Berlin (2010).

[27] Fouad, N.A. (Hrsg.): Bauphysik-Kalender 2011 – Brandschutz. 11. Jahrgang, Ernst & Sohn, Berlin (2011).

[28] Fouad, N.A. (Hrsg.): Bauphysik-Kalender 2012 – Gebäudediagnostik. 12. Jahrgang, Ernst & Sohn, Berlin (2012).

[29] Fouad, N.A. (Hrsg.): Bauphysik-Kalender 2013 – Nachhaltigkeit und Energieeffizienz. Ernst & Sohn, Berlin (2013).

[30] Fouad, N.A. (Hrsg.): Bauphysik-Kalender 2014 – Raumakustik und Schallschutz. Ernst & Sohn, Berlin (2014).

[31] Fouad, N.A. (Hrsg.): Bauphysik-Kalender 2015 – Simulations- und Berechnungsver-fahren. Ernst & Sohn, Berlin (2015).

[32] Fouad, N.A. (Hrsg.): Bauphysik-Kalender 2016 – Brandschutz. Ernst & Sohn, Berlin (2016).

[33] Fouad, N.A. (Hrsg.): Bauphysik-Kalender 2017 – Gebäudehülle und Fassaden. Ernst & Sohn, Berlin (2017).

[34] Fouad, N.A. (Hrsg.): Bauphysik-Kalender 2018 – Feuchteschutz und Bauwerksabdichtung. Ernst & Sohn, Berlin (2018).

[35] Fouad, N.A. (Hrsg.): Bauphysik-Kalender 2019 –Energieeffizienz; Kommentar DIN V 18599. Ernst & Sohn, Berlin (2019).

[36] Fouad, N.A. (Hrsg.): Bauphysik-Kalender 2020 – Bau- und Raumakustik. Ernst & Sohn, Berlin (2020).

[37] Fouad, N.A. (Hrsg.): Bauphysik-Kalender 2021 – Brandschutz. Ernst & Sohn, Berlin (2021).

[38] Gertis, K. und Hauser, G.: Instationärer Wärmeschutz. Berichte aus der Bauforschung. H.103. Verlag Ernst & Sohn, Berlin (1975).

[39] Glück, B.: Wärmeübertragung. Wärmeabgabe von Raumheizflächen und Rohren. 2. Auflage, Verlag für Bauwesen, Berlin (1990).

[40] Gösele, K.; Schüle, W. und Künzel, H.: Schall, Wärme, Feuchte. Grundlagen, Erfahrungen und praktische Hinweise für den Hochbau. 10. Auflage, Bauverlag, Wiesbaden (2000).

[41] Haas-Arndt, U. und Ranft, F.: Tageslichttechnik in Gebäuden. Herausgegeben von der Energieagentur NRW, C.F. Müller Verlag, Heidelberg (2007).

[42] Hauri, H.H. und Zürcher, Ch.: Moderne Bauphysik. Grundwissen für Architekten u. Bauingenieure. 2. Auflage, Verlag der Fachvereine, Zürich (1984).

[43] Hauser, G.(Hrsgr): Bauphysik – Berichte aus Forschung und Praxis, Festschrift zum 60. Geburtstag von Karl Gertis. Fraunhofer IRB Verlag, Stuttgart (1998)

[44] Hauser, G. und Stiegel, H.: Wärmebrückenatlas für den Holzbau. 2. Auflage, Bauverlag, Wiesbaden (1999).

[45] Hauser, G. und Stiegel, H.: Wärmebrückenatlas für den Mauerwerksbau. 3. Auflage, Vieweg Verlagsgesellschaft, Wiesbaden, Berlin (2002).

[46] Häupl, P.: Bauphysik – Klima Wärme Feuchte Schall – Grundlagen, Anwendungen, Beispiele, Aktiv in Mathcad. Ernst & Sohn, Berlin (2008).

[47] Henn, H., Sinambari, G.R. und Fallen, M.: Ingenieurakustik. 4. Auflage, Vieweg + Teubner Verlag, Wiesbaden (2008).

[48] Hilbig, G.: Grundlagen der Bauphysik. Wärme – Feuchte – Schall. Fachbuchverlag Leipzig im Carl Hanser Verlag, München Wien (1999)

[49] Hohmann, R., Setzer, M. und Wehling, M.: Bauphysikalische Formeln und Tabellen: Wärmeschutz - Feuchteschutz - Schallschutz. 5. Auflage, Bundesanzeiger-Verlag, Düsseldorf (2017).

[50] Holdsworth, B. und Sealey A.: Healthy Buildings: a design primer for a living environment. Longman-Verlag, Harlow (1993).

[51] Hutcheon, N. B. und Handegord G. O. P.: Building science for a cold climate. Construction Technology Centre Atlantic, Toronto (1989).

[52] Klopfer, H.: Wassertransport durch Diffusion in Feststoffen. Bauverlag, Wiesbaden (1973).

[53] Krawietz, R. und Heimke, W.: Physik im Bauwesen – Grundwissen und Bauphysik. Carl Hanser Verlag, München (2008).

[54] Krüger, E.W.: Konstruktiver Wärmeschutz. 1. Auflage, Rudolf Müller Verlag, Köln (2000).

[55] Kuttruff, H.: Room acoustics. 5. Auflage, Taylor & Francis, London (2009).

[56] Kuttruff, H.: Akustik – Eine Einführung. S. Hirzel Verlag, Stuttgart, Leipzig (2004).

[57] Künzel, H. (Hrsgr.): Fensterlüftung und Raumklima – Grundlagen, Ausführungshinweise, Rechtsfragen. Fraunhofer IRB Verlag, Stuttgart (2006).

[58] Künzel, H.: Wohnhygiene und Wärmedämmung. Die Geschichte unserer Wohnkultur. Fraunhofer IRB Verlag, Stuttgart (2016).

[59] Liersch, K.W. und Langner, N.: Bauphysik kompakt: Wärme – Feuchte – Schall. 5. Auflage, Bauwerk Verlag, Berlin (2015).

[60] Lohmeyer G., Post, M. und Schmidt, P.: Praktische Bauphysik. Eine Einführung mit Berechnungsbeispielen. 9. Auflage, Springer - Vieweg Verlag, Stuttgart (2019).

[61] Lord, P. und Templeton D.: Detailing for acoustics. 3nd ed., The Architectural Press, London (2014).

[62] Lübbe, E.: Klausurtraining Bauphysik – Prüfungsfragen mit Antworten zur Bauphysik. 5. Auflage, Europa-Lehrmittelverlag, Haan-Gruiten (2012)

[63] McMullan, R.: Environmental Science in Building. 7. ed., Macmillan Press, London (2012).

[64] Mainka, G.-W. und Paschen, H.: Wärmebrückenkatalog. Vieweg & Teubner-Verlag, Stuttgart (2013).

[65] Maas, A. (Hrsgr.): Umweltbewusstes Bauen. Energieeffizienz – Behaglichkeit – Materialien. Festschrift zum 60. Geburtstag von Gerd Hauser. Fraunhofer IRB Verlag, Stuttgart (2008).

[66] Max, U. und Schneider, U.: Baulicher Brandschutz im Industriebau: Kommentar zu DIN 18230 und Industriebaurichtlinie. 4. Auflage, Beuth Verlag, Berlin (2012).

[67] Mehra, S.-R.: Stadtbauphysik: Grundlagen klima- und umweltgerechter Städte, Springer Vieweg, Wiesbaden (2021).

[68] Meyer E. und Neumann E.G.: Physikalische und Technische Akustik. 3. Auflage, Vieweg-Verlag, Braunschweig (1986).

[69] Monteith, J. und Unsworth, M.: Principles of Environmental Physics. Academic Press, London (2007).

[70] Mürmann, H.: Wohnungslüftung. Kontrollierte Lüftung mit Wärmerückgewinnung für Wohnungen. 5. Auflage, Müller-Verlag, Heidelberg (2006).

[71] Pech, A. und Pöhn, Ch.: Bauphysik. Fachbuchreihe Baukonstruktionen. Springer-Verlag, Wien (2004)

[72] Rieländer, M.: Reallexikon der Akustik. 1. Auflage, Verlag Erwin Bochinsky, Frankfurt am Main (1982).

[73] Scheffler, G.: Bauphysik der Innendämmung. Fraunhofer IRB Verlag, Stuttgart (2015).

[74] Schild, K. und Willems, W.: Wärmeschutz: Grundlagen – Berechnung – Bewertung (Detailwissen Bauphysik), Vieweg + Teubner Verlag, Wiesbaden (2011).

[75] Schirmer, W.: Lärmbekämpfung. Maßnahmen an Maschinen und in Produktionsstätten zum Schutz des Menschen vor Lärm und Schwingungen. Verlag Tribüne, Berlin (1989).

[76] Schmalz, J.: Das Stadtklima; Ein Faktor der Bauwerks- und Städteplanung. C.F. Müller, Karlsruhe (1984).

[77] Schmidt, H.: Schalltechnisches Taschenbuch. 5. Auflage, VDI-Verlag, Düsseldorf (1996).

[78] Schmidt, J. A. und Töllner, M. (Hrsg.): StadtLicht; Lichtkonzepte für die Stadtgestaltung. Fraunhofer IRB Verl., Stuttgart (2006).

[79] Schmidt-Ludowieg, N. und Steinhoff, D.: Grundlagen des Brandschutzes im Bauwesen. Schmidt-Verlag, Berlin (1982).

[80] Schneider, U., Franssen, J.M. und Lebeda, Ch.: Baulicher Brandschutz – Nationale und Europäische Normung, Bauordnungsrecht, Praxisbeispiele. 2 Auflage, Bauwerk Verlag, Berlin (2008).

[81] Stephan, P. at all. (Hrg.): VDI-Wärmeatlas, Springer Verlag, Wiesbaden (2019)

[82] Thomas, R. (Hrsg.): Environmental Design. 3. Auflage, Taylor & Francis, London, New York (2006).

[83] Usemann, K., Gralle, H.: Bauphysik. Problemstellungen, Aufgaben und Lösungen. Verlag W. Kohlhammer, Stuttgart, Berlin, Köln (1997)

[84] Veit, I.: Bauakustik. Schallschutz im Hochbau. Kontakt & Studium, Band 569. 2. Auflage, Expert-Verlag, Renningen-Malmsheim (2003)

[85] Willems, W., Häupl, P., Homan, M., Kölzow, Ch., Riese, O., Maas, A., Höfker, G. und Nocker, Ch.: Lehrbuch der Bauphysik : Schall - Wärme - Feuchte - Licht - Brand – Klima. 9. Auflage, Springer Fachmedien Wiesbaden GmbH (2021)

[86] Willems, W., Schild, K. Stricker, D. und Wagner, A.: Praxisbeispiele Bauphysik : Wärme - Feuchte - Schall - Brand - Aufgaben mit Lösungen. Springer Vieweg Verlag, Wiesbaden (2019)

[87] Willems, W., Schild, K. und Dinter, S.: Vieweg-Handbuch Bauphysik Teil 2 – Schall- und Brandschutz, Fachwörterglossar deutsch-englisch, englisch-deutsch. Friedr. Vieweg & Sohn Verlag, Wiesbaden (2006)

[88] Willems, W., Schild, K., Dinter, S. und Stricker, D.: Formeln und Tabellen Bauphysik. Wärmeschutz – Feuchteschutz – Klima – Akustik – Brandschutz. 6. Auflage, Springer - Vieweg Verlag, Wiesbaden (2020)

[89] Willems, W., Schild, K. und Stricker, D.: Bauakustik: Grundlagen – Luftschallschutz – Trittschallschutz. 2. Auflage, Springer Vieweg Verlag, Wiesbaden (2020).

[90] Zürcher, Ch. und Frank, Th.: Bauphysik. Bau und Energie, 5. Auflage, Hochschulverlag an der ETH Zürich (2018).

II.   Normen und Richtlinien

[1]   DIN 4102: Brandverhalten von Baustoffen und Bauteilen. Beuth-Verlag, Berlin.
Teil 1: Baustoffe; Begriffe, Anforderungen und Prüfungen (1998).
Teil 2: Bauteile; Begriffe, Anforderungen und Prüfungen (1977).
Teil 3: Brandwände und nichttragende Außenwände; Begriffe,
Anforderungen und Prüfungen (1977).
Teil 4: Zusammenstellung und Anwendung klassifizierter Baustoffe, Bauteile
und Sonderbauteile (2016)
Teil 5: Feuerschutzabschlüsse, Abschlüsse in Fahrschachtwänden und
gegen Feuer widerstandsfähige Verglasungen, Begriffe,
Anforderungen und Prüfungen (1977).
Teil 7: Bedachungen; Begriffe, Anforderungen und Prüfungen (2018).

[2]   DIN 4108: Wärmeschutz und Energieeinsparung in Gebäuden.
Beuth-Verlag, Berlin
Teil 2: Mindestanforderungen an den Wärmeschutz (2013).
Teil 3: Klimabedingter Feuchteschutz; Anforderungen, Berechnungsverfahren
und Hinweise für Planung und Ausführung (2018).
Teil 4: Wärme- und feuchteschutztechnische Bemessungswerte (2016).
Beiblatt 2: Wärmebrücken – Planungs- und Ausführungsbeispiele (2019).

[3]   DIN 4109: Schallschutz im Hochbau, Beuth-Verlag, Berlin
Teil 1: Mindestanforderungen (2018).
Teil 2: Rechnerische Nachweise der Erfüllung der Anforderungen (2018),
Änderung A1 (2020).
Teil 4: Bauakustische Prüfungen (2016).
Teil 31: Daten für die rechnerischen nachweise des Schallschutzes
(Bauteilkatalog), Rahmendokument (2016).
Teil 32: Daten für die rechnerischen Nachweise des Schallschutzes
(Bauteilkatalog) - Massivbau (2016).
Teil 33: Daten für die rechnerischen Nachweise des Schallschutzes
(Bauteilkatalog) – Holz-, Leicht- und Trockenbau (2016).

[4]   DIN 5034: Tageslicht in Innenräumen. Beuth-Verlag, Berlin
Teil 1: Begriffe und Mindestanforderungen (2019).
Teil 2: Grundlagen (2019).
Teil 3: Berechnung (2019).
Teil 5: Messung (2019).
Teil 6: Vereinfachte Bestimmung zweckmäßiger Abmessungen von Oberlicht-
öffnungen in Dachflächen (2019).

[5] DIN EN 13501 Klassifizierung von Bauprodukten und Bauarten zu ihrem Brandverhalten. Beuth-Verlag, Berlin
     Teil 1: Klassifizierung mit den Ergebnissen aus den Prüfungen zum Brandverhalten von Bauprodukten (2018).
     Teil 2: Klassifizierung mit den Ergebnissen aus den Feuerwiderstandsprüfungen, mit Ausnahme von Lüftungsanlagen (2016).

[6] DIN EN ISO 13788 Wärme- und feuchtetechnisches Verhalten von Bauteilen und Bauelementen – Raumseitige Oberflächentemperatur zur Vermeidung kritischer Oberflächenfeuchte und Tauwasserbildung im Bauteilinneren – Berechnungsverfahren. Beuth-Verlag, Berlin (2013).

[7] DIN EN ISO 6946: Bauteile. Wärmedurchlasswiderstand und Wärmedurchgangkoeffizient – Berechnungsverfahren. Beuth-Verlag, Berlin (2018).

[8] DIN ISO 9613: Akustik – Dämpfung des Schalls bei der Ausbreitung im Freien
     Teil 2: Allgemeines Berechnungsverfahren. Beuth-Verlag, Berlin (1999).

[9] DIN EN ISO 10211: Wärmebrücken im Hochbau – Wärmeströme und Oberflächentemperaturen – Detaillierte Berechnungen Beuth-Verlag, Berlin (2018).

[10] DIN EN 12354 Bauakustik – Berechnung der akustischen Eigenschaften von Gebäuden aus den Bauteileigenschaften. Beuth-Verlag, Berlin
     Teil 1: Luftschalldämmung zwischen Räumen (2017).
     Teil 2: Trittschalldämmung zwischen Räumen (2017).
     Teil 3: Luftschalldämmung gegen Außenlärm (2017).
     Teil 4: Schallübertragung von Räumen ins Freie (2017).
     Teil 5: Installationsgeräusche (2009), Berichtigung 1 (2019).
     Teil 6: Schallabsorption in Räumen (2004).

[11] DIN 18005: Schallschutz im Städtebau. Beuth-Verlag, Berlin
     Teil 1: Grundlagen und Hinweise für die Planung (2002).
     Beiblatt 1: Schalltechnische Orientierungswerte für städtebauliche Planung, Berechnungsverfahren (1987).

[12] DIN 18195: Abdichtungen von Bauwerken – Begriffe. Beuth-Verlag, Berlin (2017).

[13] DIN 18531: Abdichtung von Dächern sowie von Balkonen, Loggien und Laubengängen. Beuth-Verlag, Berlin (2017).

[14] DIN 18532: Abdichtung von befahrbaren Verkehrsflächen aus Beton. Beuth-Verlag, Berlin (2017).

[15] DIN 18533: Abdichtung von erdberührten Bauteilen. Beuth-Verlag, Berlin (2017).

[16] DIN 18534: Abdichtung von Innenräumen. Beuth-Verlag, Berlin (2017).

[17] DIN 18535: Abdichtung von Behältern und Becken. Beuth-Verlag, Berlin (2017).

[18] DIN 18540: Abdichten von Außenwandfugen im Hochbau mit Fugendichtstoffen. Beuth-Verlag, Berlin (2014).

[19] DIN 45641: Mittelung von Schallpegeln. Beuth-Verlag, Berlin (1990).

[20] VDI 2719: Schalldämmung von Fenstern und deren Zusatzeinrichtungen. Beuth-Verlag, Berlin (1987).

[21] VDI 2720: Schallschutz durch Abschirmung. Beuth-Verlag, Berlin
       Blatt 1: Schallschutz durch Abschirmung im Freien (1997).
       Blatt 2: Schallschutz durch Abschirmung in Räumen (1983).

III. Zeitschriften

[1] Akustik Journal. Deutsche Gesellschaft für Akustik e.V. (DEGA), Berlin.

[2] Bauphysik. Verlag Ernst & Sohn, Berlin.

[3] Bauen + Energie, Brandschutz, Bauakustik und Gebäudetechnik. Bundesanzeiger Verlag, Köln.

[4] Lärmbekämpfung – Zeitschrift für Akustik, Schallschutz und Schwingungstechnik. Springer – VDI Verlag, Düsseldorf.

[5] Brandschutz-Supplement (erscheint zweimal jährlich) Bauverlag, Gütersloh.

[6] Trockenbau Akustik. Verlagsgesellschaft Rudolf Müller, Köln.

[7] wksb – Zeitschrift für Wärmeschutz - Kälteschutz - Schallschutz – Brandschutz. Zeittechnik-Verlag, Neu-Isenburg.

C.3 Sachwortverzeichnis

© Springer Fachmedien Wiesbaden GmbH, ein Teil von Springer Nature 2022
K. Gertis et al., *Bauphysikalische Aufgabensammlung mit Lösungen*,
https://doi.org/10.1007/978-3-658-35586-9